Introducción a la Ingeniería Aeroespacial

2ª Edición

INTRODUCCIÓN A LA INGENIERÍA AEROESPACIAL

2ª EDICIÓN

Sebastián Franchini

Escuela de Ingeniería Aeronáutica y del Espacio
Universidad Politécnica de Madrid

Oscar López García

Escuela de Ingeniería Aeronáutica y del Espacio
Universidad Politécnica de Madrid

Garceta
grupo editorial

INTRODUCCIÓN A LA INGENIERÍA AEROESPACIAL 2ª EDICIÓN

Sebastián Franchini, Oscar López García

ISBN: 978-84-9281-290-5

IBERGARCETA PUBLICACIONES, S.L., Madrid, 2012

Edición: 1ª

Nº de páginas: 526

Formato: 17 × 24 cm.

Materia CDU: 629.7 Técnica de los medios de transporte aéreo y espacial. Aeronáutica. Cohetes. Astronáutica y vehículos espaciales.

INTRODUCCIÓN A LA INGENIERÍA AEROESPACIAL. 2ª EDICIÓN

ISBN: **978-84-9281-290-5**

Edición 1ª.

Impresión 1ª.

Depósito legal: M-34525-2011

Impresión: Imprime Tu Letra S.L.

OI: 0050/2026

IMPRESO EN ESPAÑA-PRINTED IN SPAIN

Índice general

II Aerodinámica   99

III Sistemas de Propulsión   191

IV Mecánica del vuelo   327

V Vehículos espaciales   367

VI Vehículos aeroespaciales particulares   413

PRESENTACIÓN

Cuando se decidió incluir en el primer curso de los planes de estudio de las enseñanzas relativas a la Ingeniería Aeroespacial, una materia dedicada a la tecnología de los vehículos aeroespaciales, posiblemente no se fue del todo consciente de las dificultades de la docencia de una materia tal sin convertir la enseñanza en un mero ejercicio de divulgación insustancial, válido para una tertulia de café pero inadecuado para la formación de futuros profesionales de la ingeniería aeronáutica.

Ciertamente el problema no es baladí, pues se trata de transmitir a estudiantes en el inicio de su ciclo formativo universitario, la formación y la información que les permita captar la complejidad de un sistema aeroespacial, que les deje entrever las bases teóricas que justifican los desarrollos, de modo que lleguen al convencimiento de que esta ingeniería les resultará, a pesar de su aparente dificultad, abordable conforme vayan avanzando en su currículum académico.

El profesor debe encarar este reto contando con que los sujetos de su docencia son todavía adolescentes que hace pocos meses ocupaban aún las aulas de las instituciones de enseñanza secundaria; personas cuya formación en las materias básicas de la ingeniería es todavía escasa y poco sedimentada, que además en muchos casos se encuentran por primera vez con una situación nueva para ellos en la que la responsabilidad de la organización de su actividad académica personal reside exclusivamente en ellos mismos.

Ante esta situación se impone encontrar un equilibrio entre la trivialización que podría ser transformar la docencia en una simple transmisión de información sobre aspectos y peculiaridades de los vehículos aeroespaciales, más propio de un club de fans de aviación que de la docencia universitaria, o bien, en el otro extremo, convertir la enseñanza en una actividad inalcanzable para el alumno medio, al tratar de dotar a las explicaciones de una extensión y una profundidad muy por encima de la capacidad real del alumno en ese momento de sus estudios.

La solución hay que buscarla pues en un punto medio, de forma que contando únicamente con un ligero bagaje de conocimientos de matemáticas, de física y de química, al que habrá que añadir una buena dosis de sentido común, se vaya introduciendo al alumno suavemente y sin sobresaltos en los vericuetos de la tecnología aeroespacial, de modo que al final el alumno pueda apreciar en toda su magnitud el campo de acción de la ingeniería aeroespacial.

Este libro es, en mi opinión, un conspicuo ejemplo de tal proceder. En sus diversos capítulos se van presentando los rudimentos teóricos y prácticos que permiten comprender el porqué de los diversos subsistemas que conforman un vehículo aeroespacial. Ciertamente las explicaciones aparecen inscritas en el marco antes señalado, por lo que no pocas veces los autores han tenido que diferir las explicaciones a cursos más avanzados, limitando este texto a una descripción más o menos detallada, estableciendo claramente, eso sí, el espacio de las hipótesis simplificativas que delimitan el rango de validez de las soluciones alcanzadas.

Hay que reconocer que escribir un texto como éste, que no es un libro de divulgación, pero tampoco puede ser un texto definitivo en ninguna de las materias que se tratan, no es una tarea fácil, aunque posiblemente sí sea una labor poco reconocida y con toda seguridad ingrata, pues es improbable que el lector pueda evaluar en su justa medida el enorme esfuerzo que significa ceñir una exposición a tan estrechos márgenes de actuación. Creo que los autores han conseguido hacer el producto adecuado que satisface plenamente el objetivo perseguido: un discurso equilibrado que sirva de introducción a la ingeniería aeroespacial, que facilite la compresión de las particularidades de un vehículo aeroespacial, que presente, siquiera someramente, las teorías que posteriormente se deberán abordar con más detalle en otras asignaturas, y que delimite el alcance de éstas; un texto, en suma, que ha de satisfacer las necesidades formativas de los alumnos de primer curso de las enseñanzas de ingeniería aeronáutica, sin que esta orientación hacia la docencia universitaria desemboque en un documento inalcanzable para lectores menos especializados.

José Meseguer
Catedrático de Ingeniería Aeroespacial

PRÓLOGO

Este libro es fruto de la experiencia acumulada en docencia durante más de doce años en materias del área de conocimiento de la ingeniería aeroespacial como física, mecánica de fluidos, transmisión de calor, aerodinámica, aeronaves y vehículos espaciales, sistemas de propulsión, astronáutica y aeronaves diversas y tecnología aeroespacial. Su finalidad es proporcionar una introducción a los fundamentos sobre los que se construye la ingeniería aeroespacial, centrando el contenido en aquellos aspectos que rigen el movimiento de los vehículos aeroespaciales. El enfoque escogido responde a que, en opinión de los autores, son estos aspectos los que diferencian a la ingeniería aeroespacial de otras áreas de conocimiento.

Este libro va dirigido a estudiantes de ingeniería de los primeros años de universidad, por lo que se ha procurado adaptar el desarrollo de los conceptos al conocimiento de matemática y física con el que en la actualidad se incorporan a la universidad. Así pues, se ha recurrido frecuentemente a explicaciones de tipo cualitativo, fundamentadas en razonamientos de naturaleza física, en vez de emplear el lenguaje matemático propio de cursos avanzados de ingeniería. Este aspecto ha significado un reto desde el punto de vista pedagógico, ya que disciplinas como la mecánica de los fluidos, la aerodinámica o la mecánica orbital, no son fáciles de presentar sin recurrir a las herramientas que proporciona el lenguaje matemático. Simultáneamente, se ha intentado mostrar toda la complejidad que encierran los conceptos presentados, con el objetivo de generar en el lector la conciencia de que es necesaria una fuerte formación en física y matemática para abordar los problemas de la ciencia y la ingeniería con rigor y profundidad.

En la literatura técnica en castellano apenas existen referencias específicas de ingeniería aeroespacial y que, además sean adecuadas al nivel de alumnos de los primeros cursos de universidad. Por ello, en opinión de los autores, una de las aportaciones más importantes de este texto es que recoge un conjunto de fundamentos de la ingeniería aeroespacial que se encuentran dispersos en multitud de libros específicos y avanzados, en un sólo texto adecuado a los alumnos de los primeros cursos de la ingeniería aeroespacial. En este sentido, el deseo de los autores es que la lectura de esta obra sirva para introducir al lector en el apasionante mundo de la ingeniería aeroespacial y, sobre todo, estimule a profundizar en los conocimientos que aquí se esbozan, mediante el estudio de la matemática, la física y el resto de disciplinas relacionadas con la actividad aeroespacial.

Queremos agradecer a todo personal del Instituto Universitario de Microgravedad "Ignacio Da Riva" de la Universidad Politécnica de Madrid por el continuo y genuino apoyo proporcionado durante la elaboración de este texto. En particular estamos profundamente agradecidos al profesor José Meseguer que, como editor, ha revisado de forma crítica y exhaustiva el texto al completo. También quisiéramos mencionar la inestimable ayuda que han proporcionado los profesores Álvaro Cuerva y José Luis Espino en la revisión del capítulo de helicópteros, así como en la obtención de diverso material fotográfico y gráfico. Nos sentimos en deuda con las correctoras de las últimas pruebas Cecilia Di Zeo y Rocío López por su dedicación impagable. Finalmente nos gustaría dedicar esta obra a todas aquellas personas que piensan que la transmisión del conocimiento es uno de los actos vitales que mayor satisfacción pueden proporcionar a un ser humano.

Sebastian Franchini y Oscar López

Madrid, 20 de noviembre de 2008

NOMENCLATURA

Símbolos

α	ángulo de ataque	[rad]
α_e	ángulo de ataque efectivo	[rad]
α_s	ángulo de entrada en pérdida	[rad]
α_g	ángulo de ataque geométrico	[rad]
β	batimiento	[rad]
β	ángulo de cono de Mach	[rad]
β	ángulo de guiñada	[rad]
δ	ángulo de deflexión de mando o de dispositivos hipersustentadores	[rad]
δ	ángulo de diedro de un ala	[rad]
ϵ	energía específica por unidad de masa	[m^2/s^2]
η_i	rendimiento interno de motor	[-]
η_m	rendimiento motor o térmico	[-]
η_p	rendimiento propulsivo	[-]
η_t	rendimiento de transmisión mecánica	[-]
η_{mp}	rendimiento motopropulsor o global	[-]
γ	ángulo de asiento de la velocidad o de la trayectoria	[rad]
Λ	alargamiento de un ala	[-]
λ	estrechamiento de un ala	[-]
μ	parámetro de gravitación	[m^3/s^2]
μ	viscosidad dinámica	[Ns/m^2]
μ	ángulo de balanceo	[rad]
Ω	velocidad angular	[rad/s]
ϕ	ángulo de entrada de la corriente	[rad]

ϕ_e	ángulo de entrada de la corriente efectivo	[rad]
ψ	ángulo de azimut	[rad]
ρ	densidad	[kg/m^3]
τ	esfuerzo viscoso	[N/m^2]
τ_s	esfuerzo viscoso en la superficie	[N/m^2]
θ	ángulo de paso $\theta = \theta_g + \theta_0$	[rad]
θ	ángulo polar o anomalía verdadera	[rad]
θ_0	paso de una pala	[rad]
θ_g	torsión geométrica o torsión	[rad]
φ	ángulo de flecha	[rad]
A	área	[m^2]
a	aceleración	[m/s^2]
a	longitud del semieje mayor	[m]
a	velocidad del sonido	[m/s]
a_c	aceleración centrípeta	[m/s^2]
B	relación de derivación de un turbofan	[-]
b	envergadura del ala	[m]
b	longitud del semieje menor	[m]
$\bar{c}$	cuerda media	[m]
c	consumo de combustible	[kg/s]
c	cuerda de un perfil aerodinámico	[m]
c_D	coeficiente de resistencia aerodinámica	[-]
c_d	coeficiente de resistencia aerodinámica de un perfil	[-]
c_L	coeficiente de sustentación	[-]
c_l	coeficiente de sustentación de un perfil	[-]
c_m	coeficiente de momento aerodinámico de un perfil	[-]
c_p	coeficiente de presiones	[-]
c_r	cuerda en el encastre de un semiala	[m]
c_T	consumo específico por unidad de empuje	[kg /(N s)]
c_t	cuerda en el borde marginal de un semiala	[m]
c_P	coeficiente de potencia de una hélice	[-]
c_T	coeficiente de tracción de una hélice	[-]
$c_{d,w}$	coeficiente de resistencia de onda	[-]

c_{d0}	coeficiente de resistencia para coeficiente de sustentación nulo de un perfil	[-]
c_{D0}	coeficiente de resistencia para coeficiente de sustentación nulo	[-]
$c_{D,\min}$	coeficiente de resistencia aerodinámica mínimo	[-]
$c_{d,\min}$	coeficiente de resistencia aerodinámica mínimo de un perfil	[-]
$c_{d,\mathrm{opt}}$	coeficiente de resistencia óptimo o de eficiencia máxima de un perfil	[-]
c_{l0}	coeficiente de sustentación para ángulo de ataque nulo de un perfil	[-]
c_{L0}	coeficiente de sustentación para ángulo de ataque nulo	[-]
$c_{l\alpha}$	pendiente de la curva de sustentación de un perfil	[-]
$c_{L\alpha}$	pendiente de la curva de de sustentación	[-]
$c_{l_{cd,\min}}$	coeficiente de sustentación para el que el coeficiente de resistencia es mínimo de un perfil	[-]
$c_{L,\max}$	coeficiente de sustentación máximo	[-]
$c_{l,\max}$	coeficiente de sustentación máximo de un perfil	[-]
$c_{l,\mathrm{opt}}$	coeficiente de sustentación óptimo o de eficiencia máxima de un perfil	[-]
Δi	cambio de inclinación de una órbita	[-]
D	resistencia aerodinámica	[N]
d	resistencia aerodinámica por unidad de envergadura	[N/m]
d_f	resistencia de fricción por unidad de envergadura	[N/m]
d_p	resistencia de presión por unidad de envergadura	[N/m]
E	eficiencia aerodinámica	[-]
e	excentricidad de una órbita	[-]
e	factor de eficiencia del ala	[-]
e_2	factor de eficiencia de resistencia aerodinámica del ala	[-]
E_c	energía cinética	[N m]
E_p	energía potencial	[N m]
f	curvatura máxima o flecha	[m]
F_a	fuerza aerodinámica	[N]
f_a	resultante de fuerzas aerodinámicas por unidad de envergadura	[N/m]

F_c	fuerza centrífuga	[N]
F_g	fuerza gravitatoria	[N]
F_I	fuerza de inerca	[N]
f_m	fuerza másica por unidad de masa	[N/kg]
F_p	fuerza de presión	[N]
F_p	fuerza propulsiva	[N]
f_p	fuerza de presión por unidad de volumen	[N/m^3]
f_V	fuerza volumétrica por unidad de volumen	[N/m^3]
f_v	fuerza viscosa por unidad de volumen	[N/m^3]
FM	figura de mérito	[-]
G	gasto másico	[kg/s]
g	aceleración de la gravedad terrestre	[m/s^2]
h	carrera	[m]
h	fuerza de arrastre por unidad de envergadura	[N/m]
h	momento cinético por unidad de masa	[m^2/s]
I_{sp}	impulso específico	[s]
J	parámetro de avance	[-]
L	sustentación aerodinámica	[N]
l	longitud	[m]
l	sustentación aerodinámica por unidad de envergadura	[N/m]
M	número de Mach	[-]
M$_{div}$	número de Mach de divergencia	[-]
m	masa	[kg]
m_a	momento aerodinámico resultante por unidad de envergadura	[N]
N	número de cilindros	[-]
n	factor de carga	[-]
n	revoluciones por segundo	[Hz]
$n_{\max}$	factor de carga máximo	[-]
P	potencia	[w]
p	presión	[N/m^2]
p_a	presión ambiente	[N/m^2]
p_e	presión media efectiva	[N/m^2]
p_r	presión de remanso	[N/m^2]

P_T	potencia teórica del ciclo Otto	[w]
P_{M0}	potencia real en el eje de un motor alternativo	[w]
Q	caudal o gasto volumétrico	[kg/m^3]
Q	cilindrada total del motor	[m^3]
Q	momento o par	[N m]
q	cilindrada unitaria	[m^3]
q	presión dinámica	[N/m^2]
Re	número de Reynolds	[-]
R	radio de curvatura de trayectoria	[m]
R	radio	[m]
r	altura absoluta	[m]
r	posición radial	[m]
r	posición	[m]
$R_{\min}$	radio mínimo de curvatura	[m]
S	superficie	[m^2]
s	espacio, distancia	[m]
s_A	alcance	[m]
T	período	[s]
T	temperatura	[K]
T	tracción	[N]
t	espesor de un perfil aerodinámico	[m]
t	tiempo	[s]
t	tracción por unidad de envergadura	[N/m]
T_0	empuje necesario debido a la resistencia parásita	[N]
t_A	autonomía	[s]
T_d	empuje disponible	[N]
T_i	empuje necesario debido a la resistencia inducida	[N]
T_n	empuje necesario	[N]
$T_{n,min}$	empuje necesario mínimo	[N]
Δu	incremento de velocidad	[m/s]
$u_{\infty,\max}$	velocidad máxima	[m/s]
$u_{\infty,\min}$	velocidad mínima	[m/s]
u	velocidad	[m/s]

u_d	velocidad vertical de descenso de una aeronave	[m/s]
u_e	velocidad de salida efectiva	[m/s]
u_l	velocidad relativa local	[m/s]
u_s	velocidad en entrada en pérdida	[m/s]
u_v	velocidad vertical de una aeronave	[m/s]
u_C	velocidad de satelización	[m/s]
V	volumen	[m^3]
v	velocidad lineal en plano de rotación	[m/s]
W	peso	[N]
W	trabajo	[N m]
W_c	trabajo de compresión	[N m]
W_e	trabajo de expansión	[N m]
w_i	velocidad inducida	[m/s]
z	altitud geopotencial de presión	[m]
z_g	altitud geométrica	[m]

Constantes

γ	relación de calores específicos del aire, $\gamma = 1.4$
G	constante de gravitación universal 6.67×10^{-11} Nm^2/kg^2
M_T	masa de la Tierra, $M_T = 5.9736 \times 10^{24}$ kg
R	constante del gas aire, $R = 287$ m^2/(s^{2}K)
R_T	radio de la Tierra, $R_T = 6378 \times 10^3$ m

Operadores

d	diferencial
$\dfrac{\mathrm{D}}{\mathrm{D}t}$	derivada material
$\dfrac{\partial}{\partial t}$	derivada parcial con respecto el tiempo
∇	gradiente
$\propto$	proporcional

Subíndices

0	condiciones al nivel del mar
∞	condiciones corriente arriba

a	apogeo
c	antipar, rotor de cola
$c/4$	punto situado en 1/4 de la cuerda medido desde el borde de ataque
ca	centro aerodinámico
con	convectiva
cor	Coriolis
cr	condiciones críticas
E	extradós
f	condiciones finales de un proceso temporal
geo	condiciones en una órbita de geoestacionaria
I	intradós
i	condiciones iniciales de un proceso temporal
i	flujo inducido
i	inyección
p	perigeo
pr	condiciones en una órbita de aparcamiento
s	condiciones en la salidad de un conducto
t	componente temporal o local

Los símbolos en negrilla denotan magnitudes vectoriales

INTRODUCCIÓN 1

1.1. Introducción a la ingeniería aeroespacial

Según el diccionario de la Real Academia Española la palabra ingeniería significa *"Estudio y aplicación, por especialistas, de las diversas ramas de la tecnología"*; mientras que tecnología, según la misma fuente, es el *"conjunto de teorías y de técnicas que permiten el aprovechamiento práctico del conocimiento científico"* y, finalmente, de aeroespacial se dice *"del ámbito formado por la atmósfera terrestre y el espacio exterior próximo"*. Por tanto, al titular este libro "Introducción a la Ingeniería Aeroespacial", se pretende preparar al lector en el estudio del conjunto de teorías y técnicas aplicadas al ámbito atmosférico y espacial.

En la figura 1.1 se muestra un esquema conceptual de las diferentes teorías, áreas de conocimiento y técnicas, que permiten el aprovechamiento práctico del ámbito atmosférico y espacial, y que configuran la ingeniería aeroespacial. Evidentemente, presentar todas y cada una de estas técnicas representa una tarea desproporcionada para un libro dada la disparidad de conocimientos implicados, por lo que, teniendo en cuenta el carácter de preparación con el que se aborda este texto, ha sido necesario limitar no sólo el nivel de profundidad y de detalle, sino también la extensión de las materias aquí tratadas. Dentro de las diferentes técnicas que constituyen la ingeniería aeroespacial se ha decidido que el libro quede circunscrito al ámbito de los vehículos aeroespaciales, ya que, en opinión de los autores, son los productos tecnológicos emblemáticos de la ingeniería aeroespacial, y en ellos se pueden encontrar las principales teorías y técnicas que permiten el aprovechamiento práctico del ámbito terrestre y espacial. Los vehículos aeroespaciales se clasifican en: aeronaves, que son vehículos que se mueven inmersos en la atmósfera terrestre, y en vehículos espaciales, que en algún momento operan en el espacio exterior. En torno a los vehículos aeroespaciales se establece una red de técnicas y funcionalidades que garantizan el correcto funcionamiento de dichos vehículos. En primer lugar, existe todo un entorno de infraestructuras terrestres que deben garantizar el cumplimiento de los requisitos establecidos para el tránsito de personas y mercancías, despegue y aterrizaje de aeronaves, lanzamientos de vehículos espaciales, gestión del tráfico aéreo en el entorno aeroportuario, etc. Como toda actividad humana compleja, el transporte aéreo viene enmarcado en un entorno regulatorio, con claras implicaciones económicas, políticas, legislativas, y de seguridad nacional e internacional, que requieren la creación de organismos internacionales y que configuran la industria aeroespacial. Tanto la navegación aérea como la espacial, se han establecido para garantizar el correcto desarrollo del vuelo de los vehículos aeroespaciales mediante la implantación de sistemas de ayuda a la navegación que pueden residir tanto en el propio vehículo, como en la infraestructura terrestre o mediante comunicación bidireccional entre vehículo y segmento terrestre.

Dado que una aeronave funciona inmersa en el entorno atmosférico terrestre, las principales técnicas que garantizan su correcto funcionamiento están relacionadas con la aerodinámica, la propulsión, la mecánica del vuelo que define las actuaciones, estabilidad y control de dicha aeronave, la resistencia de materiales y estructuras que analizan la integridad del sistema, así como los sistema auxiliares, como por ejemplo el hidráulico y neumático, el eléctrico, el de acondicionamiento y protección, el de combustible, la instrumentación y aviónica, y el control térmico necesarios para un correcto funcionamiento del vehículo.

El entorno del diseño y funcionamiento de los vehículos espaciales es el espacio y, evidentemente, es un ámbito de operación completamente diferente al de las aeronaves, por lo que las técnicas usadas en estos vehículos son muy diferentes. Al igual que las aeronaves, los vehículos espaciales incorporan también sistemas de propulsión. Se debe considerar la resistencia de materiales para poder garantizar su integridad estructural, y requieren de sistemas auxiliares e instrumentación; en cambio, adicionalmente usan sistemas muy específicos como son los sistemas de control térmico, control de la orientación o actitud del vehículo, sistemas de potencia, etc. En la figura 1.1 se han sombreado las diferentes técnicas y teorías que son abordadas en este libro.

Los vehículos aeroespaciales deben ser capaces de moverse en cada entorno de forma controlada, siguiendo un plan de vuelo, realizando una misión determinada de antemano o maniobrando correctamente ante incidentes imprevistos, por tanto, no sólo es importante conseguir el movimiento del vehículo sino que éste sea controlable. En la figura 1.2 se muestran las fuerzas que actúan sobre los dos tipos de vehículos aeroespaciales así como el vector velocidad del centro de gravedad del vehículo, $\boldsymbol{u}(t)$, cuya trayectoria se caracteriza con un vector de posición, $\boldsymbol{r}(t)$, medido con respecto a un sistema de ejes fijos ligados a la tierra.

El movimiento de una aeronave en el entorno atmosférico (capítulo 9) es consecuencia directa de las fuerzas que se ejercen sobre ella, fuerzas que se pueden clasificar, atendiendo a su naturaleza, como la fuerza gravitatoria, $\boldsymbol{F}_g$, fuerzas propulsivas, $\boldsymbol{F}_p$, y fuerzas aerodinámicas, $\boldsymbol{F}_a$, ver figura 1.2(a). En el caso de un vehículo espacial, la trayectoria que describe (capítulo 10) depende de la fuerza gravitatoria, $\boldsymbol{F}_g$ y de las fuerzas propulsivas, $\boldsymbol{F}_p$, ver figura 1.2(b).

La fuerza gravitatoria (capítulo 2) es la fuerza de atracción que el planeta ejerce sobre el vehículo y para determinarla es necesario conocer cómo se distribuye la masa planetaria, la altitud de la trayectoria del vehículo con respecto al centro planetario, la forma geométrica, la masa del vehículo, masa total del planeta, etc. Esta fuerza afecta al movimiento de todos los vehículos aeroespaciales, ya sean aeronaves o vehículos espaciales.

En general, todos los vehículos aeroespaciales disponen de un sistema de propulsión (capítulos 6, 7, y 8) cuya función es la de crear las fuerzas propulsivas que son las responsables de cambiar o mantener la cantidad de movimiento del vehículo. En el caso de las aeronaves, el sistema de propulsión proporciona la fuerza necesaria para que aparezca una velocidad relativa del vehículo con respecto al fluido que forma el entorno atmosférico, y en la mayor parte de los sistemas de propulsión empleados en las aeronaves usan, de una forma u otra, el fluido del entorno atmosférico. En cambio, en el caso de los vehículos espaciales el sistema de propulsión es empleado para impulsar al vehículo y controlar su trayectoria, y dado que en el espacio exterior no hay fluido, está vacío, los sistemas de propulsión de los vehículos espaciales emplean

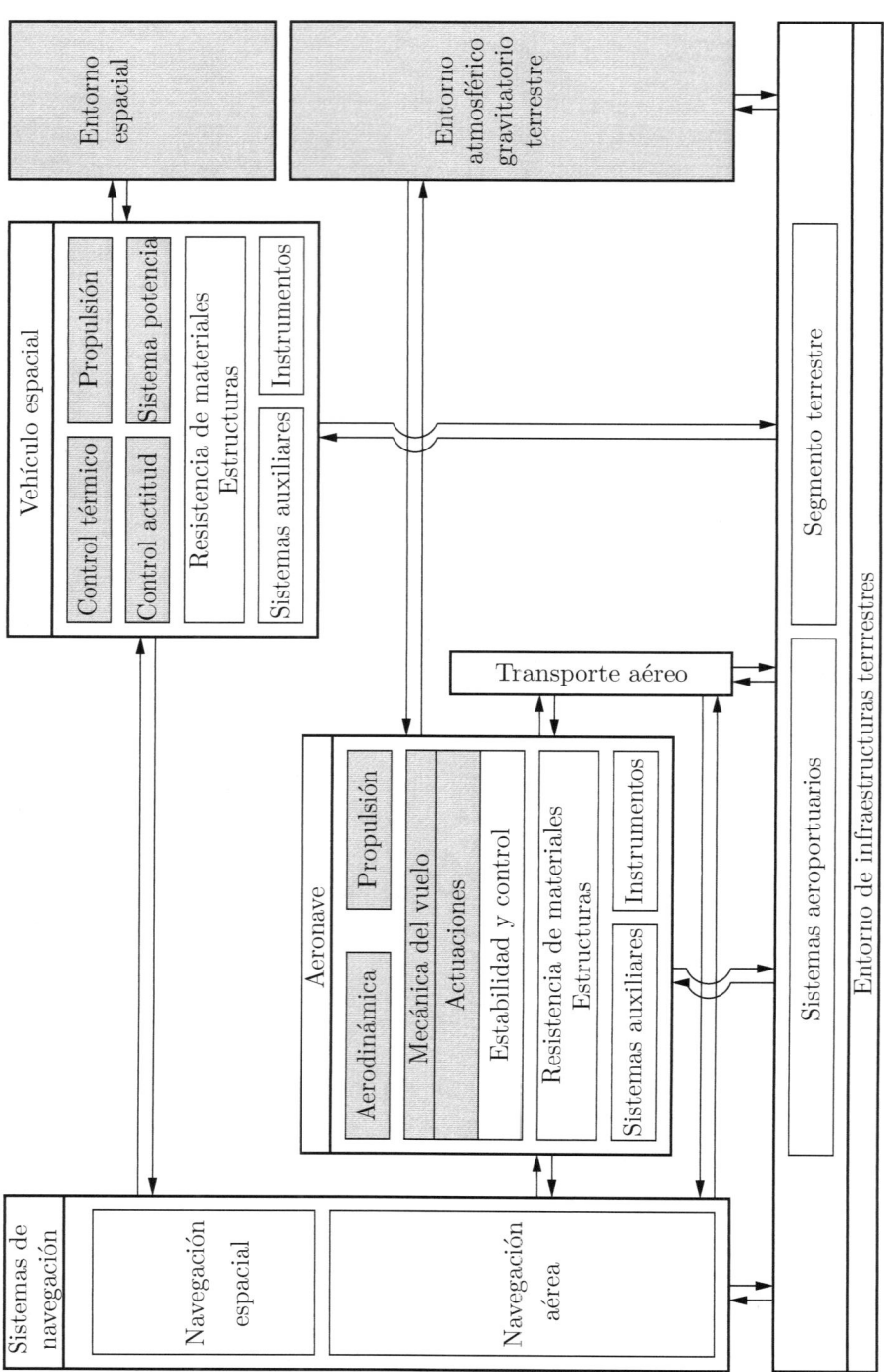

Figura 1.1. La ingeniería aeroespacial.

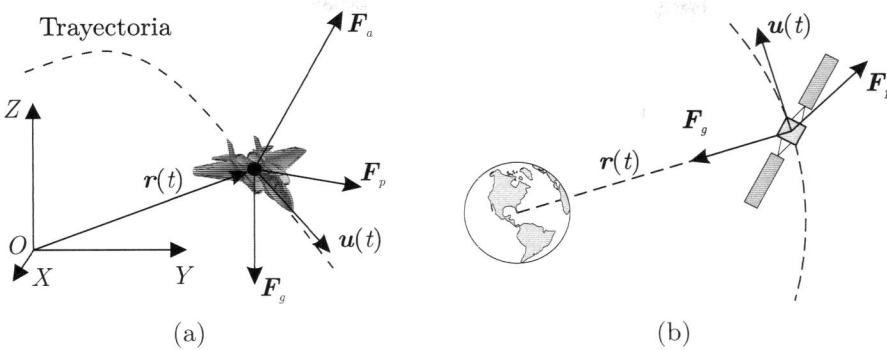

Figura 1.2. Movimiento y fuerzas que actúan sobre: (a) una aeronave en un entorno atmosférico y (b) un vehículo espacial en el entorno espacial.

cierta materia transportada por ellos mismos para producir las fuerzas de propulsión.

Las fuerzas aerodinámicas (capítulos 4 y 5) son la principal diferencia entre las aeronaves y los vehículos espaciales en cuanto a las acciones que actúan sobre cada uno de ellos. Estas fuerzas son de naturaleza fluidodinámica (capítulo 3) y son consecuencia del movimiento relativo entre el vehículo y el fluido que le rodea, el aire de la atmósfera terrestre (capítulo 2).

1.2. Clasificación de las aeronaves

La principal característica de las aeronaves es que al moverse en un entorno atmosférico aparecen sobre ellas fuerzas aerodinámicas, por lo que conviene analizar la funcionalidad que desempeña cada tipo de fuerza.

En la figura 1.3 se muestra una aeronave convencional en la que se han representado las principales fuerzas que aparecen sobre la misma, proyectadas en la dirección del movimiento y en la dirección perpendicular al mismo. La fuerza gravitatoria se denomina peso y se denota como W; las fuerzas propulsivas se reducen a la fuerza que impulsa a la aeronave en la dirección del vuelo y que se denomina empuje o tracción, T[1]. Las fuerzas aerodinámicas se suelen descomponer

---

[1]En general, en castellano, se habla de empuje para denotar la fuerza propulsiva creada por un sistema de propulsión a chorro y se emplea traccción para referirse a

en dos contribuciones, una de ellas es el efecto buscado por el diseño
aerodinámico que es la generación de la sustentación, L, necesaria
para compensar el peso de la aeronave; y la otra es una acción no
deseada, la resistencia aerodinámica, D, que es la responsable de que
el sistema propulsivo deba proporcionar un empuje continuo en el
tiempo para evitar que la aeronave se termine deteniendo. Además, la
aeronave dispone de sistemas de control para modificar la orientación del
vehículo y crear los momentos alrededor del centro de gravedad que le
permiten realizar maniobras. En resumen, una aeronave debe disponer
de componentes que realicen las funciones de sustentación, propulsión y
control del vuelo.

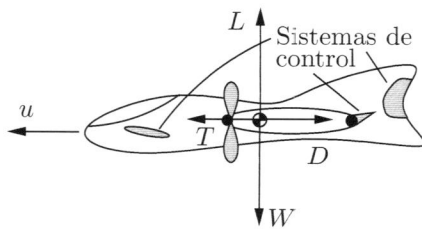

Figura 1.3. Configuración de fuerzas en una aeronave convencional.

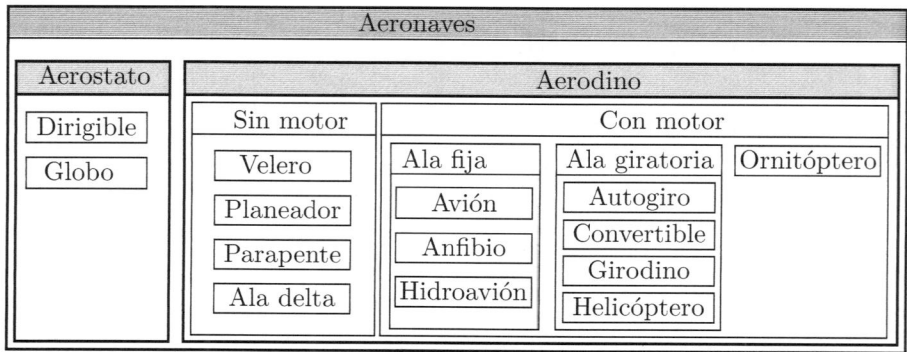

Figura 1.4. Clasificación de las aeronaves.

En la figura 1.4 se muestra una clasificación de las diversas
aeronaves existentes. El primer nivel de clasificación se basa en si la

---

la fuerza creada por un sistema de propulsión a hélice.

aeronave es más ligera que el aire o no, distinguiéndose dos tipos: los aerostatos, más ligeros que el aire, y los aerodinos, más pesados que el aire. Dentro de los aerodinos las aeronaves se clasifican en función de que dispongan de sistema propulsor o no. En las siguientes secciones se discuten y analizan los principios básicos de funcionamiento de cada una de estas aeronaves.

1.2.1. Aerostatos

Los aerostatos son aeronaves que vuelan gracias a que emplean un fluido menos denso que el aire, y mediante fuerzas de flotación son capaces de generar las fuerzas que compensan el peso de la aeronave. En general, en este tipo de aeronaves se distinguen dos tipos principales, los dirigibles y los globos, véase la figura 1.5.

Los dirigibles, figura 1.5(a), disponen de un sistema propulsivo para proporcionar las fuerzas de propulsión que impulsan la aeronave en la dirección de avance. También disponen de sistemas de control y dirección de la orientación que permiten controlar la trayectoria de vuelo. La principal fuerza de sustentación proviene de la fuerza de flotación, producida por un gas más ligero que el aire, normalmente Helio, encerrado en un recinto más o menos flexible, cuya orientación puede contribuir también, aunque en menor medida, a la creación de una componente de sustentación. Los dirigibles como medio de transporte tuvieron su auge en la década de los años 1920 al 1930 hasta que el advenimiento de la aviación basada en propulsión a hélice, junto con el trágico accidente del Hindenburg, hicieron que esta tecnología fuera abandonada. Hoy en día se emplean principalmente para propósitos turísticos, publicitarios, etc.

Los globos se mueven libremente en el aire y la fuerza que compensa el peso de la aeronave se genera por el uso de un fluido alojado en el volumen definido por la superficie del globo y que es más ligero que el aire, bien porque es calentado para disminuir su densidad con respecto al aire exterior, o bien porque se emplea un fluido con menor densidad que el aire exterior en un volumen cerrado, ver figura 1.5(b). El uso de los globos se reduce prácticamente a fines recreativos, publicitarios, experimentación y toma de datos. A diferencia de los dirigibles no disponen de sistema de propulsión y su capacidad de maniobra está

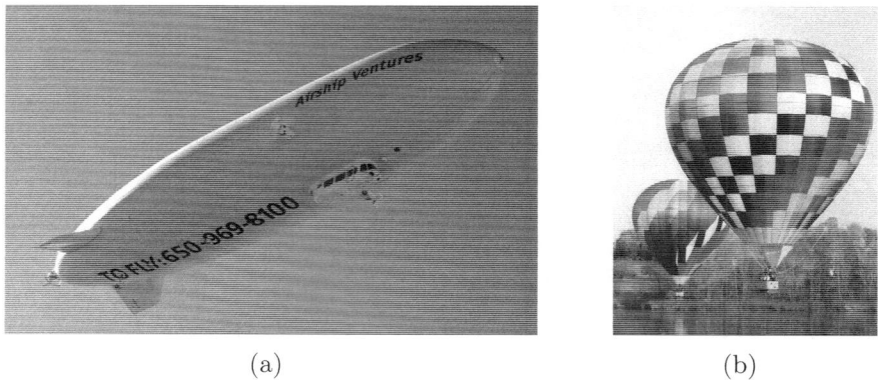

(a)   (b)

Figura 1.5. Aerostatos convencionales: (a) dirigible, (b) globo.

limitada básicamente a controlar la temperatura del aire o la densidad
del fluido, que se encuentra dentro del mismo permitiendo el ascenso o
el descenso del globo, mientras que el control de la dirección se deja a
las corrientes de viento.

1.2.2. Aerodinos

Los aerodinos son aeronaves más pesadas que el medio donde se
mueven, por lo que para conseguir la capacidad sustentadora necesaria
han de desarrollar fuerzas aerodinámicas. Para obtener las fuerzas
aerodinámicas es necesario tener una velocidad relativa entre el vehículo
y el aire atmosférico, y para ello existen dos estrategias básicas.

La primera posibilidad consiste en intercambiar energía potencial
gravitatoria por energía cinética y, entonces, no es necesario disponer de
un sistema propulsor (siempre que se haya acumulado de alguna forma
la energía potencial gravitatoria necesaria); este tipo de estrategia es la
que emplean la mayoría de los aerodinos sin sistema motor.

En la segunda estrategia, el aerodino incorpora un sistema motor
que es el responsable primario de producir el empuje necesario para
crear la velocidad requerida para generar las fuerzas de sustentación;
este tipo de aeronave recibe el nombre de aerodino con sistema motor, y
en concreto se distinguen tres grupos de aerodinos con sistema motor: de
alas fijas, figura 1.6(a), de alas batientes y de alas giratorias, figura 1.6(b).

(a)   (b)

Figura 1.6. Aerodinos con sistema propulsor: (a) ala fija y (b) alas giratorias.

1.2.3. Aerodinos sin sistema motor

Los aerodinos sin sistema motor son un grupo de aeronaves que está muy relacionado con el aspecto más lúdico y placentero del acto de volar, pues la mayor parte de estas aeronaves tiene fines fundamentalmente turísticos, de entretenimiento y ocio.

Dentro de los aerodinos existen vehículos muy diferentes y dispares, pero se distinguen dos grupos especialmente, el de los planeadores y veleros y el de parapentes, alas delta, etc.

(a)   (b)

Figura 1.7. Aerodinos sin sistema propulsor: (a) velero y (b) parapente.

El planeador, ver figura 1.7(a), genera fuerzas sustentadoras gracias a que incorpora un ala fija, normalmente de gran esbeltez para conseguir aumentar la relación entre la sustentación y la resistencia aerodinámica y obtener así el mayor alcance y autonomía posibles, ya que la ausencia de sistema motor es un fuerte limitante del tiempo de vuelo. La mayor parte de los planeadores son arrastrados por una aeronave convencional hasta alcanzar una altura determinada, de forma que acumulan la energía potencial gravitatoria necesaria para intercambiarla por energía cinética una vez separados de la aeronave. El control del vuelo depende por un lado de la acción del piloto sobre los mandos que actúan sobre superficies aerodinámicas localizadas en zonas determinadas del planeador y que producen fuerzas aerodinámicas locales que crean momentos que modifican el vuelo, y por otro, de los vientos con los que se encuentre, ya que a menos que aparezcan corrientes ascendentes, el vuelo de los planeadores es siempre descendente.

Los veleros son planeadores muy ligeros y con formas extremadamente aerodinámicas de elevadas prestaciones y que presentan grandes alcances y autonomías. En general, las ventajas de los planeadores son principalmente la suavidad de maniobra y de vuelo, así como la ausencia de ruido, lo cual, especialmente en la segunda guerra mundial, los hizo muy atractivos para aplicaciones de tipo militar aunque actualmente su uso más común es el de recreo y turismo. Entre los inconvenientes que presentan está lo limitado de su capacidad de maniobra y que necesitan de un sistema que proporcione la energía potencial gravitatoria necesaria para conseguir el vuelo.

El parapente y las alas delta, ver figura 1.7(b), vuelan gracias a las fuerzas aerodinámicas generadas en unas alas de tipo ligero al moverse con respecto al aire, capaces de sustentar el peso de una persona. Se distinguen del planeador porque el control de este tipo de aeronave se realiza sincronizando los movimientos del piloto con controles que actúan directamente sobre la orientación, longitudinal o lateral, con respecto al viento del ala. Al igual que ocurre con los planeadores, por el hecho de no tener grupo motriz, el vuelo es muy dependiente de las corrientes ascendentes existentes.

1.2.4. Aerodinos con sistema motor y ala fija

En los aerodinos de ala fija el sistema motor es realmente un sistema de propulsión y es el elemento responsable de la creación de un empuje o tracción por la que la aeronave puede acelerarse y cambiar su velocidad relativa respecto al aire y, por tanto, generar fuerzas sustentadoras sobre el ala fija. El control del vuelo se consigue, al igual que en el caso de los planeadores, mediante la deflexión de ciertas superficies aerodinámicas situadas en zonas particulares de la aeronave, que producen momentos de naturaleza aerodinámica que son capaces de modificar la orientación de la aeronave y por tanto, la trayectoria del vuelo.

Dentro de los diferentes aerodinos de ala fija, también llamados aviones, dependiendo del entorno en el que sean capaces de aterrizar, se distinguen los aviones convencionales, aquellos capaces de aterrizar y despegar en tierra, hidroaviones, en agua, y anfibios, en agua y en tierra indistintamente. Los aerodinos de ala fija representan la aeronave más extendida y empleada en la ingeniería aeroespacial, y su éxito radica en que, de los diferentes aerodinos, cada una de las funciones requeridas para el vuelo controlado son realizadas por diferentes elementos de la aeronave. Aunque hoy en día este hecho parece evidente, los primeros intentos del hombre por conseguir volar se caracterizaron por diseños en los que, generalmente, las fuerzas aerodinámicas y propulsivas eran producidas por el mismo sistema. En 1799 Sir George Cayley diseñó un concepto de aeronave con ala fija para generar sustentación y otro mecanismo para producir fuerzas propulsivas. Este diseño se considera el precursor del concepto de ala fija que daría lugar al primer vuelo de los hermanos Wright.

1.2.5. Aerodinos con sistema motor y alas batientes

Los aerodinos de alas batientes se diferencian de los de ala fija en que el ala de los primeros realiza un movimiento de batimento en el que las semialas se mueven fuera del plano del ala realizando un movimiento relativo a la aeronave que genera las fuerzas aerodinámicas de forma similar a como son creadas por las aves. El ala batiente tiene la función combinada de generar sustentación para compensar el peso y propulsión para el avance de la aeronave. A pesar de existir diversos intentos de conseguir aerodinos de alas batientes tripulados, los principales logros alcanzados han implicado vuelos de poca distancia y tiempo, como por ejemplo el ornitóptero desarrollado en la Universidad de Toronto, que en el año 2006 logró volar una distancia de unos 300 m durante 14 segundos a una altura de vuelo de 1 m aproximadamente.

1.2.6. Aerodinos con sistema motor y alas giratorias

El sistema motor de los aerodinos de alas giratorias proporciona potencia a un conjunto alas giratorias, también denominado rotor, para mantener su giro, y este movimiento de rotación se emplea para generar las fuerzas aerodinámicas independientemente de que la aeronave se encuentre en movimiento o situada en vuelo a punto fijo[2]. Debido a la velocidad de rotación de las alas, independientemente de que el vehículo se mueva o se encuentre fijo en el espacio, aparecen fuerzas aerodinámicas que proporcionan capacidad sustentadora en la aeronave. A diferencia de los aerodinos de ala fija, los aerodinos de alas giratorias modifican la orientación del rotor para producir las fuerzas necesarias para propulsar el vehículo. Dependiendo de la estrategia que se emplee para satisfacer la funcionalidad de propulsión, se distinguen diversos aerodinos de alas giratorias, entre los cuales destacan: los convertibles, autogiros, girodinos y helicópteros.

El convertible es una aeronave que dispone de un único sistema de alas giratorias para proporcionar sustentación y empuje. El cambio de funcionalidad se consigue mediante el cambio de orientación de este sistema. Durante el despegue las alas giratorias proporcionan el empuje en dirección vertical, colocando las alas giratorias en un plano ligeramente horizontal. En el vuelo de crucero las alas giratorias se reorientan ocupando un plano ligeramente vertical, por lo que generan principalmente un empuje horizontal aunque también cierta sustentación, es decir, la sustentación en vuelo de crucero proviene tanto del sistema de alas giratorias como del ala fija. Dentro del grupo de convertibles se pueden distinguir dos tipos diferentes: los de rotor inclinable y los de ala inclinable.

El convertible de rotor inclinable, véase las figuras 1.8(a), y 1.8(b), es una aeronave en la que las alas se encuentran fijas y los rotores montados en las alas tienen la posibilidad de inclinarse, orientando así la fuerza de tracción. Durante el despegue y aterrizaje los rotores producen tracción vertical (modo helicóptero) por lo que pueden ser empleados en pistas con distancias muy cortas e incluso despegar verticalmente. Durante el crucero (modo avión) los rotores se inclinan para producir el

---

[2]El vuelo a punto fijo es la capacidad de una aeronave de mantenerse suspendido en el aire en un punto fijo del espacio

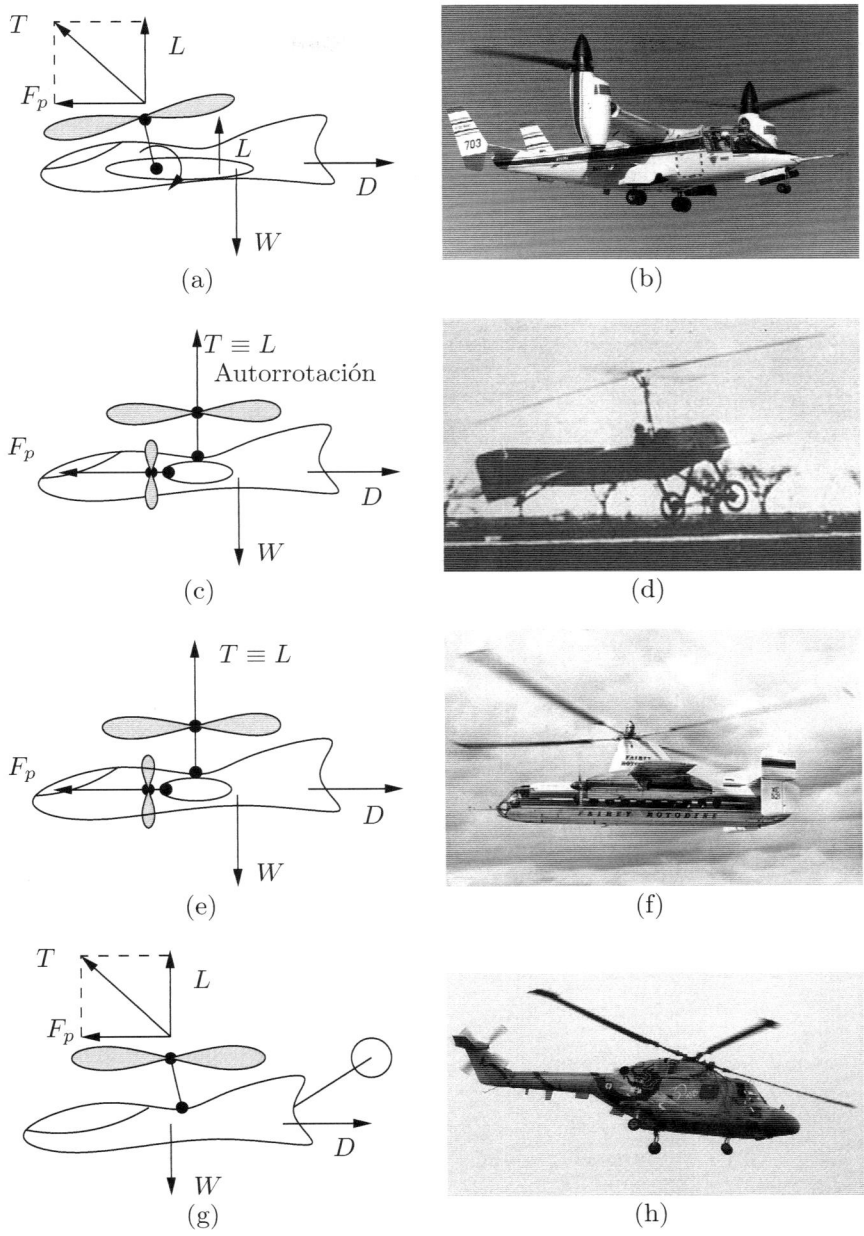

Figura 1.8. Aerodinos con sistema motor y alas giratorias. (a) Esquema conceptual de un convertible. (b) Convertible de rotor inclinable Bell XV-15. (c) Esquema conceptual de un autogiro. (d) Autogiro C-4 de Juan de la Cierva. (e) Esquema conceptual de un girodino. (f) Girodino Fairey. (g) Esquema conceptual de un helicóptero. (h) Helicóptero Lynx.

empuje necesario para vencer la resistencia aerodinámica de la aeronave, pudiendo alcanzar velocidades de avance del orden de 550 km/h. Este tipo de diseño presenta problemas de tipo aeroelástico que aparecen durante el proceso de transformación de modo helicóptero a modo avión, a lo que se une que el sistema de rotación es mecánicamente complejo y además implica un elevado peso situado a una distancia considerable del encastre en el fuselaje del ala, que es una estructura relativamente flexible.

En el convertible de ala inclinable las alas son orientables y sobre ellas se montn las hélices propulsoras. Durante el vuelo en avance las hélices proporcionan el empuje para propulsar la aeronave, y durante la fase de vuelo vertical, el ala se inclina mediante una rotación alrededor de su eje longitudinal para permitir que las hélices proporcionen sustentación. Este tipo de diseño se ha abandonado en la actualidad debido a las grandes dificultades asociadas a la pérdida de sustentación durante el proceso de conversión de crucero, a vuelo vertical, que dificultan el pilotaje; además, la complejidad mecánica del sistema de conversión hace que estas aeronaves sean más pesadas comparadas con otras de similares prestaciones. Debido a que el eje de rotación de las alas se encuentra sobre el cuerpo de la aeronave, el mecanismo de giro representa una simplificación respecto a los rotores inclinables que permite ahorrar peso y ganar sencillez.

El autogiro, véase figuras 1.8(c), y 1.8(d), dispone de dos sistemas de alas giratorias, uno de los cuales es accionado por un sistema motor y proporciona la tracción o empuje necesario para vencer la resistencia al avance, y el otro, que se encuentra en modo de autorrotación, no consume potencia, proporciona la sustentación necesaria para compensar el peso de la aeronave. El rotor que se encuentra en autorrotación se caracteriza porque el flujo de aire que pasa a través de él proporciona la energía necesaria para hacer que gire y que aparezca sustentación en forma de tracción, como se explica en el capítulo 12. Aunque esta aeronave no tiene capacidad de realizar vuelo estacionario o a punto fijo, sí que puede aterrizar y despegar en distancias mucho más cortas que otros aerodinos de ala fija.

El girodino, véase las figuras 1.8(e), y 1.8(f), también presenta dos sistemas de alas giratorias, pero ambos sistemas son accionados mediante un motor, de forma que uno de ellos genera la sustentación y el otro genera el empuje necesario para propulsar a la aeronave.

El helicóptero, (capítulo 12), dispone de un sistema de alas giratorias que son también accionadas por un sistema motor, y la diferencia con los otros aerodinos es que el rotor no sólo es el responsable de crear la sustentación, sino que también tiene como misión la generación de una fuerza de empuje, además de controlar la orientación de estas fuerzas para poder controlar el vuelo, véase las figuras 1.8(g), y 1.8(h).

1.3. Anatomía de un avión

En la figura 1.9 se muestran los elementos más importantes de un avión. El elemento más distintivo del avión es sin duda el ala, la cual se descompone en dos semialas, la izquierda y la derecha, y cuya misión es la generación de la sustentación.

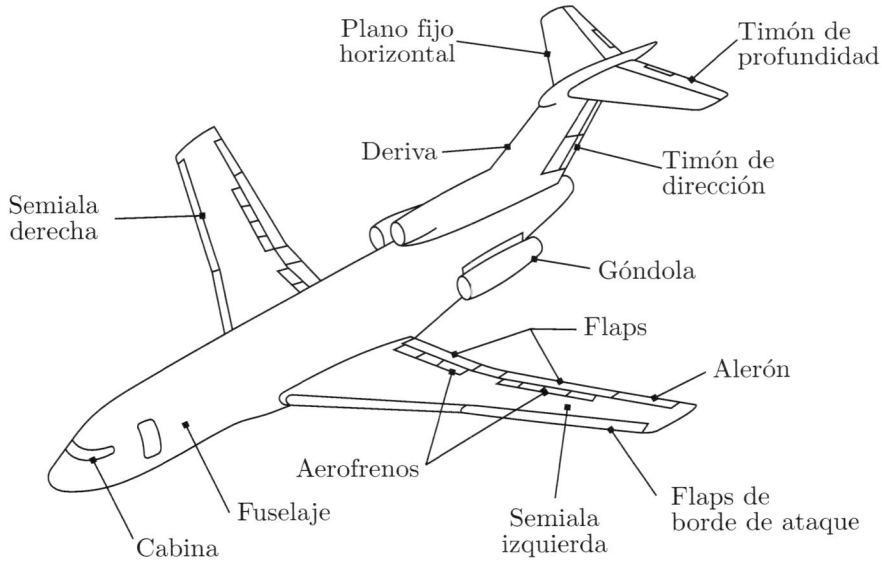

Figura 1.9. Configuración de un avión.

En las semialas suelen encontrarse superficies aerodinámicas que pueden ser desplegadas como son los alerones, flaps, flaps de borde de ataque y aerofrenos, cuya misión es modificar las fuerzas aerodinámicas sobre el ala con diferentes objetivos, entre los cuales destacan los siguientes: aumentar la capacidad sustentadora del ala durante despegue y aterrizaje, ayudar en el frenado durante el aterrizaje y controlar el vuelo de la aeronave, produciendo momentos y fuerzas sobre ella que modifican la orientación de su trayectoria en el espacio.

El avión además suele disponer de otras superficies aerodinámicas situadas normalmente en la parte trasera como son el estabilizador vertical y el horizontal, que son superficies aerodinámicas cuya misión es proporcionar estabilidad en el movimiento de la aeronave. Sobre el estabilizador horizontal se suele situar el timón de profundidad para controlar la inclinación de la aeronave respecto una referencia horizontal y sobre el estabilizador vertical se encuentra el timón de dirección cuyo objetivo es controlar el rumbo de la aeronave.

El fuselaje suele ser una estructura cilíndrica en la que se aloja la carga de pago (mercancías o pasajeros) y que además debe servir de soporte estructural para el ala y los estabilizadores, así como de alojamiento del tren de aterrizaje. Los sistemas de propulsión suelen estar ubicados en las góndolas, situadas bajo cada semiala o en la parte trasera del fuselaje, como se puede apreciar en la figura 1.9.

1.4. Clasificación de los vehículos espaciales

A diferencia de las aeronaves, los vehículos espaciales tienen un rango de funcionalidad muy extenso y la forma habitual de clasificarlos suele estar basada en el tipo de misión que deben realizar (capítulo 11). Los vehículos espaciales no presentan una configuración convencional y su arquitectura está totalmente orientada al objetivo que deben cumplir, lo cual da lugar a una miríada de configuraciones. En la figura 1.10 se muestra una clasificación de los vehículos espaciales donde, en un primer nivel, se distingue entre vehículos tripulados y no tripulados.

1.4.1. Vehículos espaciales tripulados

Los vehículos espaciales tripulados se pueden clasificar en módulos espaciales, estaciones espaciales y lanzadores. Los módulos espaciales tripulados son vehículos que transportan seres humanos al espacio

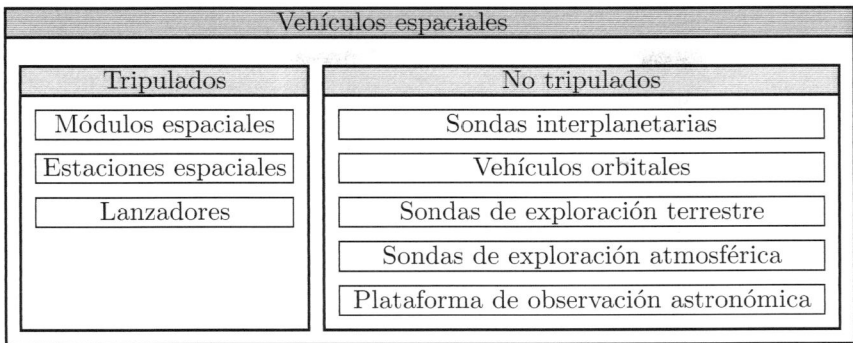

Figura 1.10. Clasificación de los vehículos espaciales.

exterior. Pueden ser de dos tipos: reutilizables o no reutilizables.

Los módulos tripulados capaces de realizar vuelo espacial y ser reutilizados son las llamados lanzaderas (Space Shuttle) ya que son capaces de escapar del campo gravitatorio terrestre empleando sistemas impulsores que son desprendidos del vehículo una vez consumidos, siendo el mismo vehículo sin estos impulsores el que termina realizando la reentrada y posterior aterrizaje como un planeador.

Los módulos tripulados no reutilizables están constituidos de varias etapas que son empleadas durante el vuelo para propulsar el vehículo hasta alcanzar la velocidad de escape terrestre; de modo que, según se consume su combustible son desprendidas, de forma que el módulo tripulado es la parte que queda del vehículo original una vez ha alcanzado el espacio exterior. En general, estos módulos tripulados suelen tener un módulo orbital, de reentrada y otro de servicio. Entre los módulos tripulados no reutilizables destacan todos aquellos empleados para la preparación y entrenamiento del vuelo espacial y conquista de la Luna (Gemini, Apollo, Voskhod y Soyuz).

Las estaciones espaciales son grandes estructuras que orbitan alrededor de la Tierra, véase la figura 1.11(a); son vehículos espaciales con disparidad de objetivos entre los que destacan servir de plataforma para estudiar la adaptación del ser humano al espacio, realizar experimentos científicos en microgravedad, observación espacial, etc.

Los lanzadores son vehículos difíciles de clasificar atendiendo a un único entorno de operación, ya que se comportan como aeronaves cuando

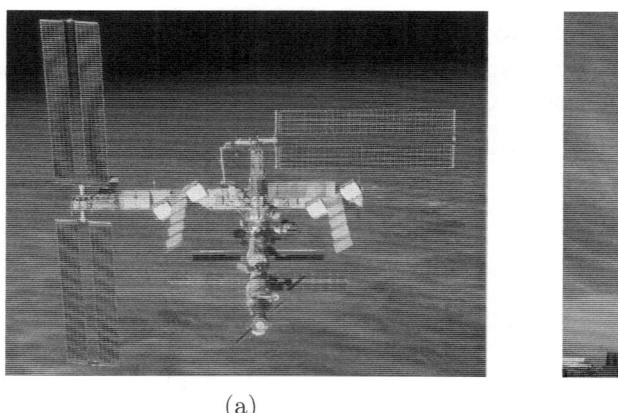

(a)   (b)

Figura 1.11. (a) Estación Espacial Internacional. Configuración de diciembre de 2006 (fuente: NASA). (b) Lanzador Ariane 5.

vuelan en la atmósfera y operan en el espacio exterior como vehículos espaciales. La principal misión de un lanzador consiste en situar en el espacio exterior otros vehículos espaciales, figura 1.11(b).

1.4.2. Vehículos espaciales no tripulados

Aunque no hay una clasificación extendida para los vehículos espaciales no tripulados, se puede hablar de: sondas interplanetarias, orbitadores, sondas de exploración planetaria y atmosférica y plataformas de observación astronómica.

Las sondas interplanetarias son vehículos espaciales diseñados para viajes espaciales interplanetarios por lo que deben ser capaces de funcionar durante largos períodos de tiempo y cumplir los objetivos previstos según realizan su periplo, figura 1.12(a).

Los vehículos orbitadores son los que llevan a cabo las segundas fases de exploración de los cuerpos del sistema solar, ya que son vehículos que viajan a un planeta y terminan orbitando alrededor de él. Un caso particular de vehículos orbitadores son los satélites que orbitan alrededor de la Tierra; son el grupo más numeroso de vehículos espaciales y, sin ellos, hoy en día no se entenderíasn aspectos tan fundamentales como las comunicaciones y la navegación. Como se estudia en el capítulo 11, estos vehículos se suelen clasificar en función de la carga útil que llevan.

También existen vehículos de demostración tecnológica que suelen ser desarrollados por universidades y con los que se pretende conectar la universidad con la industria aeroespacial. Como ejemplo se puede mencionar el microsatélite UPM-Sat, figura 1.12(b), desarrollado por la Universidad Politécnica de Madrid lanzado al espacio el 7 de julio de 1995 y que tuvo una vida operativa en órbita de 213 días, con una órbita polar heliosíncrona a 670 kilómetros de altitud y un peso de 47 kg, completando una vuelta alrededor de la Tierra cada 98 minutos.

(a)   (b)

Figura 1.12. (a) Imagen simulada de la sonda interplanetaria Rosetta.(b) Microsatélite universitario UPM-Sat 1.

Las sondas de exploración planetaria se diseñan para ser capaces de alcanzar la superficie de un planeta o satélite y sobrevivir al impacto con el suelo, para posteriormente enviar información a la Tierra.

Las sondas de exploración atmosférica son vehículos espaciales cuya principal misión es la toma de datos atmosféricos de un planeta o satélite. En general, su diseño suele sencillo ya que los subsistemas que necesitan son mínimos; no se suele requerir, por ejemplo, control de actitud ni de propulsión, pero en cambio, deben incorporar sistemas de protección para minimizar el calentamiento por rozamiento que se produce durante la entrada en la atmósfera, así como sistemas que ayuden a producir el frenado, generalmente paracaídas. Estos vehículos son transportados hasta su destino mediante otros vehículos (orbitadores), y se suele asumir que la sonda no sobrevive al impacto con el suelo.

Las plataformas de observación astronómica son vehículos que orbitan alrededor del Sol o de la Tierra, donde pueden realizar medidas y observaciones de objetos espaciales distantes sin los efectos de distorsión y perturbación que introduce la atmósfera terrestre. Dado que la misión de estos vehículos es la observación, su diseño incorpora sofisticados sistemas de medida del espacio profundo y sistemas muy precisos de orientación, y su forma y configuración parece más un instrumento de observación que un vehículo en sí mismo. Quizás el ejemplo más conocido de vehículos de observación es el telescopio espacial Hubble.

1.5. Guía de lectura

En la figura 1.13 se muestra la guía de lectura de este libro, así como las diferentes relaciones existentes entre los diversos capítulos.

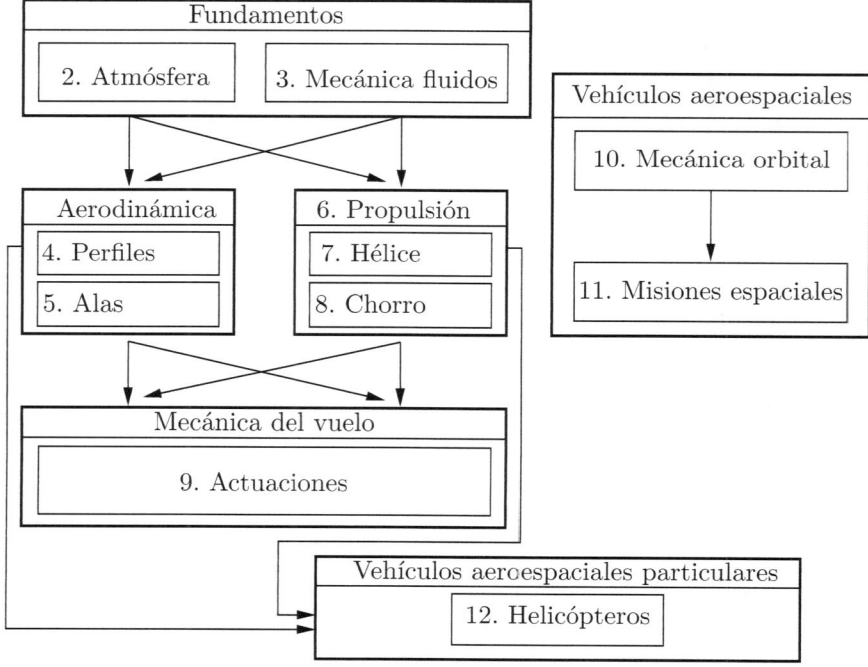

Figura 1.13. Guía de lectura de este libro.

La parte de fundamentos cubre los aspectos referentes al entorno terrestre, donde se describe la fuerza gravitatoria terrestre, así como la atmósfera estándar (capítulo 2), y la mecánica de fluidos, donde se presentan los principios básicos del tratamiento del movimiento de los fluidos (capítulo 3). En la parte de aerodinámica se describen las fuerzas aerodinámicas que aparecen en los perfiles de ala (capítulo 4), y sobre el ala completa (capítulo 5). En la parte de propulsión se presentan los principios de la propulsión, (capítulo 6), y se detallan los aspectos cualitativos del tratamiento de la propulsión a hélice (capítulo 7), y a chorro (capítulo 8). En la parte de mecánica del vuelo se analizan las actuaciones más importantes del avión, (capítulo 9). En la parte dedicada a los vehículos espaciales primero se presentan los fundamentos de la mecánica orbital, (capítulo 10), y a continuación se enumeran y describen los aspectos más relevantes de la definición de las misiones espaciales (capítulo 11). Finalmente en la parte de vehículos aeroespaciales particulares se describen los fundamentos de funcionamiento de los helicópteros (capítulo 12).

Parte I

Fundamentos

ENTORNO PLANETARIO TERRESTRE 2

2.1. Introducción

El interés en estudiar el entorno planetario terrestre reside en que las aeronaves y los vehículos espaciales, en la totalidad o parte de su vida operativa, realizan las misiones para las que han sido diseñados inmersos en dicho entorno. El entorno planetario terrestre se caracteriza por la fuerza de atracción gravitatoria y la atmósfera planetaria.

La fuerza gravitatoria es la fuerza con la que la Tierra atrae a los todos los cuerpos hacia su centro; su determinación y caracterización es fundamental para poder estimar las trayectorias de los vehículos aeroespaciales. La atmósfera es la capa de gases que rodea a un planeta, y existe siempre y cuando el planeta tenga una fuerza gravitatoria suficientemente alta y la temperatura de los gases sea suficientemente baja, de forma que éstos son retenidos configurando la atmósfera. En la Tierra, la atmósfera está compuesta por una mezcla de gases denominada aire, que forma una capa muy delgada comparada con las dimensiones del planeta y juega un papel decisivo en la generación de las fuerzas propulsivas y aerodinámicas que afectan al movimiento de las aeronaves.

Tanto las fuerzas propulsivas que impulsan a los vehículos aeroespaciales, como las fuerzas aerodinámicas que permiten su vuelo, dependen de las propiedades del gas atmosférico, como la presión, la densidad y la temperatura. Por tanto, es necesario conocer estas propiedades en función de la altitud. Además, las fuerzas aerodinámicas también dependen de la velocidad relativa del vehículo respecto al aire atmosférico, por lo que es fundamental conocer el campo de velocidades en el entorno cercano al vehículo.

La atmósfera terrestre es un complejo sistema que se encuentra en continuo cambio y, en general, las masas de aire que la forman se encuentran en movimiento. El movimiento del aire recibe el nombre de viento, y tiene un papel fundamental en la determinación de las fuerzas que aparecen sobre los vehículos aeroespaciales.

En la sección 2.2 se presenta la descripción del entorno gravitatorio terrestre. A continuación, se describe la atmósfera terrestre en función de la variación con la altitud de la composición química del aire, sección 2.3, su temperatura, sección 2.4, y su carga eléctrica, sección 2.5. Finalmente, se presenta y analiza la atmósfera estándar, así como las diferentes altitudes-presión que se emplean para definir la altitud de vuelo de una aeronave, sección 2.6. En el apéndice A se presenta el viento atmosférico a nivel global, así como una descripción de los diferentes tipos de vientos que se pueden considerar.

2.2. Entorno gravitatorio terrestre

Los vehículos que se mueven en el entorno terrestre, ya sean aeronaves o vehículos espaciales, están sometidos a la fuerza de atracción de la Tierra o fuerza gravitatoria. Para describir esta fuerza es necesario establecer una primera definición de altitud y emplear el modelo de la fuerza de gravitación de Newton.

2.2.1. Definición de altitud

El concepto de altitud es empleado de forma habitual pero imprecisa, por lo que para ser usado en aplicaciones que requieren cierto rigor, es necesario definirlo de forma concreta evitando ambigüedades. Para determinar la fuerza gravitatoria es posible definir dos altitudes: altura absoluta y la altitud geométrica, véase figura 2.1.

La altitud absoluta, r, es la distancia medida desde el centro de la Tierra. La altitud geométrica, z_g, es la distancia medida desde el nivel medio del mar y también se suele denominar altitud geodésica. Si se considera, en primera aproximación, que la forma de la Tierra es una esfera, entonces la relación que existe entre ambas altitudes es:

$$r = z_g + R_T, \qquad (2.1)$$

donde, R_T es el radio terrestre. Sin embargo, la forma de la Tierra no es esférica y una mejor aproximación consiste considerarla en un elipsoide de revolución, denominado elipsoide de referencia, véase figura 2.1.

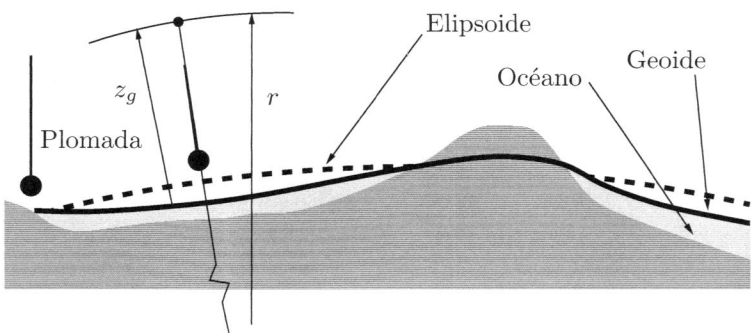

Figura 2.1. Definición de altitudes. Superficie terrestre real y modelos de referencia aproximados.

Para muchas aplicaciones interesa conocer la superficie que corresponde a un valor de potencial gravitatorio constante. Debido a la distribución heterogénea de la masa del la Tierra esta superficie, llamada geoide, es muy irregular, véase la figura 2.2. En cada punto del geoide se cumple que la fuerza de gravedad siempre es perpendicular a dicha superficie; en otras palabras, la dirección que forma una plomada es siempre perpendicular a la superficie del geoide, tal como se esquematiza en la figura 2.1. El geoide coincide con la superficie que formaría el nivel medio de los océanos debido al efecto combinado de la fuerza gravitatoria terrestre y la fuerza centrífuga debida a la rotación terrestre. El nivel medio del mar se desvía con respecto al geoide debido a las corrientes, variaciones de presión, salinidad, temperatura, etc. La determinación de la forma del planeta, la definición del potencial gravitatorio terrestre y la caracterización del geoide constituyen una disciplina denominada geodesia. El lector interesado puede encontrar más información en innumerables referencias, como por ejemplo Hofmann-Wellenhof & Moritz (2005). Con todo, para muchísimas aplicaciones se puede considerar un planeta esférico.

2.2.2. Fuerza gravitatoria terrestre

En 1665 Isaac Newton enunció la Ley de Gravitación Universal, que describe la fuerza de atracción gravitatoria entre objetos con masa, y que establece que dos masas puntuales M y m, véase figura 2.3, se atraen mutuamente con una fuerza, F_g, dirigida a lo largo de la recta que las une, siendo el módulo de F_g, directamente proporcional al producto de

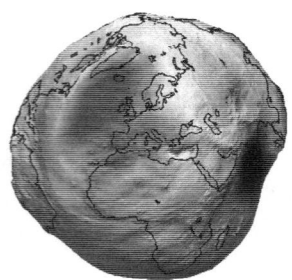

Figura 2.2. Representación del geoide terrestre (las distancias radiales están muy exageradas con respecto el valor medio).

las masas e inversamente proporcional al cuadrado de la distancia r, es decir:

$$F_g = G\frac{M\,m}{r^2}, \tag{2.2}$$

donde, $G = 6.67 \times 10^{-11} \mathrm{N\ m^2/kg^2}$, es la constante de gravitación universal.

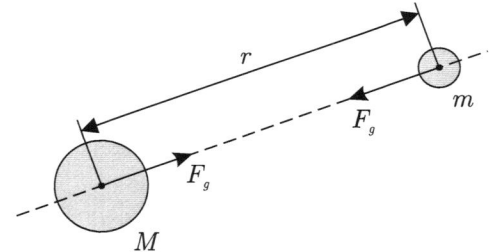

Figura 2.3. Fuerza de atracción gravitatoria entre dos masas.

En el entorno terrestre se define el peso de un cuerpo, W, como la fuerza con que la Tierra, de masa M_T, atrae a dicho cuerpo, de masa m, hacia su centro, es decir, $W = F_g$. Si sobre un cuerpo sólo actúa la fuerza peso, la segunda Ley de Newton puede escribirse como,

$$W = m\,G\frac{M_T}{r^2} = mg,$$

o bien,

$$g = G\frac{M_T}{r^2},$$

donde r es la distancia entre el centro de la Tierra y el cuerpo de masa m, es decir la altitud absoluta, y g es la aceleración que actúa sobre el cuerpo debido a la gravedad terrestre. Empleando la relación entre altitud absoluta y altitud, ecuación (2.1), se obtiene,

$$g(z_g) = G\frac{M_T}{(R_T + z_g)^2}, \tag{2.3}$$

expresión que representa la variación de la aceleración de la gravedad con la altitud geométrica. Si se considera la altitud geométrica nula, se obtiene la aceleración de la gravedad a nivel del mar:

$$g_0 = G\frac{M_T}{R_T^2}. \tag{2.4}$$

Empleando los valores de masa terrestre, $M_T = 5.9736 \times 10^{24}$ kg, y el radio medio terrestre, $R_T = 6378 \times 10^3$m, se obtiene el valor de la aceleración de la gravedad a nivel del mar, $g_0 = 9.82\,\mathrm{m/s}^2$. Este valor se aproxima bastante bien a los medidos en diferentes puntos de la Tierra, como se puede comprobar observando la tabla 2.1. La diferencia existente se debe a que la altitud, la latitud, la topografía y la geología locales modifican el valor de la aceleración de la gravedad. Así, a mayor altitud, mayor es la distancia con respecto al centro de la Tierra y, por tanto, menor aceleración de gravedad. Combinando las ecuaciones (2.3) y (2.4) para eliminar GM_T, se obtiene:

$$g(z_g) = g_0 \left(\frac{R_T}{R_T + z_g}\right)^2, \tag{2.5}$$

que expresa cómo cambia la aceleración de la gravedad en función de la altitud geométrica y en relación a su valor al nivel del mar.

La variación de la aceleración de la gravedad con la latitud se debe a dos razones: la fuerza centrífuga y el achatamiento de los polos. La fuerza centrífuga, debida a la rotación de la Tierra, hace que la gravedad sea menor en el ecuador que en los polos. El achatamiento de los polos, que es también consecuencia de la fuerza centrífuga, hace que en el ecuador la distancia al centro de la Tierra sea mayor que en los polos, por lo que la aceleración de la gravedad es menor. De forma general y sin contabilizar los efectos locales, el resultado neto es que g_0 es menor, cuanto menor es la latitud.

La topografía (presencia de montañas) y la geología (densidad de materia), producen fluctuaciones muy locales en el valor de la gravedad terrestre, conocidas como anomalías gravitatorias. Así pues, a pesar de que la gravedad cambia con la altitud y la latitud siguiendo unas claras tendencias, una importante parte del valor real de la gravedad viene determinado por la topografía y geología locales.

Tabla 2.1. Valor de la aceleración de la gravedad en diferentes ciudades.

Ciudad	g_0 [m/s^2]
Helsinki	9.819
Madrid	9.800
México DF	9.779
Buenos Aires	9.794

2.3. Estructura química atmosférica

La atmósfera terrestre está formada por una mezcla de gases y cantidades muy pequeñas de partículas sólidas y líquidas, que recibe el nombre de aire. En la tabla 2.2 se muestra la composición promedio de los principales gases que constituyen el aire, mientras que en la tabla 2.3 se muestran los componentes que, aunque existen en el aire, su presencia es menor.

Como se puede comprobar, el aire está constituido principalmente por oxígeno y nitrógeno, pero a pesar de que estos elementos representan el 99 % del volumen del aire seco, su importancia en los procesos meteorológicos es prácticamente despreciable. En cambio, elementos como el dióxido de carbono y el vapor de agua juegan un papel fundamental en los procesos climáticos y meteorológicos, por lo que tienen una influencia decisiva en el desarrollo de la vida en el planeta.

Las partículas sólidas y líquidas suspendidas en la atmósfera se denominan aerosoles y, básicamente, son gotas de polvo, agua, sal marina, polen, etc. En general, la mayor parte de los aerosoles se encuentra en las capas bajas de la atmósfera, aunque en las capas más altas también aparecen partículas arrastradas desde la superficie por corrientes ascendentes y otras partículas provenientes de la desintegración de meteoritos. Muchas de estas partículas pueden absorber agua y actúan como superficies donde el agua se condensa, dando lugar a nubes y niebla.

Estas partículas reciben el nombre de núcleos de condensación, y tienen tamaños típicos del orden de una centésima parte del tamaño de una gota de agua. El vapor de agua requiere una superficie no gaseosa para poderse condensar y los núcleos de condensación actúan como dichas superficies, alrededor de las cuales las gotas de agua coalescen.

Tabla 2.2. Composición química del aire en la atmósfera.

Elemento	% volumen
Nitrógeno (N_2)	78.084
Oxígeno (O_2)	20.946
Argón (Ar)	0.934
Dióxido de carbono (CO_2)	0.038
Neón (Ne)	0.001818
Helio (He)	0.00052
Metano (CH_4)	0.00017
Criptón (Kr)	0.00014
Hidrógeno (H_2)	0.00005
Vapor de agua (H_2O)	Entre 1 y 4

Tabla 2.3. Componentes menores del aire en la atmósfera.

Elemento	% volumen
Óxido nitrógeno (NO)	0.000055
Xenon (Xe)	9×10^{-6}
Ozono (O_3)	$0\text{-}7 \times 10^{-6}$
Dióxido nitrógeno (NO_2)	2×10^{-6}
Yodo (I)	10^{-6}
Monóxido carbono (CO)	trazas
Amoniaco (NH_4)	trazas

2.3.1. Vapor de agua

El vapor de agua, la fase gaseosa del agua, es uno de los gases que forma parte del aire atmosférico y que, desde un punto de vista termodinámico, es una mezcla o disolución de dos gases: vapor de agua y aire seco. Se denomina presión de vapor, al peso del vapor de agua por unidad de superficie contenido en un determinado volumen de aire húmedo. A medida que el aire se calienta, la cantidad de vapor de agua que puede contener aumenta exponencialmente, razón por la que las mayores concentraciones de vapor de agua aparecen en las regiones templadas y calientes del globo terráqueo y decrecen hacia los polos. El aire, a temperaturas inferiores de 0 °C y presiones normales, apenas contiene vapor de agua, como ocurre en los polos. El vapor de agua es uno de los gases cuya concentración en el aire presenta mayor variabilidad. De forma general, el vapor de agua puede alcanzar el 4 % del volumen del aire en las zonas templadas y húmedas del trópico y, solamente, algo menos del 1 % en zonas desérticas, véase la figura 2.4.

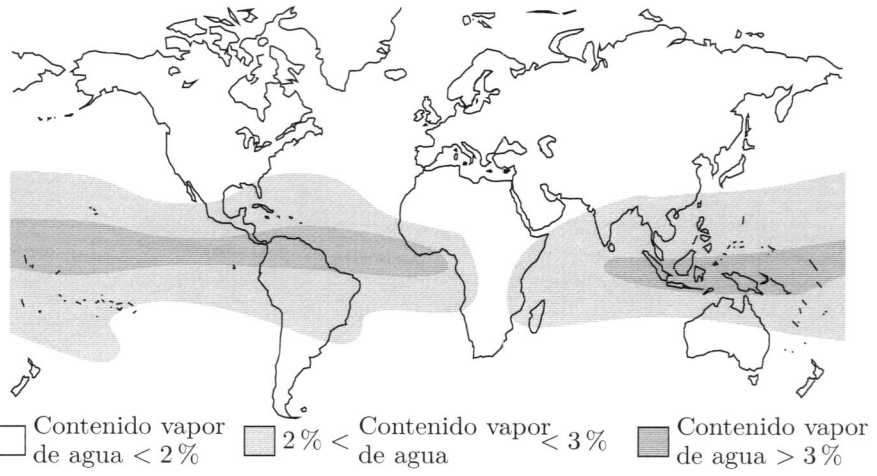

Figura 2.4. Distribución media de vapor de agua atmosférico sobre la superficie terrestre.

Cuando el aire húmedo alcanza la máxima cantidad de vapor de agua que puede contener a esa temperatura, se dice que el aire se encuentra saturado. La presión de saturación es la presión de vapor en esta situación. En general, los partes meteorológicos proporcionan la humedad relativa, que es una medida de la cantidad de vapor de agua en el aire con respecto a la máxima cantidad de vapor de agua que el aire puede contener a esa temperatura. Por ejemplo, una humedad relativa del 100 % implica que el aire ha alcanzado la presión de saturación y no puede contener más vapor de agua. El vapor de agua de aire húmedo puede condensar y pasar a fase líquida. Si el aire húmedo se encuentra saturado y se enfría, parte del vapor de agua se condensa y pasa a la fase líquida, es decir, precipita. En la atmósfera, la condensación del vapor de agua es el fenómeno responsable de la producción de nubes, niebla, lluvias y precipitaciones. El punto de rocío de un volumen de aire es la temperatura a la cual debe ser enfriado antes que el vapor de agua en el aire empiece a condensar. La existencia de núcleos de condensación incentiva el proceso de formación de nubes y niebla, de modo que sin ellos se necesita de una temperatura mucho menor para producir nubes y niebla. Bajo condiciones de condensación persistente o deposición, se forman gotas de agua o copos de nieve pudiendo llegar a precipitar cuando alcanzan una masa crítica.

El vapor de agua también influye en el llamado efecto invernadero. El efecto invernadero es el proceso por el cual la emisión de radiación infrarroja por la atmósfera es capaz de calentar la superficie del planeta. Al igual que el CO_2, el vapor de agua absorbe radiación y emite en el infrarrojo, ayudando a calentar la superficie terrestre.

2.3.2. Capas de la estructura química

Atendiendo a la composición química del aire atmosférico se distinguen dos capas: la homosfera y la heterosfera, véase figura 2.5.

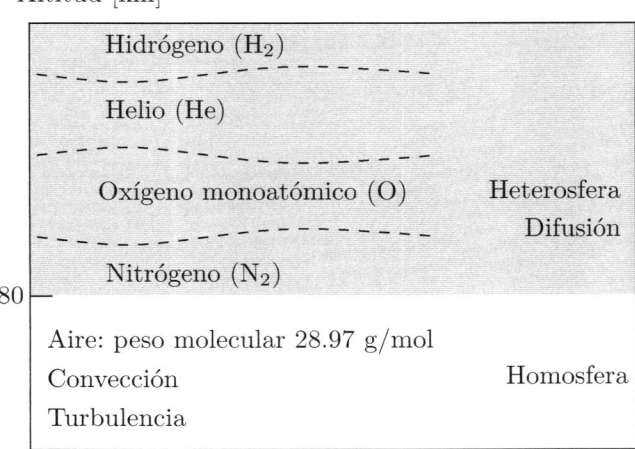

Figura 2.5. Estructura de la composición química de la atmósfera terrestre.

La homosfera es la capa de la atmósfera en la que el aire seco mantiene su composición prácticamente uniforme y se extiende hasta una altitud aproximada de 80 km. El proceso físico responsable de la uniformidad de la composición del aire es principalmente la convección turbulenta que aparece en las capas inferiores de la atmósfera y que facilita el mezclado de los elementos de los que está compuesto el aire. El peso molecular del aire en esta capa es de 28.97 g/mol y el aire, como mezcla, se puede considerar como un gas ideal.

La heterosfera aparece a partir de los 80 km. A partir de esta altitud, la atmósfera es bastante tenue y se encuentra muy alejada de los procesos de intenso mezclado de las capas inferiores. Los procesos físicos dominantes, difusión y ausencia de mezcla, hacen que la composición del aire varíe fuertemente con la altitud; a medida que ésta aumenta, el contenido en gases pesados, oxígeno y nitrógeno, disminuye; en cambio, los gases más ligeros como helio, hidrógeno molecular y atómico aumentan su concentración. Se distinguen cuatro subcapas ordenadas desde la parte más baja: capa de nitrógeno (N_2), capa de oxígeno monoatómico (O), capa de helio (He) y capa de hidrógeno (H_2). Evidentemente, en las subcapas de la heterosfera se encuentran los gases más pesados y en las más altas los más ligeros.

2.4. Estructura térmica atmosférica

Tomando como base la distribución de temperaturas que presenta el aire, la atmósfera terrestre puede dividirse en cinco capas. Desde la inferior hasta la superior estas capas son: troposfera, estratosfera, mesosfera, termosfera y exosfera. La estructura térmica de la atmósfera es consecuencia directa del balance energético entre el Sol y la Tierra, resultando en una distribución de temperatura que depende de la posición sobre el globo terrestre, de la altura y además presenta variaciones temporales. Por tanto, cuando se habla de la distribución de temperatura, en general, se refiere a una distribución de temperatura media a lo largo de un período significativo. En la figura 2.6 se muestra la variación de la temperatura media con la altitud según la atmósfera estándar (véase la sección 2.6), y se identifican las cinco capas de la estructura térmica de la atmósfera.

La troposfera (aproximadamente desde 0 km hasta 11 km), es la capa más baja de la atmósfera, comienza en la superficie de la Tierra y se extiende hasta 7 km en los polos y hasta 17 km en el ecuador. La

Altitud [km]

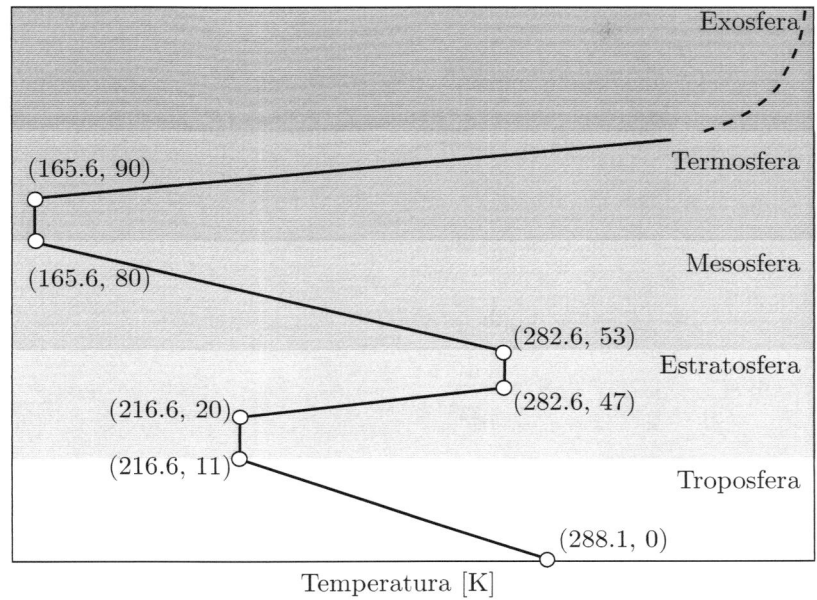

Figura 2.6. Variación de la temperatura media con la altitud en la atmósfera terrestre. En cada punto se indica la temperatura absoluta y la altitud en kilómetros.

temperatura decrece, de forma aproximadamente lineal, con un ritmo de 6.5 K por cada kilómetro de altitud, aunque el valor de esta variación de temperatura con la altitud puede ser bastante cambiante, llegando en ocasiones a invertirse la tendencia, pudiendo aumentar la temperatura con la altitud (fenómeno de inversión térmica). Debido al calentamiento de la superficie terrestre por la radiación solar incidente, esta capa se caracteriza por un proceso de mezclado vertical intenso. El calentamiento superficial hace que las capas atmosféricas inferiores sean menos densas y tiendan a subir, disminuyendo la presión a medida que se asciende. En el movimiento de ascenso se realiza un trabajo en contra de la fuerza de atracción gravitatoria, que tiene como consecuencia un gasto energético que se traduce en una disminución de la temperatura con la altitud.

En la troposfera se sitúa la capa límite atmosférica, una zona en la que la velocidad del viento varía con la altitud y que juega un papel fundamental en los procesos atmosféricos; en el capítulo 3 se describen los procesos que caracterizan a la capa límite.

El límite superior de la troposfera se denominada tropopausa. En esta superficie también suceden interesantes fenómenos atmosféricos como la corriente de chorro (véase el apéndice A).

El vuelo de aeronaves comerciales, aviación ligera y deportiva, así como globos de recreo, tiene lugar en la troposfera. La montaña más alta del planeta se encuentra completamente situada en esta misma capa.

La siguiente capa, la estratosfera (aproximadamente desde 11 km hasta 50 km) se divide en dos subcapas: la baja estratosfera (11 km hasta 20 km) en la que la temperatura se mantiene aproximadamente constante y la alta estratosfera (20 km hasta 50 km) en la que la temperatura aumenta con la altitud. La estratosfera contiene la capa de ozono que actúa como filtro natural a la radiación ultravioleta proveniente del Sol y que está situada principalmente en la baja estratosfera. La temperatura de la estratosfera aumenta debido a la absorción de radiación ultravioleta en el proceso de formación del ozono.

La estratosfera, al encontrarse bastante separada de la capa límite atmosférica, se caracteriza por una disminución de los procesos de mezclado vertical, dominando los movimientos horizontales de las masas de aire. En general, en esta capa no aparecen nubes, excepto las formadas por cristales de hielo (nubes nacaradas, denominadas nubes madreperla) que suelen encontrarse entre los 20 km y 30 km. En esta capa suelen volar los aviones en régimen supersónico. El límite superior de esta capa se denomina estratopausa.

En la mesosfera (aproximadamente desde 50 km hasta 85 km) la temperatura nuevamente vuelve a disminuir con la altitud, pudiendo alcanzar hasta -90 °C en el límite de la mesosfera (mesopausa). Es en esta capa donde la mayor parte de meteoritos que entran en la atmósfera se desintegran, produciendo partículas de polvo que, en combinación con pequeñas cantidades congeladas de vapor de agua, producen las denominadas nubes noctilucentes.

La termosfera (aproximadamente desde 85 km hasta 500 km o 750 km) se caracteriza por una bajísima concentración de partículas y un aumento de la temperatura con la altitud debido a la absorción de la radiación ultravioleta por el nitrógeno y el oxígeno atómico, pudiendo llegar a alcanzarse temperaturas entre 750 °C y 1100 °C en torno a los

600 km. Estas temperaturas no son comparables con las temperaturas experimentadas en la superficie, ya que la temperatura se define como el promedio de la energía cinética de las partículas que componen la materia y a estas altitudes la densidad de partículas del aire es tan baja que la cantidad de energía térmica que son capaces de transferir por colisión con otros objetos, es prácticamente insignificante. La desintegración de los meteoritos más ligeros se produce en esta capa así como las auroras boreales y australes.

La exosfera (aproximadamente desde 500 km o 750 km hasta los10 000 km) está formada por los gases más ligeros, hidrógeno, helio y otros. La exosfera se considera la separación entre la atmósfera terrestre y el espacio exterior. Esta capa es la primera capa en la que los vehículos espaciales en su regreso a la Tierra comienzan a experimentar un sobrecalentamiento por causas de la fricción ya que, a pesar de la bajísima concentración de partículas, las elevadas velocidades de ingreso en la atmósfera hace que se genere un elevado flujo de calor sobre el vehículo espacial.

2.5. Estructura eléctrica atmosférica

Desde el punto de visto eléctrico la atmósfera presenta dos capas claramente diferenciadas. La inferior, en la que las partículas y moléculas del aire atmosférico presentan una carga eléctrica neutra y la superior en la que la concentración de carga eléctrica puede ser importante.

La capa superior recibe el nombre de ionosfera y está situada en altitudes comprendidas entre 80 km y 400 km, prácticamente en la termosfera. A estas altitudes el aire atmosférico presenta una densidad tan baja que pueden existir electrones libres durante períodos de tiempo relativamente largos, hasta que se vuelven a combinar con iones positivos. En la capa baja, eléctricamente neutra, existe una subcapa muy importante en el intercambio de radiación ultravioleta que recibe el nombre de ozonosfera.

La radiación solar ultravioleta (UV) y los rayos X de corta longitud de onda son los responsables del proceso de disociación de las moléculas en iones y electrones libres, o proceso de ionización, debido a que los fotones de este rango de longitudes de onda son capaces de extraer los electrones de los átomos o moléculas neutras.

El proceso de recombinación es el responsable de que un electrón libre sea capturado por un ion positivo y se combine en un átomo o una molécula neutra. A medida que la densidad del gas aumenta, el proceso de recombinación domina, dando lugar a que el aire atmosférico aparezca con carga neutra en las capas inferiores a 80 km. Entre 80 km y 400 km la atmósfera presenta una apreciable densidad de carga eléctrica, pero no se extiende más allá de 400 km, porque el aire presenta una densidad de partículas tan baja, que la concentración de electrones disminuye.

En la zona ionizada de la atmósfera, el número de electrones libres es lo suficientemente alto como para llegar a afectar a la propagación de ondas de radio y por tanto, a las comunicaciones. El nivel de ionización depende fundamentalmente del Sol y de su actividad, a través de la cantidad de radiación recibida; por tanto, la ionización presenta fluctuaciones diarias y estacionales, así como variaciones en función de la posición geográfica.

Las auroras boreales son consecuencia de la interacción entre las tormentas solares y el campo magnético terrestre, que atrapa protones y electrones provenientes de estas tormentas y energiza los iones y átomos de la ionosfera haciéndoles emitir luz.

En la figura 2.7 se muestran las diversas capas de la estructura eléctrica atmosférica y la densidad de carga eléctrica, la ozonosfera y la ionosfera.

La ozonosfera (aproximadamente desde 12 km hasta 50 km) es donde tienen lugar los procesos relativos al ozono; éste se crea en la estratosfera como consecuencia de la incidencia de luz ultravioleta sobre el oxígeno molecular, O_2, descomponiéndolo en átomos individuales. Este oxígeno atómico se combina con oxígeno molecular formando ozono O_3, que a su vez también se ve afectado por la luz ultravioleta y se descompone en oxígeno molecular y oxígeno atómico. Este proceso se desarrolla de forma continua dando lugar al denominado ciclo oxígeno-ozono, característico de la capa de ozono en la estratosfera.

La ionosfera es la parte de la atmósfera en la que el gas se encuentra ionizado, estado denominado plasma. En el plasma los electrones negativos libres y los iones positivos son atraídos por fuerzas electromagnéticas, pero en esta capa el contenido energético de electrones

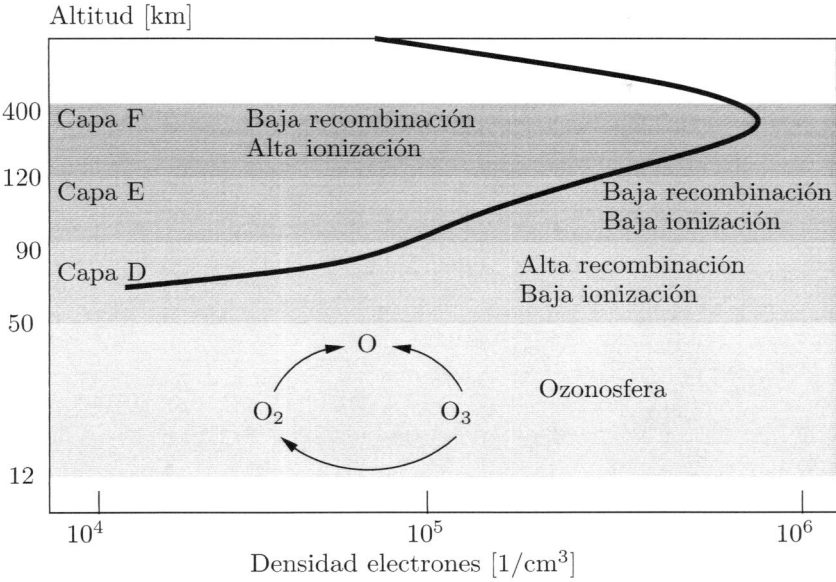

Figura 2.7. Distribución de la carga eléctrica en la atmósfera terrestre.

e iones es tan elevado que no pueden permanecer unidos formando una molécula neutra. La ionosfera es la parte interior de la magnetosfera terrestre y juega un papel importante en la propagación de ondas de radio, distinguiéndose las subcapas denominadas D, E y F.

En la capa D (aproximadamente desde 50 km hasta 90 km), el proceso de recombinación es alto comparado con el de ionización, y por tanto, las ondas de radio de alta frecuencia no son reflejadas. Esta capa es la responsable de la absorción de ondas de radio de alta frecuencia (10 MHz e inferiores). Durante el día el espesor de esta capa aumenta y la absorción de las ondas de radio es grande, por lo que las emisiones de radio de larga distancia en AM pueden resultar obstaculizadas e incluso desaparecer. Sin embargo, durante la noche el espesor de esta capa disminuye, pudiendo llegar a desaparecer, por lo que el alcance de las emisiones aumenta como consecuencia de la ausencia de mecanismos de absorción.

La capa E (aproximadamente desde 90 km hasta 120 km), tiene una estructura vertical que depende fundamentalmente del equilibrio entre la ionización y la recombinación. Durante la noche esta capa puede desaparecer dado que la fuente primaria de ionización desaparece produciéndose un aumento de su altitud inferior que incrementa el alcance de las ondas de radio que se reflejan en esta capa (aquellas con frecuencias menores de 10 MHz).

La capa F (aproximadamente desde 120 km hasta 400 km), se caracteriza porque la radiación extrema ultravioleta ioniza el oxígeno atómico.

2.6. Atmósfera estándar

La atmósfera terrestre es un sistema dinámico cambiante cuyo comportamiento queda descrito por la presión, la densidad y la temperatura. Estas variables cambian con la latitud, longitud, altitud, momento del día, estación anual, etc. Considerar estas variaciones y dependencias durante el diseño de una aeronave o en las estimaciones de sus actuaciones es algo irrealizable e impracticable. El objetivo que persigue la definición de una atmósfera estándar es proporcionar una referencia común para determinar cómo cambian las magnitudes que describen el comportamiento del aire de la atmósfera en función de la altitud (por ejemplo, muchas de las especificaciones e informaciones de los motores de las aeronaves se dan referidos a la atmósfera estándar).

Los primeros esfuerzos por definir una atmósfera estándar se remontan a finales de la Primera Guerra Mundial, cuando se fijó la variación de la temperatura con la altitud, y que se adoptó como estándar hacia el año 1920. La Organización de Aviación Civil Internacional, OACI, (ICAO en inglés), definió la Atmósfera Estándar Internacional (ISA en inglés) a partir de las condiciones promediadas medidas en latitudes medias; tal atmósfera estándar está definida por tres expresiones matemáticas que permiten obtener la presión, la densidad y la temperatura en función de la altitud, es decir: $p = p(z)$, $T = T(z)$ y $\rho = \rho(z)$.

La distribución de la temperatura con la altitud viene fijada por la atmósfera estándar en base a la información experimental recopilada, por lo que, desde un punto de vista matemático, el problema queda reducido a determinar dos incógnitas, $p(z)$ y $\rho(z)$, que son función de una variable independiente, z. Dado que se tienen dos incógnitas, para encontrar la solución son necesarias dos ecuaciones que las relacionen.

Estas ecuaciones se obtienen de los modelos matemáticos que describen el comportamiento físico y termodinámico del aire, que son: la ecuación de estado de los gases ideales y la ecuación del equilibrio de fuerzas.

La ecuación de estado de los gases ideales proporciona una relación entre los valores medios de las variables macroscópicas (p, T y ρ) y, para la mayoría de las aplicaciones aeronáuticas, el aire atmosférico puede considerarse que se comporta como un gas ideal, en el que las variables señaladas están relacionadas mediante la expresión:

$$pV = nR_gT, \tag{2.6}$$

donde p es la presión, V el volumen, n el número de moles, R_g la constante universal de los gases y T la temperatura. Teniendo en cuenta que $n = m/M_a$, siendo: m, la masa, M_a, la masa molecular del aire (M_a =28.9 gr/mol), y que el volumen se puede expresar como $V = m/\rho$, siendo ρ la densidad del aire, se obtiene que:

$$p = \rho RT,$$

donde, $R = 287$ m^2/(s^{2}K)$= R_g/M_a$, es la constante del aire.

Para obtener la ecuación de equilibrio del aire en reposo, se considera un volumen diferencial d$V = A\,$dz, de altura dz y área A, inmerso en la atmósfera y en equilibrio, tal como se muestra en la figura 2.8. Sobre el volumen sólo actúan fuerzas debidas a la presión atmosférica y a su propio peso. Si el volumen está en equilibrio en la dirección vertical, debe cumplirse que $\sum F_z = 0$. En la cara inferior del volumen diferencial actúa una fuerza en el sentido positivo de z que puede expresarse como $p\,A$. En la cara superior la presión es ligeramente diferente porque existe una diferencia de altitud dz, por tanto, la fuerza sobre esta cara puede expresarse como $(p + dp)\,A$ y su signo es negativo, ya que su sentido es hacia abajo. El equilibrio de fuerzas puede expresarse como:

$$p\,A - (p + \mathrm{d}p)\,A - \mathrm{d}W = 0,$$

donde, dW es el peso del volumen analizado, que puede expresarse como: d$W = g\,$d$m = g\rho$d$V = g\rho A$dz. Reemplazando esto en la ecuación anterior, se obtiene, d$p = -g\rho$dz, es decir,

$$\frac{\mathrm{d}p}{\mathrm{d}z} = -\rho g. \tag{2.7}$$

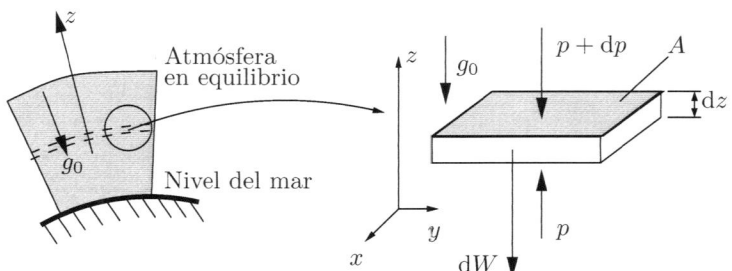

Figura 2.8. Equilibrio de fuerzas en un elemento diferencial de fluido atmosférico.

La ecuación (2.7) indica que la variación de la presión con la altitud es negativa, es decir, que a mayor altitud, menor presión (signo menos en la ecuación). Otra forma de interpretarla es, que la presión a una altitud determinada representa la fuerza por unidad de superficie que aparece como consecuencia del propio peso del aire que se encuentra por encima de esa altitud.

Cuando la variable a calcular es la presión, conocida la densidad, la ecuación (2.7) es una ecuación diferencial ordinaria, ya que la incógnita, $p(z)$, aparece en una derivada; por contra, cuando la variable a calcular es la densidad, conocida la presión, la ecuación (2.7) es simplemente una ecuación algebraica.

Como se ha comentado, la variación de temperatura con la altitud en la Atmósfera Estándar Internacional está determinada en base a la información experimental recopilada y corresponde a la variación que se muestra en la figura 2.6. Además, la ISA proporciona el valor de de la presión atmosférica a nivel nivel del mar, $z = 0$, obtenido también a partir de condiciones promediadas medidas en latitudes medias, siendo su valor $p(z = 0) = p_0 = 101325\,\mathrm{Pa}$.

Para poder obtener la variación de la presión y la densidad, son necesarias hipótesis adicionales: la primera es que el valor de la gravedad se considera constante e igual al valor correspondiente al nivel del mar, $g_0 = 9.8\,\mathrm{m/s^2}$; la segunda es que la composición del aire no cambia con la altitud y, por tanto, la constante del aire no varía con la altitud y es igual a $R = 287\,\mathrm{m^2/(s^2 K)}$. Esta segunda hipótesis es bastante razonable porque las capas atmosféricas de interés aeronáutico se encuentran inmersas en la homosfera.

2.6.1. Solución en la troposfera

Según la ISA, esta capa va desde la superficie, $z = 0$, hasta los 11 km y la variación de la temperatura con la altitud es $T(z) = T_0 + \lambda z$, donde $T_0 = T(z = 0) = 288.15$ K es la temperatura a nivel del mar y $\lambda = -6.5 \times 10^{-3}$ K /m. Empleando la ecuación de estado del aire (2.6) se obtiene:

$$\rho(z) = \frac{p(z)}{RT(z)} = \frac{p(z)}{R(T_0 + \lambda z)},$$

e introduciendo esta expresión en la ecuación (2.7) resulta:

$$\frac{\mathrm{d}p(z)}{p(z)} = -\frac{g_0}{R}\frac{\mathrm{d}z}{(T_0 + \lambda z)}.$$

La resolución de este problema consiste en obtener la variación con la altitud de la presión $p(z)$ y, dado que se encuentra en un operador diferencial, hay que tomar el operador inverso a la diferenciación, es decir, una integral,

$$\int_{p_0}^{p(z)} \frac{\mathrm{d}p}{p} = \int_0^z -\frac{g_0}{R}\frac{\mathrm{d}z}{(T_0 + \lambda z)},$$

donde los límites de integración de la altitud son, $z = 0$ y una altitud arbitraria, z, (menor que 11000 m) y los valores correspondientes de presión, es decir, $p(z = 0) = p_0$ y el valor de la presión que corresponde a la altitud arbitraria z, es decir $p(z)$. Integrando resulta:

$$\ln\left(\frac{p(z)}{p_0}\right) = -\frac{g_0}{R\lambda}\ln\left(\frac{T_0 + \lambda z}{T_0}\right),$$

o bien,

$$p(z) = p_0\left(1 + \frac{\lambda z}{T_0}\right)^{-\frac{g_0}{R\lambda}}, \qquad (2.8)$$

donde, $p_0 = 101325$ Pa, es la presión a nivel del mar.

La variación de la densidad con la altitud se obtiene introduciendo la ecuación (2.8) en la ecuación de estado del gas ideal (2.6), resultando:

$$\rho(z) = \rho_0\left(1 + \frac{\lambda z}{T_0}\right)^{-\frac{g_0}{R\lambda}-1}, \qquad (2.9)$$

donde, $\rho_0 = p_0/(RT_0) = 1.225$ kg/m^3, es la densidad del aire a nivel del mar. En la figura 2.9 se muestran las variaciones de presión, densidad y temperatura en función de la altitud para la troposfera y la baja estratosfera (que se desarrolla en el apartado siguiente).

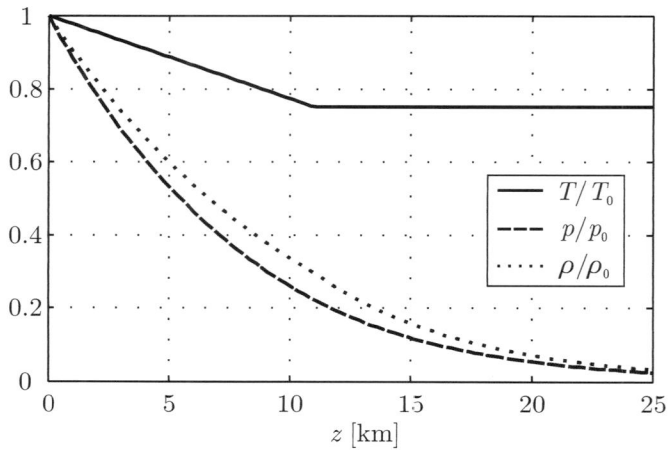

Figura 2.9. Variación de la presión, la densidad y la temperatura con la altitud según la atmósfera estándar. Datos referidos a los valores de las variables a nivel del mar, $z = 0$.

En general, las dependencias funcionales expresadas por las ecuaciones (2.8) y (2.9) son válidas para cualquier capa atmosférica en la que exista una variación lineal de temperatura de pendiente λ.

Discusión

Obtener la expresión de la variación de la densidad y la presión con la altitud para la alta estratosfera. Considerar que para $z_1 = 25$ km $T_1 = -56\ ^\circ$C y que para $z_2 = 47$ km $T_2 = 9\ ^\circ$C.

2.6.2. Solución en la estratosfera

Según la ISA, la baja estratosfera es una capa isoterma (temperatura constante) que va desde los 11 km hasta los 20 km de altitud. El valor que toman las tres variables (presión, densidad y temperatura) a 11 km es el mismo que en la troposfera a la misma altitud. Esto se debe a que no pueden existir discontinuidades en las funciones $p(z)$, $T(z)$ y $\rho(z)$, ya que esto carece de sentido físico. Es decir, que la temperatura en la estratosfera es constante e igual a $T(z = 11000\,\mathrm{m}) = T_{11} = 216.6\,\mathrm{K}$. Por tanto, la densidad del aire se puede expresar como $\rho(z) = p(z)/(RT_{11})$ y al remplazarla en la ecuación (2.7),

$$\frac{\mathrm{d}p(z)}{p(z)} = -\frac{g_0}{RT_{11}}\mathrm{d}z.$$

Integrando entre $z = 11000\,\mathrm{m}$ y una altitud arbitraria, z, (menor que 20 km) se obtiene la distribución de presión,

$$\int_{p_{11}}^{p(z)} \frac{\mathrm{d}p}{p} = \int_{z_{11}}^{z} -\frac{g_0}{RT_{11}}\mathrm{d}z,$$

$$\ln\left(\frac{p(z)}{p_{11}}\right) = -\frac{g_0}{RT_{11}}(z - z_{11}),$$

$$p(z) = p_{11}\exp\left(-\frac{g_0}{RT_{11}}(z - z_{11})\right), \tag{2.10}$$

donde, $p_{11} = p(z = 11000\,\mathrm{m}) = 22558\ \mathrm{N/m}^2$.

Sustituyendo la expresión de la presión en la estratosfera (2.10) en la ecuación de estado del gas ideal (2.6) se obtiene la distribución de densidad en la estratosfera:

$$\rho(z) = \rho_{11}\exp\left(-\frac{g_0}{RT_{11}}(z - z_{11})\right),$$

donde, $\rho_{11} = p_{11}/(RT_{11}) = 0.363\ \mathrm{kg/m}^3$.

2.6.3. Corrección por variación de la gravedad con la altitud

La Atmósfera Estándar Internacional, ISA, considera que la aceleración de la gravedad es constante e igual al valor a nivel del mar. Esta simplificación indirectamente está definiendo una nueva altitud que se denomina altitud geopotencial de presión, z. Es decir, cuando se calcula una altitud z empleando las ecuaciones de la ISA, se está calculando una altitud ficticia que no es ni la altitud geométrica z_g, ni la altitud absoluta r.

La atmósfera ISA define la variación de presión como, $\mathrm{d}p = -\rho g_0 \mathrm{d}z$, cuando realmente debería ser, $\mathrm{d}p = -\rho g(z_g)\mathrm{d}z_g$, donde g varía con la altitud geométrica según la ecuación (2.5). Para conocer la equivalencia entre la altitud geopotencial de presión z y la altitud geométrica z_g, se considera una misma variación de presión $\mathrm{d}p$, resultando:

$$\frac{g(z_g)}{g_0}\frac{\mathrm{d}z_g}{\mathrm{d}z} = 1. \tag{2.11}$$

Dado que, $g(z_g) < g_0$, para que se cumpla la igualdad de la ecuación (2.11), debe ser, $\mathrm{d}z < \mathrm{d}z_g$, por lo que $z < z_g$; es decir que la altitud geométrica siempre es mayor que la altitud geopotencial de presión.

Teniendo en cuenta la variación de la gravedad con la altitud geométrica, ecuación (2.5), se puede obtener la altitud geopotencial de presión z, en función de la altitud geométrica z_g, a partir de la ecuación (2.11):

$$\mathrm{d}z = \left(\frac{R_T}{R_T + z_g}\right)^2 \mathrm{d}z_g,$$

$$\int_0^z \mathrm{d}z = \int_0^{z_g} \left(\frac{R_T}{R_T + z_g}\right)^2 \mathrm{d}z_g,$$

de modo que,

$$z = -\frac{R_T^2}{R_T + z_g}\Bigg|_0^{z_g},$$

y así,

$$z = \frac{z_g R_T}{R_T + z_g}. \tag{2.12}$$

Despejando la altitud geométrica en función de la altitud geopotencial de presión de la ecuación (2.12) se obtiene la función inversa:

$$z_g = \frac{R_T z}{R_T - z}.$$

En la figura 2.10 se muestra el error cometido al emplear la altitud geopotencial de presión en vez de la altitud geométrica en función de la altitud. Por ejemplo, para una altitud geopotencial de presión de 10 km, altitud de vuelo típica de los aviones de transporte de pasajeros, se observa que el error cometido por considerar la gravedad constante es menor al 0.2 %, y para altitudes superiores a 60 km el error es mayor que 1 %. Evidentemente, el vuelo de aviones ligeros, de transporte de pasajeros o cazas supersónicos se ve muy poco afectado por la diferencia entre estas dos altitudes.

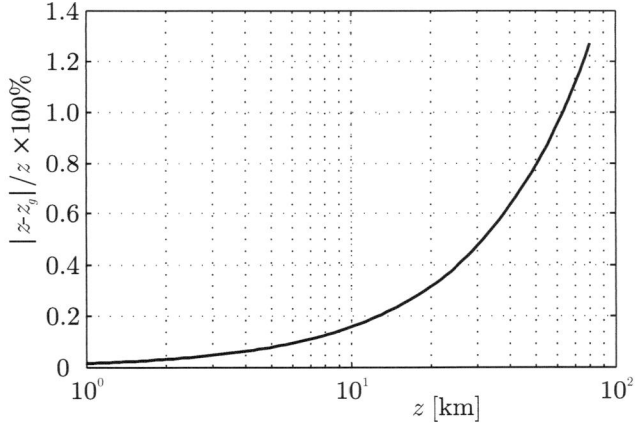

Figura 2.10. Error relativo entre la altitud geométrica y la altitud geopotencial de presión, expresado en porcentaje, en función de la altitud geopotencial.

Ejemplo 2.1

Empleando las ecuaciones de la atmósfera estándar determinar: (1) para una altitud geopotencial de presión de 5000 m: la presión, temperatura y densidad del aire, (2) para una altitud geopotencial de presión de 12000 m: la presión, temperatura y densidad del aire, (3) la altitud, geométrica y geopotencial, a la que la presión del aire es el 30 % de la presión a nivel del mar, (4) la altitud a la que la densidad del aire es el 20 % de la densidad a nivel del mar, (5) la altitud a la que la temperatura del aire es 240 K y (6) la altitud geométrica y geopotencial de presión a la que la gravedad el 95 % de la gravedad al nivel del mar.

Solución

(1) Empleando las ecuaciones de la atmósfera estándar para $z = 5000\,\mathrm{m}$,

la presión se puede expresar de acuerdo a la expresión:

$$p(z) = p_0 \left(1 - 2.26 \times 10^{-5} z\right)^{5.256} = 53951 \, \text{Pa},$$

la densidad,

$$\rho(z) = \rho_0 \left(1 - 2.26 \times 10^{-5} z\right)^{4.256} = 0.735 \, \text{kg/m}^3,$$

y la temperatura,

$$T(z) = T_0 \left(1 - 2.26 \times 10^{-5} z\right) = 255.6 \, \text{K},$$

donde se han empleado los valores de $\lambda = -6.5 \times 10^{-3}$ K/m, $g_0 = 9.8$ m/s^2, $p_0 = 101325$ Pa, $\rho_0 = 1.225$ kg/m^3 y $T_0 = 288.15$ K.

(2) Empleando las ecuaciones de la atmósfera estándar para $z = 12000$ m, la presión es:

$$p(z) = p_{11} \exp\left(\frac{11000 - z}{6343.45}\right) = 19331 \, \text{Pa},$$

la densidad,

$$\rho(z) = \rho_{11} \exp\left(\frac{11000 - z}{6343.45}\right) = 0.311 \, \text{kg/m}^3,$$

y la temperatura,

$$T(z) = T_{11} = T(12000) = 216.6 \, \text{K},$$

donde se han empleado los valores $p_{11} = 22558$ N/m^2, $\rho_{11} = 0.363$ kg/m^3 y $T_{11} = 216.6$ K.

(3) El 30 % de la presión de nivel del mar corresponde a $p_a = 30397$ Pa. Teniendo en cuenta que la presión siempre disminuye a medida que aumenta la altitud y, que $p(11000) < p_a < p(5000)$, se puede afirmar que la altitud corresponde a la troposfera. Despejando la altitud geopotencial de presión de la ecuación de la presión en la troposfera se obtiene:

$$z = \frac{1}{2.26 \, 10^{-5}} \left(1 - \left(\frac{p_a}{p_0}\right)^{1/5.256}\right) = 9058.6 \, \text{m},$$

y la altitud geométrica es:

$$z_g = \frac{R_T z}{R_T - z} = 9071.5 \, \text{m}.$$

(4) El 20 % de la densidad al nivel del mar corresponde a $\rho_a = 0.245 \, \text{kg/m}^3$. Teniendo en cuenta que la densidad siempre disminuye de valor a medida que aumenta la altitud y teniendo en cuenta que $\rho(12000) > \rho_a$, se puede afirmar que la altitud corresponde a la estratosfera. Despejando la altitud geopotencial de presión de la ecuación de la densidad en la troposfera,

$$z = 11000 - 6343.45 \ln \left(\frac{\rho_a}{\rho_{11}} \right) = 13493.9 \, \text{m},$$

y la altitud geométrica es,

$$z_g = \frac{R_T z}{R_T - z} = 13522.5 \, \text{m}.$$

(5) Una temperatura de $T_a = 240 \, \text{K}$ corresponde a una altitud situada en la troposfera, dado que $T_a > 216.66 \, \text{K}$. Despejando la altitud geopotencial de presión de la ecuación de la temperatura en la troposfera,

$$z = \frac{1}{2.26 \, 10^{-5}} \left(1 - \frac{T_a}{T_0} \right) = 7407.6 \, \text{m},$$

y la altitud geométrica es,

$$z_g = \frac{R_T z}{R_T - z} = 7416.3 \, \text{m}.$$

(6) El 95 % de la gravedad al nivel del mar corresponde a un valor de la gravedad de $g = 9.316 \, \text{m/s}^2$. Teniendo en cuenta la de variación de la aceleración de la gravedad con la altitud geométrica, ecuación (2.5),

$$g = g_0 \left(\frac{R_T}{R_T + z_g} \right)^2$$

de donde se obtiene que:

$$z_g = R_T \left(\sqrt{\frac{g_0}{g}} - 1 \right) = 165690 \, \text{m},$$

y la altitud geopotencial de presión es:

$$z = \frac{z_g R_T}{R_T + z_g} = 161495 \,\text{m}.$$

2.6.4. Altitud-presión

Existen diferentes medios para que una aeronave conozca la altitud a la que se encuentra volando. Estos sistemas pueden ser muy diferentes, como por ejemplo la navegación inercial, el sistema GPS o la altimetría radar. Sin embargo, el sistema más sencillo es la altimetría barométrica, que se basa en determinar la altitud de la aeronave a partir de la medida de la presión atmosférica, y es una de las aplicaciones más importantes de la atmósfera estándar.

La altitud-presión se define como la altitud que se obtiene a partir de la medida de la presión atmosférica, el modelo de variación de la presión con la altitud en la troposfera de la atmósfera estándar y una determinada presión de referencia. Es decir, despejando z de la ecuación (2.8), la altitud-presión es:

$$z = \frac{T_0}{\lambda}\left[\left(\frac{p_z}{p_{ref}}\right)^{-\frac{R\lambda}{g_0}} - 1\right], \tag{2.13}$$

y reemplazando los valores numéricos de las constantes g_0, λ, R y T_0 resulta:

$$z = \frac{1}{2.26 \times 10^{-5}}\left(1 - \left(\frac{p_z}{p_{ref}}\right)^{1/5.256}\right),$$

donde, p_z es la presión medida por el altímetro barométrico y p_0 se ha reemplazado por p_{ref}, que es una presión de referencia que puede ajustarse en el altímetro barométrico según las circunstancias del vuelo, como se explica a continuación.

Evidentemente, para relacionar la presión con la altitud hay que tener en cuenta que la presión no sólo depende de la altitud, sino también de las condiciones meteorológicas, de manera que la presión al nivel del mar sufre importantes variaciones que influyen en la lectura de un altímetro. Este problema es suficientemente importante como para afectar la navegación de las aeronaves, no sólo durante el aterrizaje, sino incluso durante el vuelo de crucero.

Para solventar este inconveniente, cuando el avión está volando fuera del entorno de un aeropuerto, se ajusta la presión de referencia del altímetro con el valor de la presión al nivel del mar definida por la atmósfera estándar, es decir $p_{ref} = p_0 = 101325$ Pa. Cuando se toma esta presión de referencia se dice que el altímetro se ajusta a QNE. En estas condiciones, el instrumento no indica la altitud real sobre el nivel del mar, sino la altitud correspondiente a la presión de aire real en una atmósfera que sea igual a la ISA, véase la figura 2.11. En base a la altitud así determinada se definen los niveles de vuelo; por ejemplo, un nivel de vuelo FL340 corresponde a una altitud de 34000 pies. De este modo, todas las aeronaves en navegación emplean la misma referencia y, por tanto, el tráfico aéreo se puede controlar fácilmente. Como la altitud de las aeronaves es relativa a una referencia común, dos aeronaves volando en diferentes niveles de vuelo sólo conocen la diferencia de altitud entre ellas sin importar la altitud absoluta.

Cuando el avión se encuentra volando en el entorno de un aeropuerto (el de origen o destino) la presión de referencia del altímetro, p_{ref}, se ajusta a la presión atmosférica real al nivel del mar, dato que le es proporcionado al piloto por la torre de control. En este caso se dice que el altímetro se ajusta a QNH y, en general, esta presión es diferente de la presión al nivel del mar establecida por la atmósfera estándar ($p_0 = 101325$ Pa). Cuando la aeronave se encuentra en un aeropuerto con altímetro fijado en QNH, el instrumento indica la altitud del aeropuerto, de forma que se puede conocer la altitud de vuelo comparada con la altitud de otros obstáculos sobrevolados, ya que el aeropuerto puede proporcionar la altitud-presión QNH de dichos obstáculos.

En el entorno de los aeropuertos existe otra posibilidad que consiste en ajustar la presión de referencia a la presión barométrica local (dato que también le es proporcionado al piloto por la torre de control). La altitud que se obtiene de esta forma se denomina altitud-presión QFE y en estas condiciones, cuando el avión está posado sobre la pista, el altímetro indica cero. Sin embargo, el rango de ajuste de presiones de los altímetros tiene límites, de modo que lo anterior no es posible para aeropuertos situados en zonas muy elevadas.

En general, se emplea la palabra altura para denotar la posición de una aeronave sobre una determinada superficie real y se emplea altitud para referir la posición sobre una superficie de referencia cualquiera, como puede ser el geoide, la superficie del nivel medio del mar o una superficie isobárica (por ejemplo, la de $p = p_0$). Así pues, cuando un altímetro se ajusta empleando la altitud-presión QNH, indica una altitud, mientras que cuando se ajusta empleando la altitud-presión QFE, el altímetro indica una altura. Finalmente, en la figura 2.11 se muestran las diferentes altitud-presión junto con el nivel de vuelo. Existen otras altitudes basadas en la densidad y en la temperatura conocidas como altitud-densidad y altitud-temperatura, para más información consultar Isidoro Carmona (2000).

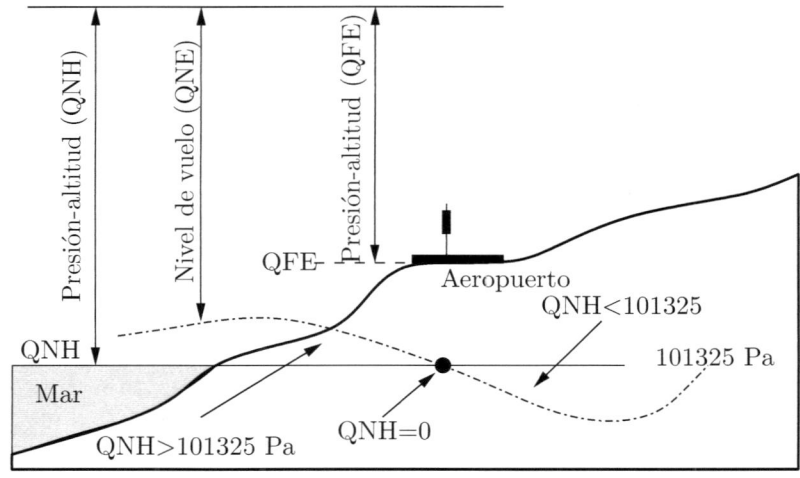

Figura 2.11. Altitud-presión y nivel de vuelo.

MECÁNICA DE FLUIDOS 3

3.1. Introducción

La mecánica de los fluidos es la rama de la mecánica que estudia el movimiento de los fluidos y las fuerzas que aparecen en la interacción con contornos sólidos o fluidos. Al ser una parte de la mecánica, se basa en los mismos principios que ésta, conservación de la masa, ecuación de la cantidad de movimiento (segunda ley de Newton) y ecuación de la conservación de la energía. La mecánica de fluidos introduce conceptos nuevos con respecto a la mecánica del punto o sólido rígido. Por un lado, el fluido como medio continuo presenta fuerzas internas que se describen en términos de fuerzas por unidad de superficie, denominadas esfuerzos. Estos esfuerzos son la presión y los esfuerzos viscosos. Por otro lado, la formulación empleada para aplicar los principios de la mecánica se basa en definir las variables del movimiento del fluido en cada posición, independientemente de cual sea la partícula que pase por dicha posición, en vez de seguir a una partícula identificable del medio.

La importancia que tiene la mecánica de fluidos para el ser humano es innegable si se tiene en cuenta que tanto el aire, del que está formada la atmósfera, como el agua, que ocupa tres cuartas partes de la superficie de la Tierra, son fluidos. Las bases matemáticas que fundamentan la mecánica de fluidos se asentaron principalmente en los siglos XVII y XVIII, gracias a los trabajos de Isaac Newton, Leonard Euler, Daniel Bernoulli, Jean D'Alambert, Joseph-Louis Lagrange y Pierre-Simon Laplace. En el siglo XIX, Claude-Louis Navier y George Gabriel Stokes formulan, de forma independiente, las ecuaciones fundamentales de la mecánica de fluidos, que en su honor son conocidas como las ecuaciones de Navier-Stokes. Durante el siglo XX las principales aportaciones se centraron en el estudio de las capas límites, laminares y turbulentas, modelos de turbulencia, etc. El lector interesado en los aspectos históricos de la mecánica de fluidos puede consultar Tokaty (1994).

Este capítulo se organiza de modo que, en la sección 3.2, se describen los diferentes estados de la materia y en la sección 3.3, se presenta la definición de fluido y de partícula fluida como la unidad representativa de un fluido. En la sección 3.4 se presenta el concepto de flujo y las diferentes formas que existen para describirlo mientras, que en las secciones 3.5 y 3.6 se enuncian y formulan dos de los principios fundamentales de la mecánica de fluidos, que son los que establecen los balances de masa y de cantidad de movimiento. El balance de energía se presenta sólo para el movimiento de gases a bajas velocidades (flujo incompresible); el tratamiento para el caso de gases moviéndose a altas velocidades (régimen compresible), se hace de una forma cualitativa. La descripción cuantitativa está fuera del propósito de este texto, pero puede consultarse en White (2006), Anderson (2004) o Shapiro (1954). En la sección 3.7 se introduce el concepto de viscosidad y fuerzas de origen viscoso, si bien los procesos asociados a la existencia de esfuerzos viscosos también es analizado de forma cualitativa. Finalmente, los aspectos básicos del flujo compresible se presentan en la sección 3.8.

3.2. Estados de la materia

En la naturaleza las sustancias se presentan en tres estados: sólido, líquido y gaseoso, siendo los fluidos un subconjunto de estos estados. Desde un punto de vista macroscópico y de forma general, se entiende por sólido, un medio que mantiene su forma y volumen, líquido es aquel medio que mantiene su volumen pero adopta la forma del recipiente que lo contiene y el gas es el medio que se adapta, tanto en forma como en volumen, a la forma del recipiente que lo contiene. Estas definiciones básicas son consecuencia de la estructura microscópica de cada estado.

En el estado sólido las moléculas que lo constituyen se encuentran unidas formando estructuras muy compactas y ordenadas, véase la figura 3.1(a). Las fuerzas intermoleculares son muy intensas y, por tanto, la movilidad de dichas moléculas se ve limitada. Esta configuración microscópica se traduce en que, desde el punto de vista macroscópico, el sólido se caracteriza por presentar resistencia a la deformación y apenas ser compresible. En condiciones estáticas puede resistir esfuerzos (fuerzas por unidad de superficie) tangenciales.

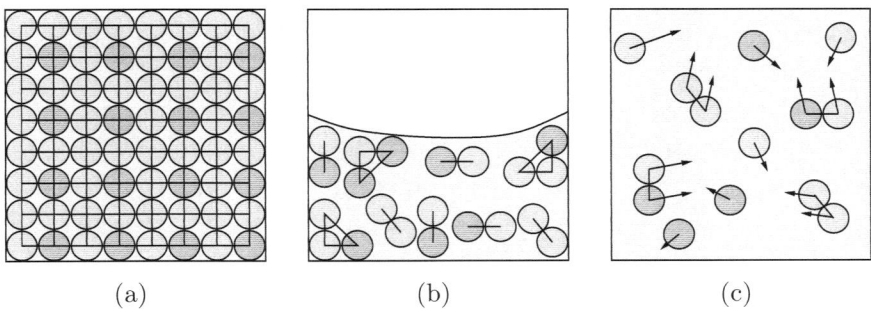

(a)   (b)   (c)

Figura 3.1. Esquema conceptual de la estructura microscópica de (a) un solido, (b) un líquido y (c) un gas.

En el estado líquido, las moléculas que constituyen la materia presentan una mayor separación y se encuentran más desordenadas, ya que las fuerzas entre ellas son más débiles y su movilidad es mayor que en el caso del sólido, véase la figura 3.1(b). Esta configuración microscópica implica que, a un nivel macroscópico, los líquidos presentan resistencia a la velocidad de deformación tangencial; es decir, ante un esfuerzo que actúa tangencialmente, el líquido fluye sin adquirir una configuración de equilibrio. En otras palabras, en condiciones estáticas los líquidos no pueden soportar fuerzas tangenciales por unidad de superficie. Además, presentan un volumen definido y toman la forma del volumen que lo contiene, con la posibilidad de crear superficies libres. Los líquidos, al igual que los sólidos, son muy poco compresibles.

El estado gaseoso, a nivel microscópico, se caracteriza porque las fuerzas intermoleculares son las más débiles de todos los estados de la materia, dando lugar a una mayor separación entre moléculas, así como a un mayor desorden. Las moléculas del gas presentan un mayor nivel de agitación microscópico que los sólidos y los líquidos, figura 3.1(c). Esta configuración microscópica es la responsable de que, a nivel macroscópico, los gases, al igual que los líquidos, presenten resistencia a la velocidad de deformación y en condiciones estáticas tampoco puedan resistir esfuerzos tangenciales. A diferencia de los líquidos, los gases no tienen ni forma ni volumen definido, tienden a ocupar el volumen en el que se encuentren alojados y son compresibles.

3.3. Definición de fluido

De forma general, y a efectos prácticos, se consideran fluidos los gases y líquidos. En la figura 3.2 se muestra una fuerza, F, actuando tangencialmente sobre la superficie superior de un volumen arbitrario de un sólido y un fluido, de modo que el esfuerzo tangencial o cortante se define como $\tau = F/S$, siendo S la superficie superior del volumen. Entre los diferentes estados de la materia se puede establecer una división en función de la respuesta del medio ante los esfuerzos cortantes. Por un lado se encuentran los sólidos, que ante un esfuerzo cortante son capaces de encontrar una configuración deformada de equilibrio definida por el ángulo γ, véase la figura 3.2(a). Por otro lado, los líquidos y gases se deforman continuamente ante un esfuerzo cortante y el medio no encuentra una configuración de equilibrio. En la figura 3.2(b) se muestra que al actuar el esfuerzo τ sobre el volumen de fluido, éste se deforma continuamente con el tiempo γ_1, γ_2 ... El fluido se define como el medio que, ante esfuerzos cortantes, no es capaz de encontrar una configuración de equilibrio y comienza a moverse, a fluir (esta propiedad recibe el nombre de fluidez o facilidad para la deformación).

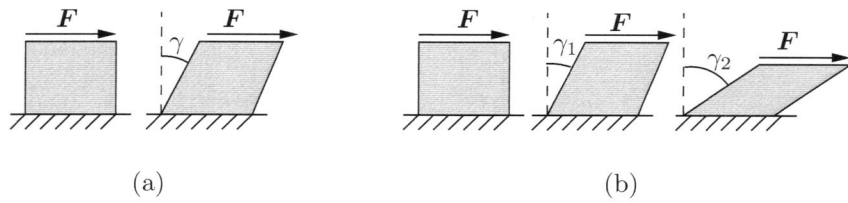

(a)   (b)

Figura 3.2. Definición de (a) sólido frente a (b) fluido.

En cualquier caso, es importante mencionar que existen sólidos que se comportan de forma parecida a los fluidos, como por ejemplo ciertos polímeros, que a alta temperatura pueden fluir; y líquidos que cuesta trabajo distinguirlos de los sólidos, como por ejemplo los coloides, los cuales necesitan elevadas fuerzas tangenciales por unidad de superficie para conseguir que fluyan.

Dado el elevado número de moléculas que forman un fluido y la complejidad de las fuerzas intermoleculares que actúan sobre ellas, desde el punto de vista de la ingeniería, es prácticamente inviable hacer un análisis microscópico del movimiento de un fluido; por ejemplo:

en un volumen de aire de 1 mm^3, a presión y temperatura ambiente hay aproximadamente 2.5×10^{16} moléculas; evidentemente analizar el movimiento y las fuerzas que actúan sobre cada una de ellas, suponiendo que se supiera modelizarlas, es prácticamente imposible. Por tanto, es necesario definir una unidad de materia elemental de fluido que sea representativa y a la que se le puedan asignar valores macroscópicos con significado preciso y definido de las variables presión, densidad, velocidad, temperatura, etc. La unidad fundamental que se considera representativa del fluido recibe el nombre de partícula fluida.

Para determinar el tamaño que debe tener una partícula fluida de forma que pueda estudiarse su movimiento obteniendo resultados prácticos, se considera, como se muestra en la figura 3.3, una cierta región del espacio en la que se encuentra un fluido moviéndose, como podría ser una zona de la atmósfera terrestre en la que se mueve el aire que la compone. Esta región se denomina dominio fluido y dentro de este dominio las variables macroscópicas varían de forma continua. Para analizar cómo varía una magnitud fluida, en función del tamaño del volumen en el que se define, se considera un cierto volumen de control de dicho dominio fluido y, a modo de ejemplo, se elije como magnitud fluida la densidad.

Si el volumen de control es muy pequeño, V_1, en un instante dado contiene un número determinado de moléculas, pero, debido a la agitación molecular, en un instante de tiempo posterior, este número de moléculas es diferente ya que unas habrán salido y otras habrán entrado. Siendo la densidad el cociente entre la masa total de las moléculas contenidas en el volumen y el propio volumen, $\rho = m/V$, es evidente que al variar el número de moléculas también varía la densidad. Esta variabilidad en la medida asociada a que el volumen es muy pequeño es lo que se define como incertidumbre microscópica.

Si se considera un volumen muy grande, V_0, como por ejemplo, la mitad del dominio fluido, se tiene una densidad media, ρ_0, y no es posible distinguir las variaciones de densidad dentro del propio volumen. Además, el valor de las magnitudes fluidas presenta fuertes discontinuidades de una partícula a otra; por lo que, a esta escala, dichas variables no varían de forma continua.

Finalmente, si se elije un volumen, V_{pf}, tal que sea lo suficientemente grande para eliminar las incertidumbres microscópicas y lo suficientemente pequeño para que las magnitudes fluidas tengan una variación continua a lo largo del medio, entonces se puede asignar a cada partícula del fluido un valor preciso y estable de la variable de interés. Este volumen es el volumen característico de una partícula fluida. Para gases y líquidos a presiones del orden de la presión atmosférica es, $V_{pf} \sim 10^{-9}\text{cm}^3$ y, por ejemplo, en el caso del aire contiene aproximadamente 3×10^{10}moléculas.

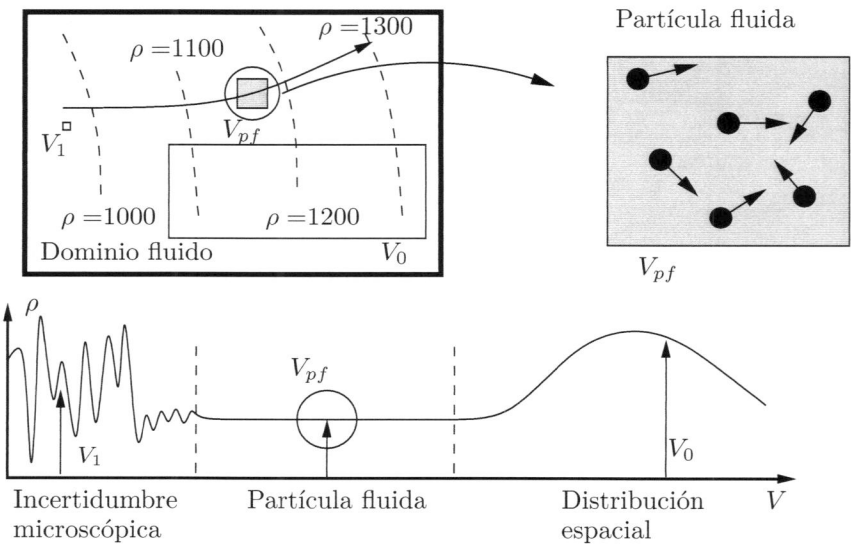

Figura 3.3. Definición de volumen de partícula fluida.

3.4. Flujo de un fluido

El movimiento de un fluido se define como flujo y la forma de describirlo es estudiando el valor que toman las variables fluidas representativas, como por ejemplo la presión, la temperatura, la densidad y la velocidad. El movimiento de un fluido puede ser muy complejo y su descripción se puede realizar empleando la formulación lagrangiana o la euleriana. En la formulación lagrangiana se pretende medir las variables de interés siguiendo a las partículas materiales en su movimiento. Este enfoque es habitualmente empleado en la mecánica del punto, del sólido rígido y del sólido deformable. En cambio, la formulación euleriana se distingue por estudiar las variables de interés fijándose en un punto fijo del espacio, independientemente de las partículas fluidas. En otras palabras, en la formulación euleriana no se sigue a las partículas en su evolución, sino que se determinan las variables de interés en cada punto fijo del espacio. La formulación euleriana es la descripción habitualmente empleada en mecánica de fluidos.

3.4.1. Descripción del flujo

En función de como sea la variación con respecto al tiempo, se distinguen dos tipos de flujos, el flujo estacionario y el flujo no estacionario. El primero es aquel que no cambia con el tiempo, es decir, se mantiene el mismo flujo de forma permanente; en cambio, el segundo es aquel flujo que cambia con el tiempo.

Es importante diferenciar los adjetivos estacionario y estático. Aunque la palabra flujo implica en su propia definición movimiento, el adjetivo estacionario hace referencia a la ausencia de cambio con el tiempo, así pues, mientras que un flujo estacionario es aquel movimiento de fluido que no cambia con el tiempo, por contra, el adjetivo estático hace referencia a la ausencia de movimiento, es sinónimo de reposo y no se refiere a un flujo. Por ejemplo, si se mide la velocidad en un cierto punto de un flujo estacionario, se observa que la magnitud, la dirección y el sentido de la velocidad se mantienen constantes con el tiempo. El mismo razonamiento se podría hacer con cualquier otra variable (presión, densidad, temperatura, etc.).

Para describir el movimiento de las partículas fluidas conviene distinguir entre líneas de corriente, trazas y sendas, véase la figura 3.4. Una línea de corriente es la curva que es tangente al vector velocidad del flujo para un instante determinado. Las líneas de corriente en un instante dado no se intersectan entre sí porque una partícula fluida no puede tener dos velocidades diferentes en un mismo punto. Las líneas de corriente representan, por tanto, una imagen congelada del flujo en un determinado instante. En la figura 3.4(a) se muestra una sección de un ala, es decir un perfil aerodinámico, sobre la que fluye aire y se muestran algunas líneas de corriente que van desde la parte delantera del perfil (o

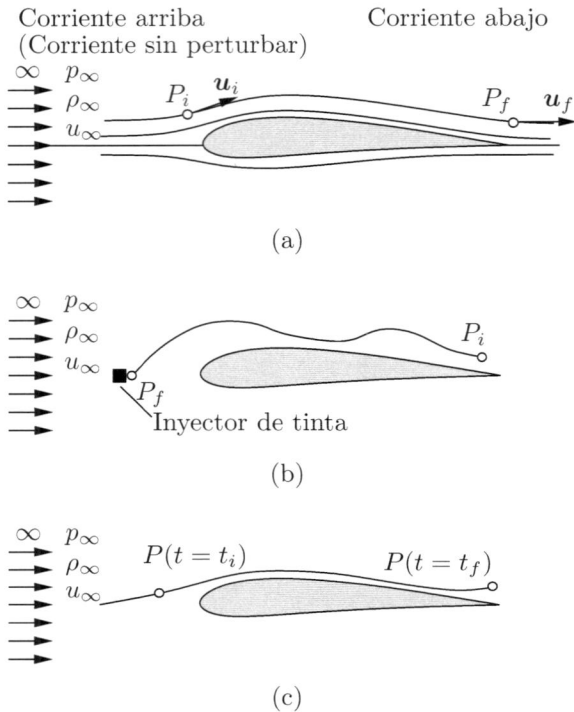

Figura 3.4. Descripciones del flujo no estacionario de un fluido: (a) línea de corriente, (b) traza y (c) senda.

corriente arriba del perfil), hasta la parte trasera (o corriente abajo del perfil). Obsérvese que en una de las líneas de corriente se han destacado dos puntos diferentes del dominio fluido, P_i y P_f, así como los vectores de velocidad tangentes a dicha línea de corriente, $\boldsymbol{u}_i$ y $\boldsymbol{u}_f$.

La traza es la curva en la que están todas las partículas fluidas que en un cierto instante pasaron por punto determinado y es una imagen espacial congelada (para un instante dado) del dichas partículas. Por ejemplo, si se considera un inyector de colorante en un punto determinado del espacio, figura 3.4(c), la partícula que en cada instante pasa por el inyector adquiere dicho colorante diferenciándose del resto de partículas. Si en el instante t_i, pasó por el inyector una partícula que en el instante t_f se encuentra en P_i, cuando en t_f se hace una foto del flujo, la línea marcada por las partículas que pasaron por el inyector es lo que se denomina traza, estando ésta asociada al punto que la define.

La senda es la trayectoria descrita por una partícula en su movimiento y representa una historia temporal, una sucesión a lo largo del tiempo de las diferentes posiciones que ocupó la partícula elegida. En la figura 3.4(b) se muestra la trayectoria seguida por la partícula, P, en dos instantes de tiempo, t_i y t_f.

En un flujo no estacionario las líneas de corriente, trazas y sendas difieren. En la figura 3.5 se muestra un esquema que pretende ilustrar la diferencia entre ellas. Se considera una chimenea que emite continuamente humo y el viento que incide sobre esta. Se supone que la dirección del viento cambia continuamente, pero que en cada instante esta dirección es rectilínea. Las líneas de corriente en el instante $t = t_f$ son las líneas rectas representadas en dicha figura. La senda dibujada corresponde a la trayectoria descrita por la partícula que en el instante inicial pasó por el punto P de la chimenea. La traza corresponde al penacho de humo que sale de la chimenea y que es configurado por el viento incidente, mostrándose la traza del penacho en diferentes instantes de tiempo t_i, t, t_f.

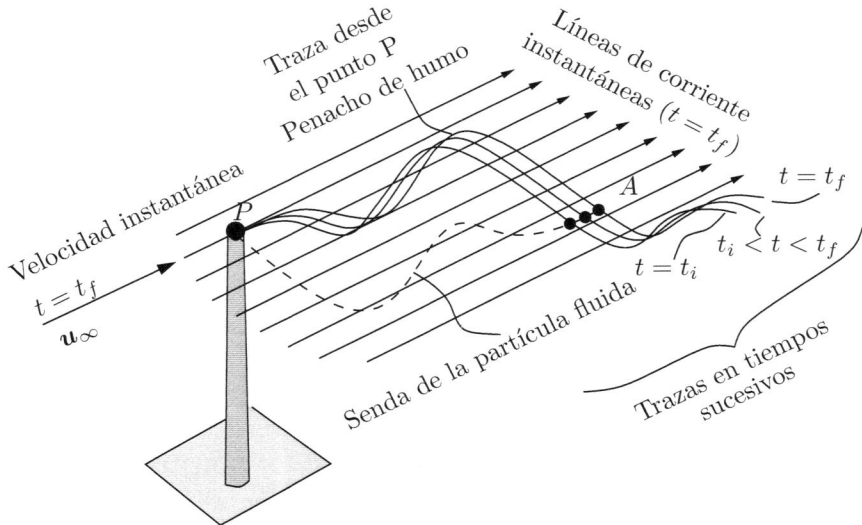

Figura 3.5. Líneas de corriente, trazas y sendas en un flujo no estacionario.

Para un flujo estacionario las líneas de corriente, trazas y sendas coinciden y no existen diferencias entre ellas. El análisis y tratamiento de los flujos no estacionarios queda fuera del alcance de este libro, por lo que todos los flujos que se consideran son estacionarios y no es necesario distinguir entre líneas de corriente, trazas y sendas.

3.4.2. Tubo de corriente

Si se considera una curva cerrada de partículas fluidas en un instante dado en un flujo de fluido, C_i, el volumen definido por las líneas de corriente asociadas a estas partículas fluidas define un tubo denominado tubo de corriente, que se puede considerar como una tubería o canal embebido en el resto del campo fluido. En la figura 3.6 se muestra el tubo de corriente asociado a la curva C_i que termina en la curva C_f. La propiedad más importante del tubo de corriente es que no existe flujo a través de su superficie lateral, pues son las líneas de corriente las que definen dicha superficie.

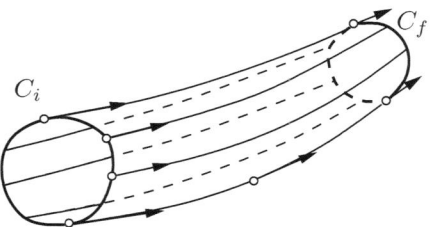

Figura 3.6. Tubo de corriente.

3.5. Ecuación de conservación de masa

Se considera un tubo de corriente como el representado en la figura 3.7; teniendo en cuenta que, al tratarse de un tubo de corriente, a través de la superficie lateral no existe flujo de fluido, la cantidad de masa de fluido que entra en el tubo de corriente en la sección de entrada (1) ha de ser la misma que sale por la sección de salida (2). Por tanto, el principio de conservación de masa se puede enunciar como "la masa por unidad de tiempo que entra en el tubo de corriente por la sección de entrada (1), es igual a la masa por unidad de tiempo que sale del tubo por la sección de salida (2)". La masa por unidad de tiempo, gasto másico o simplemente gasto, G, se mide en kg/s y es la cantidad de masa de fluido que atraviesa una cierta sección por unidad de tiempo.

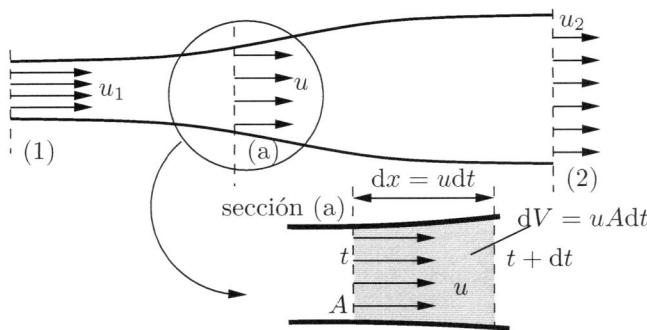

Figura 3.7. Tubo de corriente y su aplicación a la conservación de masa.

Se considera que el flujo es uniforme, es decir que el fluido se mueve de forma que todas las partículas fluidas de una sección arbitraria (a) presentan la misma velocidad u, véase la figura 3.7. Estas partículas al cabo de un tiempo, dt, han recorrido una distancia $u\,dt$ y, como el área transversal se mantiene aproximadamente constante durante el intervalo de tiempo infinitesimal dt, el volumen de fluido que atraviesa la sección (a) es, $dV = u\,A\,dt$. En estas condiciones, la masa que atraviesa la sección (a) en el tiempo considerado se expresa como, $dm = \rho\,dV = \rho\,u\,A\,dt$, de modo que, finalmente, el gasto másico es

$$G = \frac{dm}{dt} = \rho\,u\,A.$$

El principio de conservación de la masa implica que el gasto en la sección (1) $G_1 = \rho_1\,u_1 A_1$ tiene que ser igual al gasto en la sección (2) $G_2 = \rho_2\,u_2\,A_2$, resultando,

$$\rho_1\,u_1\,A_1 = \rho_2\,u_2\,A_2. \tag{3.1}$$

De forma más general y equivalente, la ecuación de conservación de la masa, también denominada ecuación de continuidad, se enuncia de la siguiente manera: a lo largo de un tubo de corriente se cumple que,

$$\rho\,u\,A = \text{cte.} \tag{3.2}$$

3.5.1. Flujos incompresible y compresible

Todo medio sólido, líquido o gaseoso, experimenta en mayor o menor medida cierta compresibilidad, es decir que cuando es comprimido puede disminuir su volumen, lo que implica que su densidad puede variar. En general, en los sólidos el cambio de volumen es despreciable y su densidad puede considerarse constante. Igualmente, para el caso de los líquidos el cambio de volumen también es pequeño y se puede considerar que su densidad permanece constante (solamente niveles altísimos de compresión son capaces de modificar la densidad de un líquido). Sin embargo, los gases, incluso con niveles modestos de compresión, se logra cambiar su volumen y, por tanto, variar su densidad.

Atendiendo a la variación de densidad que experimenta un fluido en su movimiento, se pueden distinguir dos tipos de flujos. Un flujo es compresible cuando el fluido experimenta variaciones apreciables de densidad a lo largo de su movimiento y, por tanto, no puede considerarse constante. En el caso de los gases, para conseguir un flujo compresible es necesario que el fluido alcance velocidades que impliquen diferencias de presión lo suficientemente elevadas como para modificar su densidad. Un flujo incompresible es aquel en el que el fluido, líquido o gas a baja velocidad, no experimenta variaciones de densidad importantes y, por tanto, se puede suponer que es constante a lo largo de su movimiento. En la sección 3.8.2 se presenta un criterio para decidir qué velocidades implican que el flujo del aire pueda considerarse compresible o incompresible.

3.5.2. Conservación de masa en flujo incompresible

En el caso particular de los flujos incompresibles la ecuación de conservación de masa se simplifica; así, de la ecuación (3.1), teniendo en cuenta que el flujo incompresible implica que, $\rho_1 = \rho_2$, se tiene,

$$u_1 \, A_1 = u_2 \, A_2,$$

es decir, que en un flujo incompresible a lo largo de un tubo de corriente la magnitud $u \, A$ se conserva.

Se define el caudal o gasto volumétrico, Q, como el producto de la velocidad media, u, por el área, A, es decir, $Q = u \, A$. El caudal es una medida del volumen de fluido que atraviesa una determinada sección por unidad de tiempo y tiene unidades de m^3/s.

La conservación de caudal para un flujo incompresible implica que en un conducto, cuando la sección disminuye en el sentido de movimiento del flujo (estrechamiento), el fluido debe ir aumentando la velocidad para conservar la masa (y el volumen) por unidad de tiempo, tal como se muestra en la figura 3.8(a); en este caso, el conducto recibe el nombre tobera. En cambio, en un conducto en el que la sección aumenta en el sentido de avance del flujo (ensanchamiento), el flujo debe ir disminuyendo la velocidad para conservar la masa por unidad de tiempo. Esta configuración de conducto se denomina difusor, véase la figura 3.8(b).

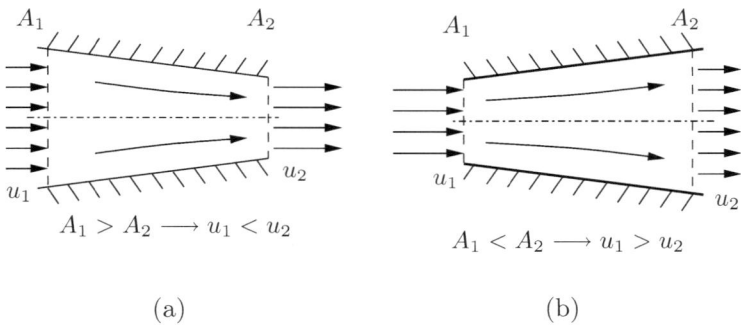

(a)

(b)

Figura 3.8. (a) Tobera y (b) difusor en flujo incompresible.

3.6. Ecuación de cantidad de movimiento

La ecuación de cantidad de movimiento de un fluido es la segunda ley de Newton aplicada al movimiento de un medio fluido. Existen grandes diferencias en la forma de expresar esta ley de Newton aplicada a los fluidos con respecto a su uso en cuerpos sólidos. Las diferencias se deben fundamentalmente a que las fuerzas que actúan sobre un fluido son de una naturaleza más compleja que las que actúan sobre los sólidos y que, además, el fluido experimenta grandes deformaciones en su movimiento. En estas condiciones, para obtener una expresión de la segunda ley de Newton aplicada a un fluido se emplea una formulación euleriana, es decir que se analizan las variables fluidas en un punto del espacio, independientemente de la partícula fluida que pase en cada momento por dicho punto. Estrictamente hablando, como la cantidad de movimiento (el producto de la masa por la velocidad) es una magnitud vectorial, en cada punto del dominio fluido existen tres componentes de dicho vector, lo que implica tres ecuaciones, una por cada eje del sistema de referencia.

3.6.1. Fuerzas de presión

En la figura 3.9 se muestra un tubo de corriente alrededor de una línea de corriente y una partícula fluida de volumen infinitesimal, dV, de longitud dx y sección transversal A. Se considera que las únicas fuerzas que actúan sobre la partícula fluida son debidas al campo de presiones. Este campo actúa en la cara (a) perpendicularmente a la superficie de la partícula fluida. Como consecuencia de que existe un gradiente de presiones, la presión que actúa en la cara (b) es $p + dp$. Las presiones multiplicadas por el área de las superficies sobre las que actúan, producen una resultante de fuerza denominada fuerza de presión, dF_p. Estableciendo el balance de fuerzas en la dirección del movimiento se tiene que la fuerza de presión resultante en la dirección del movimiento, dF_p, es:

$$dF_p = p\,A - (p + dp)\,A = -\frac{dp}{dx}A\,dx = -\frac{dp}{dx}dV, \qquad (3.3)$$

donde, dp/dx es la variación de presión en la dirección x.

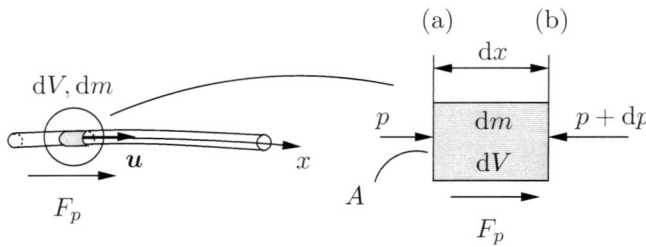

Figura 3.9. Línea de corriente y fuerzas de presión sobre una partícula fluida.

En general, el campo de presiones de un flujo estacionario es una función de la posición, $p = p(x, y, z)$ y realizando el mismo razonamiento en las direcciones y y z las fuerzas de presión por unidad de volumen en forma vectorial se expresan como:

$$\frac{\mathrm{d}\boldsymbol{F}_p}{\mathrm{d}V} = -\nabla p,$$

donde, $\mathrm{d}\boldsymbol{F}_p/\mathrm{d}V$ es la fuerza de presión por unidad de volumen.

La fuerza de presión tiene la dirección contraria al gradiente de presiones, es decir, las fuerzas de presión van de las altas presiones a las bajas presiones y como se ve en el apéndice A, sección A.1, es la responsable de la creación del viento ideal de Euler.

3.6.2. Ecuación de cantidad de movimiento para un gas

Se considera el movimiento de una partícula fluida infinitesimal, de masa $\mathrm{d}m$ y volumen $\mathrm{d}V$, en un flujo estacionario en el que se supone que la única fuerza que actúa es la de presión, $\mathrm{d}F_p$, véase la figura 3.9. La segunda ecuación de Newton aplicada a esta partícula fluida establece que $\mathrm{d}m\, a = \mathrm{d}F_p$, y empleando $\mathrm{d}m = \rho \mathrm{d}V$, se obtiene:

$$\rho \mathrm{d}V \frac{\mathrm{D}u}{\mathrm{D}t} = \mathrm{d}F_p, \tag{3.4}$$

donde, $\mathrm{D}u/\mathrm{D}t$ recibe el nombre de derivada material o sustancial de la velocidad.

Al ser un problema estacionario puede pensarse que la variación de la velocidad con respecto al tiempo es nula. Esto es así, si se adopta una descripción lagrangiana del flujo, pero al adoptar un formulación euleriana hay que tener en cuenta que, en general, la velocidad no sólo depende del tiempo, sino que también depende de la posición considerada, $u(x,t)$. Por tanto, para calcular la variación temporal de la velocidad hay que tener en cuenta que puede cambiar con el tiempo y también, porque sea arrastrada por la propia velocidad del fluido. Se tiene así, que la derivada material de la velocidad se compone de dos términos: la aceleración local, a_t, y la aceleración convectiva, a_{con}, de forma que:

$$\frac{\mathrm{D}u}{\mathrm{D}t} = a_t + a_{con}. \tag{3.5}$$

La aceleración local es la variación de la velocidad durante un tiempo infinitesimal $\mathrm{d}t$, para un punto fijo del espacio x_0, y se expresa como:

$$a_t = \lim_{dt \to 0} \frac{u(t_0 + dt, x_0) - u(t_0, x_0)}{dt} = \frac{\partial u}{\partial t},$$

donde se demuestra que la aceleración local es la derivada parcial de la velocidad con respecto al tiempo, por lo que para un flujo estacionario la derivada local es nula.

La aceleración convectiva es la variación de la velocidad en dos puntos en el mismo instante t_0, separados una distancia infinitesimal, $dx = u\,dt$, recorrida por la partícula fluida, es decir:

$$a_{con} = \lim_{dt \to 0} \frac{u(t_0, x_0 + dx(dt)) - u(t_0, x_0)}{dt} = \frac{\partial u}{\partial x} \frac{dx}{dt} = \frac{\partial u}{\partial x} u,$$

donde se ha tenido en cuenta que, al seguir a la partícula, la dependencia de la velocidad con la posición depende a su vez del tiempo, por el hecho de que dx no es un desplazamiento infinitesimal cualquiera, sino que es el que corresponde al movimiento de la partícula fluida, $u\,dt$. Así pues, la derivada material de la velocidad, empleando la descripción euleriana, se expresa finalmente como:

$$\frac{Du}{Dt} = \frac{\partial u}{\partial t} + \frac{\partial u}{\partial x} u.$$

Aplicando la expresión de la aceleración material a la ecuación (3.4), teniendo en cuenta que el flujo es estacionario, $a_t = 0$, y que las fuerzas de presión se expresan de acuerdo con (3.3), resulta,

$$\rho\, u\, \frac{du}{dx} = -\frac{dp}{dx}, \tag{3.6}$$

donde se ha escrito du/dx, en vez de $\partial u / \partial x$, pues ahora la velocidad es función sólo de la posición, ya que el flujo es estacionario, y se ha eliminado dV de ambos lados de la ecuación. Esta ecuación representa el balance entre las fuerzas convectivas, $\rho\, u\, du/dx$, y las de presión, $-dp/dx$. La expresión (3.6) se puede escribir en forma diferencial eliminando también dx, como:

$$\rho\, u\, du = -dp. \tag{3.7}$$

Esta ecuación es conocida como ecuación de Euler, es una ecuación diferencial que relaciona las variaciones de las fuerzas de presión con las variaciones de velocidad del fluido en un punto y representa el equilibrio entre las fuerzas de presión, $-\mathrm{d}p$, y las fuerzas convectivas, $\rho u\,\mathrm{d}u$, de cantidad de movimiento.

La ecuación (3.7) expresa que la variación de velocidad y la variación de presión son fenómenos ligados entre sí; las variaciones de presión generan modificaciones en la velocidad y, viceversa, así pues las variaciones de velocidad crean diferencias de presión. Además, dado que, tanto la densidad, ρ, como el módulo de la velocidad, u, son magnitudes positivas, la ecuación (3.7) indica que las variaciones de presión en la dirección del movimiento son de signo contrario a las variaciones de la velocidad. Es decir, si la velocidad aumenta en la dirección del movimiento, la presión disminuye, y al contrario, si la velocidad disminuye en la dirección del movimiento, la presión aumenta.

Hay que destacar que para obtener la ecuación (3.7) no se han considerado más que las fuerzas de presión, habiéndose excluido otras fuerzas como las fuerzas másicas y las de origen viscoso. En general, cuando se estudian las fuerzas aerodinámicas que actúan sobre las aeronaves y los vehículos aeroespaciales en el aire atmosférico, se puede considerar que la densidad del aire tiene valores relativamente pequeños y, por tanto, las fuerzas másicas pueden despreciarse por ser mucho más pequeñas que las otras fuerzas existentes. Cuando se analiza el movimiento de líquidos, cuyas densidades suelen ser relativamente grandes, es necesario aplicar la ecuación de Euler considerando las fuerzas másicas. De forma análoga, en aerodinámica, las fuerzas viscosas o de fricción, pueden considerarse despreciables en la mayor parte del campo fluido, excepto cerca de las superficies sólidas, donde son responsables de importantes fenómenos (véase la sección 3.7). Para una demostración completa y rigurosa de la ecuación de Euler puede consultarse Meseguer & Sanz (2010).

Cuando se incluyen en la formulación del balance de cantidad de movimiento todas las fuerzas que pueden aparecer en un fluido (másicas, viscosas, de presión, etc.), el modelo matemático resultante se conoce como ecuación de Navier-Stokes. En el apéndice B se presentan las fuerzas que aparecen sobre un fluido y, de forma conceptual, las ecuaciones de Navier-Stokes.

3.6.3. Solución para flujo incompresible

En la figura 3.10 se considera un fluido moviéndose a bajas velocidades, las variaciones de densidad se suponen despreciables y, por tanto, se puede suponer que el flujo es incompresible, es decir, $\rho = \text{cte}$. Bajo estas condiciones se puede integrar la ecuación (3.7) a lo largo de una línea de corriente, desde un punto 1 a un punto 2, es decir,

$$\rho \int_{u_1}^{u_2} u\, du + \int_{p_1}^{p_2} dp = 0,$$

de modo que,

$$\frac{1}{2}\rho \left(u_2^2 - u_1^2 \right) + p_2 - p_1 = 0,$$

quedando finalmente,

$$\frac{1}{2}\rho u_2^2 + p_2 = \frac{1}{2}\rho u_1^2 + p_1.$$

Esta última ecuación se denomina ecuación de Bernoulli y expresa que a lo largo de una línea de corriente,

$$p + \frac{1}{2}\rho u^2 = p_r = \text{cte}, \tag{3.8}$$

es decir, la suma de la presión estática, p, y la dinámica, $\rho u^2/2$, es constante, siendo esta constante, p_r, la presión de remanso.

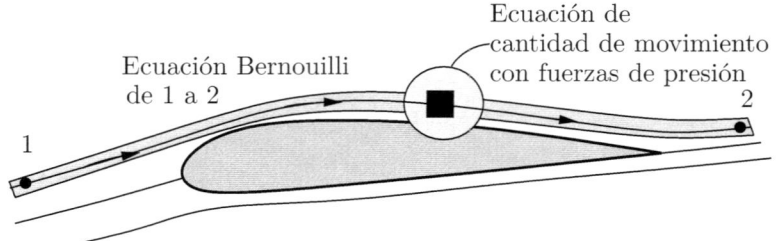

Figura 3.10. Zonas de aplicación de las ecuaciones de cantidad de movimiento con fuerzas de presión y Bernoulli.

La ecuación de Bernoulli es válida para flujos estacionarios, ideales (viscosidad despreciable), incompresibles (densidad constante) y donde sólo actúan fuerzas de presión. Es una ecuación global, es decir que relaciona propiedades de diferentes puntos a lo largo de las líneas de corriente.

Además, esta ecuación admite una interpretación directa en términos energéticos. Para una partícula el trabajo de las fuerzas exteriores, W_{ext}, es igual a la variación de energía cinética de la partícula, ΔE_c, es decir, $\sum W_{ext} = \Delta E_c$. Si se consideran solamente fuerzas que derivan de un potencial, se puede escribir, $\sum W_{ext} = -\Delta E_p$ quedando, por tanto, $\Delta E_c + \Delta E_p = 0$, o lo que es lo mismo, la energía mecánica se conserva, $E_p + E_c = $ cte. La ecuación de Bernoulli representa el balance entre el trabajo realizado por las fuerzas de presión a largo de una línea de corriente y la variación de energía cinética. Las fuerzas de presión realizan un trabajo que no depende del camino y, por tanto, derivan de un potencial. La energía potencial por unidad de volumen de las fuerzas de presión es p, mientras que la energía cinética por unidad de volumen de la partícula fluida se expresa como, $\rho u^2/2$. Por tanto, la ecuación de Bernoulli, ecuación (3.8), simplemente expresa la conservación de la energía mecánica a lo largo de una línea de corriente de un flujo.

En la figura 3.10 se esquematizan los diferentes dominios de validez de las ecuaciones de Euler (3.7) y Bernoulli (3.8). Mientras que la ecuación de Euler es una ecuación local y es válida para cualquier punto del flujo, la ecuación de Bernoulli es válida entre dos puntos situados en una misma línea de corriente.

Si todas las líneas de corriente parten de un lugar común, con los mismos valores de presión y velocidad, entonces la ecuación de Bernoulli presenta la misma constante para todo el campo fluido. En la figura 3.11 se considera el movimiento de un perfil en el seno del aire. Visto desde un observador situado en el perfil, el fluido se aproxima a él con una cierta velocidad uniforme, u_∞, y una presión, también uniforme, p_∞, que son los valores del campo fluido en la zona lejana, todavía no perturbada por la presencia del perfil. A medida que el fluido se aproxima al perfil debe rodearlo y adaptarse a su forma geométrica, produciéndose una variación de la presión y velocidad del fluido durante dicho proceso. Así, para todo el campo fluido del ejemplo se puede escribir,

$$p_\infty + \frac{1}{2}\rho_\infty u_\infty^2 = p + \frac{1}{2}\rho u^2.$$

Ejemplo 3.1

Un avión vuela a una altitud de 2000 m con una velocidad, $u_\infty = 216$ km/h. En dos puntos, A y B, situados sobre un perfil del ala del avión, véase la figura 3.11, se ha determinado la presión del aire, siendo $p_A = 75000\,\mathrm{Pa}$ y $p_B = 80000\,\mathrm{Pa}$. Se considera que el flujo es incompresible y la atmósfera estándar. En estas condiciones, se pide calcular la velocidad del fluido en los puntos A y B.

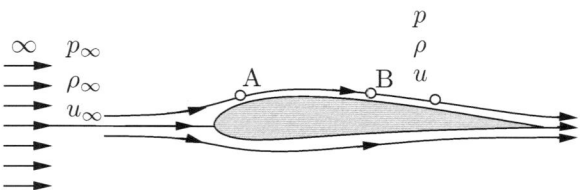

Figura 3.11. Ejemplo de aplicación de la ecuación de Bernoulli.

Solución

Dado que la altitud, $z = 2000\,\mathrm{m}$, corresponde a la troposfera, se emplean las ecuaciones de la atmósfera estándar para determinar p_∞ y ρ_∞. Es decir, la presión p_∞ a la altitud considerada es:

$$p_\infty(z = 2000) = p_0 \left(1 - 2.26\,10^{-5} \times z\right)^{5.256} = 79\,458\,\mathrm{Pa},$$

y la densidad ρ_∞ es:

$$\rho_\infty(z = 2000) = \rho_0 \left(1 - 2.26\,10^{-5} \times z\right)^{4.256} = 1.0061\,\mathrm{kg/m^3}.$$

Empleando la ecuación de Bernoulli, ecuación (3.8), entre la corriente no perturbada y el punto A, a lo largo de la línea de corriente que une ambos puntos, se obtiene,

$$u_A = \sqrt{\frac{2\,(p_\infty - p_A)}{\rho_\infty} + u_\infty^2} = 111.6\,\mathrm{m/s}.$$

Análogamente, para el punto B se obtiene,

$$u_B = \sqrt{\frac{2\,(p_\infty - p_B)}{\rho_\infty} + u_\infty^2} = 50.2\,\mathrm{m/s}.$$

3.6.4. Aplicación de la ecuación de Bernoulli (tubo de pitot)

Para medir la velocidad de las aeronaves habitualmente se emplea un instrumento denominado tubo Pitot que consiste en dos tubos concéntricos, el exterior está perforado periféricamente y el interior está abierto en el extremo, tal y como se esquematiza en la figura 3.12. Este instrumento se sitúa en las aeronaves de forma que apunta en la dirección longitudinal y así, medir la componente principal de velocidad. El tubo central mide la presión total de la corriente y los agujeros periféricos miden la presión estática. Estas dos tomas están conectadas internamente a un transductor de presiones que se encarga de medir la diferencia entre la presión total y la estática.

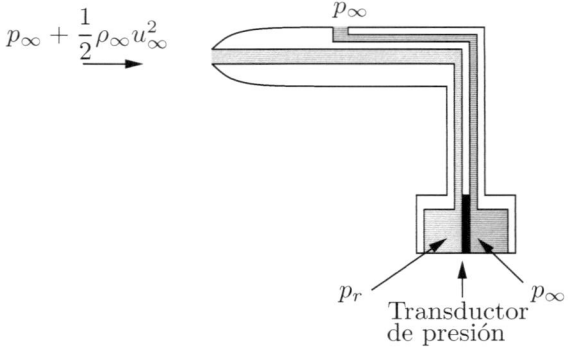

Figura 3.12. Esquema conceptual de un tubo de Pitot.

Ejemplo 3.2

El altímetro de un avión indica 1500 m y, por otro lado, se mide la temperatura exterior que es de 260 K. Si el tubo Pitot montado en el avión mide una presión de remanso, p_r, de 87050 Pa, véase la figura 3.12. Determinar cuál es la velocidad del avión en km/h, teniendo en cuenta la densidad del aire: (1) es la que se determina con la presión a la altura de vuelo y la temperatura medida, (2) es la que corresponde a la altura de vuelo según la atmósfera estándar y (3) es la que corresponde al nivel del mar.

Solución

(1) La presión a la altitud de vuelo es,

$$p_\infty(z=1500) = p_0 \left(1 - 2.26 \times 10^{-5} z\right)^{5.256} = 84526\,\mathrm{Pa},$$

y la densidad se estima según,

$$\rho_{\infty,1} = \frac{p_\infty}{RT_\infty} = 1.133\,\mathrm{kg/m^3}.$$

Empleando la ecuación de Bernoulli entre la corriente libre sin perturbar y el punto de remanso del tubo de Pitot, cuya característica es que el fluido se encuentra en reposo, $u_r = 0$, se tiene,

$$u_{\infty,1} = \sqrt{\frac{2\left(p_r - p_\infty\right)}{\rho_{\infty,1}}} = 66.7\,\mathrm{m/s} = 240.3\,\mathrm{km/h}.$$

(2) La densidad según la atmósfera estándar se calcula según,

$$\rho_{\infty,2}(z=1500) = \rho_0 \left(1 - 2.26 \times 10^{-5} z\right)^{4.256} = 1.058\,\mathrm{kg/m^3},$$

y por tanto, empleando la misma expresión anterior se obtiene,

$$u_{\infty,2} = \sqrt{\frac{2\left(p_r - p_\infty\right)}{\rho_{\infty,2}}} = 69.08\,\mathrm{m/s} = 248.7\,\mathrm{km/h}.$$

Nótese que al emplear la densidad correspondiente a la altura de vuelo definida por la atmósfera estándar se está cometiendo un error, pues esa densidad no es la real ya que no tiene en cuenta la temperatura local. Si se considera correcta la velocidad calculada en primer lugar el error cometido es,

$$e = \frac{u_{\infty,2} - u_{\infty,1}}{u_{\infty,1}} = 0.03,$$

aunque este error pueda parecer grande (3 %) para ciertas aplicaciones puede ser aceptable.

(3) En cambio al emplear directamente la densidad al nivel del mar, $\rho_0 = 1.225\,\mathrm{kg/m^3}$, se tiene:

$$u_\infty = \sqrt{\frac{2\left(p_r - p_\infty\right)}{\rho_0}} = 64.19\,\mathrm{m/s} = 231.1\,\mathrm{km/h},$$

cuyo error absoluto con respecto a la velocidad calculada en primer lugar es un 2 %.

3.7. Flujos viscosos

En la mayoría de las aplicaciones aeroespaciales las fuerzas viscosas, o de fricción, son prácticamente despreciables en la mayor parte del campo fluido; sin embargo juegan un papel preponderante en las cercanías de las superficies sólidas. La viscosidad tiene una importancia fundamental en la configuración del flujo de la zona cercana a la pared y es el responsable de fenómenos como la generación de la sustentación, la existencia de la resistencia de fricción y el desprendimiento de la capa límite.

La importancia de los efectos de la viscosidad en el movimiento de los fluidos queda patente en la llamada paradoja de D'Alembert, que expresa que, en un flujo ideal (flujo en el que los esfuerzos viscosos son despreciables) la resistencia de un cuerpo es nula, a pesar de que la experiencia demuestra que no es así. En la figura 3.13 se muestra la comparación entre la situación ideal, sin fricción, y la situación real cuando un flujo de aire incide sobre un cilindro. Al considerar el flujo ideal alrededor de un cilindro, se puede determinar fácilmente que las líneas de corriente adquieren una configuración simétrica, no sólo respecto al eje horizontal, sino también al vertical, véase las figura 3.13(a). Por tanto, la distribución de presiones que aparece como consecuencia del campo de velocidades también presenta dichas simetrías. La integración de esta distribución de presiones es la resultante de las fuerzas aerodinámicas, y dadas las simetrías que presenta, se concluye que esta resultante es nula, figura 3.13(c).

Como se ha dicho, este resultado teórico contradice la experiencia, ya que es bien conocido el hecho de que un cuerpo moviéndose en el seno de un fluido experimenta una fuerza que se opone al movimiento, o resistencia aerodinámica. Cuando se considera el esquema de flujo real, que incluye el efecto de los esfuerzos viscosos alrededor del cilindro, se observa que las líneas de corriente presentan simetría respecto al eje horizontal, mientras que respecto al eje vertical aparece una marcada diferencia entre la zona corriente arriba y la zona corriente abajo del cilindro, figura 3.13(b). Esta falta de simetría respecto al eje vertical hace que la distribución de presiones en la zona trasera, sea diferente a la distribución de presiones de la zona delantera del cilindro. La resultante aerodinámica, obtenida por integración de la distribución de presiones,

en este caso no es cero y aparece una fuerza de resistencia sobre el
cilindro, figura 3.13(d). La forma del flujo real es consecuencia directa
de las fuerzas viscosas en la cercanía de la pared, que juegan un papel
predominante en la aparición del fenómeno denominado desprendimiento
de la capa límite, y son las que determinan la configuración del flujo
real alrededor del cilindro. El flujo corriente abajo del cilindro, donde se
extiende la zona de corriente desprendida, es lo que se denomina estela, y
en este caso es generada por el desprendimiento de la capa límite (véase
la sección 4.3.4).

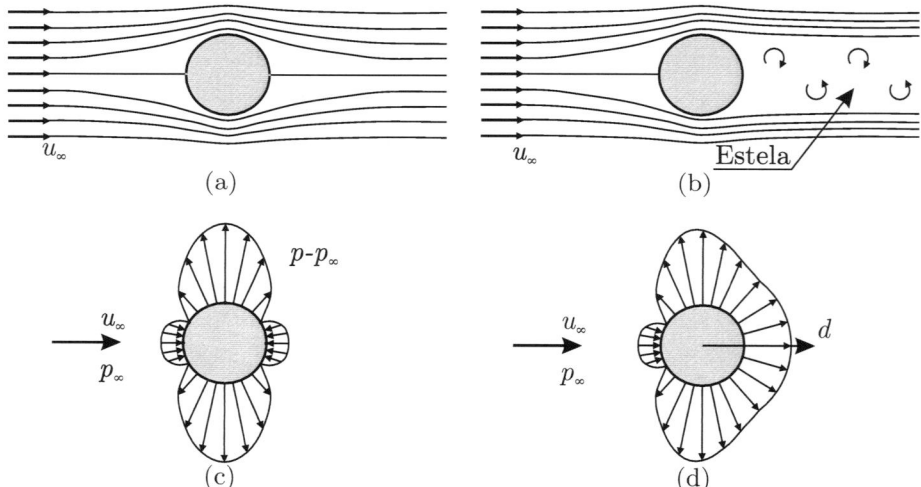

Figura 3.13. La paradoja de D'Alambert en el caso de un flujo alrededor
de un cilindro: (a) líneas de corriente de un flujo ideal, (b) líneas de
corriente de un flujo real, (c) distribución de presiones de un flujo ideal
y (d) distribución de presiones de un flujo real.

En el modelo teórico de flujo ideal (sin viscosidad), el fluido en
contacto con la superficie se desliza sobre la misma y tiene una velocidad
finita, véase la figura 3.14(a). En cambio en un flujo real, debido a las
fuerzas viscosas, la velocidad del fluido en la superficie ha de ser nula
(en la naturaleza no puede haber discontinuidades) y existe una zona
cercana a la superficie, denominada capa límite, en la que, por efecto
de la fricción, el flujo se decelera desde el valor de la corriente exterior
hasta el valor nulo en la superficie, figura 3.14(b). En la frontera exterior

de la capa límite, lejos de la superficie, las condiciones del flujo son aproximadamente iguales a las de un flujo ideal.

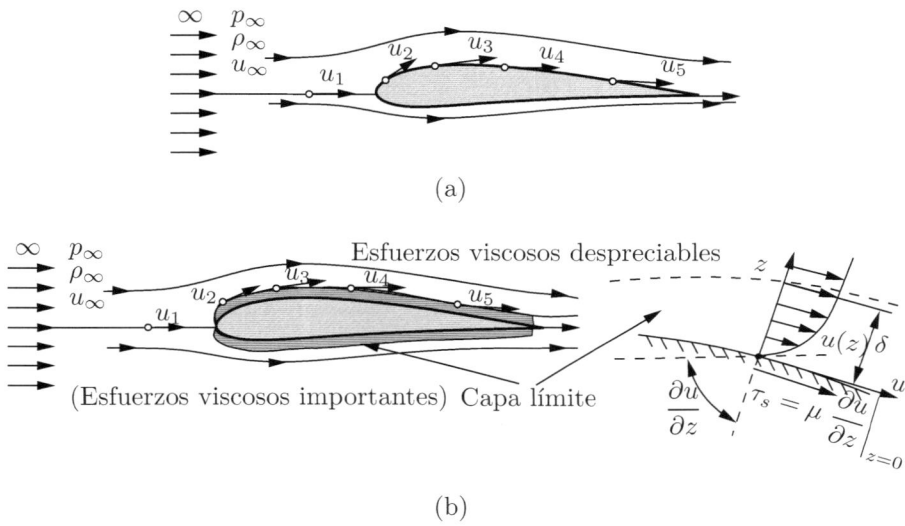

Figura 3.14. Flujo alrededor de una superficie: (a) caso de flujo ideal, sin fricción, (b) caso de flujo real, con fricción, y detalle del campo de velocidades en la capa límite.

En razón de lo expuesto, en el flujo de un fluido alrededor de una superficie (como puede ser el movimiento de aire alrededor de un perfil) se pueden considerar dos zonas claramente diferenciadas, la capa límite y la zona exterior a dicha capa. La capa límite es la zona cercana a la superficie donde el flujo resulta afectado por las fuerzas de fricción, los esfuerzos viscosos son importantes y la velocidad del flujo presenta una variación importante en la dirección normal a la superficie. El espesor de la capa límite, δ, figura 3.14(b), aumenta a medida que el flujo progresa sobre la superficie. Fuera de la capa límite el flujo es prácticamente ideal, donde los esfuerzos viscosos son despreciables y la velocidad del fluido cambia suavemente de unos puntos a otros. En la sección 4.3 se describe con mayor detalle el flujo de aire alrededor de un cilindro circular.

3.7.1. Esfuerzos viscosos en un fluido

Cuando en los flujos aparecen variaciones espaciales en la velocidad, o gradientes de velocidad, en el seno del fluido se producen fuerzas internas o fuerzas de corto alcance (véase el apéndice B) debidas a la viscosidad, que reciben el nombre de esfuerzos viscosos.

En la figura 3.15 se muestra el esquema de velocidades en un fluido entre dos placas planas, la inferior fija y la superior móvil sobre la que actúa una fuerza, F. Debido al desplazamiento de la placa superior, las partículas fluidas en contacto con dicha placa se mueven con velocidad u, mientras las que están en contacto con la placa inferior, permanecen con velocidad nula. Aparentemente, el fluido se comporta como un conjunto de láminas paralelas a las placas que deslizan unas sobre otras con un cierto rozamiento, y así la fuerza que ejerce la placa móvil sobre el fluido se distribuye sobre la interfase placa-fluido en forma de un esfuerzo, τ, de naturaleza viscosa, de manera que, $F = \tau A$, siendo A el área de la placa móvil. Los esfuerzos viscosos se oponen al movimiento de la placa y por eso, reciben también el nombre de esfuerzos de fricción. Si se desea mantener la velocidad de la placa móvil constante, es necesario comunicar energía al sistema encargado de aplicar la fuerza F.

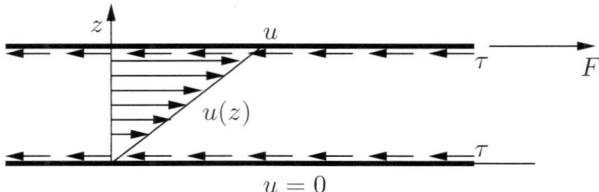

Figura 3.15. Esquema del campo de velocidades de un fluido situado entre dos placas, una móvil y otra fija.

Se demuestra experimentalmente, que el comportamiento más habitual de un fluido es que exista una relación de proporcionalidad entre los esfuerzos viscosos, τ, y el gradiente de velocidad, $\partial u/\partial z$. La constante de proporcionalidad es una propiedad del fluido denominada viscosidad dinámica, μ, de modo que los esfuerzos viscosos se expresan como:

$$\tau = \mu \frac{\partial u}{\partial z}. \tag{3.9}$$

La viscosidad dinámica tiene unidades de Ns/m^2. Los fluidos que satisfacen la relación (3.9) se denominan fluidos newtonianos y en este grupo se incluyen la mayor parte de los fluidos, aunque hay algunos que no muestran esta relación de proporcionalidad y se denominan, de forma genérica, fluidos no newtonianos. En la tabla 3.1 se muestran los valores de la viscosidad dinámica de algunos de los fluidos comunes.

Tabla 3.1. Viscosidad dinámica de algunos fluidos habituales.

Fluido	Viscosidad dinámica $\mu[Ns/m^2]$
H_2	8.9×10^{-6}
Aire	1.8×10^{-5}
Agua	1.0×10^{-3}
Aceite	0.26

En el caso de flujos alrededor de objetos, como por ejemplo un perfil o un avión, los esfuerzos viscosos son importantes en la capa límite, donde existen gradientes de velocidad intensos; mientras que fuera de ella, los esfuerzos viscosos son prácticamente despreciables, ya que los gradientes de velocidad son menos acusados. Estos esfuerzos viscosos que aparecen en la capa límite son los causantes de la resistencia de fricción de los cuerpos y, en particular, esta resistencia depende del esfuerzo viscoso en la superficie, τ_s, es decir

$$\tau_s = \mu \left.\frac{\partial u}{\partial z}\right|_{z=0}.$$

En la figura 3.14(b) se muestra la interpretación geométrica del esfuerzo viscoso en la superficie, que es proporcional a la pendiente del perfil de velocidades de la capa límite particularizado en la superficie. Por ejemplo, si se conocen las distribuciones de esfuerzos viscosos, $\tau_e(x)$ y $\tau_i(x)$, sobre las superficies superior e inferior, S_e y S_i de un perfil, véase la figura 3.16, es posible integrarlas a lo largo de sus respectivas superficies y obtener una fuerza denominada resistencia de fricción:

$$d_f = \int_{S_e} \tau_e(x)\, ds + \int_{S_i} \tau_i(x)\, ds.$$

Al ser una fuerza por unidad de longitud se expresa en N/m (véase la sección 4.5).

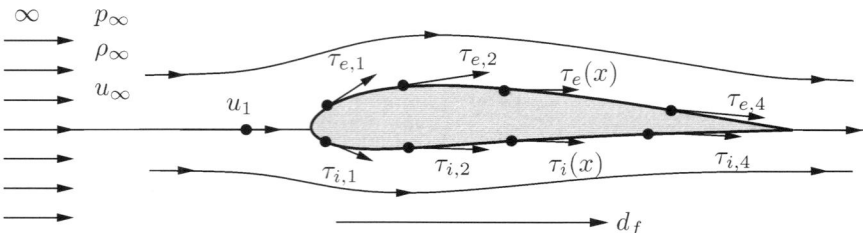

Figura 3.16. Resistencia de fricción por existencia de esfuerzos de fricción sobre la superficie.

Discusión

Los esfuerzos viscosos representados en las figuras 3.14(b) y 3.16 tienen la dirección del movimiento del fluido. Razonar porque se dice que estos esfuerzos deceleran la corriente en vez de acelerarla.

3.7.2. Capas límites laminar y turbulenta

El flujo de un fluido tiene dos formas básicas de desarrollarse: una desordenada o turbulenta y otra ordenada o laminar. Lo que define que un flujo se comporte de una forma u otra es el balance entre dos tipos de fuerzas: las viscosas y las convectivas. Cuando en un flujo se introduce una perturbación, las fuerzas viscosas son las responsables de que esta perturbación se amortigüe y no se amplifique, mientras que las fuerzas convectivas tienden a amplificar dicha perturbación. Dependiendo de la importancia relativa de unas fuerzas frente a otras, el flujo tiende a ser turbulento o laminar. En el flujo turbulento, las perturbaciones se amplifican porque las fuerzas viscosas no son lo bastante grandes comparadas con las convectivas, y no son capaces de amortiguar las perturbaciones en el seno del fluido. En cambio, en el movimiento ordenado, o flujo laminar, las fuerzas viscosas son lo bastante importantes como para poder amortiguar tales perturbaciones.

También las capas límites pueden ser laminares o turbulentas, y en general en un mismo flujo coexisten los dos tipos de regímenes. Por ejemplo, en la figura 3.17 se muestran los perfiles de velocidad en una capa límite laminar que a medida que se desarrolla se convierte en capa límite turbulenta.

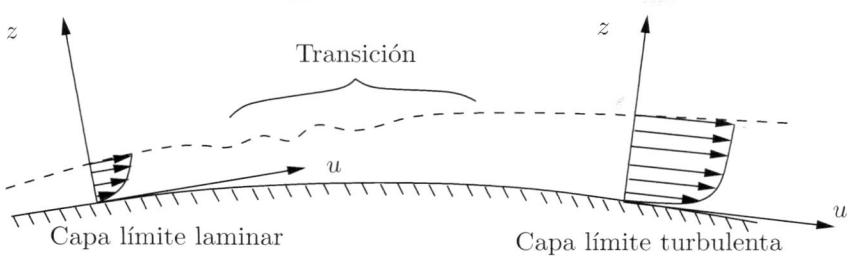

Figura 3.17. Desarrollo de una capa límite sobre una superficie en capa
límite laminar, transición y capa límite turbulenta.

Las características más importantes de una capa límite laminar
son que el flujo es ordenado, las líneas de corriente no se mezclan y, por
tanto, la mezcla en el fluido es pequeña; además en cada punto el flujo
es muy estable y la velocidad no experimenta fluctuaciones. Los procesos
de transferencia de cantidad de movimiento y energía son modestos en
cuanto a intensidad, lo que se traduce en que los espesores de capa
límite, en general, son menores, en comparación con las capas límites
turbulentas, y que los perfiles de velocidad y temperatura son suaves,
con variaciones poco acusadas en la proximidad de la superficie.

La capa límite turbulenta se caracteriza porque las partículas
fluidas siguen movimientos poco ordenados e irregulares, y el proceso de
mezclado es intenso, con un campo de velocidades sujeto a importantes
fluctuaciones en cada punto. El proceso de mezclado de este régimen
convierte el flujo en tridimensional, produciendo una fuerte e intensa
homogeneización, de modo que los gradientes de magnitudes del campo
fluido son pequeños, excepto muy cerca de la pared. Los procesos de
transferencia de cantidad de movimiento y energía son comparativamente
más intensos que en el caso laminar, los espesores de capa límite son
mayores, también comparados con los espesores de las capas límites
laminares, y los perfiles de velocidad y temperatura son prácticamente
homogéneos, excepto cerca de la superficie donde el gradiente se hace más
intenso que en el caso laminar. Dado que el gradiente de la velocidad en
la pared determina el valor de los esfuerzos viscosos, la resistencia de
fricción es mayor en una capa límite turbulenta que en una laminar. En
la tabla 3.2 se muestra un resumen de las principales diferencias que
existen entre la capa límite laminar y turbulenta.

Tabla 3.2. Características generales de las capas límites en régimen laminar y turbulento.

Características	Laminar	Turbulento
Transferencia	Menor	Mayor
Mezclado	Menor	Mayor
Distribuciones	Curvas	Homogéneas
Espesor capa límite	Pequeño	Grande

Discusión
Enumerar ejemplos de la vida cotidiana en los que puedan ser fácilmente visualizados el flujo laminar y turbulento.

3.7.3. Número de Reynolds

En 1883 el ingeniero Osborne Reynolds realizó un experimento para investigar las leyes de fricción y el tipo de flujo que se produce en conductos. En la figura 3.18 se muestra esquemáticamente el experimento realizado por Reynolds, consistente en introducir un hilo muy fino de tinta en una tubería en la que se puede controlar la velocidad del flujo. A bajas velocidades, se observa que el hilo de tinta permanece recto y sin mezclarse, figura 3.18(a), lo que implica que a bajas velocidades el flujo es laminar. A partir de un valor determinado de la velocidad, el hilo de tinta se vuelve inestable y se mezcla con el resto del flujo produciéndose una mancha de tinta que cubre toda la sección de la tubería y que corresponde al flujo turbulento, figura 3.18(b). Además Reynolds realizó fotografías instantáneas del flujo turbulento y descubrió en la aparente mancha de tinta estructuras de torbellinos, figura 3.18(c).

A partir de estos experimentos Reynolds, concluyó que el hecho de que un flujo sea laminar o turbulento, depende básicamente de la relación entre el orden de magnitud de las fuerzas convectivas y las fuerzas viscosas. La relación que existe entre el orden de magnitud de

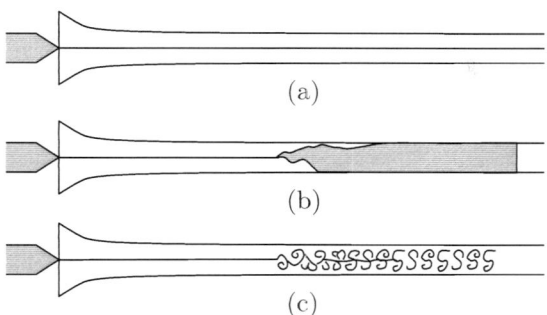

Figura 3.18. Esquema del experimento de Reynolds: (a) flujo laminar, (b) flujo turbulento y (c) fotografía del flujo turbulento (adaptada de Reynolds (1883)).

las fuerzas convectivas y las fuerzas viscosas, de fricción, es un número adimensional, es decir sin dimensiones físicas, denominado número de Reynolds, en honor a su descubridor. El número de Reynolds se define como:[1]

$$\mathrm{Re} = \frac{\text{fuerzas convectivas}}{\text{fuerzas viscosas}} = \frac{\rho \, u \, l_c}{\mu},$$

donde, u es la velocidad característica del flujo (normalmente es la velocidad u_∞), l_c la longitud característica de interés, ρ y μ la densidad y viscosidad dinámica del fluido, respectivamente.

Si el número de Reynolds es muy bajo, $\mathrm{Re} \ll 1$, las fuerzas viscosas son mucho mayores que las convectivas. En esta situación, las perturbaciones que aparecen en el flujo son fácilmente amortiguadas por las fuerzas viscosas, que es el mecanismo interno del que dispone el fluido para disipar energía. De esta manera, se consigue un flujo ordenado y sin fluctuaciones, es decir laminar. Por el contrario, si el número de Reynolds es muy alto, $\mathrm{Re} \gg 1$, las fuerzas viscosas son mucho menores que las fuerzas convectivas, entonces las perturbaciones que aparecen en el flujo

---

[1]Muchos autores definen el número de Reynolds según:

$$\mathrm{Re} = \frac{\text{fuerzas de inercia}}{\text{fuerzas viscosas}}$$

Desde el punto de vista conceptual se ha preferido definir el número de Reynolds en base a las fuerzas convectivas ya que el término fuerza de inercia puede confundirse con fuerzas de inercia centrífugas, de Coriolis u otras.

son amplificadas por los fuerzas convectivas, que son las dominantes. El resultado es un flujo desordenado y con fluctuaciones, es decir turbulento.

La frontera entre uno y otro régimen define el llamado número de Reynolds de transición o crítico. Puesto que el número de Reynolds se determina en base a las variables características del problema en estudio, el valor del número de Reynolds crítico puede variar mucho de un problema a otro. Por ejemplo, en el caso del flujo interno en tuberías, el número de Reynolds se suele definir empleando como longitud característica el diámetro de la tubería y como velocidad característica la velocidad media de la sección. Con estas definiciones se comprueba que el valor crítico está en torno a 2300 o 2500, de modo que, para valores menores el flujo es laminar y, si el número de Reynolds es superior a este valor, turbulento. Si se analiza el flujo externo alrededor de una placa plana, el número de Reynolds se define empleando como longitud característica la longitud de la placa plana, y como velocidad característica la velocidad de la corriente sin perturbar por la presencia de la placa plana. Con estas definiciones se comprueba que la capa límite sobre la placa plana es laminar para $Re < 10^5$ y turbulenta en caso contrario, $Re > 10^5$ (este valor del número de Reynolds crítico puede cambiar enormemente dependiendo, por ejemplo, de la propia turbulencia de la corriente sin perturbar o la rugosidad superficial de la placa).

Aunque pueda parecer que el flujo laminar debería ser la forma más habitual de movimiento de un fluido, la realidad demuestra que el flujo turbulento es la manera más frecuente en la que se mueve un fluido. El flujo en régimen laminar aparece en la realidad en muy pocas situaciones o en zonas muy localizadas y es muy difícil de evitar que evolucione a régimen turbulento.

3.8. Flujos compresibles

En secciones anteriores se ha comentado que un flujo compresible corresponde al movimiento de un gas a altas velocidades. El objetivo de esta sección es presentar los fundamentos básicos para caracterizar el régimen compresible y describir algunos fenómenos particulares de la compresibilidad desde un punto de vista cualitativo. Dado que los efectos de compresibilidad aparecen fundamentalmente en gases, en esta sección se considera exclusivamente el movimiento de estos fluidos. El tratamiento que se sigue es básicamente fenomenológico y únicamente pretende enumerar y describir los principales aspectos que caracterizan el flujo compresible. Para un tratamiento más riguroso del flujo compresible el lector interesado puede consultar White (2006) y Shapiro (1954).

3.8.1. Velocidad de sonido

Se supone un gas en reposo en el que se produce una pequeña perturbación de presión infinitesimal, por ejemplo con un diapasón. Esta perturbación de presión se propaga en el seno del fluido, y si se considera que la propagación se realiza sin transferencia de calor (adiabático) y sin disipación de energía (reversible), la perturbación viaja a una velocidad que es característica del gas. Esta velocidad se denomina velocidad de propagación del sonido y es una propiedad termodinámica del gas que se define como:

$$a^2 = \left(\frac{\mathrm{d}p}{\mathrm{d}\rho}\right)_s, \tag{3.10}$$

y representa la variación de presión con respecto a las variaciones de densidad manteniendo la entropía, s, constante (proceso isentrópico)[2]. Cuando esta definición se aplica a un gas ideal se obtiene,

$$a = \sqrt{\gamma R T},$$

donde, γ es la relación de calores específicos, R es la constante del gas y T la temperatura. Para el caso del aire, $\gamma = 1.4$, y $R = 287\,\mathrm{m^2/(s^2 K)}$. A una temperatura ambiente de $T = 288\,\mathrm{K}$ la velocidad del sonido es $a = 340\,\mathrm{m/s}$.

Discusión
Considerando la estructura microscópica de los diferentes estados de la materia, clasificar de mayor a menor la velocidad de transmisión de ondas de presión en los tres estados de la materia.

---

[2]Para ver la definición rigurosa de los procesos adiabáticos, reversibles e isentrópicos el lector interesado puede consultar Shapiro (1954) o White (2006).

3.8.2. Número de Mach

El número de Mach es un número adimensional, al igual que el número de Reynolds, que indica como es la velocidad real de un flujo con respecto a la velocidad del sonido en ese mismo flujo. El número de Mach se define como

$$M = \frac{\text{velocidad del flujo}}{\text{velocidad del sonido}} = \frac{u}{a}. \tag{3.11}$$

En función del valor del número de Mach se distinguen los siguientes tipos de flujo: subsónico ($M < 1$), el fluido se mueve con una velocidad inferior a la del sonido, sónico ($M = 1$), el fluido se mueve a la velocidad del sonido y supersónico ($M > 1$), el fluido se mueve más deprisa que la velocidad del sonido.

En general, cuando un fluido se mueve a una cierta velocidad todas las variables fluidas se modifican (presión, densidad, temperatura, etc.). En el caso de los gases, para cuantificar estas variaciones pueden utilizarse las ecuaciones de continuidad, cantidad de movimiento y energía para un movimiento del gas adiabático y reversible, es decir, movimiento isentrópico. El planteamiento completo de estas ecuaciones está fuera del alcance de este libro. El lector interesado puede encontrar información detallada en Shapiro (1954), o en uno más actual como Anderson (2004).

Si el fluido es aire, se puede demostrar que cuando el número de Mach del flujo es $M < 0.3$ la variación de la densidad con respecto a la densidad en reposo es menor al 5 %. Por tanto, se puede establecer un criterio general para caracterizar el flujo compresible del aire: si $M < 0.3$, las variaciones de densidad son inferiores al 5 %, el flujo de aire puede considerarse incompresible y por tanto la simplificación, $\rho = cte$, es una hipótesis razonable. Si $M > 0.3$ el flujo de aire es compresible, ya que aparecen variaciones de densidad que deben ser convenientemente consideradas. En el capítulo 4 se aplican estos conceptos para establecer una clasificación de los diferentes regímenes de vuelo de los aviones.

3.8.3. Ondas de Mach

Anteriormente se ha mencionado que una perturbación de presión en un fluido en reposo se transmite en el seno del fluido con la velocidad del sonido. Si la fuente de sonido está fija en el espacio la perturbación de presión se transmite a la velocidad del sonido en todas las direcciones y cuando alcanza a una partícula fluida, ésta choca con otras partículas de su entorno transmitiendo en todas las direcciones dicha perturbación. En la figura 3.19(a) se ilustra esta situación y se muestran tres ondas producidas en instantes de tiempo sucesivos t_1, $t_2 > t_1$ y $t_3 > t_2$.

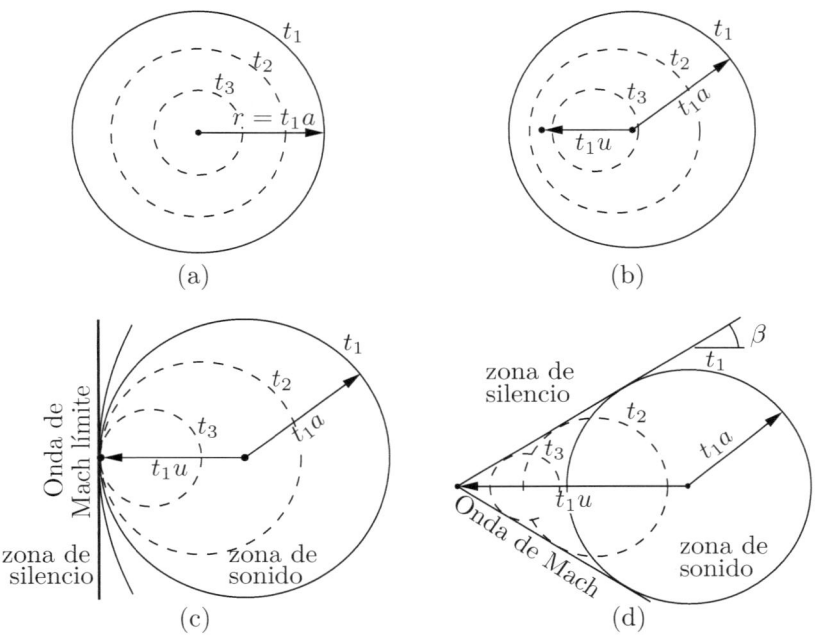

Figura 3.19. Esquema de las ondas de presión en función del número de Mach de la fuente de sonido cuando (a) está fija, (b) se mueve a velocidad subsónica, (c) sónica y (d) supersónica.

Si ahora se considera que la fuente de sonido se mueve con una velocidad baja, u inferior a la del sonido, $u < a$, resulta evidente que la fuente de sonido siempre se encuentra dentro del lugar geométrico alcanzado por las ondas de sonido que provoca, figura 3.19(b). En efecto, al cabo de un tiempo t_1 la primera onda emitida ha recorrido una distancia at_1 mientras que la fuente de sonido se ha movido una distancia $u\,t_1 < a\,t_1$, quedando, por tanto, dentro de la onda. Las perturbaciones se alejan en todas las direcciones sin alcanzarse unas a otras, de modo que en esta situación se pueden oír o sentir las ondas de presión emitidas por un cuerpo que viaja en el seno del fluido antes de que el cuerpo llegue emisor y se dice que la zona de sonido es todo el campo fluido. Se puede observar cómo las ondas de presión se comprimen corriente arriba haciendo que las ondas sonoras aumenten su frecuencia y el sonido es más agudo, recibiendo este efecto el nombre de efecto Doppler.

Cuando la fuente de sonido se desplaza a la velocidad del sonido, $u = a$, ninguna perturbación se puede desplazar corriente arriba de la fuente, y así, si un observador se coloca corriente arriba de la fuente de sonido, en la zona de silencio, no oye a la fuente de sonido acercarse, ver figura 3.19(c). En este caso, las ondas colapsan en un único punto que coincide con el punto emisor y que se denomina onda de Mach límite.

En el caso de que la fuente de sonido viaje a velocidades mayores que las del sonido, $u > a$, al cabo de un tiempo t_1 la fuente habrá recorrido una distancia $u\,t_1$ que es mayor que la que ha recorrido la onda inicial, $u\,t_1 > a\,t_1$. En esta situación, la fuente emisora se encuentra fuera del lugar geométrico donde quedan confinadas las ondas de sonido. Al emitir el sonido de forma continua las ondas de presión forman una envolvente delimitada por la línea tangente a las diferentes ondas. La envolvente está formada físicamente por una onda de presión llamada onda de Mach y la forma geométrica de la envolvente es el cono de Mach y se caracteriza por tener un ángulo:

$$\beta = \arcsin\left(\frac{a\,t_1}{u\,t_1}\right) = \arcsin\left(\frac{a}{u}\right) = \arcsin\left(\frac{1}{M}\right).$$

La zona dentro del cono de Mach corresponde a la zona de sonido y fuera del cono de Mach se tiene la zona de silencio. A medida que el número de Mach aumenta el cono de Mach tiene un ángulo cada vez más pequeño. En el caso límite, cuando la velocidad de la fuente es igual a la del sonido, el cono de Mach corresponde a un cono degenerado con ángulo de $\pi/2$. La onda de Mach genera una gran cantidad de energía, pudiendo llegar a exceder en las cercanías de la fuente una intensidad sonora de 200 dB. (ver tabla 3.3 para comparar con otros niveles de sonido).

Cuando un fluido se mueve alrededor de un obstáculo aparecen perturbaciones en los campos de velocidad, de temperatura y especialmente en el de presión. Dependiendo de que el régimen sea subsónico o supersónico, el flujo cambia completamente su configuración y comportamiento.

Tabla 3.3. Nivel de ruido en decibelios (dB) de situaciones cotidianas.

Ruido	dB
Motor a reacción (cerca)	140
Umbral de dolor	125
Discoteca	120
Tráfico medio de una ciudad	80
Susurro	30
Respiración normal	10
Umbral de audición	0

En el régimen subsónico las perturbaciones de presión creadas por la presencia del obstáculo se propagan corriente arriba y según se propagan, modifican el flujo que llega, es decir, transmiten la información de que corriente abajo se encuentra un obstáculo que deben bordear. Las ondas de presión tienen tiempo suficiente para "avisar" al flujo incidente de la presencia del obstáculo, ya que el flujo se mueve a velocidades menores que la del sonido. De esta manera, el flujo es capaz de adaptarse de forma suave y progresiva a la presencia del obstáculo, véase la figura 3.20(a).

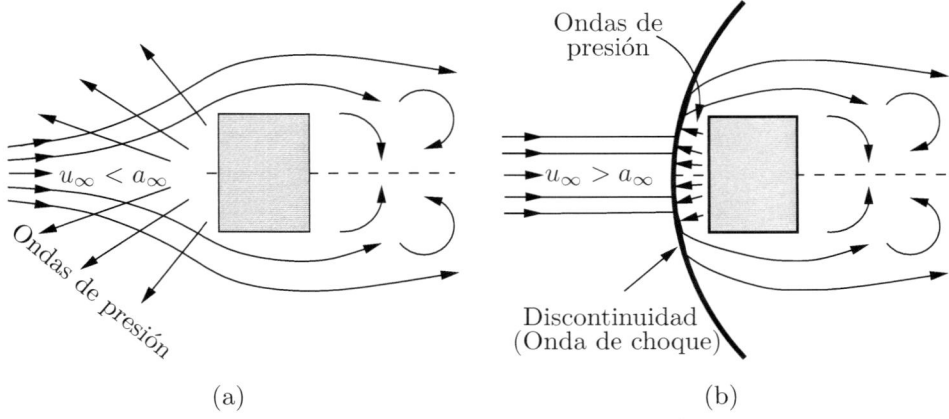

Figura 3.20. Flujo alrededor de un obstáculo en régimen (a) subsónico y (b) supersónico.

Por el contrario, en régimen supersónico las perturbaciones que el objeto introduce en el campo fluido no pueden propagarse corriente arriba porque la velocidad del flujo que llega es mucho mayor, por lo que se acumulan en una zona cercana al obstáculo. Por tanto, las partículas del flujo incidente no reciben la información de que exista un obstáculo al que adaptarse, lo que implica que el flujo incidente se comporta como si no existiera, y cuando alcanzan la zona en la que las perturbaciones se acumulan, el flujo incidente debe adaptarse en muy poco espacio al obstáculo y lo hace de forma brusca produciéndose, desde el punto de vista macroscópico, una discontinuidad en las propiedades del flujo. Esta discontinuidad recibe el nombre de onda de choque, figura 3.20(b).

Ejemplo 3.3

Un observador situado en la superficie terrestre divisa una aeronave supersónica que vuela a una altura de 1000 m. Cuando la aeronave pasa por encima de su vertical empieza a cronometrar el tiempo que tarda en alcanzarle el estampido sónico, siendo éste de 2 s. Sabiendo que la temperatura ambiente es de 30°determinar: (1) la velocidad de la aeronave, (2) el número de Mach y (3) el ángulo del cono de Mach.

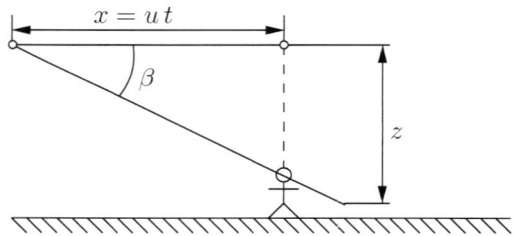

Solución

(1) Por la definición del ángulo de cono de Mach se sabe que $\sin \beta = 1/M = a/u$, teniendo en cuenta la figura del ejemplo 3.3 también se cumple que $\tan \beta = z/(u\,t)$, y expresando la tangente en función del seno, $\sin \beta = \tan \beta / \sqrt{1 + \tan^2 \beta}$ se puede escribir igualando ambas expresiones del seno del ángulo del cono de Mach que,

$$\frac{a}{u} = \frac{z}{\sqrt{z^2 + u^2 t^2}},$$

y despejando la velocidad de la aeronave, u, se obtiene que,

$$u = \frac{a}{\sqrt{1 - \left(\dfrac{a\,t}{z}\right)^2}} = 487\,\mathrm{m/s},$$

donde se ha empleado $t = 2$ s, $z = 1000$ m y $a = \sqrt{\gamma RT} = 349$ m/s.

(2) El número de Mach es M $= u/a = 1.4$.

(3) El ángulo del cono de Mach se obtiene como, $\sin\beta = 1/\text{M}$, por tanto, $\beta = 0.7984\,\text{rad} = 45.7°$.

3.8.4. Flujo compresible en conductos de sección suavemente variable

Se considera el movimiento compresible de un gas en un conducto de sección suavemente variable como se indica en la figura 3.21, que es un tipo de geometría muy común en las toberas empleadas en los sistemas de propulsión a chorro. La presión, velocidad y la densidad del gas varían a lo largo de dicho conducto de acuerdo a los principios de la mecánica de fluidos.

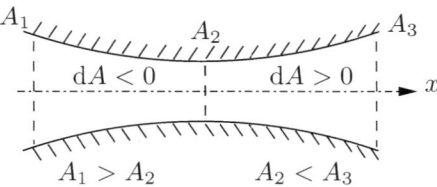

Figura 3.21. Conducto de sección suavemente variable (tobera convergente-divergente).

Diferenciando la ecuación de conservación de masa (3.2) se obtiene, $\mathrm{d}\rho\, u\, A + \rho\, \mathrm{d}u\, A + \rho\, u\, \mathrm{d}A = 0$, y dividiendo toda la ecuación por $\rho\, u\, A$, queda,

$$\frac{\mathrm{d}\rho}{\rho} + \frac{\mathrm{d}u}{u} + \frac{\mathrm{d}A}{A} = 0. \tag{3.12}$$

Teniendo en cuenta la definición de la velocidad del sonido, ecuación (3.10), $\mathrm{d}\rho = \mathrm{d}p/a^2$, la ecuación (3.12) resulta,

$$\frac{\mathrm{d}p}{a^2\rho} + \frac{\mathrm{d}u}{u} + \frac{\mathrm{d}A}{A} = 0.$$

Introduciendo en esta expresión la ecuación de la cantidad de movimiento (3.7) se tiene,

$$-\frac{u^2}{a^2}\mathrm{d}u + \mathrm{d}u + u\,\frac{\mathrm{d}A}{A} = 0,$$

y empleando la definición del número de Mach, ecuación (3.11), queda,

$$\left(1 - \mathrm{M}^2\right)\frac{\mathrm{d}u}{u} + \frac{\mathrm{d}A}{A} = 0,$$

de modo que,

$$\frac{\mathrm{d}u}{u} = \frac{1}{\mathrm{M}^2 - 1}\frac{\mathrm{d}A}{A}. \tag{3.13}$$

Esta expresión relaciona el cambio de velocidad en la dirección del movimiento con la variación de área. La interpretación de esta ecuación, junto con la ecuación de cantidad de movimiento, son fundamentales para comprender cómo varían las propiedades de un flujo compresible a lo largo de un conducto de sección variable, véase la tabla 3.4.

En un conducto con sección convergente el área decrece en la dirección del movimiento, por tanto, la variación del área es negativa, $\mathrm{d}A < 0$. En régimen subsónico, $\mathrm{M} < 1$, y por tanto $\mathrm{M}^2 - 1 < 0$, lo que implica, según (3.13), que la variación de velocidad en la dirección del movimiento debe ser positiva, $\mathrm{d}u > 0$, es decir el flujo se acelera. Este resultado es equivalente al obtenido en la sección 3.5.2. Además, teniendo en cuenta que la ecuación de cantidad de movimiento (3.7), es válida independientemente del tipo de régimen, compresible o incompresible, si el flujo se acelera, $\mathrm{d}u > 0$, entonces $\mathrm{d}p < 0$, es decir, la presión debe disminuir en la dirección del movimiento. Este comportamiento de la sección convergente recibe el nombre de tobera subsónica.

En régimen supersónico, $\mathrm{M} > 1$, luego $\mathrm{M}^2 - 1 > 0$, y según (3.13), se tiene que el flujo se decelera, $\mathrm{d}u < 0$, disminuyendo la velocidad en la dirección del movimiento. De la ecuación (3.7) se obtiene $\mathrm{d}p > 0$, es decir la presión aumenta en la dirección del movimiento. En este caso se denomina difusor supersónico.

En un conducto divergente el área crece en la dirección del movimiento, $\mathrm{d}A > 0$, y nuevamente se distinguen dos situaciones, según el flujo sea subsónico o supersónico. Si es subsónico, como $\mathrm{M}^2 - 1 < 0$, de (3.13) se obtiene que $du < 0$, es decir que disminuye de velocidad en la dirección del movimiento. Este caso también ha sido analizado en la sección 3.5.2. Como las variaciones de presión son contrarias a las de velocidad, se tiene que $dp > 0$, es decir la presión aumenta en la dirección del movimiento. Este caso recibe el nombre de difusor subsónico.

Cuando el flujo es supersónico, $M^2 - 1 > 0$, y de acuerdo a (3.13), se tiene que $du > 0$, es decir la velocidad aumenta en la dirección del flujo, y usando la ecuación (3.7) se obtiene que la presión disminuye. En este caso se tiene una tobera supersónica.

Tabla 3.4. Flujo compresible en conductos convergentes y divergentes.

	Convergente	Divergente
	A_1 $\qquad$ A_2	A_1 $\qquad$ A_2
	x	x
	$A_1 > A_2 \longrightarrow dA < 0$	$A_1 < A_2 \longrightarrow dA > 0$
Régimen		
Subsónico	$du > 0 \longrightarrow u$ crece	$du < 0 \longrightarrow u$ decrece
$M < 1$	$dp < 0 \longrightarrow p$ decrece	$dp > 0 \longrightarrow p$ crece
$M^2 - 1 < 0$	Tobera subsónica	Difusor subsónico
Supersónico	$du < 0 \longrightarrow u$ decrece	$du > 0 \longrightarrow u$ crece
$M > 1$	$dp > 0 \longrightarrow p$ crece	$dp < 0 \longrightarrow p$ decrece
$M^2 - 1 > 0$	Difusor supersónico	Tobera supersónica

3.8.5. Discontinuidades del flujo supersónico

Como se muestra en la figura 3.20(b), el flujo supersónico de un gas se caracteriza por la posibilidad de aparición de saltos en las magnitudes fluidas (presión, temperatura, densidad, etc.), como son las ondas de choque normales, oblicuas y ondas de expansión, las cuales pueden aparecer tanto en flujos externos como en flujos internos en conductos.

Se dice que una onda de choque es normal cuando la superficie de discontinuidad es perpendicular a la corriente incidente, y el flujo supersónico antes de la onda se decelera hasta el régimen subsónico, en su paso a través de la onda. Para centrar la descripción del fenómeno, se considera un depósito como el representado en la figura 3.22, donde la presión en el interior es p_0 y en el exterior la presión ambiente, p_a. Se supone que la diferencia de presiones es lo bastante grande como para generar un movimiento supersónico en la parte divergente del conducto de descarga del depósito al exterior. En estas condiciones puede aparecer una onda de choque en la parte divergente como consecuencia de que las perturbaciones de presión viajan más despacio que el propio flujo. El flujo debe adaptarse a las condiciones exteriores pero al moverse tan deprisa no tiene sitio para hacerlo suavemente y debe hacerlo a través de una discontinuidad. La posición que ocupa la onda de choque normal en la parte divergente dependerá de la diferencia de presiones entre el interior y el exterior del depósito. Desde el punto de vista termodinámico, la principal característica de las ondas de choque normales es que existe un aumento de la entropía del fluido en su paso a través de la onda.

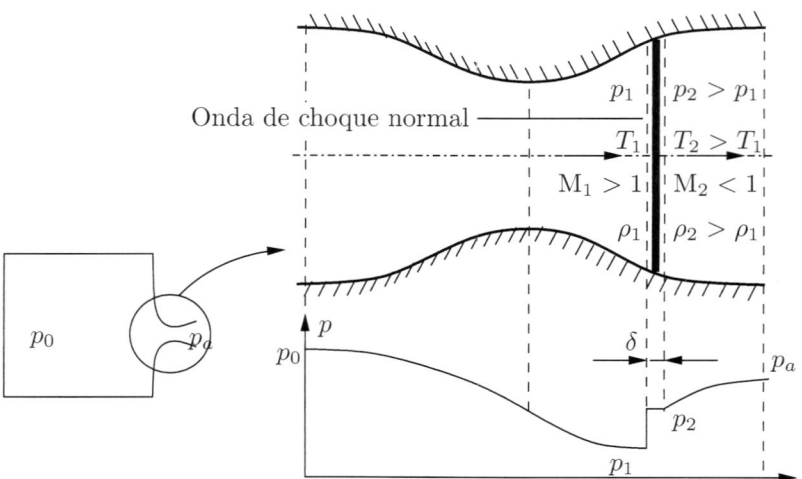

Figura 3.22. Descarga supersónica de un depósito con presencia de onda de choque normal en la parte divergente de la tobera de salida.

En el paso del fluido a través de una onda de choque, la velocidad disminuye, mientras que la presión, la temperatura y la densidad, aumentan, y dado que, en el proceso de deceleración, el fluido ha aumentado la presión, la onda de choque también recibe el nombre de onda de compresión. Las ondas de choque normales se caracterizan por una gran intensidad en cuanto a que presentan un elevado salto de magnitudes fluidas: presión, temperatura, etc.

Bajo ciertas circunstancias, se pueden formar ondas de choque
que no quedan orientadas perpendicularmente al flujo local, son las
llamadas ondas de choque oblicuas, que son también discontinuidades y
que se diferencian de las ondas de choque normales en que las direcciones
del flujo antes y después de la onda no son las mismas. Es decir,
las ondas de choque oblicuas aparecen fundamentalmente, entre otras
situaciones, cuando un flujo supersónico debe cambiar de dirección como
consecuencia de la presencia de un determinado tipo de obstáculo, véase
la figura 3.23(a).

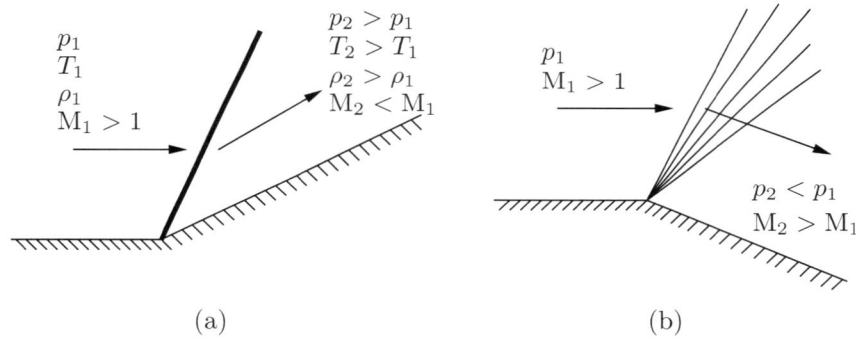

(a)   (b)

Figura 3.23. Flujo supersónico alrededor de un cambio de dirección y
aparición de: (a) onda de choque oblicua y (b) abanico de ondas de
expansión.

En general en una onda de choque oblicua la intensidad de los
saltos de las magnitudes fluidas (presión, densidad y temperatura), son
menores en comparación con los que se tienen en una onda de choque
normal. Las magnitudes fluidas también aumentan su valor en su paso
por la onda de choque oblicua; en particular, la presión detrás de la onda
de choque oblicua es mayor que delante, por lo que es también una onda
de compresión. Una diferencia importante con la onda de choque normal
es que, dependiendo de lo intensa que sea la onda de choque oblicua, el
flujo inmediatamente detrás puede ser subsónico o supersónico, mientras
que en el caso de la onda de choque normal, el flujo detrás es siempre
subsónico.

Además de las ondas de choque, en un flujo supersónico pueden
aparecer también ondas de expansión. Por ejemplo, si se considera
un flujo supersónico bordeando una esquina divergente, en la que el

área aumenta, figura 3.23(b), la velocidad crece tras el quiebro y, en consecuencia, la presión disminuye y obviamente el número de Mach aumenta, formándose en la esquina un abanico de ondas de Mach isentrópicas (la entropía se mantiene constante). Este conjunto de ondas de Mach se denomina abanico de ondas de Prandtl-Meyer y el flujo antes y detrás del mismo cumple que $M_2 > M_1 > 1$ y $p_2 < p_1$.

Ejemplo 3.4

En un túnel aerodinámico de sección cuadrada se ha medido la presión en las secciones 1 y 2 obteniéndose $p_1 =$95000 Pa, $p_2 = 94000$ Pa. En estas condiciones se pide: (1) velocidad en la secciones 1, 2, y 3; (2) números de Mach en las secciones 1,2 y 3; (3) presión en la sección 3 y (4) caudal y gasto másico.

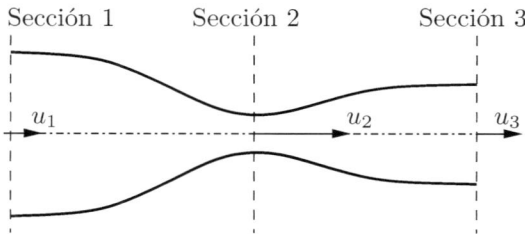

Considerar que en una primera aproximación el flujo es incompresible. La temperatura de referencia del aire a la entrada es $T_1 = 288$ K y las dimensiones de las secciones son $l_1 = 90$ cm, $l_2 = 20$ cm, $l_3 = 50$ cm.

Solución

(1) Para obtener la densidad del aire a la temperatura $T_1 = 288$ K, se emplea la ecuación de estado de los gases,

$$\rho_1 = \rho = \frac{p_1}{RT_1} = 1.1493\,\text{kg/m}^3,$$

y dado que se dice que el flujo es incompresible, la densidad es constante a lo largo del conducto.

Entre las secciones (1) y (2) se aplica la ecuación de Bernoulli y la de conservación de masa para flujo incompresible, es decir,

$$p_1 + \frac{1}{2}\rho u_1^2 = p_2 + \frac{1}{2}\rho u_2^2,$$
$$u_1 l_1^2 = u_2 l_2^2.$$

Despejando la velocidad de la sección (2), u_2, de la ecuación de conservación de masa se obtiene, $u_2 = u_1 \left(l_1/l_2\right)^2$ y sustituyendo en la ecuación de Bernoulli se obtiene,

$$u_1 = \sqrt{\frac{2\left(p_2 - p_1\right)}{\rho\left(1 - \left(\dfrac{l_1}{l_2}\right)^4\right)}} = 2.06\,\text{m/s}.$$

Por tanto, la velocidad en la sección (2) o cámara de ensayos es,

$$u_2 = u_1 \left(\frac{l_1}{l_2}\right)^2 = 41.7\,\text{m/s}.$$

La velocidad en (3) se obtiene aplicando la conservación de masa entre, por ejemplo, (1) y (3), $u_3 l_3^2 = u_1 l_1^2$ de modo que:

$$u_3 = u_1 \left(\frac{l_1}{l_3}\right)^2 = 6.68\,\text{m/s}.$$

(2) La velocidad del sonido es $a = \sqrt{\gamma R T_1} = 340.1\,\text{m/s}$, por lo que el número de Mach en las secciones 1, 2 y 3 es, $\text{M}_1 = u_1/a = 0.006$, $\text{M}_2 = u_2/a = 0.122$, y $\text{M}_3 = u_3/a = 0.019$, respectivamente.

(3) La presión en la sección (3) se obtiene aplicando la ecuación de Bernoulli y la de conservación de masa entre, por ejemplo, (1) y (3), es decir,

$$p_3 = p_1 + \frac{1}{2}\rho\left(u_1^2 - u_3^2\right) = p_1 + \frac{1}{2}\rho u_1^2 \left(1 - \left(\frac{l_1}{l_3}\right)^4\right) = 94979\,\text{Pa}.$$

(4) El caudal, es $Q = u_1 l_1^2 = 1.6707\,\text{m}^3/\text{s}$ y es el mismo, por la conservación de masa, en todas las secciones. Finalmente, el gasto másico es, $G = \rho u_1 l_1^2 = 1.92\,\text{kg/s}$ y dado que el flujo es incompresible, es el mismo en todas las secciones.

Parte II

Aerodinámica

AERODINÁMICA DE PERFILES 4

4.1. Introducción

La aerodinámica es la rama de la mecánica de fluidos que estudia la interacción entre cuerpos sólidos y el aire cuando existe un movimiento relativo entre ellos. Los objetivos principales de la aerodinámica son básicamente dos. En primer lugar, la aerodinámica estima las fuerzas, los momentos y la transferencia de calor que provoca este movimiento relativo alrededor de los cuerpos (aerodinámica externa). Por ejemplo, se desea conocer la sustentación, la resistencia y los momentos alrededor de un ala, un fuselaje, un avión entero, un coche, un barco o un edificio; también interesa estimar el calentamiento aerodinámico en los vehículos que se mueven a muy altas velocidades, como aviones supersónicos o vehículos espaciales moviéndose en la atmósfera. El segundo objetivo de la aerodinámica es determinar las propiedades del flujo a través de conductos (aerodinámica interna). Por ejemplo, se precisa determinar las propiedades del flujo dentro de un motor cohete o un aerorreactor o calcular las condiciones en el interior de un túnel aerodinámico.

Por ejemplo, para diseñar una aeronave es fundamental conocer las fuerzas de origen aerodinámico que actúan sobre sobre ella para, entre otras muchas cosas, calcular la estructura de las alas y el fuselaje de forma que puedan resistir estas fuerzas, analizar la cinemática y la dinámica de los movimientos del avión para predecir sus actuaciones o determinar la tracción que debe entregar el sistema propulsor para alcanzar una velocidad deseada.

Para determinar las cargas aerodinámicas o las propiedades de un flujo, existen tres métodos en la práctica de la ingeniería: analítico, experimental y numérico. El primero de ellos consiste en resolver las ecuaciones que gobiernan el movimiento del fluido y así conocer los valores que toman las variables fluidas (u, p, ρ, etc.) y a partir de ellas calcular las acciones que el fluido ejerce sobre el cuerpo (fuerzas, momentos y temperaturas). Esto puede hacerse cuando el problema es muy sencillo; pero cuando la geometría del problema es complicada (como por ejemplo la geometría de un avión) las ecuaciones no tienen soluciones conocidas y es necesario utilizar otros métodos.

En el método experimental se miden las presiones, las cargas o las temperaturas directamente sobre el cuerpo que se está estudiando o sobre un modelo a escala intentando reproducir las condiciones reales. Los túneles aerodinámicos son la herramienta por excelencia en aerodinámica experimental.

Los métodos numéricos consisten básicamente en resolver las ecuaciones de forma aproximada. Requieren el uso de potentes ordenadores y programas específicos.

El objetivo de este capítulo es comprender cómo se producen y cómo se comportan las fuerzas aerodinámicas que aparecen en perfiles aerodinámicos. Para ello se presentan resultados analíticos, experimentales y numéricos que, junto a los conocimientos básicos de mecánica de fluidos estudiados en el capítulo anterior, permiten entender los fenómenos físicos relacionados con la generación de las fuerzas aerodinámicas. Sin embargo, conviene aclarar que muchos de los resultados teóricos y explicaciones que se presentan son únicamente válidos en el contexto de teorías aerodinámicas simplificadas cuyo tratamiento esta fuera del alcance de este libro. El lector interesado puede consultar textos específicos de aerodinámica como por ejemplo Meseguer & Sanz (2010); Anderson (1991) o Abbott & von Doenhoff (1959). En este sentido es importante ser consciente del ámbito de validez de los resultados que se utilizan, pues en ingeniería puede ser tan desastroso obtener un resultado erróneo, como aplicar un resultado correcto fuera del rango de validez del modelo utilizado para obtenerlo.

En la sección 4.2 de este capítulo se presentan las causas primarias de las cargas aerodinámicas. A continuación, en la sección 4.3, se muestra el flujo alrededor de un cilindro para posteriormente introducir el concepto de perfil aerodinámico, sección 4.4, y presentar las cargas aerodinámicas sobre un perfil, sección 4.5, así como los coeficientes aerodinámicos característicos de los perfiles, sección 4.6. Posteriormente, se definen los diferentes regímenes de vuelo de una aeronave en base a la velocidad de vuelo, sección 4.7. Las curvas características de perfiles en régimen subsónico incompresible se muestran en la sección 4.8 así como la determinación del coeficiente de sustentación una vez conocido el coeficiente el presión, sección 4.9. En la sección 4.10 se presentan los fundamentos físicos de la entrada en pérdida de los perfiles. En la sección 4.11 se describen los perfiles laminares, el funcionamiento de los perfiles en régimen subsónico compresible se presenta en la sección 4.12 y se finaliza con una breve descripción de los perfiles empleados en régimen supersónico, sección 4.13.

4.2. Origen de las cargas aerodinámicas

Independientemente de lo complejo que sea el flujo de aire alrededor del cuerpo que se está estudiando, las fuerzas y momentos de origen aerodinámico que percibe el cuerpo se deben exclusivamente a dos causas: por un lado, a la distribución de presiones sobre la superficie del cuerpo, p, o de forma más rigurosa, la diferencia entre la presión p y un cierta presión de referencia, p_∞ (se toma p_∞ como el valor de la presión ambiental en el entorno del cuerpo) y por otro lado a la distribución de esfuerzos viscosos sobre la superficie del cuerpo, τ. Las presiones actúan en la dirección normal a la superficie del cuerpo, mientras que los esfuerzos viscosos lo hacen en la dirección tangencial, como se esquematiza en la figura 4.1.

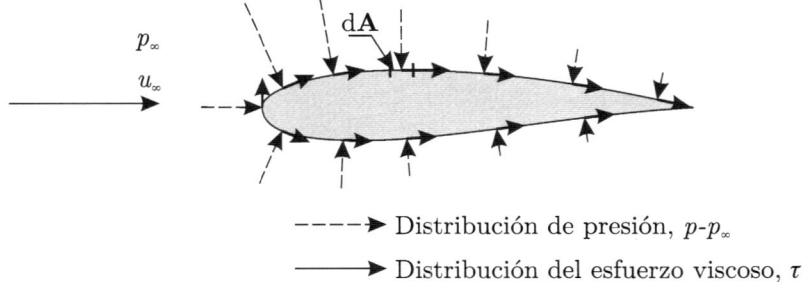

Figura 4.1. Distribución de presión neta, $p - p_\infty$, y esfuerzo viscoso, τ, sobre una superficie, donde p_∞ es un valor de presión de referencia.

Si se conocen las distribuciones de p y τ pueden integrarse a lo largo de la superficie del cuerpo para obtener una fuerza, $\boldsymbol{F}_a$, y un momento resultante, $\boldsymbol{M}_a$, es decir,

$$\boldsymbol{F}_a = \int (p - p_\infty)\, \mathrm{d}\boldsymbol{A} + \int \tau\, \mathrm{d}\boldsymbol{A}, \tag{4.1}$$

$$\boldsymbol{M}_a = \int ((p - p_\infty)\, \mathrm{d}\boldsymbol{A}) \times \boldsymbol{r} + \int (\tau\, \mathrm{d}\boldsymbol{A}) \times \boldsymbol{r}. \tag{4.2}$$

Es importante destacar este concepto: las cargas aerodinámicas (fuerzas y momentos) se transmiten a los cuerpos sólo mediante estos dos mecanismos. Como se ha mencionado, estas distribuciones se determinan aplicando métodos analíticos, numéricos o experimentales.

4.3. Flujo alrededor de un cilindro

Para entender la creación de fuerzas aerodinámicas se comienza analizando el flujo de un gas, por ejemplo aire, alrededor de un cuerpo sencillo como es un cilindro circular. Se considera el cilindro en reposo inmerso en una corriente de aire moviéndose con una velocidad relativa al cilindro, u_∞, y cuya presión corriente arriba, lejos del cuerpo, vale p_∞. Además, se considera que el flujo se comporta como si fuera incompresible, para lo cual el número de Mach debe ser pequeño (aproximadamente M < 0.3, ver capítulo 3, sección 3.8.2). En tales circunstancias la densidad es constante. Por último, se supone que el fluido es no viscoso o ideal (las fuerzas de origen viscoso se consideran despreciables) y que, además, el flujo es bidimensional.

La presencia del cilindro obliga al aire a desviarse de forma que las partículas fluidas siguen unas líneas de corriente como las que se muestran en la figura 4.2. En este modelo ideal del flujo alrededor del cilindro, se observan dos puntos sobre su superficie donde la velocidad es cero (puntos A y D), denominados puntos de remanso. También se observa que en algunas zonas las líneas tienden a separarse y en otras a juntarse.

Recordando que no hay flujo en la dirección perpendicular a las líneas de corriente, estas pueden pensarse como si se trataran de paredes sólidas. Además, el espacio entre dos líneas de corriente adyacentes define un tubo de corriente en el cual se cumplen las ecuaciones de conservación

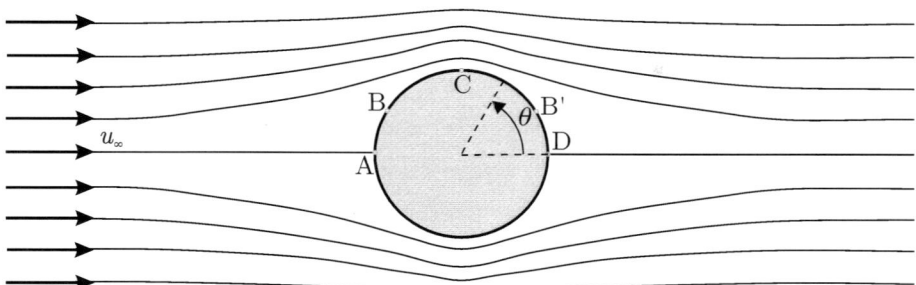

Figura 4.2. Líneas de corriente alrededor de un cilindro inmerso en un flujo ideal.

de masa y Bernoulli:

$$\rho u A = \text{cte,} \tag{4.3}$$

$$p + \frac{1}{2}\rho u^2 = \text{cte.} \tag{4.4}$$

De la ecuación de conservación de masa se deduce que en las zonas donde las líneas se juntan, la velocidad aumenta y la presión disminuye, y lo contrario en las zonas donde las líneas se separan. Atendiendo a este razonamiento, y a la luz de la ecuación de Bernoulli, es posible concluir que sobre la superficie del cilindro la presión no es la misma que en la corriente libre, p_∞. Existe una distribución de presión que es función de la velocidad tangente al cilindro. Para analizar como es la variación de presión sobre el cilindro se plantea la ecuación de Bernoulli entre un punto en el fluido correspondiente a la corriente no perturbada por la presencia de este cuerpo y un punto sobre la pared del cilindro, indicado por el valor de la variable θ definida en la figura 4.2:

$$p_\infty + \frac{1}{2}\rho u_\infty^2 = p\left(\theta\right) + \frac{1}{2}\rho u\left(\theta\right)^2,$$

de donde se obtiene que

$$p\left(\theta\right) = p_\infty + \frac{1}{2}\rho\left(u_\infty^2 - u\left(\theta\right)^2\right). \tag{4.5}$$

En el punto A la velocidad sobre el cilindro es cero ($u\left(180°\right) = 0$) y, por lo tanto, la presión es igual a la presión de remanso, p_0, es decir,

$$p\left(180°\right) = p_\infty + \frac{1}{2}\rho u_\infty^2 = p_0.$$

A partir de ese punto la velocidad sobre el cilindro aumenta y en consecuencia la presión disminuye, según lo que determina la ecuación (4.5). En el punto B se verifica que $u(\theta_B) = u_\infty$, por lo tanto, la presión es igual a la presión de la corriente no perturbada, p_∞. La velocidad sobre la pared del cilindro sigue aumentando y la presión sigue disminuyendo, generando una zona en la cual la presión es menor que p_∞, es decir una zona de succión. En el punto C la velocidad alcanza el valor máximo y como consecuencia la presión en ese punto es mínima. Desde el punto C la velocidad va disminuyendo hasta que en el punto D vuelve a ser $u(0°) = 0$, produciendo una distribución de presión simétrica a la obtenida entre los puntos A y C. Cualitativamente esa distribución de presión tiene un aspecto como el que se muestra en la figura 4.3. En dicha figura se indica con flechas orientadas hacia el centro del cilindro las zonas en las que la presión es $p - p_\infty > 0$ (zona de sobrepresión); por el contrario, las flechas que apuntan hacia afuera indican zonas en las que $p - p_\infty < 0$ (zonas de succión).

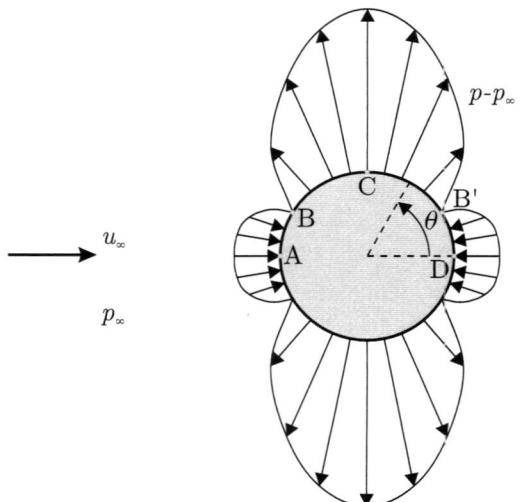

Figura 4.3. Esquema de la distribución de presión relativa a la de la corriente libre sobre un cilindro sometido a una corriente de un flujo ideal bidimensional.

La distribución de presión que produce el flujo de aire alrededor del cilindro integrada sobre el área de la superficie donde actúa esta presión es una fuerza que se ejerce sobre el cilindro. Se observa que la distribución de presión es simétrica con respecto a los ejes horizontal y vertical del cilindro. Esto implica que con este modelo de flujo ideal, al integrar a lo largo de la superficie, la fuerza resultante es nula.

4.3.1. Coeficiente de presión

En aerodinámica, en lugar de diferencias de presiones se suele emplear una magnitud adimensional llamada coeficiente de presión, que se define como

$$c_p = \frac{p - p_\infty}{q_\infty} = \frac{p - p_\infty}{\frac{1}{2}\rho u_\infty^2}, \tag{4.6}$$

donde p es la presión en un punto del cuerpo, p_∞ y q_∞ son la presión estática y la presión dinámica de la corriente incidente no perturbada, es decir, las magnitudes existentes corriente arriba, lejos del cuerpo, donde la velocidad es $u = u_\infty$.

En el caso de flujos en los cuales pueda aplicarse la ecuación de Bernoulli (ver capítulo 3, sección 3.6.3) es posible obtener otra expresión del c_p en función de la velocidad del fluido. Aplicando Bernoulli en un punto de la corriente no perturbada y en un punto donde la presión vale p se obtiene

$$p_\infty + \frac{1}{2}\rho u_\infty^2 = p + \frac{1}{2}\rho u^2,$$

o bien

$$p - p_\infty = \frac{1}{2}\rho \left(u_\infty^2 - u^2 \right),$$

y reemplazando esta última en la definición del c_p se obtiene:

$$c_p = 1 - \left(\frac{u}{u_\infty} \right)^2. \tag{4.7}$$

Obsérvese la expresión (4.7); el valor del coeficiente de presión en el punto de remanso, es decir cuando $u = 0$, es igual a uno. En los puntos donde se cumple que $u > u_\infty$ el coeficiente de presión es negativo; por el contrario, si $u < u_\infty$ se verifica que $c_p > 0$.

Aunque queda fuera del alcance de este libro, mediante la teoría potencial linealizada se puede calcular el flujo ideal alrededor de un

cilindro circular, obteniéndose que el coeficiente de presión sobre la
circunferencia vale $c_p = 1 - 4\sin\theta^2$ (véase White (2006), Anderson
(1991) o Meseguer & Sanz (2010)). Esta función aparece representada
en la figura 4.4. Dada la simetría de la configuración del flujo, sólo se ha
representado el intervalo correspondiente a la mitad superior del cilindro.
Se observa que en los puntos de remanso (punto A, $\theta = 180°$y punto D,
$\theta = 0°$) el coeficiente de presión es igual a la unidad. En los puntos B y
B' se verifica que $c_p = 0$, lo que indica que la velocidad en esos puntos
de la circunferencia es igual a u_∞ y, por lo tanto, la presión vale p_∞. Los
valores positivos de c_p indican zonas donde la presión sobre el cilindro
es mayor que la presión estática de la corriente no perturbada, p_∞; los
valores negativos lo contrario. Como se ha comentado, en el punto C
($\theta = 90°$) la velocidad alcanza el valor máximo y, como consecuencia, la
presión en ese punto es mínima, lo que corresponde al mínimo valor de
coeficiente de presión, $c_p = -3$.

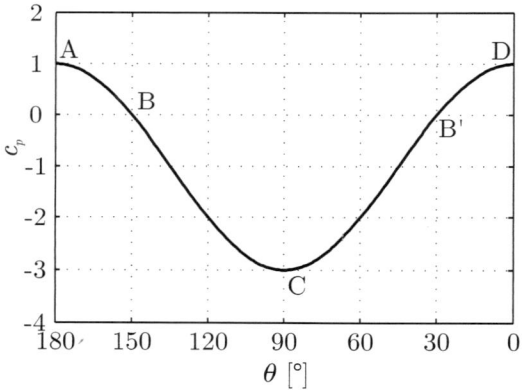

Figura 4.4. Variación del coeficiente de presión, c_p, sobre la superficie de
un cilindro.

4.3.2. Flujo alrededor de un cilindro que rota

Se analiza ahora el flujo ideal alrededor de un cilindro que gira
alrededor de su eje con velocidad de rotación, Ω , constante. Se supone
que al girar el cilindro induce sobre el fluido una velocidad de rotación,
ya que se debe cumplir que en la interfase la velocidad relativa es cero.
Si no hubiera corriente incidente las líneas de corriente son como las
que se muestran en la figura 4.5(b). Bajo las hipótesis de flujo ideal

(véase White (2006), Anderson (1991) o Meseguer & Sanz (2010)) se puede suponer que los efectos aerodinámicos son aditivos; de modo que cuando se consideran la corriente incidente y el giro simultáneamente, la velocidad en cada punto se obtiene sumando vectorialmente la velocidad de la corriente más el movimiento rotacional del fluido que induce el cilindro, tal como se esquematiza en la figura 4.5(c).

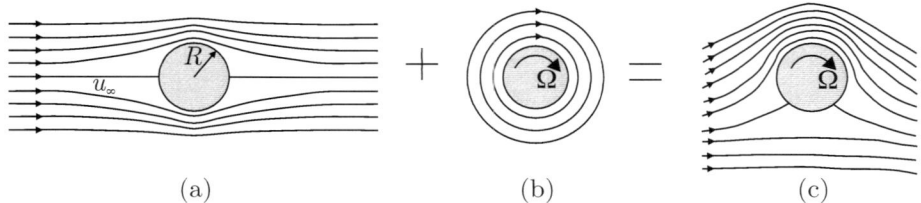

(a)   (b)   (c)

Figura 4.5. Líneas de corriente alrededor de un cilindro. (a) Corriente uniforme sobre un cilindro. (b) Cilindro girando. (c) Cilindro girando en una corriente uniforme.

Debido al movimiento de giro, las partículas fluidas se aceleran en la parte superior del cilindro y, como consecuencia, las líneas de corriente se juntan. En la parte inferior se deceleran, separando las líneas de corriente. Los puntos donde la velocidad es cero ya no están en $\theta = 0°$ y $\theta = 180°$, sino que se han desplazado a la parte inferior del cilindro. En consecuencia con lo dicho, en la parte superior del cilindro el módulo de la velocidad es la suma de u_∞ más la velocidad que induce el cilindro, $u(\theta = 90°) = u_C + \Omega R$, mientras que en la parte inferior el módulo es la resta, $u(\theta = 270°) = u_C - \Omega R$. El resultado es que las líneas de corriente ya no presentan simetría con respecto al eje horizontal, observándose en la parte superior del cilindro que la velocidad es mayor que en la parte inferior. Esto indica que la distribución de presión tampoco es simétrica con respecto al eje horizontal, siendo menor la presión en la parte superior que en la inferior. Cualitativamente la distribución de presión tiene el aspecto que se muestra en la figura 4.6.

Al integrar esta distribución asimétrica de presión el resultado neto es una fuerza vertical ascendente o fuerza de sustentación, l. Con respecto al eje vertical, la distribución de presión sí es simétrica y por lo tanto la fuerza horizontal resultante o resistencia aerodinámica, d, es igual a cero.

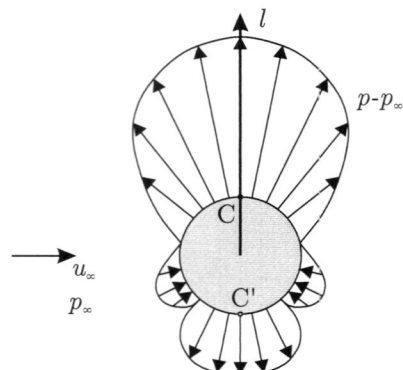

Figura 4.6. Esquema de la distribución de la presión relativa a la de la corriente libre sobre un cilindro que gira sometido a una corriente de un flujo ideal bidimensional.

Una medida de este efecto sustentador es la integral de la velocidad a lo largo de una curva cerrada que contenga el cilindro, magnitud conocida como circulación. En libros específicos de aerodinámica se desarrolla el concepto de circulación con mayor profundidad (ver Anderson (1991) o Meseguer & Sanz (2010)); por el momento es suficiente con entender que la circulación que induce el cilindro que gira sobre el flujo esta relacionada con la aparición de la fuerza de sustentación.

La aparición de una fuerza de sustentación mediante la rotación de un cilindro inmerso en una corriente fluida se conoce como efecto Magnus. El mismo efecto se produce también en una esfera que gira, fenómeno que es aprovechado en muchos deportes.

Discusión
Analizar de forma cualitativa las fuerzas y la trayectoria que sigue un balón de fútbol en el lanzamiento desde el córner izquierdo del equipo atacante cuando el futbolista emplea la pierna derecha.

4.3.3. Flujo real alrededor de un cilindro

En los dos casos descritos de flujo ideal incompresible (densidad constante y viscosidad despreciable) alrededor de un cilindro, se ha encontrado que se genera una distribución de presión sobre el cilindro que es simétrica con respecto al eje vertical; lo que implica la inexistencia de resistencia aerodinámica. Sin embargo, la experiencia demuestra que al someter un cilindro a una corriente incidente aparece una fuerza de resistencia aerodinámica y las líneas de corriente presentan un aspecto similar al que se muestra en la figura 4.7, es decir, ya no existe simetría con respecto al eje vertical y corriente abajo del cilindro se genera una zona llamada estela, donde el flujo es muy turbulento.

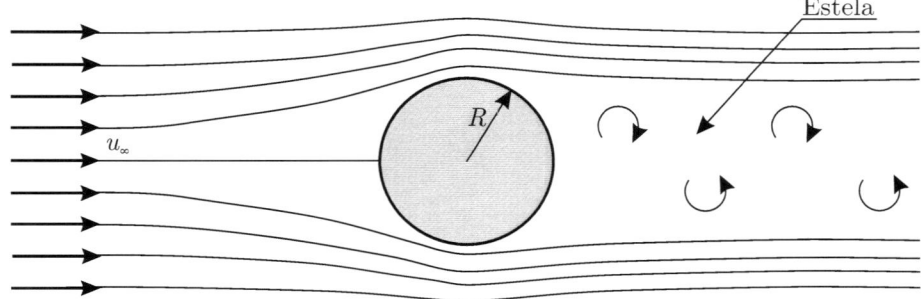

Figura 4.7. Esquema de las líneas de corriente alrededor de un cilindro inmerso en un flujo real.

La distribución de presión alrededor del cilindro tampoco es simétrica presentando un aspecto similar al que se muestra en la figura 4.8. El resultado neto de esta distribución de presión es una fuerza con el mismo sentido y dirección que la velocidad de la corriente libre, es decir una fuerza de resistencia aerodinámica.

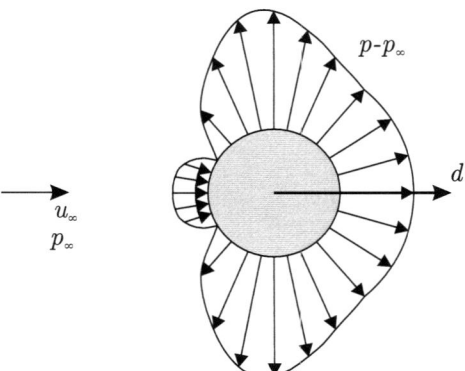

Figura 4.8. Distribución de presión relativa a la de la corriente libre sobre un cilindro sometido a una corriente de un flujo real bidimensional.

4.3.4. Desprendimiento de la capa límite

La estela y la resistencia aerodinámica del cilindro son consecuencia de los efectos de la viscosidad. Como se ha estudiado, en la
interfase entre un sólido y un fluido que se mueven uno con respecto al
otro, aparece una delgada capa, llamada capa límite, donde los esfuerzos
viscosos son importantes. Las partículas fluidas dentro de la capa límite
son desaceleradas por el efecto de las fuerzas viscosas, es decir que pierden
energía cinética. En estas condiciones puede suceder que en algún punto
de la superficie del cilindro el flujo llegue a detenerse completamente o
incluso se invierte el sentido de avance, tal como se esquematiza en la
figura 4.9.

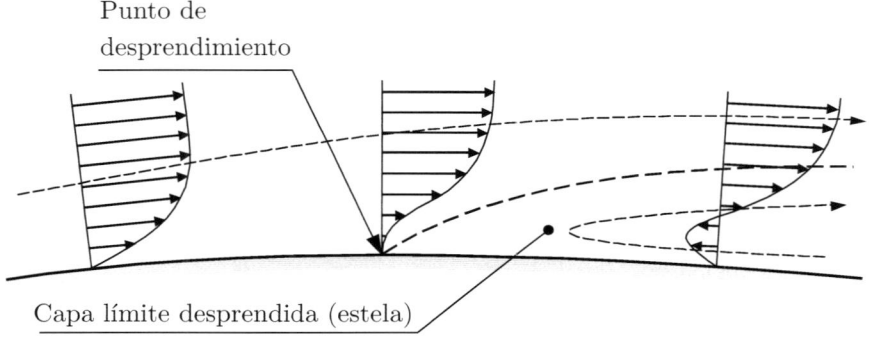

Figura 4.9. Separación de la capa límite.

Bajo estas circunstancias la capa límite deja de existir tal como se
ha estudiado y se separa de la superficie del cuerpo generando una estela.
Al punto donde sucede esto se lo denomina punto de desprendimiento de
la capa límite.

Corriente abajo del cilindro, la estela provoca una zona de baja
presión y por lo tanto, la distribución de presión se vuelve asimétrica,
dando origen a la resistencia aerodinámica. A esta componente de
resistencia, asociada a la asimetría de la distribución de presiones, se
la denomina resistencia de presión o de forma y se agrega a la resistencia
de origen viscoso, resistencia de fricción, que se ya se ha estudiado en el
apartado 3.7.1. Cuando aparece resistencia de presión, siempre es mayor
que la resistencia de origen viscoso.

En la figura 4.10 se presenta la variación del coeficiente de presión alrededor del cilindro inmerso en un flujo ideal y datos medidos en túnel aerodinámico, es decir el caso de un flujo real. Se observa que la solución correspondiente al flujo ideal se aproxima muy bien a los resultados experimentales hasta $\theta \approx 130°$ y partir de ese punto el coeficiente de presión es negativo (es decir, succión) y aproximadamente constante. Esta zona de succión es la causante de que la fuerza neta resultante no sea igual a cero, es decir que el cilindro tenga una resistencia aerodinámica de presión.

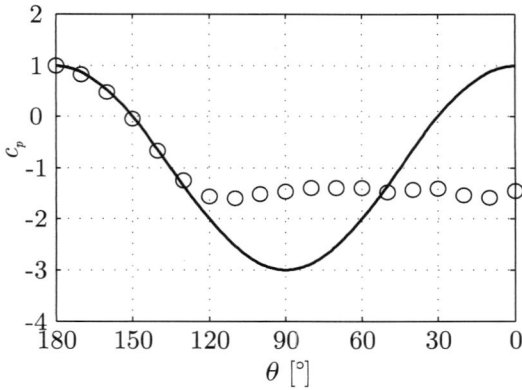

Figura 4.10. Variación del coeficiente de presión, c_p, sobre la superficie de un cilindro. En línea continua se representan los resultados de la teoría potencial y con círculos los valores medidos en túnel aerodinámico ($\mathrm{Re} = 1 \times 10^5$).

El comportamiento de la capa límite se entiende mejor si se considera que está sometida a la distribución de presión sobre el cilindro. De acuerdo con los esquemas de las figuras 4.3 y 4.4, entre los puntos C y D la presión aumenta a lo largo de la superficie del cilindro y como consecuencia la velocidad disminuye. Un aumento de la presión como el que presenta el cilindro entre los puntos C y D se denomina gradiente adverso o gradiente desfavorable de presión, ya que es susceptible de provocar el desprendimiento de la capa límite.

En términos generales puede afirmarse que el hecho de que la capa límite se desprenda así como el punto donde esto sucede, dependen de la energía cinética que contenga la capa límite y cuanto mayor sea ésta, menos susceptible es de desprenderse. Por sus características, la

capa límite laminar contiene menor energía cinética que la turbulenta
(compare los perfiles de velocidad en uno y otro caso, tabla 3.2) y por
tanto en condiciones similares de presión, una capa límite laminar se
desprende antes que una turbulenta. En la figura 4.11 se presentan dos
fotografías de la visualización con humo del flujo alrededor de un cilindro.
Se puede observar que la capa límite laminar se desprende en un punto
más adelantado que la capa límite turbulenta.

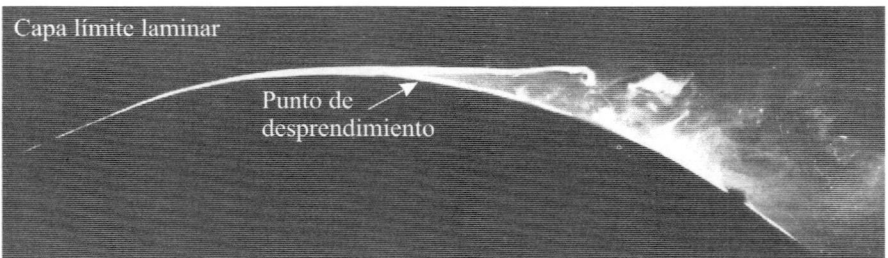

Figura 4.11. Flujo alrededor de un cilindro circular. Desprendimiento de
la capa límite laminar y turbulenta (van Dyke (1982)).

A partir de este razonamiento se puede deducir que si la capa
límite se desprende en un punto más retrasado, el ancho de la estela es
menor y por lo tanto la zona de succión en la parte trasera del cilindro
también es menor. Esto implica una menor resistencia de forma. El mismo
efecto se muestra en la figura 4.12 pero en el caso del flujo alrededor de
una esfera.

En resumen; hasta el momento se han descrito dos fuentes de
resistencia aerodinámica. La primera, de origen viscoso (resistencia de
fricción), se debe a las fuerzas de fricción viscosa que aparecen en la
superficie del cuerpo, y para reducirla conviene que la capa límite sea
laminar. La segunda cuyo origen es la presión (resistencia de presión o

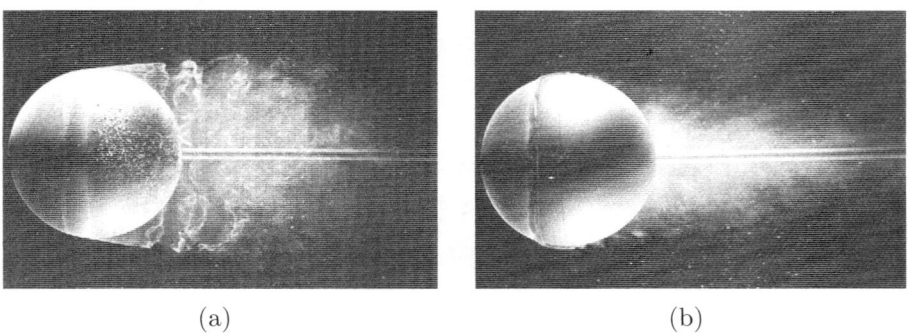

(a) (b)

Figura 4.12. Visualización del flujo alrededor de una esfera. (a) Capa
límite laminar. (b) Capa límite turbulenta (van Dyke (1982)).

de forma) es debida a la asimetría de la distribución de presiones que
se produce por el desprendimiento de la capa límite y para reducirla
conviene que la capa límite sea turbulenta.

Si lo que se desea es reducir la resistencia aerodinámica de un
objeto aparecen pues, dos requisitos contradictorios. Como suele suceder
en ingeniería, en estos casos se debe adoptar una solución de compromiso
que se adapte a la aplicación en la que se trabaja. Dos ejemplos conocidos
de como reducir la resistencia de presión son las pelotas de golf y las de
tenis. En ambos casos la componente de la resistencia más importante
es la de presión, por lo tanto su diseño busca que la capa límite sea
turbulenta para retrasar su desprendimiento y por lo tanto disminuir la
resistencia global. Las pelotas de golf presentan hoyuelos distribuidos en
su superficie que fuerzan a que la capa límite sea turbulenta, mientras
que en las de tenis son los pelillos los que cumplen esta función.

En aerodinámica los cuerpos cuya geometría tiende a desprender
la capa límite y ofrecen una elevada resistencia de presión, se denominan
cuerpos romos. Las pelotas de tenis y de golf, los edificios, los automóviles
y los camiones, son ejemplos de cuerpos romos. Por el contrario, cuando
los cuerpos están diseñados para que la capa límite no se desprenda se
dice que son cuerpos aerodinámicos o fuselados. En ellos la componente
de resistencia más importante es la de fricción y, en general, interesa
que la capa límite sea laminar en todo su recorrido. Los aviones, los
perfiles aerodinámicos de las alas y los automóviles de carrera como los
de Formula 1, son cuerpos fuselados.

El estudio del flujo alrededor de un cilindro puede servir para entender cómo aparecen las fuerzas de sustentación y resistencia en un objeto inmerso en dicho flujo. Es posible obtener sustentación si el cilindro gira con una cierta velocidad angular; sin embargo, obtener sustentación a partir de este fenómeno no es eficiente desde el punto de vista de la ingeniería. En primer lugar es necesario un mecanismo (un motor, sistemas de engranajes, etc.) que mantenga girando el cilindro y, en segundo lugar la resistencia aerodinámica del cilindro es muy grande en relación a los perfiles aerodinámicos. Para ilustrar este último aspecto en la figura 4.13 se presenta el ejemplo de un cilindro y un perfil aerodinámico que tienen la misma resistencia aerodinámica. Es decir, un cilindro ofrece la misma resistencia que un perfil cuya cuerda es del orden de 150 veces mayor que el el diámetro del cilindro. Por ello las aeronaves utilizan perfiles aerodinámicos para obtener las fuerzas de sustentación requeridas.

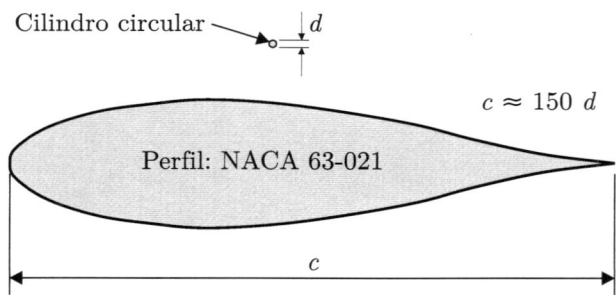

Figura 4.13. Comparación entre las dimensiones de un cilindro y un perfil aerodinámico que presentan la misma resistencia.

4.4. Perfiles aerodinámicos

Un perfil aerodinámico es la figura que resulta de la intersección del ala de una aeronave con un plano paralelo al plano de simetría del avión, tal como se esquematiza en la figura 4.14. El mismo perfil se muestra en la figura 4.15 donde se incluye la nomenclatura empleada para algunos de los parámetros geométricos que lo definen. El borde de ataque es el punto más adelantado del perfil y el borde de salida es el punto más retrasado del perfil, mientras que la cuerda es la línea recta que une el borde de ataque y el borde de salida del perfil. Se llama extradós

Figura 4.14. Esquema de un ala y un perfil aerodinámico.

a la parte superior del perfil e intradós a la parte inferior del perfil. La línea de curvatura es la línea medida perpendicularmente a la cuerda geométrica y equidistante entre el extradós y el intradós, mientras que se denomina curvatura a la función que define la distancia entre la línea de curvatura y la cuerda. La distribución de espesor determina en cada punto la distancia entre extradós e intradós, medida perpendicularmente a la cuerda. El radio del borde de ataque es la medida del afilamiento del borde de ataque. Puede variar desde cero para perfiles supersónicos hasta un 2 % de la cuerda para perfiles con borde de ataque redondeados.

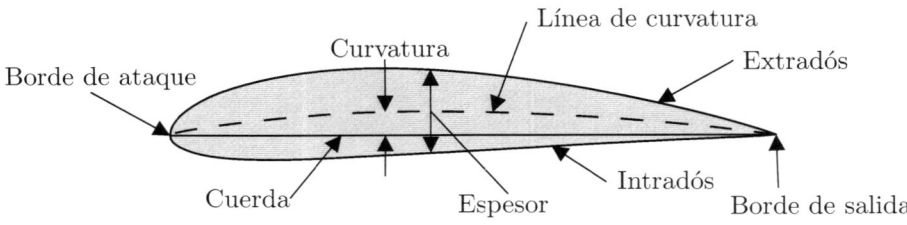

Figura 4.15. Nomenclatura de perfiles aerodinámicos.

En la nomenclatura habitual la cuerda se designa con la letra c, la curvatura máxima, o flecha, se designa con la letra f y la distancia a la que se encuentra del borde de ataque es importante para la determinación de las características aerodinámicas del perfil. Generalmente se emplea la curvatura relativa f/c. Un perfil que no tiene curvatura se dice que es simétrico. El espesor se designa con la letra t y en general se utiliza el espesor relativo t/c.

Otro parámetro geométrico importante es el ángulo de ataque, α, definido como aquel que forma la dirección del vector velocidad de la corriente no perturbada, u_∞, y la cuerda del perfil, ver figura 4.16.

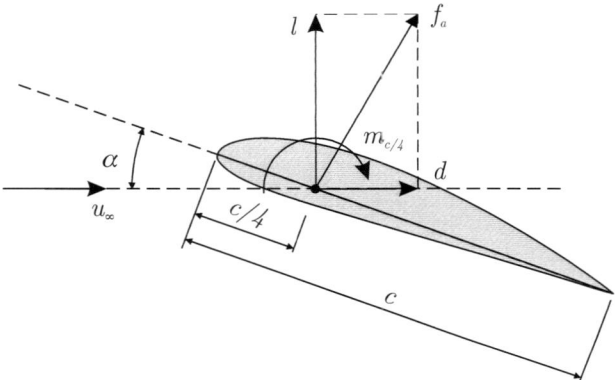

Figura 4.16. Fuerzas y momento de origen aerodinámico sobre un perfil.

4.5. Origen de las cargas aerodinámicas sobre perfiles

De igual modo que sucede en un cilindro, cuando se somete un perfil aerodinámico a una corriente de un fluido, este obliga al aire a desviarse trazando líneas de corriente como las que se observan en la figura 4.17, en la que se muestra un perfil simétrico (sin curvatura) inmerso en una corriente uniforme.

Las líneas de corriente y la distribución de presión que se muestran en la figura 4.17(a) corresponden al perfil simétrico con un ángulo de ataque nulo, $\alpha = 0°$. Estas presentan un patrón simétrico con respecto a la cuerda, de donde se deduce que la distribución de presión también es simétrica; de forma que al ser integrada da como resultado una fuerza de sustentación nula. En un flujo real la resistencia aerodinámica no es nula porque existe una distribución de esfuerzo viscoso en la superficie del perfil debido a la viscosidad del fluido.

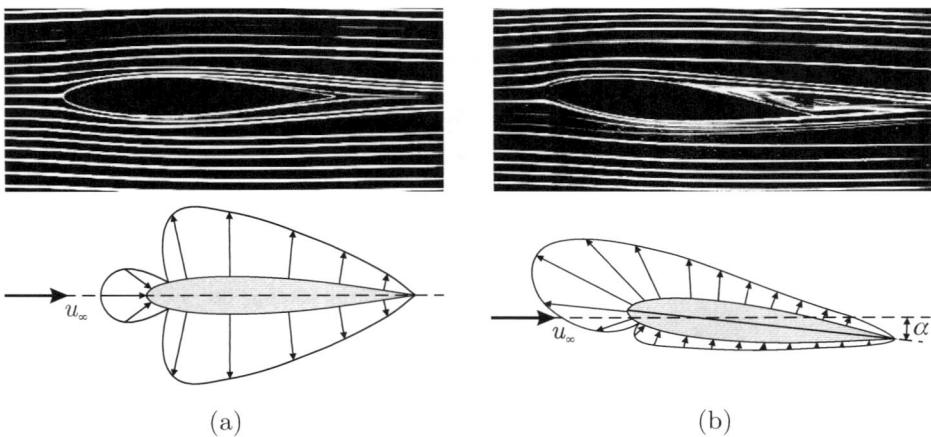

(a)   (b)

Figura 4.17. Líneas de corriente y distribución de presión alrededor de un perfil simétrico. (a) ángulo de ataque, $\alpha = 0°$. (b) ángulo de ataque, $\alpha = 5°$(van Dyke (1982)).

Si se orienta el perfil con respecto a la corriente, de modo que el ángulo de ataque no sea nulo, $\alpha \neq 0°$, la distribución de presión ya no es simétrica, dando lugar a una fuerza resultante, f_a, más un momento de origen aerodinámico, m_a, tal como se esquematiza en la figura 4.16. La fuerza puede expresarse como una componente de sustentación, l, en la dirección perpendicular a u_∞ y una de resistencia, d, en la dirección de u_∞. Si el perfil tiene curvatura (es decir que no es simétrico) presenta una distribución de presión asimétrica aunque sea $\alpha = 0°$, y por tanto genera cargas aerodinámicas no nulas a este ángulo de ataque, ($l \neq 0$, $d \neq 0$ y $m \neq 0$).

Para analizar la distribución de presión sobre el perfil es habitual presentarla en gráficos de $c_p = f(x/c)$, similares a los estudiados para el cilindro. En la figura 4.18 se muestra como ejemplo las curvas de $c_p = f(x/c)$ para un perfil con curvatura y un espesor relativo del 18 %. En esta figura se presentan las curvas correspondientes al intradós, c_{pI}, y al extradós, c_{pE}.

Tanto las fuerzas como el momento dependen, entre otros factores, del ángulo de ataque. Sin embargo en todos los perfiles aerodinámicos existe un punto en particular que, si se toma como centro de momentos, se verifica que el valor del momento es aproximadamente constante con el ángulo de ataque. Dicho punto se denomina centro aerodinámico, el

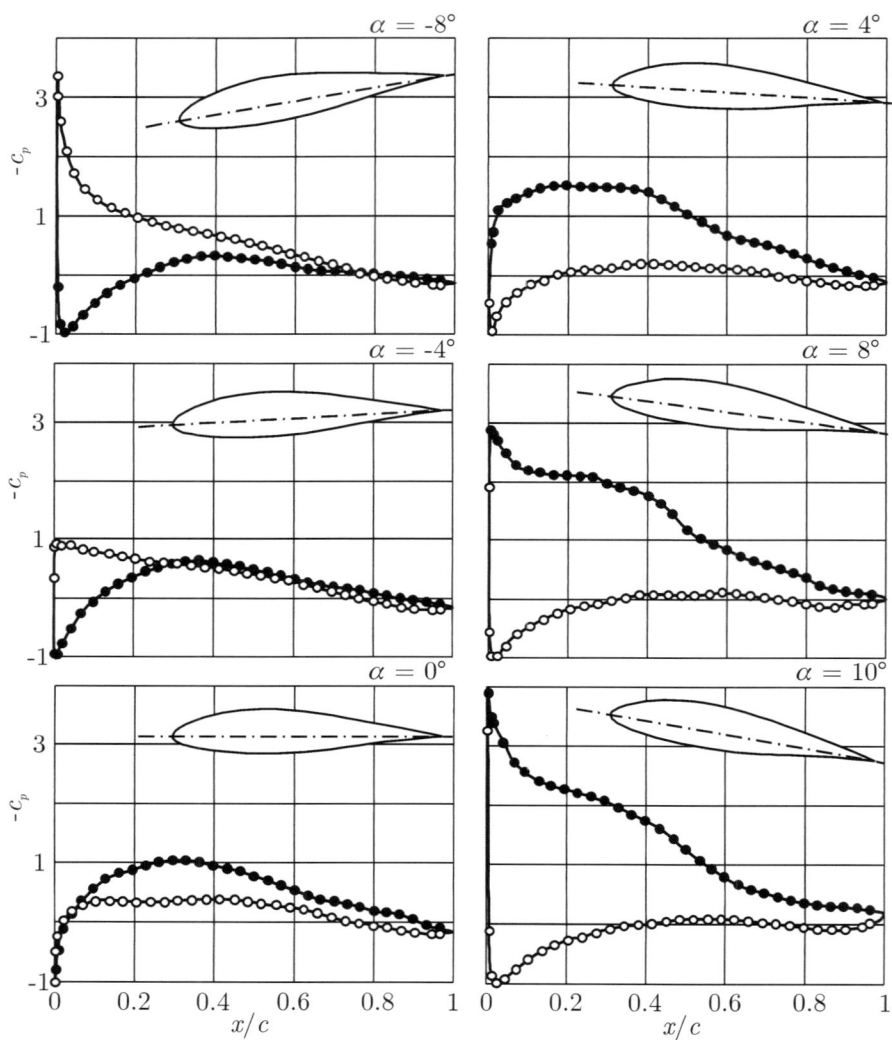

Figura 4.18. Distribuciones de coeficiente de presión a lo largo de la
cuerda de un perfil con curvatura y espesor relativo del 18 %, para
diferentes ángulos de ataque, α. Medidas tomadas en el IDR/UPM
(ver Meseguer & Sanz (2010)). Los símbolos negros indican valores
medidos en las tomas de presión del extradós, c_{pE}, y los blancos en
el intradós, c_{pI}.

momento con respecto a ese punto se denota como m_{ca} y en la gran mayoría de los perfiles en un flujo subsónico está muy cercano a $c/4$. Además, en el caso de los perfiles simétricos se verifica que $m_{ca} = 0$ para todo valor del ángulo de ataque (siempre que el perfil no haya entrado en pérdida, ver sección 4.10).

Es importante destacar que el estudio sobre perfiles se refiere a flujos bidimensionales, es decir que todas las variables fluidas (u, p, ρ, etc.) varían sólo en el plano $x - z$, mientras que a lo largo de y todo permanece constante. Para el flujo es como si el perfil fuese un ala de longitud infinita, es decir sin extremos. Las medidas de presión como las presentadas en la figura 4.18 y las medidas de fuerza que se presentan en las próximas secciones, en general se obtienen en túnel aerodinámico colocando un modelo del perfil entre dos paredes laterales que impiden el flujo en la dirección y, tal como se esquematiza en la figura 4.19. Esto implica que las cargas sobre el perfil (fuerzas y momentos) están dadas por unidad de longitud, es decir que si se utiliza el sistema internacional, las unidades de las fuerzas aerodinámicas sobre un perfil son [N/m] y los momentos [N]. En contraste, las alas de los aviones tienen una longitud o envergadura determinada y, como consecuencia, el flujo en las alas es tridimensional y más complejo. La aerodinámica de las alas, que se aborda en el capítulo siguiente, se estudia a partir de la aerodinámica de los perfiles.

Se ha descrito el mecanismo físico por el cual se generan las cargas aerodinámicas (fuerzas y momentos) sobre un cuerpo como un cilindro o un perfil. Esto no es suficiente ya que, como se ha mencionado, uno de los objetivos principales de la aerodinámica es predecir estas cargas. Para ello es necesario conocer las distribuciones de presión y de esfuerzo viscoso sobre la superficie del perfil mediante métodos analíticos, numéricos y/o experimentales, para luego poder integrarlas. Ya se ha mencionado que esto puede ser muy complicado, especialmente si se trata de configuraciones complejas como puede ser la de un avión. Como método alternativo se pueden buscar funciones que relacionen las cargas aerodinámicas con las variables globales que afectan al fenómeno físico. Intuitivamente se puede entender que las magnitudes l, d y m no sólo dependen del ángulo de ataque, sino también de las condiciones del fluido, la forma y el tamaño del perfil, la altitud, etc. En general, puede decirse que las cargas dependen de variables físicas que conciernen al

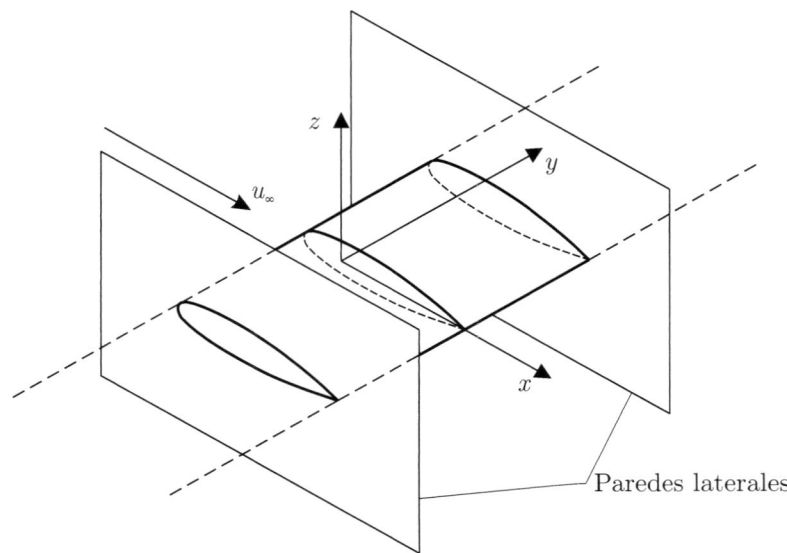

Figura 4.19. Esquema de un perfil instalado en un túnel aerodinámico y definición de sistema de coordenadas.

fluido (densidad, ρ_∞, viscosidad dinámica, μ_∞, velocidad del sonido a_∞, etc.) y al cuerpo que se desplaza a través del mismo (tamaño del objeto, cuantificado con una superficie, S, o una cuerda, c, forma del cuerpo, velocidad relativa entre el fluido y el cuerpo, u_∞, ángulo de ataque, α, etc.). Para un perfil dado las cargas de origen aerodinámico pueden expresarse como funciones de las variables señaladas, es decir

$$l = l\left(\rho_\infty, \mu_\infty, a_\infty, c, u_\infty, \alpha\right), \tag{4.8}$$

$$d = d\left(\rho_\infty, \mu_\infty, a_\infty, c, u_\infty, \alpha\right), \tag{4.9}$$

$$m_{ca} = m_{ca}\left(\rho_\infty, \mu_\infty, a_\infty, c, u_\infty, \alpha\right). \tag{4.10}$$

De esta forma, y en esta aproximación, las cargas aerodinámicas dependen de seis variables. Un método para determinar estas relaciones entre cargas y variables podría ser mediante muchos ensayos en un túnel aerodinámico, variando ρ_∞, μ_∞, a_∞, c, u_∞ y α de forma independiente. Sin embargo, este procedimiento es muy arduo, complejo y costoso por la cantidad de combinaciones que se producen por el hecho de tener seis variables independientes. Por ejemplo, si se deseara saber como influye la densidad en la sustentación se deberían hacer, al menos, 10 ensayos con densidades diferentes dejando fijas el resto de las variables. Luego, se debería hacer el mismo procedimiento con cada una de las otras cinco variables resultando en una gran cantidad de combinaciones (¡son más de 3.6×10^{10} ensayos!). Afortunadamente existe un método, el análisis dimensional, que permite reducir el número de variables que intervienen en la descripción de un fenómeno físico, identificando cuales de ellas son independientes.

4.6. Coeficientes aerodinámicos

El análisis dimensional juega un papel central en la mecánica de fluidos y la aerodinámica ya que permite describir un fenómeno físico arbitrario mediante un número reducido de variables. En el apéndice C se describe un sencillo ejemplo con el que se pretende introducir al lector en el análisis dimensional. En cualquier caso, los fundamentos del análisis dimensional escapan el alcance de este libro por lo que el lector interesado en dichos fundamentos puede consultar White (2006) o Çengel & Cimbala (2006).

Aplicando el análisis dimensional a las ecuaciones (4.8) a (4.10), es posible reducir el número de variables y parámetros adimensionales que intervienen en la descripción del fenómeno físico. En lugar de las fuerzas, l y d, y el momento, m, se definen los coeficientes adimensionales de sustentación, c_l, resistencia, c_d, y de momento con respecto al centro aerodinámico, $c_{m,ca}$, que dependen sólo del ángulo de ataque, α, y de dos parámetros adimensionales, el número de Reynolds, Re y el número de Mach, M_∞:

$$c_l = \frac{l}{\frac{1}{2}\rho_\infty u_\infty^2 c} = f_l\left(\alpha, \mathrm{Re}, \mathrm{M}_\infty\right), \qquad (4.11)$$

$$c_d = \frac{d}{\frac{1}{2}\rho_\infty u_\infty^2 c} = f_d\left(\alpha, \mathrm{Re}, \mathrm{M}_\infty\right), \qquad (4.12)$$

$$c_{m,ca} = \frac{m_{ca}}{\frac{1}{2}\rho_\infty u_\infty^2 c^2} = f_m\left(\alpha, \mathrm{Re}, \mathrm{M}_\infty\right). \qquad (4.13)$$

Este resultado obtenido de aplicar el análisis dimensional a las ecuaciones (4.11) a (4.13) es de suma importancia en aerodinámica aplicada. En primer lugar, se han reducido de seis a tres las variables que definen la magnitud de las fuerzas y momento, que ahora están expresadas de forma adimensional. Para determinar de forma experimental las funciones f_l, f_d y f_m de un perfil aerodinámico la cantidad necesaria de ensayos en túnel aerodinámico es muchísimo menor.

Conviene resaltar que las cargas aerodinámicas sobre un cuerpo se producen por la aparición de distribuciones de presión y de esfuerzo viscoso sobre su superficie y que dichas distribuciones dependen del flujo alrededor del objeto. En general el flujo puede ser muy complejo (como el flujo alrededor de una avión, un coche o un edificio) y por tanto muy difícil o imposible de determinar. Si embargo, con las herramientas que brinda el análisis dimensional es posible conocer las fuerzas y momentos con relaciones tan sencillas como las ecuaciones (4.11) a (4.13), ya que toda la complejidad que pueda tener el flujo alrededor del objeto está implícita en los coeficientes adimensionales c_l, c_d y $c_{m,ca}$. Por ejemplo, se supone que las funciones f_l, f_d y f_m de un cierto perfil son conocidas a priori y se desea saber el valor de las cargas aerodinámicas para una cierta condición definida por valores de ρ_∞, u_∞, μ_∞, α, c y a_∞. En primer lugar se debe determinar el número de Reynolds y el número de Mach, buscar el valor de los coeficientes correspondientes al ángulo de ataque, α, a esos valores de Re y M_∞, y por último calcular el valor de la cargas a partir de la definición de los coeficientes, ecuaciones (4.11) a (4.13), es decir,

$$l = \frac{1}{2}\rho_\infty u_\infty^2 c\, c_l, \tag{4.14}$$

$$d = \frac{1}{2}\rho_\infty u_\infty^2 c\, c_d, \tag{4.15}$$

$$m_{ca} = \frac{1}{2}\rho_\infty u_\infty^2 c^2\, c_{m,ca}. \tag{4.16}$$

Para entender el otro aspecto que hace tan importante los resultados del análisis dimensional en la aerodinámica se plantea el ejemplo de dos perfiles, con el mismo ángulo de ataque, la misma forma, pero de dos tamaños diferentes caracterizados por las longitudes c_A y c_B. Uno de ellos esta inmerso en el flujo de un fluido A (por ejemplo, aire) y el otro en un fluido B (por ejemplo, agua). Los flujos A y B alrededor de los perfiles tienen diferentes valores de ρ_∞, u_∞, μ_∞ y a_∞, pero se impone que ambos tienen los mismos valores de Re y M_∞. Si se verifica esto, las ecuaciones (4.11), (4.12), a (4.13) dicen que los valores de c_l, c_d y $c_{m,ca}$

medidos en el flujo A son iguales a los medidos en el flujo B aunque los flujos sean diferentes. Como en ambos flujos el número de Reynolds y el número de Mach son los mismos, se dice que son flujos que tienen semejanza dinámica, razón por la que a los números adimensionales como Re y M_∞, también se los conoce como parámetros de semejanza. La teoría de semejanza se desarrolla en textos específicos de mecánica de fluidos y aerodinámica, pero por ahora basta con saber que aplicando los conceptos de esta teoría, es posible utilizar en el avión real volando en la atmósfera los coeficientes de un modelo a escala del mismo avión medidos en un túnel aerodinámico.

4.7. Regímenes de vuelo

De acuerdo con lo expuesto, para conocer el comportamiento de las fuerzas y momentos de origen aerodinámico, en general basta con conocer como varían los coeficientes aerodinámicos de fuerzas y momentos en función de α, Re y M_∞. Para analizar sistemáticamente la variación de los coeficientes con estos parámetros, conviene en primer lugar, establecer una clasificación de los diferentes tipos de flujo alrededor del perfil (o del avión) en función del número de Mach de vuelo, M_∞. En la sección 3.8.2 se establece una clasificación de los flujos en función del número de Mach. Sin embargo, la clasificación que ahora se presenta está relacionada con el número de Mach de la corriente incidente sobre perfiles o aviones. Debido a la geometría de estos cuerpos, alrededor de ellos pueden existir simultáneamente distintos tipos de flujo, tal como se explica a continuación. Se distinguen cuatro regímenes de vuelo: subsónico, transónico, supersónico e hipersónico.

En el régimen subsónico el número de Mach es menor que 1 en todo el campo fluido. Las líneas de corriente se desarrollan suavemente alrededor del perfil, figura 4.20(a). Como regla aproximada puede afirmarse que cuando el número de Mach de vuelo es $M_\infty < 0.8$ el régimen es subsónico en todo el campo fluido.

En el régimen transónico, aunque el número de Mach de vuelo sea subsónico, pueden existir zonas en las que el número de Mach local es mayor que la unidad por el aumento de la velocidad que se produce alrededor de los cuerpos aerodinámicos como los perfiles. Se llama régimen transónico cuando conviven regiones con $M > 1$ y $M < 1$.

Es decir, que por la aceleración que experimenta el flujo alrededor del cuerpo, en ciertas regiones se supera la velocidad del sonido, tal como se esquematiza en las figuras 4.20(b) y 4.20(c). Si el número de Mach de vuelo es ligeramente inferior a uno aparecen ondas de choque en ambos lados del perfil. Detrás de las ondas de choque el flujo vuelve a ser subsónico. Si el Mach de vuelo es un poco mayor que uno se forma una onda de choque desprendida por delante del borde de ataque y un sistema complejo de ondas de choque en el borde de salida, dando lugar a una configuración del flujo como la que muestra la figura 4.20(c). Se suele definir el régimen transónico cuando el número de Mach de vuelo está dentro del rango $0.8 < M_\infty < 1.2$.

El régimen supersónico se caracteriza porque el flujo es supersónico en todos los puntos alrededor del cuerpo. Aparecen ondas de choque fuertes que generan discontinuidades en las propiedades del flujo y ondas de expansión. Este régimen puede asociarse con $M_\infty > 1.2$.

El régimen hipersónico aparece cuando las velocidades de vuelo son muy elevadas; aproximadamente cuando $M_\infty > 5$. También el flujo es supersónico en todo el flujo, pero las ondas de choque son muy intensas. Si el número de Mach es muy alto la inclinación de las ondas de choque aumenta de forma que pueden quedar muy cerca de la superficie e interactuar con la capa límite. También la temperaturas son elevadas lo que puede producir reacciones químicas en el aire alrededor del cuerpo.

Como cada unos de estos regímenes de vuelo tienen características particulares que definen el comportamiento de las cargas aerodinámicas, el estudio de cómo varían los coeficientes aerodinámicos de los perfiles se realiza por separado. En las secciones siguientes se analizan los regímenes subsónico incompresible, subsónico compresible y supersónico, y también se presentan algunas nociones relativas al régimen transónico. Debido a su complejidad, el régimen hipersónico queda fuera del alcance de este texto pero el lector interesado puede consultar el capítulo 11 de Anderson (2005).

4.8. Curvas características de perfiles

Desde los comienzos de la aeronáutica se ha realizado un esfuerzo constante en el desarrollo, optimización y caracterización de perfiles aerodinámicos. Actualmente existe una gran cantidad de catálogos

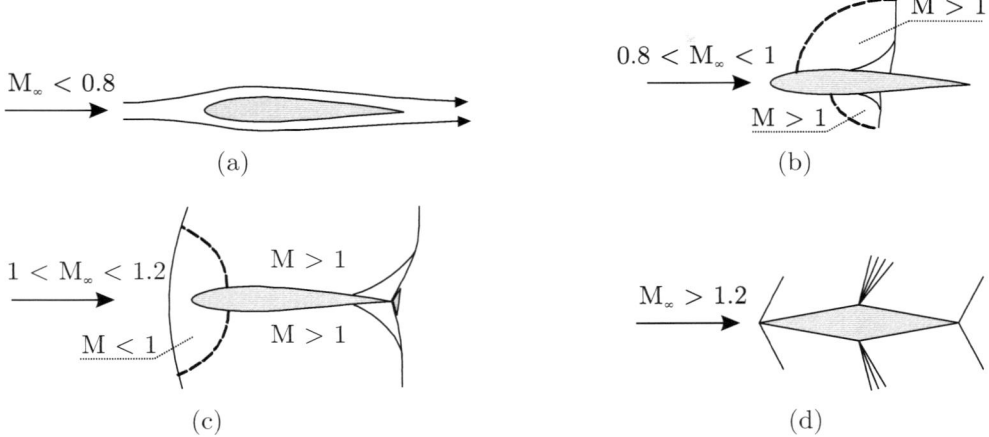

Figura 4.20. Configuración del flujo alrededor de un perfil para distintos valores del número de Mach de vuelo, M_∞. (a) Perfil subsónico en régimen subsónico. (b) Perfil subsónico en régimen transónico. (c) Perfil subsónico en régimen supersónico. (d) Perfil supersónico en régimen supersónico.

con información sobre las características aerodinámicas de perfiles con diferentes geometrías y para diversos rangos de ángulos de ataque, números de Reynolds y números de Mach. Uno de los más utilizados en aeronáutica es el de la National Advisory Committee for Aeronautics (NACA) de EE.UU., una institución que luego fue integrada en la NASA. El catálogo de la NACA está compuesto por varias series de perfiles que se identifican con un código numérico que define sus características geométricas. En el texto clásico de Abbott & von Doenhoff (1959) el lector interesado puede encontrar una descripción detallada de la nomenclatura que define los perfiles NACA y una gran cantidad de curvas características de perfiles.

Por muy diferente que sea la geometría de los perfiles, su comportamiento aerodinámico presenta ciertas características comunes a todos ellos. A continuación se presentan las curvas de variación típicas de los coeficientes c_l, c_d y c_m, en función del ángulo de ataque, α, y el número de Reynolds, Re en condiciones de régimen subsónico incompresible, es decir que el número de Mach es $M_\infty < 0.3$ (ver apartado 3.8.2), y se destacan sus características más relevantes.

4.8.1. Curva de sustentación

La variación típica del coeficiente de sustentación con el ángulo
de ataque de los perfiles aerodinámicos es como se muestra en la figura
4.21, en la que se pueden destacar las siguientes características comunes
a todos los perfiles: el coeficiente de sustentación, c_l, aumenta con el
ángulo de ataque de forma aproximadamente lineal. El rango de variación
lineal suele estar entre $\pm 8°$ y $\pm 12°$ y está caracterizado por el valor
de la pendiente de la curva en ese rango. La pendiente de la curva de
sustentación de un perfil suele denotarse como $c_{l\alpha} = \mathrm{d}c_l/\mathrm{d}\alpha$ y los valores
típicos de $c_{l\alpha}$ suelen estar entre 5.7 1/rad y 6.2 1/rad. En la zona lineal
de la curva de sustentación se expresa como $c_l = c_{l\alpha}\alpha + c_{l0}$.

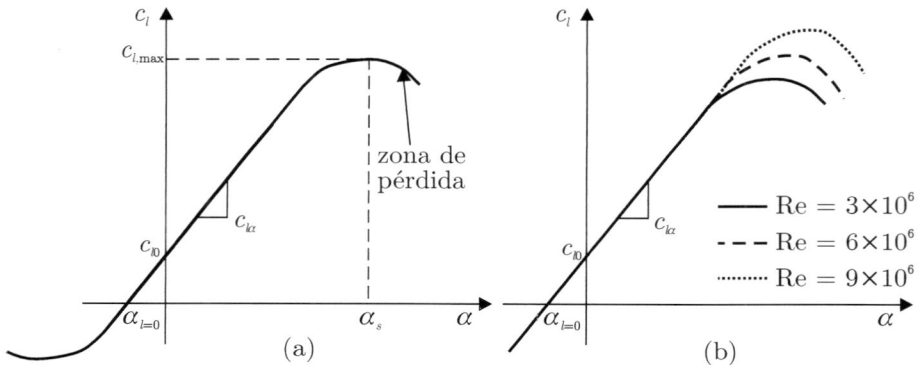

Figura 4.21. Curva típica de coeficiente de sustentación. (a) Características de la curva $c_l = f(\alpha)$. (b) Modificación de la curva con el número
de Reynolds.

Si el perfil es simétrico, cuando $\alpha = 0°$, la distribución de presión
es simétrica con respecto a la cuerda, la sustentación resultante es cero y,
por lo tanto, el coeficiente de sustentación es $c_l(0) = c_{l0} = 0$, es decir que
la curva pasa por el origen de coordenadas. Si el perfil tiene curvatura, es
decir que no es simétrico, se verifica que $c_{l0} \neq 0$ (la curva no pasa por el
origen de coordenadas). El ángulo de ataque para el cuál la sustentación
es nula se designa como $\alpha_{l=0}$.

Después de la zona lineal el c_l sigue creciendo más lentamente
hasta llegar a un valor máximo o $c_{l,\max}$, que puede alcanzar valores entre
1.0 y 1.6 aproximadamente. El coeficiente de sustentación máximo suele
aparecer en el rango $10° < \alpha_s < 15°$. Para ángulos de ataque mayores al

$c_{l,\max}$, el coeficiente de sustentación empieza a disminuir. A esta parte de la curva se la denomina zona de entrada en pérdida y está asociada al desprendimiento de la capa límite en el extradós del perfil. Cuando un perfil o un avión funciona en estas condiciones se dice que ha entrado en pérdida (ver sección 4.10). El ángulo de ataque para el que aparece el coeficiente de sustentación máximo también recibe el nombre de ángulo de entrada en pérdida y se denota como α_s.

Cuando aumenta el número de Reynolds, ver figura 4.21(b), el valor de la pendiente, $c_{l\alpha}$, y el c_{l0}, prácticamente no se modifican, pero suele aumentar el valor del $c_{l,\max}$ y el valor del ángulo de entrada en pérdida. Este comportamiento requiere una explicación más detallada que puede encontrarse en la sección 4.10.

4.8.2. Polar

La segunda curva que caracteriza el comportamiento del perfil es la que expresa la variación del coeficiente de resistencia con el coeficiente de sustentación, $c_d = f(c_l)$, conocida como curva polar del perfil. En la figura 4.22 se representan las curvas polares típicas de un perfil con curvatura, en las que se pueden destacar las siguientes características: los valores de c_d son siempre positivos, en consonancia con el sentido de la resistencia, ya que siempre coincide con el de la corriente; existe un coeficiente de resistencia mínimo, $c_{d,\min}$, cuyo valor suele estar entre 0.004 y 0.010. El $c_{d,\min}$ tiene lugar para coeficientes de sustentación entre 0 y 0.5, que corresponden a ángulos de ataque entre 0º y 4º.

La polar de un perfil se puede aproximar razonablemente bien a una parábola, $c_d = c_{d,\min} + k(c_l - c_{l_{cd,\min}})^2 = c_{d0} + j\,c_l + k\,c_l^2$; obviamente si el perfil es simétrico, la curva es simétrica con respecto al eje vertical, es decir que $c_{l_{cd,\min}} = 0$. Cuando el perfil entra en pérdida el c_d aumenta fuertemente y la polar deja de parecerse a una parábola.

Cuando aumenta el número de Reynolds las ramas de la polar tienden a presentar menos convexidad, resultando un c_d ligeramente menor para el mismo c_l (o ángulo de ataque). Para una explicación más detallada de este comportamiento consúltese la sección 4.10.

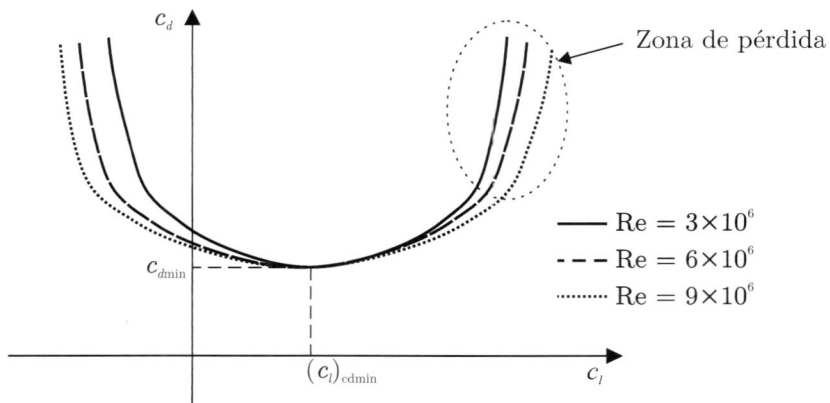

Figura 4.22. Curva polar típica de perfiles aerodinámicos.

4.8.3. Coeficiente de momentos

La tercera curva que caracteriza el comportamiento aerodinámico de los perfiles es la del coeficiente de momento. Suelen encontrarse en la bibliografía dos tipos de curvas: unas correspondientes a la variación del coeficiente de momento tomado con respecto al cuarto de la cuerda, $c_{m,c/4}$, en función del ángulo de ataque y otras donde se representa la variación del coeficiente de momento tomado con respecto al centro aerodinámico, $c_{m,ca}$, en función del coeficiente de sustentación. Como en el caso de la polar, puede cruzarse la información de la curva $c_l = f(\alpha)$ para saber a qué ángulo de ataque corresponde cada $c_{m,ca}$. Como ejemplo, en las figuras 4.23 y 4.24 se presentan las curvas características del perfil NACA 4415 en las que se observan las curvas correspondientes a $c_{m,c/4}$ y $c_{m,ca}$.

Todos los perfiles aerodinámicos presentan coeficiente de momentos negativos, tanto si se toma en $c/4$ como si se toma en el centro aerodinámico, lo que implica que el momento (o el coeficiente de momento) tiende a girar el perfil en sentido antihorario, es decir que tiende a disminuir el ángulo de ataque, figura 4.16. Cuando un perfil o un avión gira disminuyendo el ángulo de ataque, se dice que está picando; por el contrario, cuando aumenta el ángulo de ataque, se dice que realiza un movimiento de encabritado.

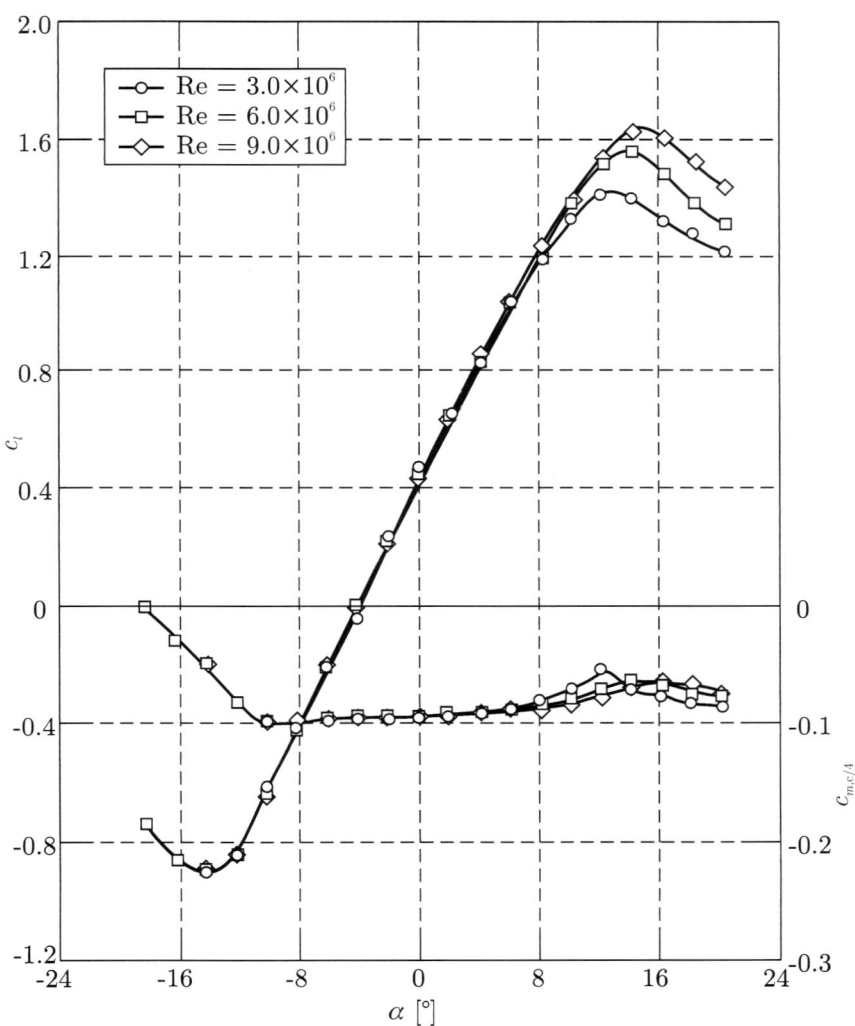

Figura 4.23. Variación de los coeficientes de sustentación, c_l, y de momento con respecto a $c/4$, $c_{m,c/4}$, en función del ángulo de ataque, α, del perfil NACA 4415 (adaptada de Abbott & von Doenhoff (1959)).

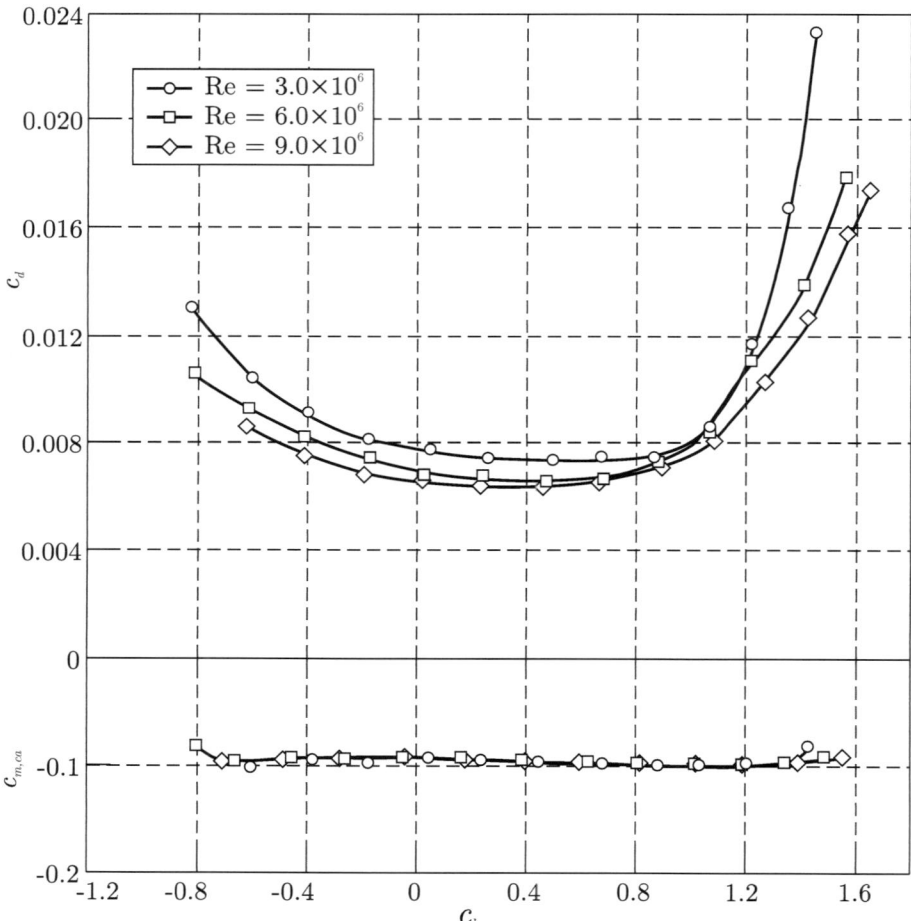

Figura 4.24. Polar y variación del coeficiente de momentos con respecto al centro aerodinámico, $c_{m,ca}$, en función del coeficiente de sustentación, c_l, del perfil NACA 4415 (adaptada de Abbott & von Doenhoff (1959)).

Ejemplo 4.1

Se ha realizado un ensayo en túnel aerodinámico sobre un perfil simétrico de 170 cm de cuerda y $2.55\,\mathrm{m^2}$ de superficie. Durante las pruebas el número de Mach en la cámara de ensayos era $\mathrm{M}_\infty = 0.2$ y las condiciones ambientales las correspondientes a la ISA para $z = 600\,\mathrm{m}$. Según las mediciones realizadas, cuando el ángulo de ataque del perfil es cero la fuerza de sustentación es nula y la resistencia es 33.6 N, mientras que cuando el ángulo de ataque es $\alpha = 8$, la sustentación vale 5380 N y la resistencia 60.6 N. Además, se ha determinado que el rango lineal de la curva de sustentación está entre $\pm 12°$. Se pide: (1) sabiendo que la viscosidad dinámica del aire para una altitud de 600 m es aproximadamente $1.7 \times 10^{-5}\mathrm{N\ s/m^2}$ determinar el número de Reynolds del perfil, (2) la expresión de la curva de sustentación del perfil en el intervalo lineal y (3) la expresión de la polar del perfil. Además, si se define la eficiencia aerodinámica, E, de un perfil como: $E = l/d = c_l/c_d$, (4) trazar la curva de $E(\alpha)$ para el rango lineal y (5) determinar el valor de la eficiencia máxima, $E_{\max}$, el coeficiente de resistencia para eficiencia máxima, $c_{d,\mathrm{opt}}$, el coeficiente de sustentación para eficiencia máxima, $c_{l,\mathrm{opt}}$ y el ángulo de ataque para eficiencia máxima, α_{opt}.

Solución

(1) De las relaciones de la atmósfera estándar obtenidas en el capítulo 2 se obtienen los valores de las variables fluidas a 600 m de altitud: $\rho = 1.16\,\mathrm{kg/m^3}$, $T = 284\,\mathrm{K}$ y $a = \sqrt{\gamma R T} = 337.9\,\mathrm{m/s}$. Con estos datos es posible calcular la velocidad en la cámara de ensayos del túnel, $u_\infty = \mathrm{M}_\infty a_\infty = 67.6$ m/s. Finalmente, el número de Reynolds es

$$\mathrm{Re} = \frac{\rho_\infty u_\infty c}{\mu_\infty} = 7.81 \times 10^6.$$

(2) En primer lugar se deben determinar los coeficientes de sustentación con la expresión (4.11). A partir de las medidas de fuerza se determina la sustentación por unidad de longitud como el valor de la fuerza medida dividida por la longitud del modelo, $b = S/c = 1.5\,\mathrm{m}$. La sustentación por unidad de longitud correspondiente a $\alpha = 8°$ es $l\,(\alpha = 8°) = 3586.7\,\mathrm{N/m}$ y el coeficiente de sustentación resulta

$$c_l\,(\alpha = 8°) = \frac{l}{q_\infty c} = 0.80,$$

donde $q_\infty = \frac{1}{2}\rho_\infty u_\infty^2$ es la presión dinámica en la cámara de ensayos. Como el perfil es simétrico la curva de sustentación pasa por el origen de coordenadas. Esto quiere decir que $c_l(0°) = 0$, y por tanto $c_{l0} = 0$. La expresión de esta recta tiene la forma: $c_l = c_{l\alpha}\alpha$. El valor de la pendiente, $c_{l\alpha}$, se calcula a partir de los dos puntos conocidos de la recta,

$$c_{l\alpha} = \frac{(0.80 - 0)}{(8° - 0°)}\frac{180°}{\pi\,\mathrm{rad}} = 5.73\frac{1}{\mathrm{rad}}.$$

Finalmente, la expresión de la curva de sustentación del perfil en el intervalo lineal es

$$c_l = 5.73\alpha.$$

(3) Como en el punto anterior, en primer lugar es necesario hallar las fuerzas de resistencia por unidad de longitud para determinar los coeficientes de resistencia correspondientes, resultando que $c_d(c_l = 0) = 0.005$ y $c_d(c_l = 0.8) = 0.009$. Sabiendo que la polar puede aproximarse a una parábola, de forma general puede escribirse como $c_d = c_{d0} + j\,c_l + k\,c_l^2$; donde los coeficientes de la parábola (c_{d0}, j y k) son las incógnitas que deben hallarse. Como el perfil es simétrico, la parábola es simétrica con respecto al eje vertical y por lo tanto $j = 0$. Para encontrar los otros coeficientes se genera un sistema de dos ecuaciones con dos incógnitas, reemplazando los dos valores conocidos de la curva en la expresión de la parábola:

$$\begin{cases} 0.005 = & c_{d0} + k\,0, \\ 0.009 = & c_{d0} + k\,0.8^2. \end{cases}$$

Resolviendo el sistema para c_{d0} y k se encuentra la expresión de la polar del perfil,

$$c_d = 0.005 + 0.0063c_l^2.$$

(4) Para trazar el gráfico se completa la tabla de valores del siguiente modo: en primer lugar se calculan los valores de c_l correspondientes al rango lineal; con ellos se calculan los valores de c_d utilizando la expresión de la polar, por último se calcula E como el cociente c_l/c_d:

α	c_l	c_d	E
-12	-1.2	0.014	-86.8
-10	-1.0	0.011	-89.9
...	...	...	...
0	0	0.005	0
..	...	...	...
10	1.0	0.011	89.9
12	1.2	0.014	86.8

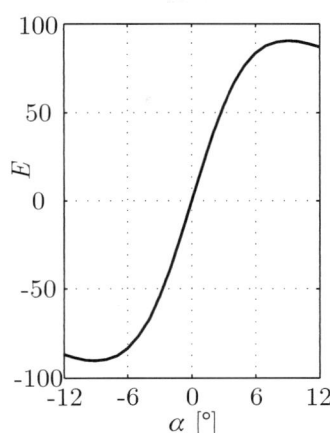

(6) Para encontrar la eficiencia aerodinámica máxima se debe derivar e igualar a cero la función de E, para lo cual es necesario disponer de una expresión que se pueda derivar. Se reemplaza la expresión general de la polar en la definición de la eficiencia,

$$E = \frac{c_l}{c_d} = \frac{c_l}{c_{d0} + j\, c_l + k\, c_l^2}.$$

Así expresada, la eficiencia aerodinámica sólo depende de c_l; el resto son las constantes de la polar, por lo que es posible derivar esta expresión con respecto a c_l, obteniéndose

$$\frac{dE}{dc_l} = \frac{c_{d0} - k\, c_l^2}{\left(c_{d0} + j\, c_l + k\, c_l^2\right)^2}.$$

Igualando a cero se obtiene que $c_{d0} - k\, c_l^2 = 0$, de donde se deduce que

$$c_{l,\mathrm{opt}} = \sqrt{\frac{c_{d0}}{k}}. \tag{4.17}$$

El $c_{l,\mathrm{opt}}$ es el coeficiente de sustentación que corresponde a la eficiencia máxima del perfil, es decir que cuando el perfil vuela a ese c_l es que está volando a la máxima eficiencia. Reemplazando los datos de este problema se obtiene que $c_{l,\mathrm{opt}} = 0.90$ y con este valor en la polar se obtiene el coeficiente de resistencia correspondiente a la eficiencia máxima, $c_{d,\mathrm{opt}} = 2c_{d0} = 0.010$. Por último, para que el perfil proporcione la eficiencia máxima debe volar a un ángulo de ataque

$$\alpha_{\mathrm{opt}} = \frac{c_{l,\mathrm{opt}}}{c_{l\alpha}} = 0.158\, rad = 9°.$$

(7) De la curvas del perfil se obtienen los coeficientes $c_l\,(2°) = 0.2$ y $c_d\,(0.2) = 0.0052$. Las fuerzas por unidad de longitud en esta condición de vuelo son

$$l = \frac{1}{2}\rho_\infty u_\infty^2 c\,c_l = 1320\,\mathrm{N/m},$$

$$d = \frac{1}{2}\rho_\infty u_\infty^2 c\,c_d = 35\,\mathrm{N/m}.$$

Ejemplo 4.2

Se desea conocer las características del perfil aerodinámico NACA 4415 para $\mathrm{Re} = 9.0 \times 10^6$; cuyas curvas se presentan en las figuras 4.23 y 4.24. Se pide: (1) la expresión de la curva de sustentación del perfil en el intervalo lineal, (2) el coeficiente de sustentación máximo, $c_{l,\mathrm{max}}$ y el ángulo de ataque correspondiente, (3) la expresión de la polar del perfil, (4) el ángulo de ataque y el coeficiente de sustentación correspondientes al $c_{d,\mathrm{min}}$, (5) el ángulo de ataque, el coeficiente de sustentación y el de resistencia correspondientes a la eficiencia aerodinámica máxima del perfil y (6) los valores de las fuerzas aerodinámicas por unidad de longitud que produciría un modelo de este perfil de cuerda, $c = 1.7\,\mathrm{m}$, al ser ensayado en un túnel aerodinámico con un ángulo de ataque $\alpha = 1°$, y corriente incidente cuyo número de Mach es $\mathrm{M}_\infty = 0.23$. Considerar condiciones ISA a $700\,\mathrm{m}$.

Solución

(1) Como el perfil no es simétrico el intervalo lineal de la curva de sustentación tiene la forma $c_l = c_{l\alpha}\alpha + c_{l0}$. Para determinar $c_{l\alpha}$ y c_{l0} se leen dos valores cualquiera de la zona lineal de la curva, por ejemplo $c_l\,(-6°) = -0.2$ y $c_l\,(6°) = 1.04$. Se reemplazan estos valores en la expresión de la recta para formar un sistema de dos ecuaciones con dos incógnitas,

$$\begin{cases} -0.2 = c_{l\alpha}\left(\dfrac{-6\pi}{180}\right) + c_{l0}, \\[2mm] 1.04 = c_{l\alpha}\left(\dfrac{6\pi}{180}\right) + c_{l0}. \end{cases}$$

Resolviendo el sistema se obtiene que el intervalo lineal de la curva de sustentación puede expresarse como

$$c_l = 5.92\alpha + 0.42.$$

(2) De las figura 4.23 se obtiene que el coeficiente de sustentación máximo es $c_{l,\max} = 1.63$ y el ángulo de ataque correspondiente es $\alpha_s = 15° = 0.262\,\mathrm{rad}$.

(3) En este caso el perfil no es simétrico, por tanto la polar no es simétrica con respecto al eje vertical. La parábola con que se puede aproximar la polar tiene la forma general $c_d = c_{d0} + j\,c_l + k\,c_l^2$, donde los coeficientes de la parábola $(c_{d0},\, j\ \mathrm{y}\ k)$ son las incógnitas que deben calcularse. De forma similar a lo realizado en el ejemplo 4.1, para encontrar los coeficientes se genera un sistema de ecuaciones a partir de tres valores obtenidos de la polar, figura 4.24, por ejemplo:

c_l	c_d
-0.64	0.0086
0.22	0.0063
1.25	0.0103

Con estos valores se obtiene el siguiente sistema de ecuaciones,

$$\begin{cases} 0.0086 &= c_{d0} - 0.64j + 0.64^2 k, \\ 0.0063 &= c_{d0} + 0.22j + 0.22^2 k, \\ 0.0103 &= c_{d0} + 1.25j + 1.25^2 k, \end{cases}$$

de donde finalmente se obtiene la expresión de la polar,

$$c_d = 0.0064 - 0.0012c_l + 0.0035c_l^2.$$

(4) Para encontrar el $c_{d,\min}$ se deriva la expresión de la polar con respecto a c_l y se iguala a cero:

$$\frac{dc_d}{dc_l} = j + 2k\,c_l = 0,$$

de donde se obtiene que

$$c_{l_{cd,\min}} = -\frac{j}{2k} = 0.17.$$

Reemplazando este resultado en la polar se halla el $c_{d,\min}$,

$$c_{d,\min} = c_{d0} - \frac{j^2}{4k} = 0.0063.$$

El ángulo de ataque correspondiente es $\alpha_{cd,\min} = -0.041\,\text{rad} = -2.4°$.

(5) Reemplazando los valores de c_{d0} y k correspondientes a la polar del NACA 4415 en la expresión (4.17) se obtiene el coeficiente de sustentación que corresponde a la máxima eficiencia, es decir,

$$c_{l,\text{opt}} = \sqrt{\frac{c_{d0}}{k}} = 1.36.$$

Reemplazando este valor en la expresión obtenida de la polar se obtiene el $c_{d,\text{opt}} = 0.011$. Para que el perfil proporcione estos valores de $c_{l,\text{opt}}$ y $c_{d,\text{opt}}$ debe volar a un ángulo de ataque $\alpha_{\text{opt}} = 0.159\,\text{rad} = 9.1°$.

(6) De la curvas del perfil se obtienen los coeficientes correspondientes a $\alpha = 1°$: $c_l\,(1°) = 0.52$ y $c_d\,(0.52) = 0.0064$. Por tanto, las fuerzas por unidad de longitud resultan ser:

$$l = \frac{1}{2}\rho_\infty u_\infty^2 c\, c_l = 3067.5\,\text{N/m},$$

$$d = \frac{1}{2}\rho_\infty u_\infty^2 c\, c_d = 35\,\text{N/m}.$$

4.9. Coeficiente de sustentación a partir del coeficiente de presión

Si se conoce la distribución de presión y la de esfuerzo viscoso sobre el perfil, integrándolas a lo largo de su superficie se pueden calcular las cargas aerodinámicas, ver ecuaciones (4.1) y (4.2). Si se dispone de la distribución de coeficiente de presión (que es la presión expresada de forma adimensional) del perfil, se puede calcular el coeficiente de sustentación (que es la fuerza de sustentación adimensional) mediante la expresión

$$c_l = \frac{1}{c}\int_0^c (c_{pI} - c_{pE})\,\mathrm{d}x, \tag{4.18}$$

donde c_{pI} y c_{pE} son la distribución de coeficiente de presión en el intradós y extradós respectivamente. Aunque se presente la ecuación (4.18) sin demostración es importante recordar que es una forma adimensional y simplificada de la ecuación (4.1). El lector interesado puede encontrar en Anderson (1991) la demostración completa de la ecuación (4.18).

Ejemplo 4.3

En un ensayo en túnel aerodinámico se ha medido la distribución de presiones sobre un perfil simétrico orientado con respecto a la corriente un ángulo de ataque, $\alpha = 6.5°$. Las distribuciones de coeficiente de presión en el extradós e intradós pueden aproximarse con las siguientes funciones:

$$c_{pE}(x) = \begin{cases} -10x/c, & 0 \leq x \leq c/5, \\ -2(9/5 - 4x/c), & c/5 \leq x \leq 2c/5, \\ -2(1 - x/c)/3, & 2c/5 \leq x \leq c, \end{cases}$$

$$c_{pI}(x) = \begin{cases} 1 - 5x/c, & 0 \leq x \leq c/5, \\ 0, & c/5 \leq x \leq c. \end{cases}$$

Considerando condiciones ISA para $z = 600\,\text{m}$, se pide: (1) Trazar la curva $-c_p(x/c)$. (2) Calcular el coeficiente de sustentación del perfil y (3) la pendiente de la curva de $c_l(\alpha)$. (4) Calcular el valor de la fuerza de sustentación del perfil, sabiendo que la velocidad en la cámara de ensayos de túnel es $u_\infty = 50\,\text{m/s}$.

Solución

(1) En la siguiente figura se muestra la variación del coeficiente de presión en función de la cuerda del perfil,

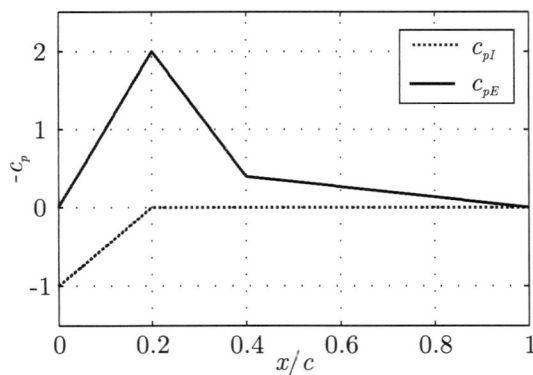

(2) Si se considera que $c = 1\text{m}$ la ecuación (4.18) puede escribirse como

$$c_l = \int_0^1 \left(c_{pI}\left(x\right) - c_{pE}\left(x\right) \right) \mathrm{d}x,$$

$$c_l = \int_0^{\frac{1}{5}} \left[(1 - 5x) + 10x \right] \mathrm{d}x + \int_{\frac{1}{5}}^{\frac{2}{5}} 2 \left(\frac{9}{5} - 4x \right) \mathrm{d}x +$$

$$+ \int_{\frac{1}{5}}^{\frac{2}{5}} \frac{2}{3} \left(1 - x \right) \mathrm{d}x = 0.66.$$

(3) Como el perfil es simétrico pasa por el origen de coordenadas. Esto quiere decir que $c_l\left(0°\right) = 0$, y por lo tanto $c_{l0} = 0$. La expresión de esta recta tiene la forma: $c_l = c_{l\alpha}\alpha$. El valor de la pendiente, $c_{l\alpha}$, se calcula a partir de los dos puntos conocidos de la recta:

$$c_{l\alpha} = \frac{0.66 - 0}{(6.5° - 0°)} \frac{180°}{\pi \text{rad}} = 5.82 \frac{1}{\text{rad}}.$$

(4) Para hallar la fuerza es necesario conocer la densidad correspondiente; según ISA $\rho\left(600\,\text{m}\right) = 1.16\,\text{kg/m}^3$, por tanto

$$l = \frac{1}{2}\rho_\infty u_\infty^2 c\, c_l = 957\,\text{N/m}.$$

4.10. Entrada en pérdida de perfiles

Como se observa en las curvas características de los perfiles, a un cierto ángulo de ataque la sustentación que proporciona el perfil empieza a disminuir y la resistencia aumenta. Este fenómeno se denomina entrada en pérdida del perfil y está relacionado con el desprendimiento de la capa límite en el extradós del perfil. Para entender el mecanismo de la entrada en pérdida conviene tener en cuenta la distribución de coeficiente de presión sobre el perfil. Por ejemplo, en las gráficas de la figura 4.18 se observa que, para ángulos de ataque positivos, el coeficiente de presión en el extradós es negativo (succión) y que después de alcanzar un valor mínimo cerca del borde de ataque, el coeficiente de presión va aumentando a lo largo de la cuerda, hasta que en el borde de salida alcanza un valor cercano a cero. Desde el punto de vista de la capa límite esta variación de presión a lo largo de la cuerda corresponde a un gradiente adverso de presión. A medida que aumenta el ángulo de ataque, también aumenta la intensidad del pico de succión cerca del borde de ataque, haciendo que el gradiente adverso posterior sea más acusado (ver figura 4.18, $\alpha = 8°$ y $\alpha = 10°$). Esta tendencia continua hasta que a un cierto ángulo de ataque el gradiente adverso es tal, que la capa límite no puede mantenerse adherida y se desprende, obteniéndose una drástica modificación de la distribución de presiones, como se muestra en la figura 4.25. Como consecuencia se produce una notable reducción de la sustentación del perfil y un fuerte incremento de resistencia aerodinámica.

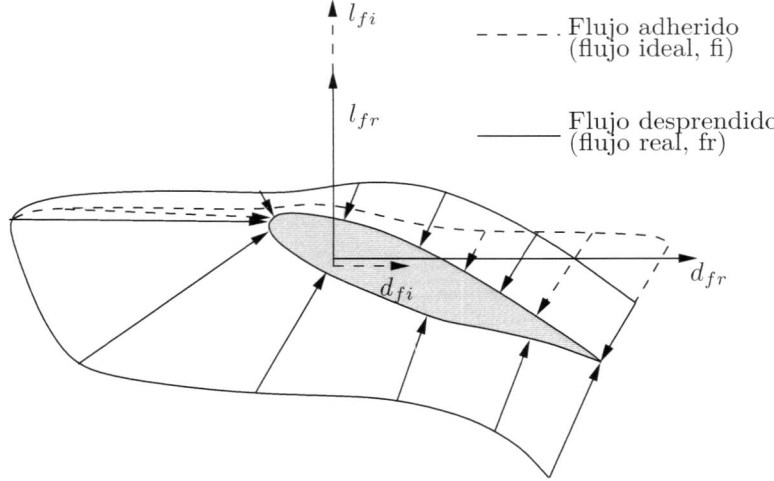

Figura 4.25. Distribución de presión sobre un perfil con la capa límite adherida (línea continua) y desprendida (línea de trazos). En el esquema se han dibujado a escala las fuerzas de sustentación y resistencia en ambos casos. Las longitudes de los vectores se han tomado proporcionales al valor de la presión menos una presión de referencia que es un valor ligeramente inferior al valor de la mínima presión en el perfil.

En la figura 4.26(a) se muestra la distribución de coeficiente de presión sobre el extradós del mismo perfil con la capa límite desprendida (línea continua) y adherida (línea de trazos). En la figura 4.26(b) se muestran las líneas de corriente alrededor de un perfil cuando está en pérdida. Obsérvese que, para el ángulo de ataque considerado, la capa límite se ha desprendido en un punto muy cercano al borde de ataque, generando una estela muy ancha y la consecuente zona de baja presión sobre el extradós del perfil. Esta nueva distribución de presión aumenta fuertemente la resistencia de forma del perfil y reduce la sustentación que genera.

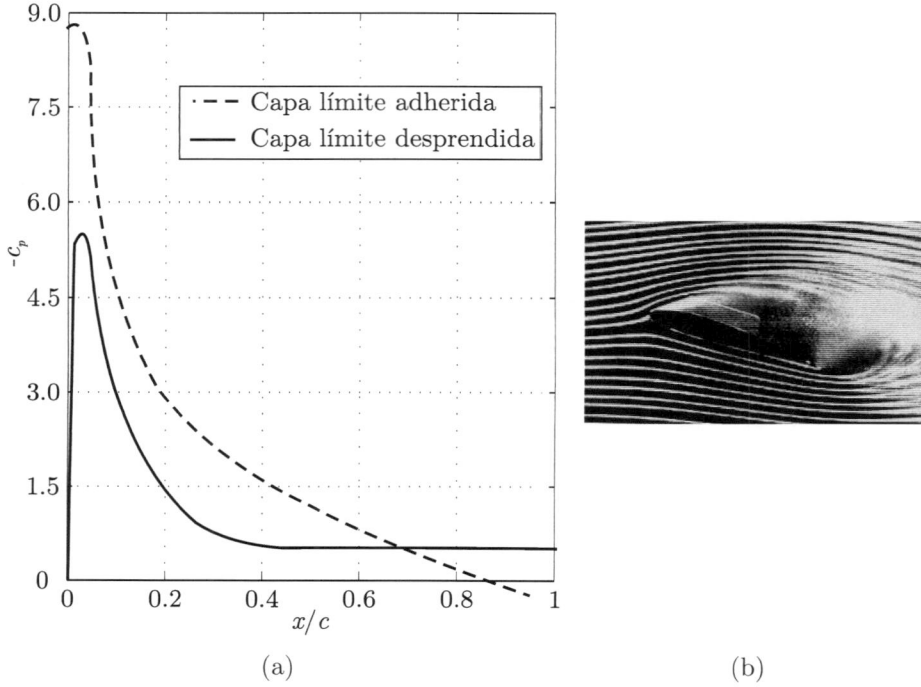

(a)   (b)

Figura 4.26. (a) Distribución del coeficiente de presión sobre el extradós de un perfil con la capa límite adherida (línea de trazos) y desprendida (línea continua) y (b) líneas de corriente del flujo alrededor de un perfil en pérdida.

Como se comenta en el apartado 4.3.4, en términos generales puede afirmarse que el hecho de que la capa límite se desprenda y el punto donde esto sucede, depende de la energía cinética que contenga. Cuanto mayor es la energía cinética que contiene la capa límite, menos susceptible es de desprenderse. Por otro lado, es sabido que cuanto mayor es el número de Reynolds, antes se produce la transición de la capa límite laminar a turbulenta, siendo esta última la que mayor energía cinética contiene. Esto explica porqué en la curva $c_l = f(\alpha)$ de los perfiles para los números de Reynolds más grandes, la entrada en pérdida se produce a ángulos de ataque mayores, aumentando el valor del $c_{l,\max}$ (ver figuras 4.21 y 4.23). Cuanto mayor es el número de Reynolds mayor es la zona del extradós donde la capa límite es turbulenta, y por tanto está en mejores condiciones de soportar el gradiente adverso de presión sin desprenderse.

También se observa que, al aumentar el número de Reynolds las ramas de la polar tienden a abrirse, resultando un c_d menor para el mismo c_l. Esto último es debido a que, si la capa límite no se desprende, la resistencia de forma es menor.

4.11. Perfiles laminares

Del mismo modo que en el cilindro en régimen subsónico ($M_\infty < 0.3$), la viscosidad del fluido produce dos fuentes de resistencia aerodinámica: la resistencia de fricción, d_f, debida al esfuerzo viscoso en la superficie del perfil y la resistencia de presión o de forma, d_p, debida al desprendimiento de la capa límite. La resistencia total sobre el perfil es $d = d_f + d_p$.

En el caso de los cuerpos romos como el cilindro se cumple que $d_p \gg d_f$; por lo que en este tipo de cuerpos conviene que la capa límite sea turbulenta con el objeto de retrasar su desprendimiento y así disminuir la resistencia total. Por otro lado, en el caso de cuerpos fuselados, como perfiles o aviones, la mayor parte de la resistencia es de fricción; es decir que para disminuir la resistencia total es deseable que la capa límite sea laminar. Con este objetivo se han diseñado un tipo de perfiles como el que se muestra a la derecha de la figura 4.27 denominados perfiles laminares. En esta figura se comparan dos perfiles simétricos con un espesor máximo relativo del 12 %, el de la izquierda es un perfil convencional y el de la derecha uno laminar. En términos generales se puede afirmar que el coeficiente de presión mínimo, $c_{p,\min}$, sobre el extradós de un perfil se encuentra cercano al punto donde el espesor es máximo, $t_{\max}$.

Los perfiles convencionales tienen el espesor máximo cerca del borde de ataque, mientras que los perfiles laminares está más cerca de la mitad de la cuerda, por lo tanto, en el primero el punto de mínima presión sobre el extradós se produce cerca del borde de ataque, mientras que en los laminares está más retrasado. De este modo, en los perfiles laminares, el gradiente de presión adverso actúa sobre una zona más corta, cercana al borde de salida, lo que facilita que la capa límite se

mantenga laminar a lo largo de una región más extensa, reduciendo por
tanto la resistencia de fricción sobre el perfil. Este efecto se evidencia en
la polar del perfil; en la figura 4.28 se muestran las polares de los dos
perfiles, donde puede observarse que ambas curvas son muy similares,
pero el perfil laminar presenta un intervalo de ángulos de ataque en que
la resistencia es considerablemente menor que la del perfil convencional.

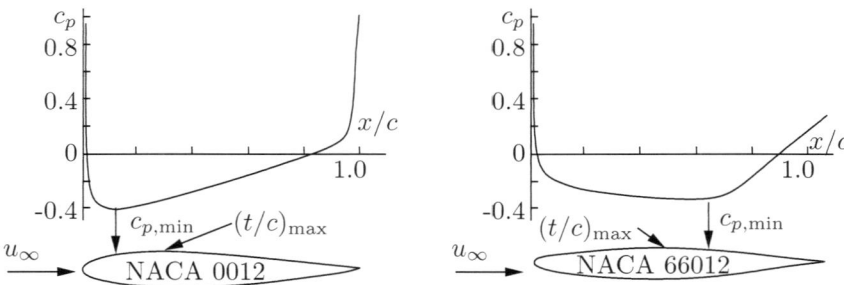

Figura 4.27. Comparación entre un perfil convencional (NACA 0012) y
un perfil laminar (NACA 66-012). Distribuciones de presión para $\alpha = 0°$.

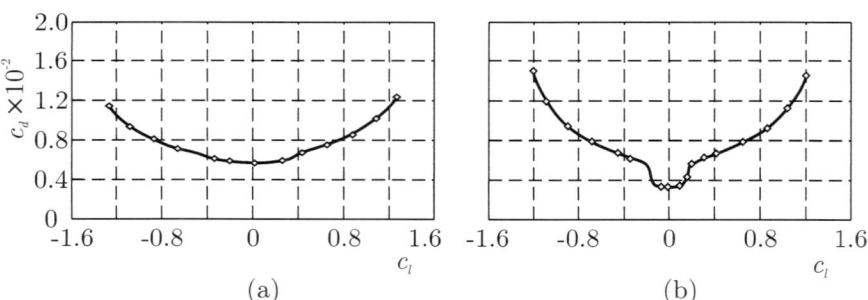

Figura 4.28. Curvas polares (a) del perfil convencional NACA 0012 y
(b) del perfil laminar NACA 66-012. Ambas curvas para Re $= 9 \times 10^6$
(adaptadas de Abbott & von Doenhoff (1959)).

4.12. Perfiles en régimen subsónico compresible

Es posible caracterizar el comportamiento aerodinámico de un
perfil o un avión conociendo los coeficientes de fuerza y momentos para

todo el rango de interés de ángulos de ataque, números de Reynolds y números de Mach. Se ha descrito cómo afectan las dos primeras variables a los coeficientes de los perfiles aerodinámicos considerando que el flujo es subsónico e incompresible, es decir que $M_\infty < 0.3$.

Para describir el comportamiento aerodinámico de un perfil cuando está sometido a una corriente subsónica compresible supóngase el siguiente experimento: en un túnel aerodinámico se dispone un perfil con un ángulo de ataque fijo, un cierto M_∞ y se mide el coeficiente de presión en un punto del extradós del perfil. Se aumenta el número de Mach y se mide el nuevo coeficiente de presión en el mismo punto. Se repite esta operación aumentando progresivamente el M_∞. Los resultado experimentales indican que conforme aumenta el número de Mach, también aumenta el coeficiente de presión, de forma aproximadamente igual representado en la figura 4.29.

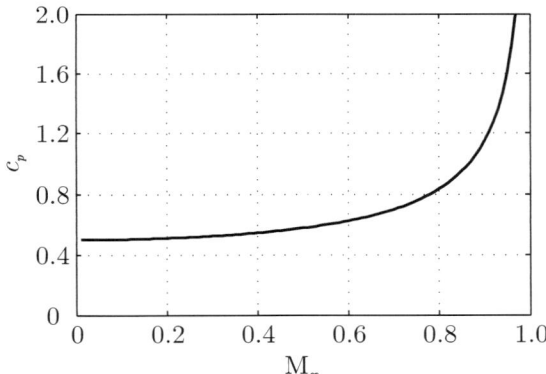

Figura 4.29. Esquema de la corrección de Prandtl-Glauert para $c_{p,i} = 0.5$.

Aunque existen diferentes modelos para evaluar la influencia del número de Mach en el coeficiente de presión, el más sencillo se conoce como analogía de Prandtl-Glauert:

$$c_p = \frac{c_{p,i}}{\sqrt{1 - M_\infty^2}}, \tag{4.19}$$

donde $c_{p,i}$ es el valor del coeficiente de presión en régimen incompresible. En general. esta corrección es válida mientras que $M_\infty < 0.7$.

Aplicando la ecuación (4.18) se obtiene el valor del coeficiente de sustentación a partir de la distribución del coeficiente de presión, por lo que si se reemplaza (4.19) en (4.18) se obtiene el coeficiente de sustentación corregido por el efecto de la compresibilidad,

$$c_l = \frac{1}{c} \int_0^c \frac{(c_{pI} - c_{pE})_i}{\sqrt{1 - M_\infty^2}} \mathrm{d}x = \frac{1}{\sqrt{1 - M_\infty^2}} \frac{1}{c} \int_0^c (c_{pI} - c_{pE})_i \, \mathrm{d}x,$$

de modo que,

$$c_l = \frac{c_{l,i}}{\sqrt{1 - M_\infty^2}},$$

donde $c_{l,i}$ es el coeficiente de sustentación en régimen incompresible.

Ejemplo 4.4
Determinar la sustentación por unidad de longitud que proporciona el perfil analizado en el ejemplo 4.1 en la condición de vuelo definida por: $\alpha = 2°$, $M_\infty = 0.4$ y altitud de 600 m.

Solución
En primer lugar se debe calcular la nueva velocidad incidente correspondiente a $M_\infty = 0.4$, es decir $u_\infty = M_\infty a_\infty = 135.1\,\mathrm{m/s}$. Además, como el nuevo número de Mach es $M_\infty > 0.3$, se debe aplicar alguna corrección por los efectos de la compresibilidad sobre el valor del $c_{l,i}$ obtenido en el ejemplo 4.1. Se utiliza la corrección de Prandtl-Glauert, por lo que el c_l en esta nueva condición es

$$c_l = \frac{c_{l,i}}{\sqrt{1 - M_\infty^2}} = 0.22.$$

La sustentación por unidad de longitud en este caso resulta $l = 5760\,\mathrm{N/m}$.

4.12.1. Número de Mach crítico

Considérese un perfil en una corriente incidente uniforme a un número de Mach, $M_\infty < 1$, con ángulo de ataque fijo. En una región del extradós del perfil, donde la corriente se expande, hay un punto donde la presión es mínima y por lo tanto la velocidad es máxima (punto A de la figura 4.30(a)) y, por tanto, el número de Mach local, M, en ese punto es mayor que el de la corriente incidente, $M > M_\infty$. Si el número de Mach de la corriente incidente aumenta también crece el número de Mach local en el punto de mínima presión. El valor de M_∞ para el cual en un punto del perfil se obtiene la velocidad del sonido, $M = 1$, se llama número de Mach crítico, M_{cr}, figura 4.30(b). El valor de c_p en dicho punto, cuando el número de Mach local es $M = 1$, se denomina coeficiente de presión crítico, $c_{p,cr}$, y es el mínimo valor de c_p sobre el perfil. El número de Mach crítico define el comienzo del régimen transónico y es una característica particular de cada perfil.

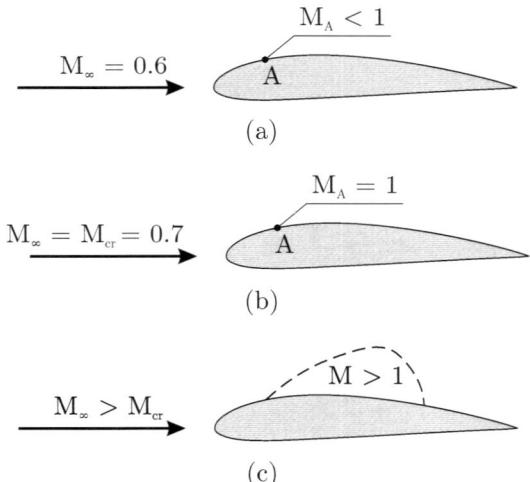

Figura 4.30. Definición del número de Mach crítico, M_{cr}. El punto A es el punto de mínima presión sobre el extradós del perfil.. Flujo incidente con número de Mach (a) inferior al número de Mach crítico, (b) igual al número de Mach crítico y (c) superior al número de Mach crítico.

En la figura 4.31 se ha representado la variación típica del coeficiente de presión mínimo, $c_{p,\mathrm{min}}$, sobre el extradós de un perfil delgado y otro grueso. En la misma figura se ha representado la variación del coeficiente de presión correspondiente a M $= 1$ en función del número de Mach de la corriente incidente. Donde esta curva intersecta a la correspondiente curva de cada perfil, se tiene la condición crítica. Comparando ambos perfiles, se ve que, como el perfil delgado perturba menos la corriente incidente, la expansión en el extradós es menor, asimismo el incremento de velocidad también es menor, por tanto, M_∞ puede llegar a valores mayores antes de que se alcancen las condiciones críticas, es decir, el número de Mach crítico, M_{cr}, es mayor. Por contra, en los perfiles gruesos las condiciones sónicas se obtienen antes, es decir, M_{cr} es menor. Por ello en el ala de los aviones que deben volar a altos números de Mach, se tiende a utilizar perfiles delgados.

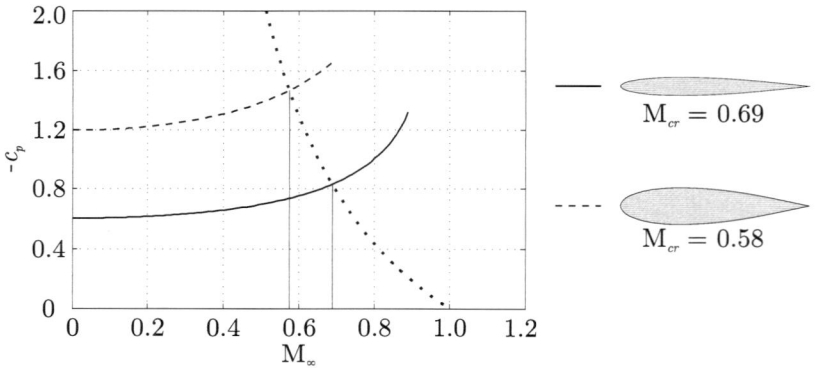

Figura 4.31. Coeficiente de presión crítico, $c_{p,cr}$, en función del número de Mach de la corriente uniforme, M_∞, para perfiles de diferente espesor.

4.12.2. Divergencia de la resistencia

Considérese un experimento similar al descrito anteriormente: un perfil en una corriente uniforme con ángulo de ataque fijo, pero ahora se mide el coeficiente de resistencia. El resultado es similar al presentado en la figura 4.32; para valores $M_\infty < M_{cr}$, el coeficiente de resistencia es prácticamente constante, pero al aumentar M_∞ por encima de M_{cr} se produce un aumento de c_d; típicamente la resistencia aumenta en un factor de 10 o incluso mayor. El número de Mach de divergencia de la resistencia, M_{div}, es el valor de M_∞ al cual empieza el brusco aumento de la resistencia. En los primeros años de la aviación este rápido y fuerte incremento de la resistencia era conocido como barrera del sonido que pudo ser superada cuando se dispuso de motores con el suficiente empuje para vencer dicha resistencia.

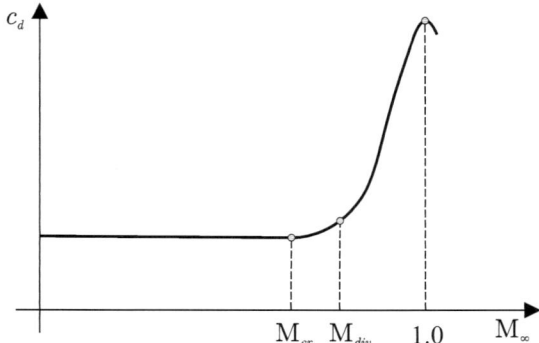

Figura 4.32. Coeficiente de resistencia de un perfil en función del número de Mach de vuelo, M_∞ y divergencia de la resistencia.

Este comportamiento se justifica por la aparición de ondas de choque en las regiones de flujo localmente supersónico, como se esquematiza en la figura 4.33. El fuerte incremento de presión que se produce a través de la onda de choque hace que se genere un gradiente adverso de presión muy intenso, causando por tanto el desprendimiento de la corriente, lo cual contribuye al aumento de c_d y a la disminución de c_l. Este efecto puede considerarse como una especie de "entrada en pérdida por onda de choque".

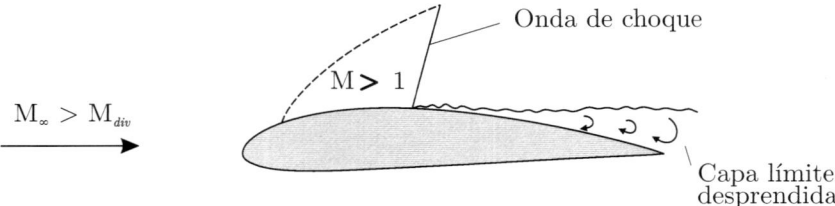

Figura 4.33. Ondas de choque sobre un perfil, en las regiones de flujo localmente supersónico cuando el número de Mach de vuelo, M_∞, es mayor que el número de Mach de divergencia de la resistencia, M_{div}.

En la figura 4.34 se presentan las curvas características del perfil NACA 0012 para distintos valores de M_∞, donde se puede apreciar claramente los efectos de la compresibilidad en la sustentación y la resistencia de este perfil.

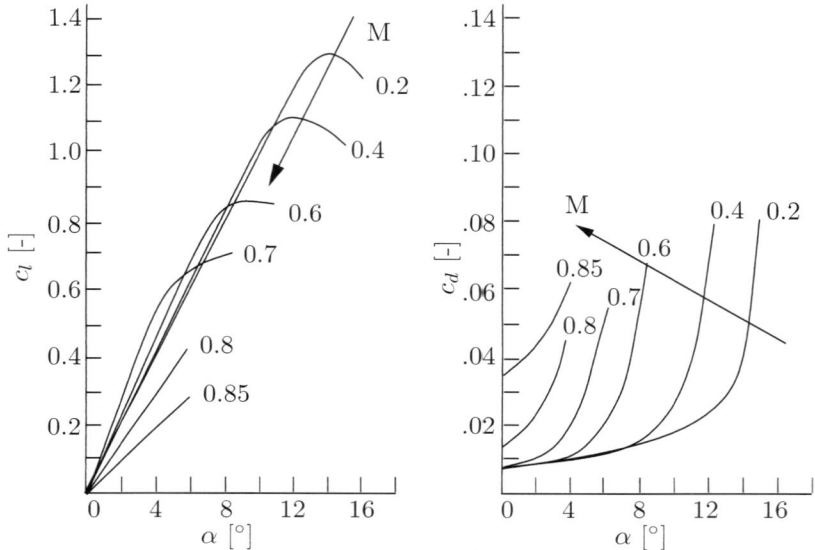

Figura 4.34. Curvas características del perfil NACA 0012 para régimen subsónico compresible. El parámetro corresponde al número de Mach de la corriente incidente, M_∞.

4.12.3. Perfiles super-críticos

Con objeto de aumentar el número de Mach de divergencia de la resistencia, M_{div}, se han diseñado los llamados perfiles supercríticos, figura 4.35, con los que se consigue que los números de Mach supersónicos locales sean menores y que la onda de choque correspondiente sea más débil. En la figura 4.36 se presentan resultados experimentales que muestran el coeficiente de resistencia en función del número de Mach de la corriente incidente, M_∞, para un perfil convencional y uno supercrítico; donde se puede apreciar un incremento del número de Mach de divergencia de 0.67 a 0.79, lo que implica que un perfil supercrítico puede volar más rápido sin tener los problemas que aparecen en régimen transónico.

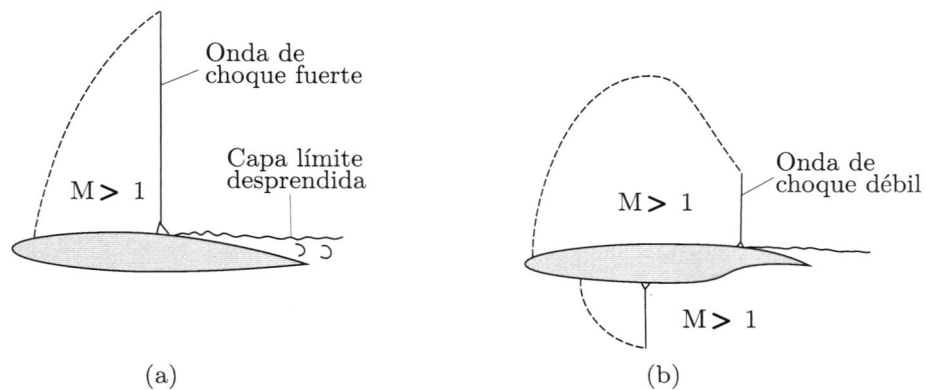

Figura 4.35. Configuración fluida en (a) un perfil estándar y (b) un perfil supercrítico (adaptada de Harris (1990)).

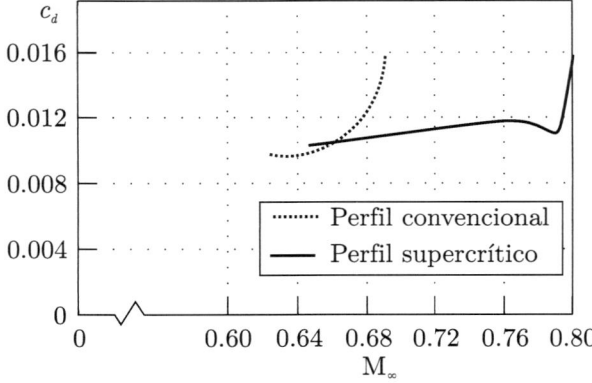

Figura 4.36. Coeficiente de resistencia en función del número de Mach de la corriente incidente, M_∞, para un perfil convencional y uno supercrítico.

4.13. Perfiles en régimen supersónico

Los perfiles que se utilizan en régimen supersónico suelen ser delgados, con bordes de ataque agudos, con objeto de reducir la intensidad de las ondas de choque. Si el borde de ataque es redondeado se produce una onda de choque desprendida como la que se muestra en la figura 4.20(c) que da lugar a una resistencia aerodinámica muy elevada. El caso límite de perfil delgado es una placa plana, como se muestra en la figura 4.37.

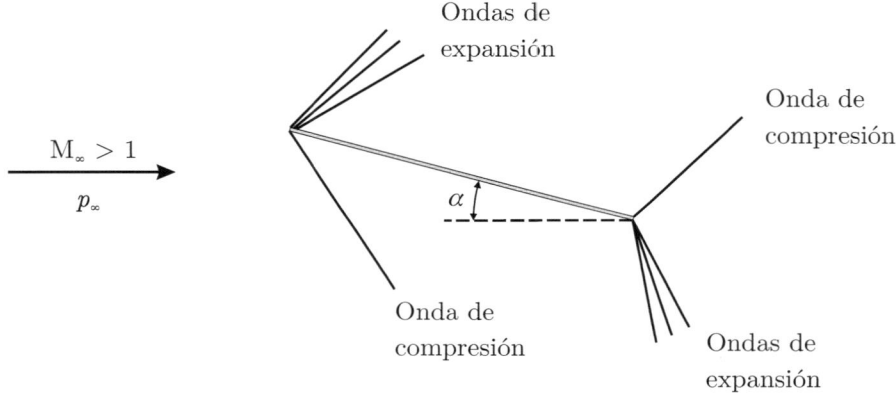

Figura 4.37. Configuración del campo fluido alrededor de un perfil placa plana en un flujo supersónico con ángulo de ataque.

Una explicación simplificada de cómo se producen las cargas aerodinámicas en la placa plana es la siguiente: el abanico de ondas de expansión que se produce en el extradós cerca del borde de ataque, curvan la corriente para que circule paralela al perfil. Como es sabido a través de las ondas de expansión la presión disminuye, por lo tanto, en el extradós del perfil se verifica que $p < p_\infty$. En el intradós, cerca del borde de ataque, se forma una onda de choque y como consecuencia la presión aumenta detrás de ella.

En el borde de salida los efectos son los contrarios, de modo que, corriente abajo del perfil, el flujo recupera aproximadamente las mismas condiciones que tiene corriente arriba del perfil. La distribución de presión resultante se muestra en la figura 4.38. El efecto global es una fuerza aerodinámica normal a la placa, cuya componente perpendicular a la corriente incidente es la sustentación y una componente en la dirección de la corriente, es decir, resistencia, que recibe el nombre de resistencia de onda y que no es de origen viscoso.

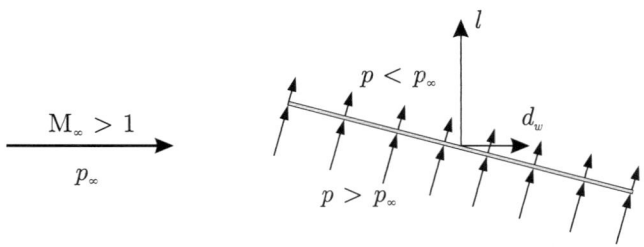

Figura 4.38. Distribución de presiones y fuerzas aerodinámicas sobre un perfil placa plana en un flujo supersónico con ángulo de ataque.

La teoría de perfiles delgados en régimen supersónico proporciona las siguientes expresiones aproximadas, válidas para ángulos de ataque pequeños:

$$c_l = \frac{4\alpha}{\sqrt{M_\infty^2 - 1}},$$

$$c_{d,w} = \frac{4\alpha^2}{\sqrt{M_\infty^2 - 1}}.$$

El subíndice w es para destacar que esta resistencia es de onda (por *wave drag* del inglés). Obsérvese que al aumentar M_∞ disminuyen ambos coeficientes. Sin embargo, esto no quiere decir que la sustentación o la resistencia disminuyan, de hecho aumentan, porque al aumentar M_∞ aumenta la presión dinámica, $q_\infty = \frac{1}{2}\rho_\infty u_\infty^2$, y tanto la sustentación como la resistencia dependen de ella. Hay que añadir que el espesor y la curvatura del perfil contribuyen al coeficiente de resistencia, pero no al de sustentación.

En la figura 4.39 se muestra un gráfico que cuantifica el efecto del espesor relativo de los perfiles de un ala sobre el coeficiente de resistencia mínimo del ala, $c_{D,\mathrm{min}}$, para números de Mach de vuelo subsónico y supersónico. Se aprecia que el espesor relativo de los perfiles de ala influye muy poco en régimen subsónico, pero que cuanto menor es la relación

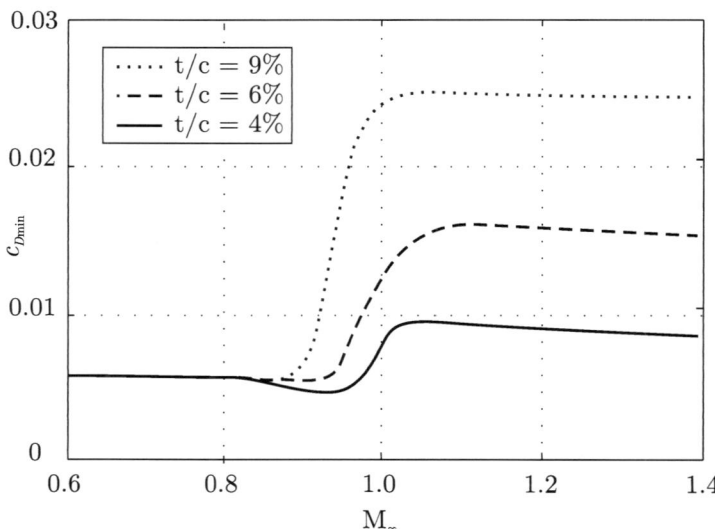

Figura 4.39. Efectos del espesor del perfilen el coeficiente de resistencia mínimo de un ala (adaptada de Donlan & Weil (1952)).

t/c más se retrasa el aumento de la resistencia característico del régimen transónico y menor es el $c_{D,\min}$ del ala en régimen supersónico.

AERODINÁMICA DE ALAS 5

5.1. Introducción

En el capítulo anterior se ha estudiado la aerodinámica de perfiles considerando que todos los fenómenos se limitan al plano que contiene el perfil; esto es equivalente a suponer que el perfil forma parte de un ala de longitud infinita y, por lo tanto, las fuerzas aerodinámicas se expresan por unidad de longitud. Es obvio, que los aviones poseen alas con longitud o envergadura finita, de modo que aparecen fenómenos aerodinámicos tridimensionales que modifican todo el flujo, de tal manera que se produce una disminución de la sustentación y un aumento de la resistencia del ala con respecto a la que tendría un ala equivalente de envergadura infinita. Además, la observación más superficial pone en evidencia las notables diferencias geométricas que existen entre las alas de los diferentes aviones. La forma del ala de una pequeña avioneta de recreo es diferente de la del ala de un avión de transporte de pasajeros y ambas son distintas del ala de un avión de combate. En este capítulo, se presentan algunos de los criterios relacionados con la aerodinámica de las alas que permiten comprender el porqué de estas diferencias.

Antes de comenzar la exposición de la aerodinámica de las alas, en la sección 5.2 se presenta la nomenclatura de los parámetros que definen su geometría. Con la base del estudio del flujo alrededor de perfiles aerodinámicos realizado en el capítulo anterior, en la sección 5.3 se describe cualitativamente el flujo alrededor de las alas de envergadura finita poniendo especial énfasis en los fenómenos aerodinámicos que se producen en el borde de salida y los bordes marginales de las alas. En la sección 5.4 se introducen los fundamentos de la teoría simplificada de alas en régimen subsónico, que permite obtener los coeficientes de sustentación y resistencia de una ala, partiendo de los datos de su geometría y las características aerodinámicas (curva de sustentación y polar) de los perfiles que la componen. Conocidos estos coeficientes del ala, es posible encontrar las fuerzas que esta genera mediante las conocidas relaciones:

$$L = \frac{1}{2}\rho_\infty u_\infty^2 S \, c_L, \qquad (5.1)$$

$$D = \frac{1}{2}\rho_\infty u_\infty^2 S \, c_D, \qquad (5.2)$$

donde, en este caso, c_L y c_D son los coeficientes de sustentación y resistencia del ala. En las secciones 5.5 y 5.6 se describe como influyen los fenómenos de compresibilidad en el diseño de las alas de los aviones que vuelan a altas velocidades subsónicas y en régimen supersónico y, por último, en la sección 5.7 se presentan los dispositivos hipersustentadores, mecanismos necesarios para la operación de los aviones en condiciones de vuelo que requieran elevados coeficientes de sustentación.

5.2. Arquitectura de alas

En la figura 5.1 se muestra la vista en planta de un ala genérica y los símbolos estándar con que se denotan sus parámetros geométricos. La envergadura, b, es la distancia medida entre los bordes marginales del ala. La cuerda, c, es la distancia entre el borde de ataque y el borde de salida, sin embargo, a diferencia de los perfiles, en las alas esta distancia puede variar a lo largo de la envergadura. Se define la cuerda geométrica media como $\bar{c} = S/b$, donde S es la superficie de la forma en planta del ala. Según esto, dado un ala con cualquier forma, la cuerda geométrica media es la cuerda que tiene una ala rectangular equivalente con la misma superficie alar y envergadura.

Otros parámetros de interés son la cuerda en la raíz, c_r, y la cuerda en el borde marginal, c_t, que, junto con la ley de variación de cuerdas a lo largo de la envergadura, definen la forma en planta del ala. En la figura 5.2 se muestran varias imágenes de aviones con diferentes formas de tipos de alas. A lo largo de este capítulo se presentan algunos de los criterios que influyen en la elección de una forma u otra.

Un parámetro geométrico derivado de las dimensiones básicas del ala es el estrechamiento, que se define como, $\lambda = c_t/c_r$. Para alas trapezoidales se cumple que, $\lambda < 1$ y, en el caso particular, de alas

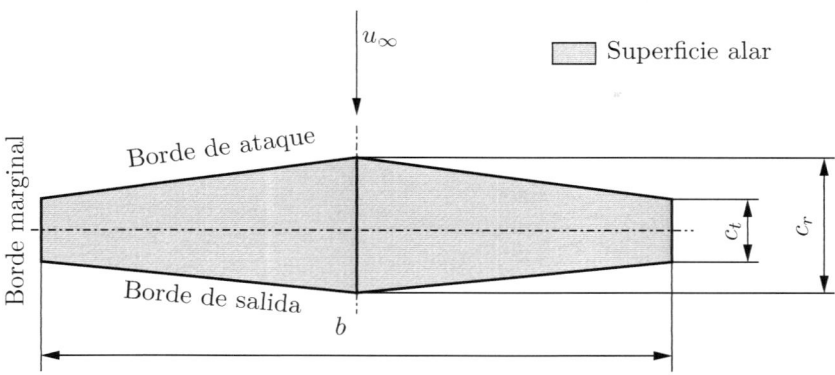

Figura 5.1. Nomenclatura de los parámetros geométricos principales de las alas.

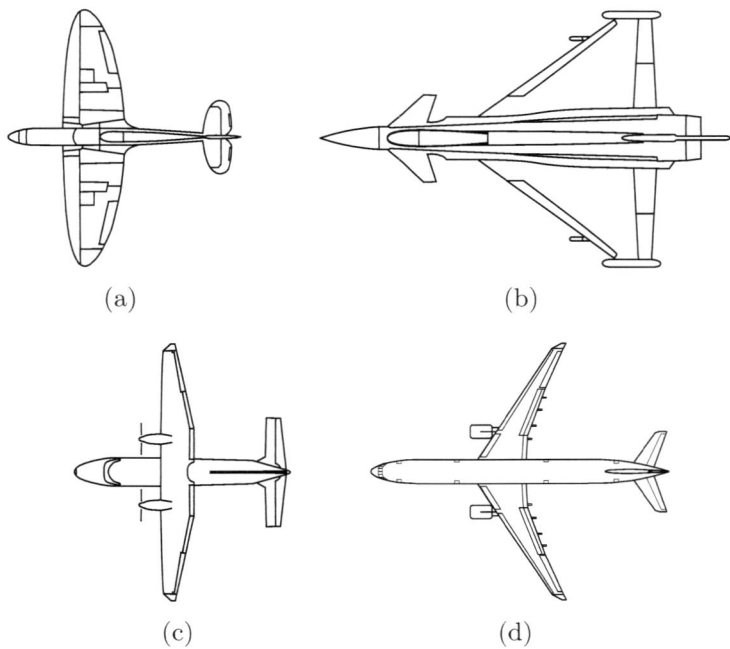

Figura 5.2. Vista en planta de las alas de diferentes aviones (dibujados a diferente escala). (a) Supermarine Spitfire Mk.XIV, ala elíptica. (b) Eurofighter, ala delta. (c) CASA C-212, ala recta-trapezoidal. (d) Airbus A330, ala trapezoidal con flecha.

rectangulares, es decir con cuerda constante a lo largo de la envergadura, se cumple que $\lambda = 1$.

Uno de los parámetros que más influye en el comportamiento aerodinámico del ala es su alargamiento, que se define como:

$$\Lambda = \frac{b^2}{S}, \tag{5.3}$$

y es una medida de lo esbelta que es el ala. Utilizando la definición de la cuerda geométrica media, el alargamiento también puede expresarse como, $\Lambda = b/\bar{c}$. El alargamiento presenta valores que pueden variar entre 3 ó 4 en aviones muy rápidos hasta 20 ó 30 en los planeadores.

El ángulo de flecha, φ, o simplemente flecha, es el ángulo formado por la línea del 25 % de las cuerdas con respecto la línea perpendicular a la cuerda en el encastre, véase figura 5.3(a). El ángulo diedro, δ, es el ángulo que forma el plano horizontal que contiene la cuerda de la raíz y el plano medio entre el extradós y el intradós del ala, véase figura 5.3(b).

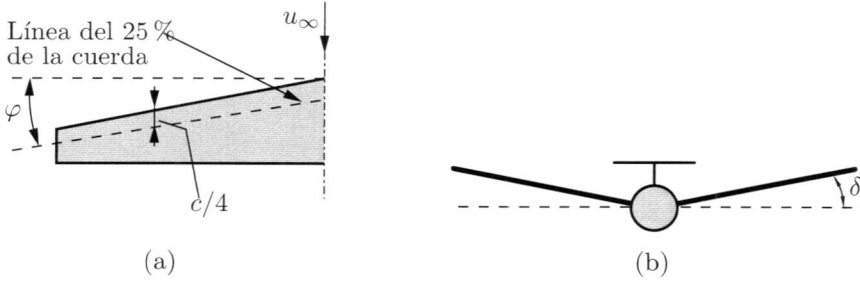

(a)   (b)

Figura 5.3. (a) Definición de ángulo de flecha. (b) Definición de ángulo diedro.

Por último se define la torsión, que puede ser geométrica o aerodinámica. La torsión geométrica, θ_g, es el ángulo que forma la cuerda de cada perfil de ala con respecto a una cuerda de referencia, normalmente la sección de raíz, véase figura 5.4(a). La torsión aerodinámica consiste en la variación de la forma de los perfiles a lo largo de la envergadura, de forma que, el ángulo de sustentación nula varía en las diferentes secciones que componen el ala. Una forma de lograr la torsión aerodinámica es modificando la curvatura de los perfiles, desde la raíz a los bordes marginales, véase figura 5.4(b) o incluir diferentes perfiles.

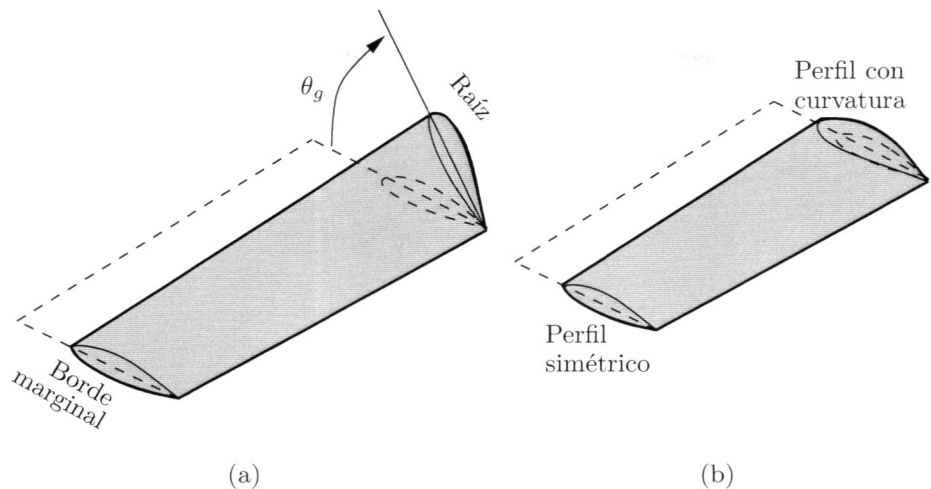

θ_g

Raíz

Perfil con curvatura

Perfil simétrico

Borde marginal

(a)   (b)

Figura 5.4. Alas con torsión: (a) torsión geométrica y (b) torsión aerodinámica.

5.3. Flujo en alas de envergadura finita

El flujo de aire alrededor de los perfiles se caracteriza por ser bidimensional, es decir que todas las variables fluidas (u, p, ρ, etc.), varían sólo en el plano transversal a la envergadura (plano $x - z$ de la figura 4.19), mientras que a lo largo del eje y (la envergadura) todo permanece constante. El flujo bidimensional alrededor de un perfil puede existir sobre un ala de envergadura finita situada en un conducto de sección rectangular, como un túnel aerodinámico, donde las paredes laterales eliminan el efecto que introducen los bordes marginales y fuerzan a que la corriente de aire sea prácticamente bidimensional en todas las secciones. Por el contrario, las alas de los aviones tienen una envergadura determinada y en sus extremos no tienen paredes laterales; como consecuencia aparecen efectos aerodinámicos que convierten el flujo en tridimensional y, por tanto, más complejo. Además, se observa que las alas de envergadura finita generan una sustentación menor y una mayor resistencia que un ala de envergadura infinita con iguales características y las mismas condiciones.

Como se ha estudiado, sobre el extradós de un perfil se produce una cierta distribución de presión que, en general, tiene un valor medio que es menor que el valor medio de la distribución de presión que se produce sobre el intradós. Como resultado neto de esta diferencia de presión entre el extradós y el intradós se obtiene una fuerza aerodinámica de sustentación. Cuando un ala de envergadura finita genera sustentación también existe esta diferencia de presión neta entre el intradós y el extradós, sin embargo, el aire cerca de los bordes marginales puede moverse libremente de la zona de alta presión en el intradós, hacia la zona de baja presión del extradós generando un flujo tridimensional sobre el ala, con componentes de velocidad a lo largo de la cuerda y de la envergadura. Este movimiento del aire tiende a igualar las presiones en los bordes marginales, resultando que la distribución de presión sobre el ala varía a lo largo de la cuerda y de la envergadura (debe cumplirse que, justo en los bordes marginales, la presión del intradós y el extradós debe ser la misma porque la presión es una función continua, véase figura 5.5(a)). Como consecuencia, las fuerzas de sustentación y resistencia que genera el ala varían a lo largo de la envergadura con una distribución similar a la que se muestra en la figura 5.5(b).

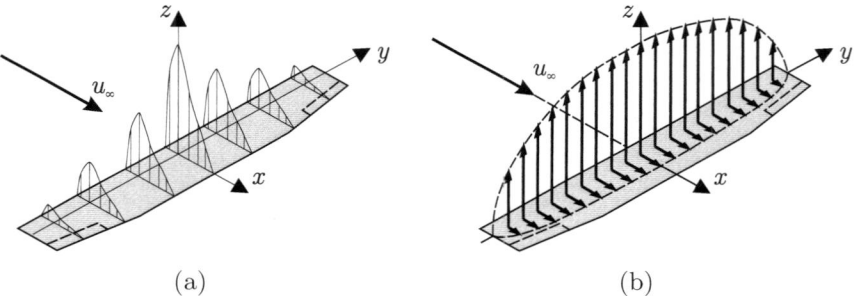

(a)   (b)

Figura 5.5. Flujo alrededor de un ala de envergadura finita. (a) Distribución de presión diferencial entre el extradós y el intradós a lo largo del ala. (b) Distribución de fuerzas de sustentación y resistencia a lo largo de la envergadura de un ala.

El flujo de aire que va del intradós hacia el extradós se superpone a la corriente libre y hace que las líneas de corriente se curven hacia el interior del ala en el extradós y hacia los bordes marginales en el intradós, como se muestra en la figura 5.6(a). En el borde de salida se encuentran los flujos provenientes del intradós y el extradós y, debido a que ambos flujos tienen componentes de velocidad a lo largo de la envergadura con sentido contrario, la corriente de aire empieza a girar formando torbellinos que son arrastrados por la corriente incidente creando una estela que se extiende corriente abajo del ala, denominada estela turbillonaria (véase figura 5.6(b)). En los extremos del ala este efecto es más intenso y fuerza a que el aire pase desde el intradós al extradós girando alrededor de los bordes marginales como se muestra en la figura 5.6(b).

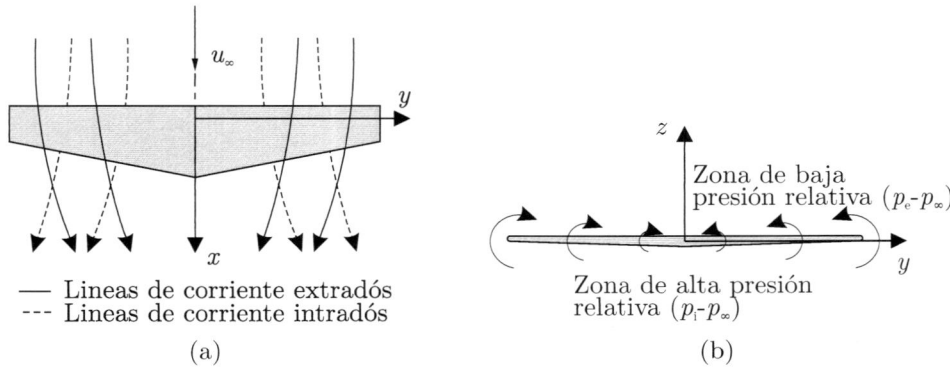

Figura 5.6. Flujo alrededor de un ala de envergadura finita. (a) Vista en planta del ala y líneas de corriente alrededor del ala. (b) Vista posterior del ala y torbellinos formados en el borde de salida y en los bordes marginales.

La estela puede pensarse como una superficie fluida muy delgada que contiene los torbellinos que se desprenden del borde de salida y de los bordes marginales. Sobre ella actúan un conjunto de velocidades que deforman la geometría de esta superficie. Entre estas velocidades hay que contabilizar la velocidad de la corriente incidente u_∞, las velocidades inducidas por el ala, que tienden a desplazarla hacia abajo, y las inducidas por los propios torbellinos de la estela. Aunque estas velocidades puedan ser pequeñas en comparación con la de la corriente incidente, su efecto es un progresivo abarquillamiento de la estela, de modo que los torbellinos, además de desplazarse hacia la parte negativa del eje z, se van separando del eje x, y terminan por arrollarse unos sobre otros, hasta desembocar en una configuración formada por dos grandes torbellinos, separados entre sí una distancia comparable a la envergadura del ala, tal como se esquematiza en la figura 5.7.

En la figura 5.8 se presentan dos fotografías donde, gracias al uso de técnicas de visualización de flujo, se pueden apreciar los torbellinos concentrados que conforman la estela lejana del avión.

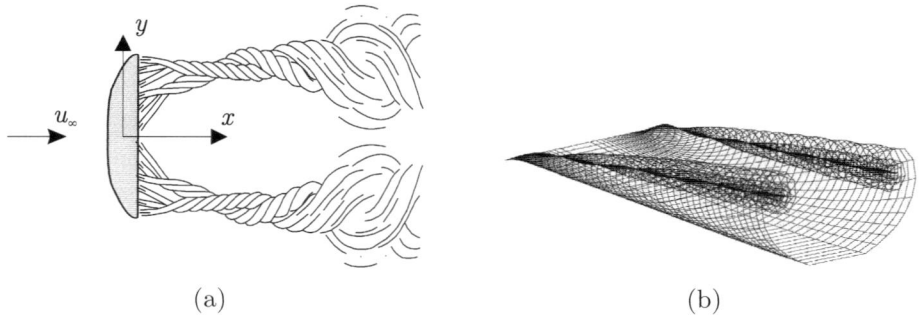

(a)   (b)

Figura 5.7. Estela de torbellinos. (a) Esquema de los torbellinos desprendidos del borde de salida y de los bordes marginales. (b) Solución numérica del arrollamiento de la estela de un ala con distribución de sustentación elíptica, según Ehret & Oertel Jr. (1998).

(a)   (b)

Figura 5.8. Visualización de los torbellinos mediante la inyección de humo en las cercanías de los bordes marginales del ala (fuente: NASA).

El movimiento rotacional de la estela de torbellinos modifica todo el flujo en las inmediaciones del ala. Para la teoría de alas que se presenta en la sección 5.4 son de particular interés las componentes verticales que genera la estela de torbellinos en el plano del ala, como las que se muestran en la figura 5.9. Se aprecia que en la zona comprendida entre los bordes marginales, los torbellinos de la estela generan una pequeña componente de velocidad hacia abajo, denominada velocidad inducida y que suele indicarse el símbolo w_i.

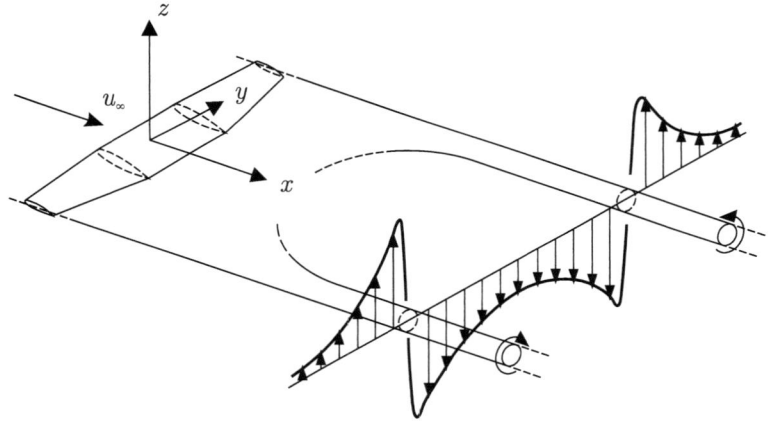

Figura 5.9. Distribución de la velocidad inducida, w_i, por la estela de torbellinos en un plano perpendicular al eje x, situado corriente abajo del ala.

El resultado global del flujo tridimensional sobre el ala y la estela de torbellinos es una disminución de la sustentación y un aumento de la resistencia del ala con respecto a la que tendría un ala equivalente de envergadura infinita. La disminución de sustentación puede entenderse observando las distribución de sustentación de la figura 5.5(b): dado que la presión tiende a igualarse en los bordes marginales, la diferencia de presión neta entre el intradós y el extradós es menor que en una ala equivalente, pero de envergadura infinita. El aumento en la resistencia puede entenderse mediante un enfoque energético como consecuencia de que el ala produce sustentación aparece la estela turbillonaria y los torbellinos de borde marginal, que conforman un campo fluido que contiene una cierta cantidad de energía cinética de rotación. Es decir que el ala imprime una velocidad angular a una gran masa de aire y toda esa energía no se aprovecha para producir sustentación, sino resistencia que debe compensar el sistema propulsor y, cuanto mayor es la sustentación que genera el ala, mayor es la resistencia que aparece por los efectos de la estela turbillonaria.

La estela turbillonaria que deja un avión a su paso tiene una fuerte influencia en las operaciones aeronáuticas debido a que puede afectar la maniobra de las aeronaves que vuelan por detrás. De hecho, la estela turbillonaria limita el tiempo entre despegues y aterrizajes de los aeropuertos ya que un avión no puede despegar hasta que no se han amortiguado las perturbaciones asociadas a la estela del avión que ha despegado previamente. Por ello, las normas de navegación aérea determinan la separación mínima entre dos aeronaves en vuelo, en función de la masa de ambas, véase figura 5.10.

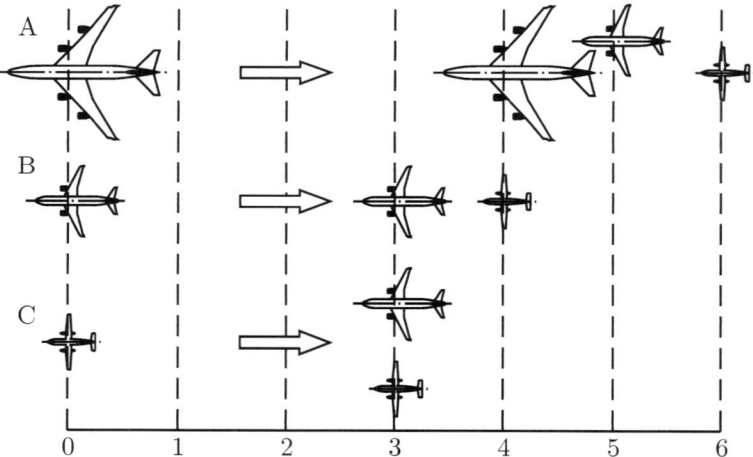

Figura 5.10. Distancia mínima, medida en millas náuticas, entre dos aeronaves en vuelo en función de la masa de ambas. Aviones de gran masa (más de 136 toneladas, A), masa intermedia (entre 7 y 136 toneladas, B) y masa pequeña (menos de 7 toneladas, C). Figura adaptada de Meseguer & Sanz (2007).

Discusión
Justificar porque las aves migratorias vuelan en formaciones que tienen forma de V. Relacionar con los torbellinos de borde marginal del ala.

5.4. Introducción a la teoría de alas

La teoría de alas largas de Prandtl, es el modelo más sencillo que permite estimar la sustentación y la resistencia aerodinámica del ala, a partir de las características aerodinámicas de los perfiles que la forman, teniendo en cuenta los efectos del flujo tridimensional y suponiendo que es ideal (se desprecian los efectos de la viscosidad). El desarrollo completo de esta teoría está fuera del alcance de este libro, pero el lector interesado puede encontrarlo en la literatura específica, como por ejemplo Meseguer & Sanz (2010), Bertin & Smith (1998) o Anderson (1991). En está sección se presentan sólo los fundamentos de dicha teoría y algunos de sus resultados que se utilizan para estimar la sustentación y la resistencia de las alas de envergadura finita.

En esta teoría se supone que la velocidad incidente, u_∞, está contenida en el plano $z-x$ (ver sistema de coordenadas en la figura 5.11), que el ala no tiene torsión y, además, que la estela de torbellinos que se desprende del ala es plana, contenida en el plano del ala y sin arrollamiento, tal como se representa en la figura 5.11.

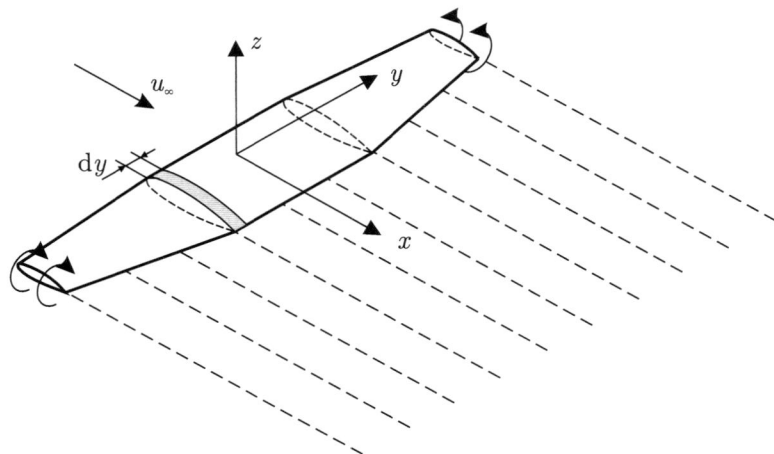

Figura 5.11. Sistema de coordenadas y geometría del ala. Las líneas de trazos que parten del borde de salida representan la estela de torbellinos.

Como se menciona en la sección anterior, el movimiento rotacional de la estela genera una velocidad inducida, w_i, que modifica todo el flujo en las inmediaciones del ala. Existe una distribución de velocidad

inducida, $w_i(y)$, sobre el plano del ala (véase figura 5.12) que debe
sumarse vectorialmente a la velocidad de la corriente incidente.

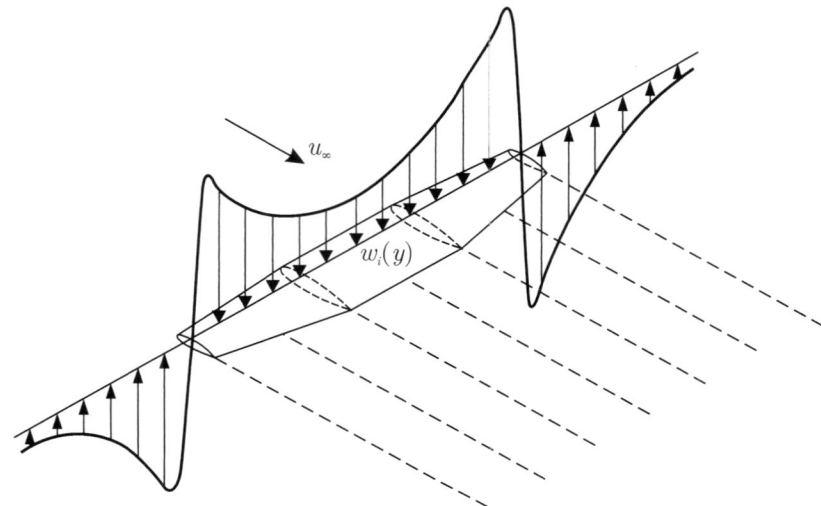

Figura 5.12. Distribución de velocidad inducida, $w_i(y)$, sobre el plano del
ala (las velocidades verticales y la velocidad incidente están representadas
empleando dos escalas muy diferentes).

En la figura 5.13 se muestra el efecto de la velocidad inducida
en el flujo sobre una sección cualquiera del ala cuyo ancho es dy (véase
figura 5.11). La velocidad de la corriente incidente, u_∞, se suma a la
velocidad inducida w_i, dando como resultado una velocidad relativa local,
u_l, que aparece sobre el perfil. En estas condiciones el ángulo de ataque
que tiene el perfil es menor que el ángulo que forma su cuerda con u_∞.
De la geometría de la figura 5.13 se deduce que este ángulo, denominado
ángulo de ataque efectivo, puede escribirse como:

$$\alpha_e = \alpha - \alpha_i, \tag{5.4}$$

donde, α es el ángulo de ataque geométrico y α_i es el ángulo de ataque
inducido. Es decir que un perfil que forma parte de un ala no percibe
el ángulo de ataque geométrico que forma su cuerda con la corriente
incidente, sino que percibe un ángulo de ataque menor, porque la
velocidad inducida debida a la estela desvía levemente hacia abajo el
vector velocidad incidente. En general, suele ser, $w_i \ll u_\infty$, por lo que el

ángulo de ataque inducido se expresa como:

$$\alpha_i = \arctan\left(\frac{w_i}{u_\infty}\right) \approx \frac{w_i}{u_\infty}. \tag{5.5}$$

Dado que la velocidad inducida, w_i, varía a lo largo de la envergadura, el ángulo de ataque inducido, α_i, también varía y, por tanto, el ángulo de ataque efectivo que aparece sobre cada perfil es diferente y, generalmente, es menor que el ángulo de ataque geométrico. Hay que recordar que, para simplificar la presentación de estos conceptos, se ha considerado un ala sin torsión geométrica; de no ser así, también se debe tener en cuenta el ángulo de torsión correspondiente en la ecuación (5.4).

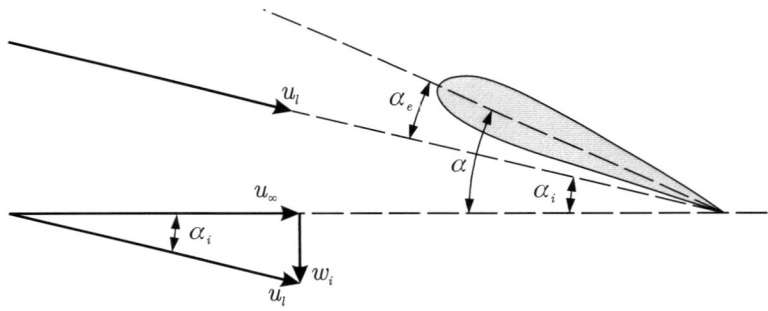

Figura 5.13. Efecto de la velocidad inducida sobre la velocidad relativa local sobre una sección del ala.

En la teoría de alas largas de Prandtl se aplican conceptos de mecánica de fluidos ideales para calcular la distribución de velocidad inducida a lo largo de la envergadura, para luego, mediante la expresión (5.5), determinar la distribución de ángulo de ataque inducido, $\alpha_i(y)$, y así calcular el valor del ángulo de ataque efectivo con la relación (5.4). Conociendo la distribución de ángulo de ataque efectivo, $\alpha_e(y)$, y las curvas características de los perfiles, es posible obtener el coeficiente de sustentación $c_l(y)$, para así calcular la sustentación local, $\mathrm{d}l$, que genera cada sección diferencial del ala, $\mathrm{d}y$, mediante:

$$\mathrm{d}l = \frac{1}{2}\rho u_\infty^2 c(y)\, c_l(y)\, \mathrm{d}y, \tag{5.6}$$

donde, $c(y)$ es el valor de la cuerda en la coordenada y del ala. Nótese que en el caso más general, el ala puede estar compuesta por diferentes perfiles a lo largo de la envergadura, siendo necesario, en ese caso, conocer las diferentes curvas características para poder determinar el coeficiente de sustentación correspondiente a cada sección del ala. Algo similar sucede con respecto a la distribución de cuerdas, $c(y)$, que, en el caso más general, puede corresponder a cualquier ley de variación. Para calcular la sustentación total debe integrarse la expresión (5.6) a lo largo de la envergadura, es decir:

$$L = \int_{-b/2}^{b/2} \mathrm{d}l = \frac{1}{2}\rho u_\infty^2 \int_{-b/2}^{b/2} c(y)\, c_l(y)\, \mathrm{d}y.$$

Con la resistencia aerodinámica del ala, D, puede realizarse un razonamiento similar, demostrándose finalmente que es siempre mayor que la de un ala de envergadura infinita con iguales características y mismas condiciones. El lector interesado en conocer en detalle la teoría de alas largas de Prandtl puede consultar la bibliografía recomendada (Meseguer & Sanz (2010), Bertin & Smith (1998) o Anderson (1991)). A continuación se presentan algunos resultados intermedios de dicha teoría con el objeto de obtener algunas expresiones que permitan estimar la sustentación y la resistencia de un ala.

Se considera un ala con forma en planta elíptica (por ejemplo, como la de la figura 5.2(a)), sin torsión geométrica y compuesta por un único perfil; bajo estas condiciones, con la teoría de alas largas de Prandtl se demuestra que la velocidad inducida a lo largo de la envergadura es constante y, por tanto, el ángulo de ataque inducido también es constante e igual a,

$$\alpha_i = \frac{c_L}{\pi \Lambda}, \tag{5.7}$$

donde, c_L es el coeficiente de sustentación del ala[1]. Es decir que todos los perfiles de este ala perciben el mismo ángulo de ataque efectivo que, de acuerdo a las ecuaciones (5.4) y (5.7), puede escribirse como:

$$\alpha_e = \alpha - \frac{c_L}{\pi \Lambda}. \tag{5.8}$$

Obsérvese que si el ala no genera sustentación ($c_L = 0$) el ángulo de ataque efectivo, α_e, es igual al geométrico, α.

---

[1]Obsérvese que se ha utilizado una letra mayúscula en el subíndice para referir el coeficiente de sustentación del ala, en contraste a las letras minúsculas utilizadas para los coeficientes aerodinámicos de los perfiles.

5.4.1. Efectos sobre la curva de sustentación

La evidencia experimental muestra que las curvas de sustentación de las alas, al igual que la de los perfiles, presentan un rango de ángulos de ataque dentro del cual la variación del coeficiente de sustentación es lineal. Por tanto, dentro de este rango, el coeficiente de sustentación del ala puede escribirse como:

$$c_L = c_{L\alpha}\left(\alpha - \alpha_0\right) = c_{L\alpha}\alpha + c_{L0},$$

donde, $c_{L\alpha}$ es la pendiente de la curva de sustentación del ala, α es el ángulo de ataque del ala[2], α_0 es el ángulo de ataque para el cual la sustentación es nula y $c_{L0} = -c_{L\alpha}\alpha_0$, es el coeficiente de sustentación para ángulo de ataque nulo. En ESDU-88030 (1994) se presentan algunos métodos semi-empíricos para estimar el rango lineal de la curva de sustentación de alas.

El hecho de que la sustentación de un ala sea menor que la de un perfil equivalente, se evidencia en que la pendiente de la curva de sustentación de un ala en menor que la de los perfiles de que la forman. Para un ala con forma en planta elíptica, sin torsión y compuesta por un único perfil, cuya pendiente de la curva de sustentación es $c_{l\alpha}$, aplicando la teoría de alas largas de Prandtl se demuestra que la pendiente de la curva de sustentación del ala es:

$$c_{L\alpha} = \frac{\mathrm{d}c_L}{\mathrm{d}\alpha} = \frac{c_{l\alpha}}{\left(1 + \dfrac{c_{l\alpha}}{\pi\Lambda}\right)}. \tag{5.9}$$

Obsérvese que el denominador es siempre mayor que uno, por lo que la pendiente del ala es menor que la del perfil. En la expresión (5.9), también se aprecia la importancia del alargamiento en el comportamiento aerodinámico del ala. Cuanto mayor es Λ, mayor es la pendiente $c_{L\alpha}$, de hecho en el límite de $\Lambda \to \infty$, resulta que $c_{L\alpha} \to c_{l\alpha}$ (por esta razón a los perfiles se los denomina alas de envergadura infinita o alargamiento infinito), es decir que cuanto mayor es el alargamiento, el comportamiento del ala se asemeja más al del perfil y, por tanto, la pérdida en la capacidad

---

[2]En general suele tomarse como referencia el ángulo de ataque del perfil de la sección de la raíz, especialmente en las alas con torsión, en las que el ángulo de ataque varía a lo largo de la envergadura.

de generar sustentación es menor. Esto también explica porqué, en general, en aviones de vuelo subsónico se busca que el alargamiento del ala sea lo más grande posible.

En el caso general de alas que no tienen forma en planta elíptica, ni la velocidad inducida ni el ángulo de ataque efectivo son constantes a lo largo de la envergadura; en este caso la expresión (5.9) se escribe como:

$$c_{L\alpha} = \frac{\mathrm{d}c_L}{\mathrm{d}\alpha} = \frac{c_{l\alpha}}{\left(1 + \dfrac{c_{l\alpha}}{\pi\Lambda}\right)} e_1, \tag{5.10}$$

donde, e_1 es un factor que depende del alargamiento y de la forma en planta del ala, y es siempre menor que la unidad. El valor de este factor puede obtenerse a partir de la teoría de alas largas de Prandtl[3] o mediante métodos experimentales. Para aviones de vuelo subsónico los valores típicos de e_1 están entre 0.85 y 0.95 (para alas elípticas $e_1 = 1$).

El coeficiente de sustentación para ángulo de ataque nulo, α_0, depende fundamentalmente de la torsión del ala. Para alas sin torsión puede suponerse, en primera aproximación, que el ángulo de sustentación nula del ala es igual al ángulo de sustentación nula del perfil, $\alpha_0 = \alpha\left(c_l = 0\right)$. En ESDU-87031 (1999) se presenta un sencillo método semi-empírico para estimar el valor de este ángulo en alas en régimen subsónico. En cualquier caso, conocido este ángulo y la pendiente de la curva de sustentación del ala, se tiene caracterizado el comportamiento de la fuerza de sustentación del ala en el rango lineal.

En el caso de alas con torsión, el problema de obtener la pendiente de la curva de sustentación del ala y el ángulo de sustentación nula es más complejo y está fuera del alcance se este libro, pero el lector interesado puede consultar algunas de las referencias ya recomendadas.

5.4.2. Efecto sobre la resistencia

El efecto de los torbellinos sobre la resistencia total del ala admite una interpretación geométrica sencilla del problema. Considérese nuevamente un ala elíptica, sin torsión y formada por un sólo tipo de

---

[3]Estrictamente hablando en la teoría de alas, este factor aparece expresado como $e_1 = 1 - \tau$, donde τ es un número mayor que cero y menor que uno (véase Meseguer & Sanz (2010), Bertin & Smith (1998) o Anderson (1991)).

perfil; en la figura 5.14 se representa un perfil genérico de este ala y la fuerza de sustentación L' que produce este perfil. No se considera la resistencia porque, como se ha mencionado, la teoría de alas largas supone que el flujo alrededor del ala es ideal, es decir que se desprecian los efectos de la viscosidad. Esto implica que, en principio, el ala no presenta resistencia de origen viscoso ni de presión, ya que no hay desprendimiento de la capa límite.

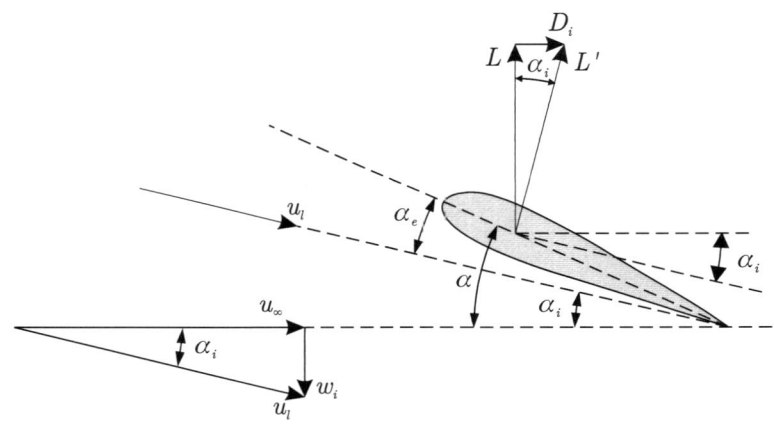

Figura 5.14. Esquema del origen geométrico de la resistencia inducida.

La sustentación se ha representado perpendicular al viento relativo, pero con la salvedad que este viento relativo local, u_l, está inclinado hacia abajo un ángulo α_i por los efectos de la estela de torbellinos. Sin embargo, la fuerza de sustentación así obtenida para cada uno de los perfiles no es normal a la velocidad incidente, por tanto, se proyecta la sustentación en un eje perpendicular al vector u_∞, obteniéndose que,

$$L = L' \cos \alpha_i,$$
$$D_i = L' \sin \alpha_i.$$

Se tiene pues que aparece una fuerza en la dirección de la corriente incidente denominada resistencia inducida. Si se considera que el ángulo de ataque inducido es pequeño ($\alpha_i \ll 1$) se tiene que, $\cos \alpha_i \approx 1$ y $\sin \alpha_i \approx \alpha_i$, entonces se cumple, que $L \approx L'$ y la resistencia puede escribirse como:

$$D_i = L\alpha_i. \tag{5.11}$$

Observando la ecuación (5.11) se puede pensar que el efecto de la estela de torbellinos es modificar la distribución de presiones del ala, con respecto a la que tendrían los perfiles que la componen, de forma que, el vector de la sustentación se inclina levemente hacia atrás, dando lugar a la componente de resistencia inducida. Reemplazando la expresión (5.7) en la (5.11) del ángulo de ataque inducido, se obtiene que,

$$D_i = L\frac{c_L}{\pi\Lambda}.$$

Por otro lado, la sustentación puede escribirse como, $L = q_\infty S\, c_L$, donde, $q_\infty = \rho u_\infty^2/2$ es la presión dinámica de la corriente incidente (véase definición en el capítulo 3.6.3) y S es la superficie del ala. Por tanto, la resistencia inducida queda expresada como:

$$D_i = q_\infty S\frac{c_L^2}{\pi\Lambda},$$

y dividiendo esta expresión por $q_\infty S$, se obtiene el coeficiente de resistencia inducida,

$$c_{Di} = \frac{c_L^2}{\pi\Lambda}. \tag{5.12}$$

Obsérvese en detalle la ecuación (5.12); como en el caso de la pendiente de la curva de sustentación, nuevamente aparece el alargamiento en el denominador, de forma que, cuanto mayor es Λ, menor es la resistencia inducida. Además, en el límite de $\Lambda \to \infty$, se verifica que, $c_{Di} \to 0$.

Para el caso general de alas que no son elípticas la resistencia inducida es:

$$c_{Di} = \frac{c_L^2}{\pi\Lambda e_2}. \tag{5.13}$$

donde, e_2 es un factor que, al igual que e_1, es siempre menor que uno y depende de la geometría del ala y de las características aerodinámicas de los perfiles que la forman. Aunque estrictamente los factores e_1 y e_2

no son iguales, se verifica que ambos valores son muy próximos para un ala dada; por lo que para la mayoría de las aplicaciones prácticas puede tomarse el mismo valor en las dos ecuaciones, $e_1 = e_2 = e$, siendo e el factor de eficiencia del ala. Obsérvese, que las alas con forma en planta elíptica son las que presentan menor resistencia inducida ($e = 1$). Por esto y por los efectos sobre la pendiente de la curva $c_L(\alpha)$ ya estudiados, este tipo de alas fueron muy utilizadas en los aviones desarrollados a finales de la década de los años treinta del siglo XX, como puede verse en el ejemplo que se presenta en la figura 5.2(a). Sin embargo, pronto fueron reemplazadas por alas trapezoidales, ya que son sólo un poco inferiores en prestaciones ($e \approx 0.90$), pero son mucho más fáciles de construir.

Finalmente, la resistencia total del ala está formada por la resistencia inducida, más la resistencia de fricción y, en el caso de que exista desprendimiento de la capa límite, se debe sumar la resistencia de presión. En una primera aproximación, para ángulos de ataque moderados, el coeficiente de resistencia total del ala, c_D, puede estimarse como:

$$c_D = \frac{c_L^2}{\pi \Lambda e} + c_{D0}, \qquad (5.14)$$

donde, c_{D0} es básicamente el coeficiente de resistencia de fricción, cuyo valor puede obtenerse de la polar del perfil, como las que se presentan en las figuras 4.24 y 4.28. La ecuación (5.14) es la polar del ala y proporciona el valor del coeficiente de resistencia total del ala en función del coeficiente de sustentación. Hay que mencionar que, en general, la polar no necesariamente es simétrica, es decir, que el coeficiente de resistencia mínimo no aparece cuando $c_L = 0$. En Torenbeek (1976) y Roskam (1985) el lector interesado puede encontrar varios métodos semi-empíricos para obtener la polar del un ala con mejor aproximación.

Resumiendo, se han obtenido dos expresiones que proporcionan una medida de los efectos del flujo tridimensional sobre las alas. Por un lado, la ecuación (5.10) cuantifica la pérdida de sustentación que presentan las alas de envergadura finita con respecto a los perfiles; por otro, la ecuación (5.14) representa la polar de un ala, donde al coeficiente de resistencia de fricción se suma el coeficiente de resistencia inducida, c_{Di}, que depende de la sustentación y de las características del ala. Es decir, que si se conoce el alargamiento de ala, su factor de eficiencia,

e, y las características aerodinámicas de los perfiles que la forman (curva de sustentación y polar), se está en condiciones de determinar las características aerodinámicas de este ala y así poder determinar las fuerzas que proporciona aplicando las relaciones (5.1) y (5.2).

Ejemplo 5.1

Se desea analizar las actuaciones aerodinámicas de un ala trapezoidal, sin torsión, con una envergadura, $b = 15.9\,\text{m}$, una cuerda media, $\bar{c} = 1.64\,\text{m}$ y un factor de eficiencia del ala, $e = 0.96$. Además, se sabe que utiliza en toda su envergadura un perfil aerodinámico NACA 4415 cuyas características se han analizado en el ejemplo 4.2. Calcular: (1) la expresión de la curva de sustentación del ala en el intervalo lineal, (2) la expresión de la polar del ala, (3) el ángulo de ataque que debe llevar el ala para que el avión realice un vuelo horizontal, rectilíneo y uniforme a 1500 m de altitud y un número de Mach, $M_\infty = 0.23$, sabiendo que su masa es de 3400 kg y (4) calcular la resistencia aerodinámica del ala, D, en las condiciones del apartado anterior.

Solución

(1) La expresión general de la curva de sustentación de un ala para el intervalo lineal puede escribirse como, $c_L = c_{L\alpha}\alpha + c_{L0}$. Para encontrar el valor de la pendiente de la curva de sustentación del ala, $c_{L\alpha}$, se requiere el valor de la pendiente del perfil, $c_{l\alpha} = 5.92\,\text{rad}^{-1}$, que se ha calculado en el ejemplo 4.2 y el valor del alargamiento del ala que se calcula como $\Lambda = b/\bar{c} = 9.7$. Reemplazando estos datos en la expresión (5.10) se obtiene que, $c_{L\alpha} = 4.92\,\text{rad}^{-1}$. Como este ala no tiene torsión se puede considerar en primera aproximación que el ángulo correspondiente al coeficiente de sustentación nula del ala es igual que el del perfil. Por tanto, remplazando, $c_l = 0$, en la curva de sustentación del perfil, se obtiene que,

$$\alpha_{l=0} = \alpha_0 = -\frac{c_{l0}}{c_{l\alpha}},$$

donde, c_{l0} es el coeficiente de sustentación del perfil que corresponde al ángulo de ataque igual a cero. Sustituyendo esta expresión en la curva de sustentación del ala se obtiene que

$$c_{L\alpha}\left(-\frac{c_{l0}}{c_{l\alpha}}\right) + c_{L0} = 0.$$

Despejando, se llega a que el valor del coeficiente de sustentación correspondiente al ángulo de ataque nulo es, $c_{L0} = c_{l0}\, c_{L\alpha}/c_{l\alpha} = 0.35$. Por tanto, la expresión de la curva de sustentación de este ala para el intervalo lineal es,

$$c_L = 4.92\alpha + 0.35.$$

(2) La polar del ala corresponde a la expresión (5.14), donde el coeficiente de resistencia de fricción, se estima, en primera aproximación, a partir de la curva polar del perfil. De la figura 4.24 se obtiene que, para ángulos de ataque pequeños, $c_d \approx 0.0065$. Por tanto, la polar del ala se escribe como $c_D = 6.5 \times 10^{-3} + 34.2 \times 10^{-3} c_L^2$.

(3) En vuelo horizontal, rectilíneo y uniforme se cumple que la fuerza de sustentación es igual al peso de la aeronave, es decir, $L = \frac{1}{2}\rho_\infty u_\infty^2 S\, c_L = W$, de donde se despeja el coeficiente de sustentación,

$$c_L = \frac{2W}{\rho_\infty u_\infty^2 S}.$$

Para obtener el valor del coeficiente de sustentación es necesario conocer la densidad a la altitud de vuelo y la velocidad. Con las relaciones que proporciona la atmósfera estándar, se obtienen la densidad y la temperatura correspondientes a 1500 m, $\rho_\infty = 1.06\,\mathrm{kg/m}$ y $T_\infty = 278.2\,\mathrm{K}$. Utilizando la definición de número de Mach, se calcula la velocidad de vuelo:

$$u_\infty = \mathrm{M}_\infty a_\infty = \mathrm{M}_\infty \sqrt{\gamma R T_\infty} = 76.9\,\mathrm{m/s}.$$

Por tanto, el coeficiente de sustentación vale, $c_L = 0.41$. Con este resultado y la expresión de la curva de sustentación del ala obtenida en el punto (1) se obtiene el ángulo de ataque correspondiente a la condición de vuelo estudiada:

$$\alpha = \frac{c_L - c_{L0}}{c_{L\alpha}} = 0.012\,\mathrm{rad} = 0.7°.$$

(4) Reemplazando el valor del coeficiente de sustentación correspondiente a la condición de vuelo, estudiada en la polar del ala obtenida en el punto (2), se obtiene que el coeficiente de resistencia es, $c_D = 0.012$. Por tanto la resistencia es

$$D = \frac{1}{2}\rho_\infty u_\infty^2 S\, c_D = 994\,\mathrm{N}.$$

5.5. Alas en régimen subsónico compresible

En el capítulo anterior se explica que para números de Mach de vuelo cercanos a la unidad, en alguna parte del perfil se alcanza la velocidad del sonido ($M_\infty \geq M_{cr}$) y aparecen fenómenos relacionados con la compresibilidad del flujo que dan lugar a la divergencia de la resistencia. Para minimizar estos efectos y poder volar a mayor velocidad se han diseñado los perfiles supercríticos que, gracias a su particular geometría, poseen valores de número de Mach de divergencia más elevados que los perfiles convencionales (véase apartado 4.12.3).

Para aumentar el número de Mach crítico y, por tanto, el número de Mach de divergencia, de las alas, además de utilizar perfiles supercríticos, se las diseña con un cierto ángulo de flecha, como la que se muestra en la figura 5.15. Debido al ángulo de flecha, la componente del viento relativo, paralela a la cuerda de un perfil del ala es, $u_\infty \cos \varphi$ y, por tanto, el número de Mach que incide sobre este perfil es, $M_\infty \cos \varphi$. Se puede demostrar que esta componente de la velocidad es la que, en gran medida, determina la aparición de los fenómenos transónicos. Las condiciones críticas sobre el perfil se alcanzan a un número de Mach de vuelo mayor que si este mismo ala no tuviese flecha, lo que permite aumentar la velocidad de vuelo sin que aparezcan los fenómenos transónicos. Concretamente, el número de Mach crítico de un ala con un ángulo φ de flecha puede escribirse como:

$$M_{cr,\varphi} = \frac{M_{cr,\varphi=0}}{\cos \varphi}, \qquad (5.15)$$

donde, $M_{cr,\varphi=0}$ es el número de Mach crítico del ala equivalente, pero que no tiene ángulo de flecha. En realidad se verifica, que el número de Mach crítico de un ala en flecha es mayor que el del mismo ala sin flecha, pero menor que el que se determina con la ecuación (5.15).

Como contrapartida, el efecto de la flecha es disminuir la eficiencia aerodinámica del ala. En el gráfico de la figura 5.16 se observa la variación de la eficiencia aerodinámica, $E = c_L/c_D$, en función del ángulo de flecha del ala, φ. Los datos han sido tomados de Polhamus & Toll (1981) y se han obtenido mediante ensayos en vuelo de un avión General Dynamics F-111 que tiene la capacidad de modificar el ángulo de flecha de sus alas. Se aprecia que, según este avión retrae sus alas hacia atrás aumentando el ángulo de flecha, la eficiencia aerodinámica

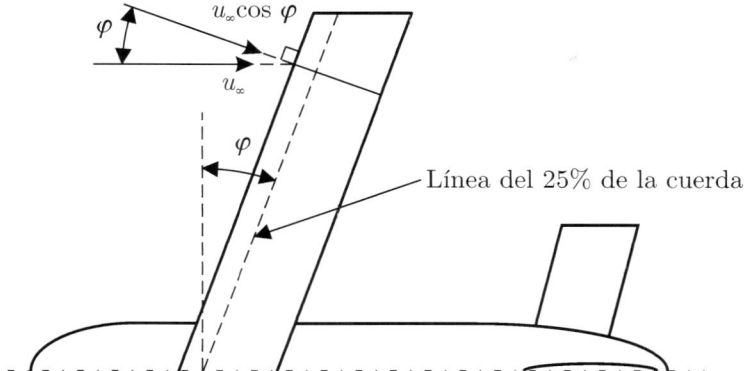

Figura 5.15. Efectos de la flecha sobre el número de Mach crítico del ala.

disminuye. Este comportamiento se debe a que al aumentar el ángulo de flecha se reduce la envergadura del ala y, si la superficie se mantiene aproximadamente constante, el alargamiento también disminuye, ver ecuación (5.3). De acuerdo con los conceptos que se presentan en las secciones anteriores, si disminuye el alargamiento, aumenta la resistencia inducida, ecuación (5.13) y, dado que la sustentación se mantiene constante para mantener el vuelo horizontal, rectilíneo y uniforme, la eficiencia del ala debe disminuir.

En síntesis, se puede tomar el número de Mach crítico como límite de entrada al régimen transónico y todos los inconvenientes relacionados con este régimen (aumento brusco de la resistencia, pérdida de sustentación, fuertes vibraciones, etc.). Para evitar o retrasar la aparición de estos fenómenos, en el diseño aerodinámico de los aviones que vuelan a altas velocidades pero en régimen subsónico, se buscan soluciones de ingeniería que aumenten el valor del número de Mach crítico del avión completo. De hecho, en la actualidad todos los aviones de medio y gran tamaño poseen alas de gran alargamiento y con un ángulo de flecha entre 20° y 40°, véase figura 5.17. Con esta configuración y perfiles especialmente diseñados se alcanzan números de Mach crítico entre 0.8 y 0.85, siendo este el límite de velocidad para este tipo aeronaves.

5.6. Alas en régimen supersónico

En el vuelo a velocidades mayores que las del sonido la resistencia total del ala está compuesta por la de fricción, la inducida y la de onda,

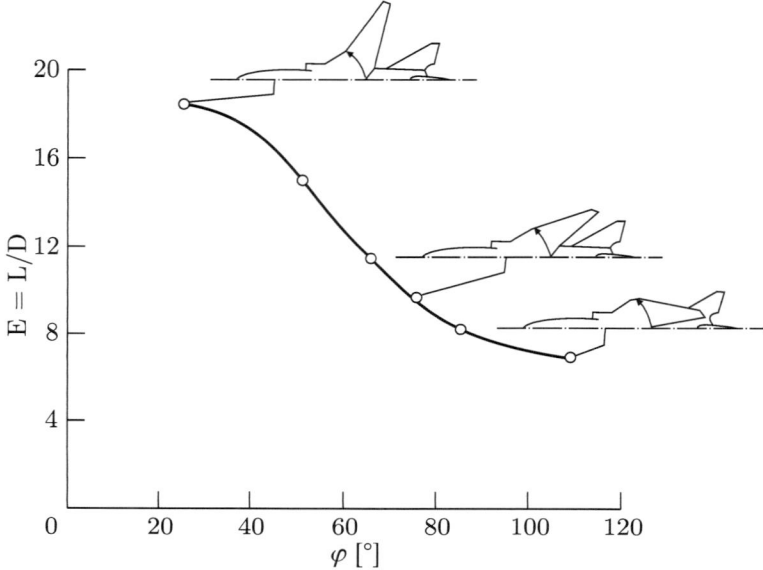

Figura 5.16. Variación de la eficiencia aerodinámica, $E = c_L/c_D$, en función del ángulo de flecha, φ, del ala de un avión de geometría variable. Todos los ensayos se han realizado en vuelo horizontal, rectilíneo y uniforme, a $M_\infty = 0.6$ y una altitud de 9150 m (véase Polhamus & Toll (1981)).

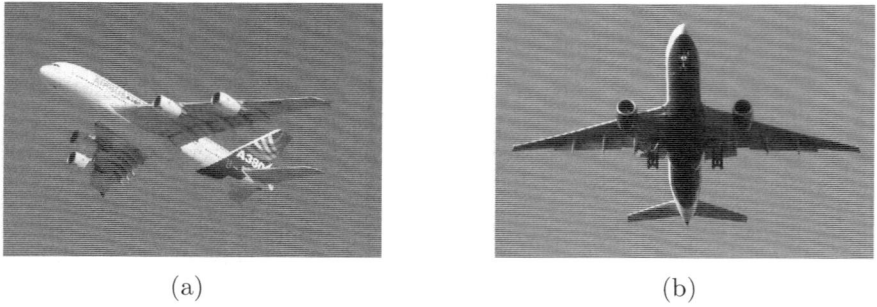

(a)   (b)

Figura 5.17. Ejemplos de aviones de transporte de pasajeros. (a) Airbus A380. (b) Boeing 777.

siendo está última la más importante. En vuelo a régimen supersónico, también es adecuado el uso de alas en flecha, sin embargo, en este caso, no es sólo para aumentar el número de Mach crítico, sino también para disminuir la resistencia. Para entender este efecto, obsérvese la figura 5.18; en ella se presentan dos alas volando en régimen supersónico. En el ala de la figura 5.18(a) el borde de ataque está delante del cono de Mach que parte del vértice del ala; por tanto la velocidad normal al borde de ataque es supersónica. El ala de la figura 5.18(b) tiene un ángulo de flecha mucho mayor, por lo que todo el borde de ataque está dentro del cono de Mach. En este caso, si la velocidad normal al borde de ataque del ala es subsónica, se verifica que se produce una zona de succión cerca del borde de ataque que origina una fuerza en la dirección perpendicular a éste. El resultado neto es una fuerza en la dirección de la corriente incidente y sentido contrario a la resistencia, por tanto la resistencia total de este ala es menor con respecto al ala de la figura 5.18(a).

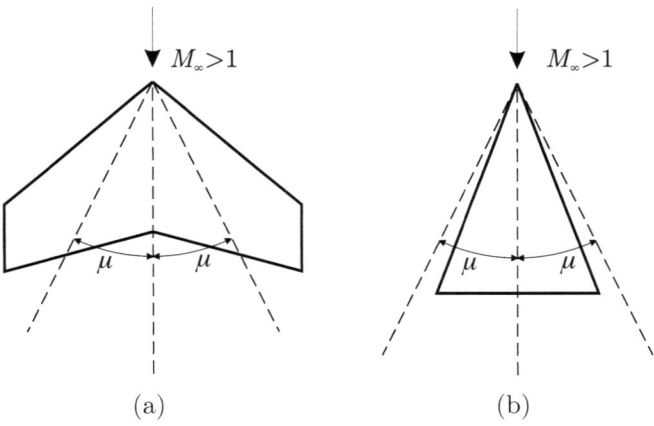

Figura 5.18. Alas con flecha volando en régimen supersónico.(a) Con el borde de ataque fuera del cono de Mach. (b) Con el borde de ataque dentro del cono de Mach.

En aviones diseñados para vuelo supersónico que requieren grandes ángulos de flecha, suelen utilizarse perfiles muy delgados, con bordes de ataque muy agudos y alas como la que se muestra en la figura 5.18(b). Este diseño se denomina ala delta y tiene la particularidad de que cerca de la raíz la cuerda de ala es muy grande y por tanto, los espesores relativos son pequeños, mientras que en los bordes marginales la cuerda es muy pequeña, por lo que el estrechamiento de estas alas es muy pequeño (en el límite, si $c_t \to 0$, $\lambda \to 0$). Otra ventaja que presentan las alas delta es que, por su diseño, son más robustas y resistentes que un ala en flecha similar; además poseen un mayor volumen interno para el combustible. Como desventajas pueden mencionarse que, por su pequeño alargamiento, presenta una elevada resistencia inducida y son poco eficientes a bajas velocidades.

Por las ventajas que presenta el ala delta ha sido una opción de diseño muy adoptada para aviones de vuelo supersónico, como por ejemplo el Eurofighter Typhoon de la empresa europea EADS, figura 5.19(a). El Space Shuttle, el vehículo espacial reutilizable de la NASA, también está diseñado con un ala delta, figura 5.19(b), que utiliza en la maniobra de reentrada a la atmósfera terrestre y el vuelo de planeo hasta el aterrizaje, maniobras durante las cuales alcanza números de Mach de vuelo mayores a cinco.

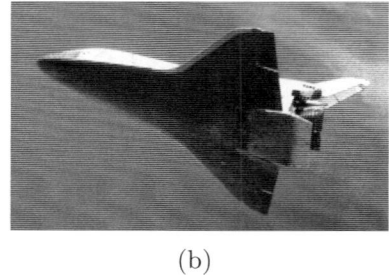

(a)   (b)

Figura 5.19. Diseños para vuelo supersónico con ala delta. (a) Caza-bombardero Eurofighter Typhoon. (b) Space Shuttle.

En la figura 5.20 se muestra un gráfico que cuantifica los efectos de la flecha sobre el coeficiente de resistencia mínimo del ala, $c_{D,\min}$, para números de Mach de vuelo subsónico y supersónico. Se aprecia que el ángulo de flecha influye muy poco en régimen subsónico, pero que cuanto mayor es φ, más se retrasa el aumento de la resistencia característico del régimen transónico y menor es el $c_{D,\min}$ del ala en régimen supersónico.

Por último es importante destacar que, dado que la teoría de alas largas se desarrolla bajo la hipótesis que el ala posee gran

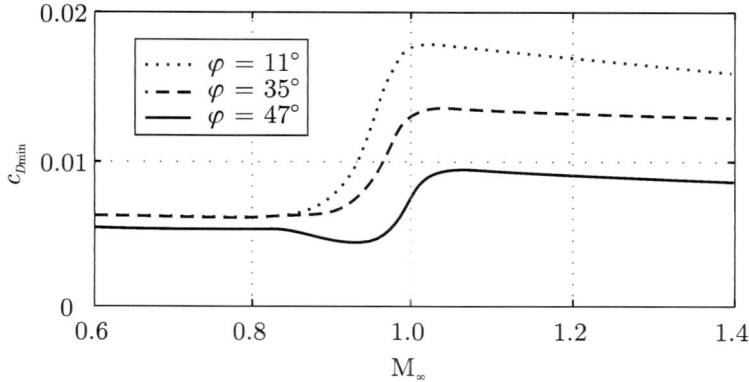

Figura 5.20. Efectos de la flecha en el coeficiente de resistencia mínimo de un ala con alargamiento $\Lambda = 3.5$ y estrechamiento $\lambda = 0.2$. (adaptada de Donlan & Weil (1952)).

alargamiento, si se aplica a alas delta, los resultados que proporciona difieren sustancialmente de los resultados experimentales, por tanto, para estudiar la aerodinámica de este tipo de alas deben utilizarse métodos numéricos que están fuera del alcance de este libro. El lector interesado en estos métodos puede consultar Anderson (1995) o Katz & Plotkin (1991).

5.7. Dispositivos hipersustentadores

Los aviones suelen operar en un amplio rango de velocidades de vuelo; en particular, las velocidades más bajas se registran durante las maniobras de despegue y aterrizaje. En este apartado se presentan los mecanismos que suelen utilizarse para disminuir la velocidad mínima de maniobra de las aeronaves.

Se define la velocidad de pérdida, u_s, a la velocidad más baja a la que un avión puede volar sin entrar en pérdida. A velocidades menores que u_s, las alas no generan suficiente sustentación para contrarrestar el peso de la aeronave. Para encontrar una expresión de cálculo de la velocidad de pérdida se plantea el caso de avión en vuelo horizontal, rectilíneo y uniforme ($u_\infty = $ cte). En estas condiciones debe cumplirse que la fuerza de sustentación, L, tiene que ser igual al peso de la aeronave, W, es decir que, $L = W$. Si se expresa la sustentación en función de c_L

se obtiene que,

$$\frac{1}{2}\rho_\infty u_\infty^2 S\, c_L = W,$$

y despejando la velocidad, se llega a que,

$$u_\infty = \sqrt{\frac{2W}{\rho_\infty S\, c_L}}. \tag{5.16}$$

En el capítulo 9 se analiza este resultado con mayor detalle; por ahora sólo interesa destacar que la ecuación (5.16) muestra que para un avión con un cierto peso W, una superficie alar S y volando a una cierta altitud donde la densidad es ρ_∞, la velocidad depende exclusivamente del coeficiente de sustentación, c_L, y, por tanto, del ángulo de ataque del avión. Como es sabido, para un ala determinada, el $c_{L,\max}$ es una característica fija de su comportamiento aerodinámico establecido por la curva $c_L(\alpha)$ particular del ala. Esto implica que la velocidad mínima a la que puede volar este avión en movimiento horizontal, rectilíneo y uniforme, es la que corresponde al ángulo de ataque que proporciona el coeficiente de sustentación máximo, es decir,

$$u_s = \sqrt{\frac{2W}{\rho_\infty S\, c_{L,\max}}}. \tag{5.17}$$

Esta ecuación es la expresión matemática de la velocidad de pérdida. En ella se aprecia que para disminuir la velocidad de pérdida de un avión determinado, con W y S fijos, volando a una cierta altitud de vuelo caracterizada por una densidad ρ_∞, sólo es posible aumentar el valor del coeficiente de sustentación máximo.

Los dispositivos hipersustentadores son mecanismos que modifican la geometría del perfil o el flujo alrededor de él, para cambiar sus curvas características y así aumentar el $c_{L,\max}$. Por otro lado, cuando estos dispositivos se accionan, también aumenta la resistencia aerodinámica, lo que implica un aumento en la fuerza de tracción necesaria para mantener el vuelo y, por lo tanto, un mayor consumo de energía por parte del sistema de propulsión. Es por eso que, en general, los aviones cuentan con la posibilidad de ajustar los dispositivos hipersustentadores a las diferentes condiciones de vuelo (despegue, aterrizaje, crucero, etc.), buscando un equilibrio entre la velocidad mínima necesaria para cada condición y el aumento de la resistencia resultante.

Según su principio de funcionamiento los dispositivos hipersustentadores pueden clasificarse en activos o pasivos. Los activos consumen
energía de forma continua para funcionar y, en general, actúan sobre el
flujo alrededor del ala proporcionando energía a la capa límite de forma
que se mantiene adherida a ángulos de ataque mayores. Los dispositivos
hipersustentadores pasivos son mecanismos que, para modificar la curva
$c_L(\alpha)$, modifican la forma del perfil y sólo se requiere energía para
activarlos, una vez desplegados no requieren energía para continuar
funcionando. Hay dos formas de modificar la geometría del perfil del ala:
aumentar su curvatura o aumentar el área efectiva del ala, aumentando
su cuerda. Existe una gran variedad de dispositivos pasivos que, según
su diseño, emplean una o las dos estrategias.

Según su situación en el perfil, pueden clasificarse en dispositivos
hipersustentadores de borde de ataque o dispositivos hipersustentadores
de borde de salida. A continuación, se describen los distintos tipos y
se analiza su efecto sobre el coeficiente de sustentación máximo y la
resistencia.

5.7.1. Dispositivos hipersustentadores de borde de salida

La figura 5.21 muestra cuatro tipo de dispositivos hipersustentadores de borde de salida o flaps. El flap simple consiste en un perfil cuya
parte posterior está construido de forma que puede girar alrededor de
un eje en la dirección de la envergadura. Cuando el flap es deflectado, el
efecto que produce es un aumento de la curvatura y una leve disminución
de la superficie alar. Esto se traduce en un aumento de la sustentación y
la resistencia.

Otro dispositivo hipersustentador es el flap de intradós que,
como el flap simple, aumenta la curvatura, pero genera un aumento
de resistencia muy grande, incluso para deflexiones pequeñas. Desde
el punto de vista constructivo el flap de intradós es el más sencillo y
más antiguo de los dispositivos hipersustentadores. Como el flap simple
aumenta la curvatura, pero genera un aumento de resistencia muy
grande, incluso para deflexiones pequeñas. Es por ello que este tipo de
dispositivo, en la actualidad ha caído en desuso.

El flap ranurado es similar al simple, pero cuando es deflectado
presenta una ranura que comunica el intradós con el extradós que

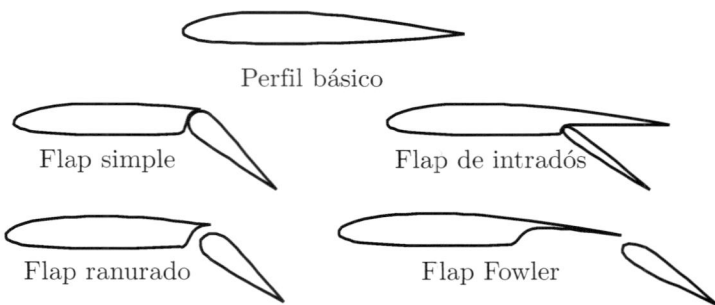

Figura 5.21. Dispositivos hipersustentadores de borde de salida.

funciona como un dispositivo de control de capa límite. Además de un incremento en la curvatura, por la diferencia de presión existente, el aire pasa desde el intradós al extradós, aportando energía a la capa límite y retrasando su desprendimiento. Todo esto se traduce en un aumento de la sustentación y la resistencia, siendo el aumento de la resistencia menor que en el caso del flap simple.

El flap Fowler es un dispositivo hipersustentador que aumenta la curvatura, mediante ranuras controla la capa límite y además aumenta la superficie alar desplazando hacia atrás de toda la superficie del flap. El incremento de resistencia es menor con respecto a los otros flaps presentados. En general, los flap Fowler se utilizan birranurados y trirranurados, véase figura 5.27, que presentan actuaciones muy superiores a todos los anteriores, aunque, son mucho más complejos y pesados; por esta razón su uso se restringe a aviones de mediano y gran tamaño.

Los dispositivos hipersustentadores de borde de salida modifican las curvas características de la aerodinámica del perfil como se presenta de forma cualitativa en la figura 5.22. Obsérvese que al desplegar estos flaps ($\delta > 0$), la curva de sustentación se desplaza hacia la izquierda y arriba, de forma que, para el mismo ángulo de ataque, se obtiene un c_L mayor. Además, el coeficiente de sustentación máximo aumenta, $\Delta c_{L,\max}$, pero disminuye el ángulo de ataque de entrada en pérdida, α_s. Sólo los flaps Fowler modifican la pendiente de la curva aumentándola levemente.

En la figura 5.23 se muestran los incrementos de sustentación y resistencia para perfiles con distintos dispositivos hipersustentadores

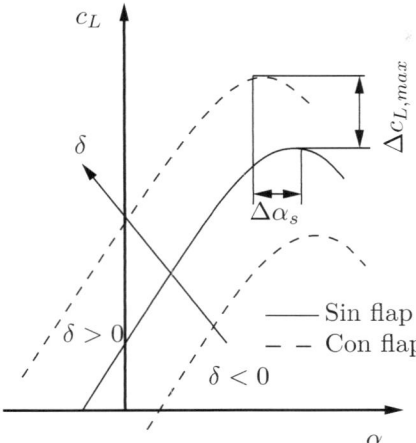

Figura 5.22. Efecto de los dispositivos hipersustentadores de borde de salida sobre la curva de sustentación.

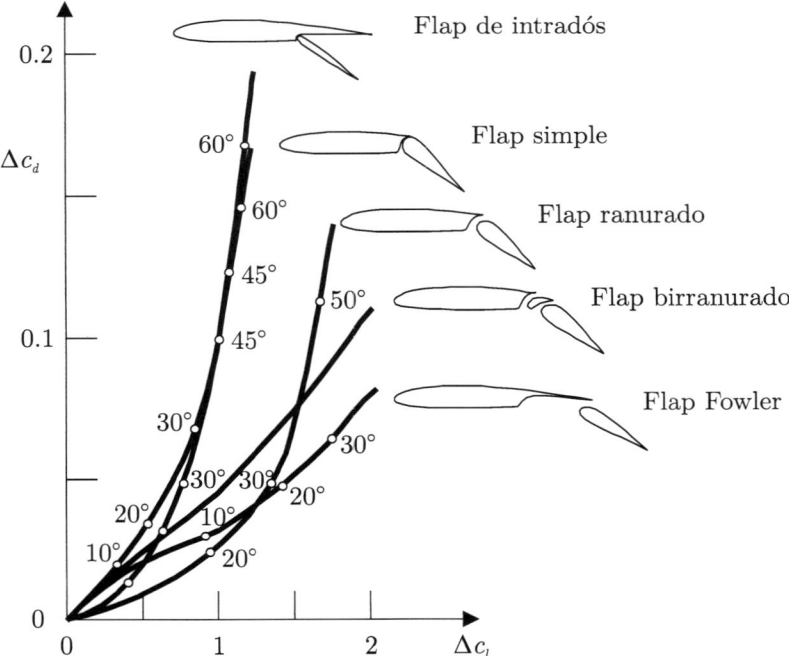

Figura 5.23. Comparación entre varios dispositivos hipersustentadores de borde de salida (adaptada de Torenbeek (1976)).

de borde de salida. Obsérvese, que cuanto más complejo es el flap desde el punto de vista mecánico, mayor es su efectividad aerodinámica. Por ejemplo, para una deflexión de $30°$ el flap Fowler produce un incremento del coeficiente de sustentación $\Delta c_l \approx 2$ y un incremento del coeficiente de resistencia $\Delta c_d \approx 0.7$, mientras que para la misma deflexión, el flap de intradós produce el mismo incremento de resistencia, pero aproximadamente sólo la mitad de incremento de sustentación.

Cabe mencionar que, en general, las superficies de mando como los alerones o los timones de dirección y profundidad funcionan como un flap simple, con la posibilidad de deflectarse tanto hacia abajo $(\delta > 0)$, como hacia arriba $(\delta < 0)$, véase figura 5.22.

5.7.2. Dispositivos hipersustentadores borde de ataque

En la figura 5.24 se presentan cuatro tipos de dispositivos de borde de ataque. El flap de borde de ataque es análogo al flap simple, es decir, que la parte anterior del perfil gira alrededor de un eje produciendo el efecto de un aumento de la curvatura. El flap Kruger genera este mismo efecto, pero con un mecanismo más sencillo.

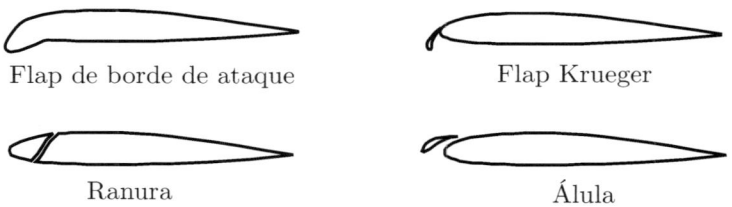

Flap de borde de ataque   Flap Krueger

Ranura   Álula

Figura 5.24. Dispositivos hipersustentadores de borde de ataque.

Con la ranura (*slot* en inglés) se comunica el intradós con el extradós, de modo que funciona como un dispositivo de control de capa límite similar al flap ranurado. El aire que pasa al extradós evita que se desprenda la capa límite cerca del borde de ataque. El álula (en inglés *slat*, que quiere decir tablilla o lama), es un pequeño perfil con curvatura muy grande que modifica el campo de velocidades en las proximidades del borde de ataque, resultando en una disminución del pico de succión y, como consecuencia, un retraso en el desprendimiento de la capa límite.

En general, puede decirse que los dispositivos de borde de ataque incrementan el $c_{L,\max}$, retrasando la entrada en pérdida hasta ángulos de ataque grandes, sin variación de la pendiente de la curva de sustentación, como se muestra en la figura 5.25.

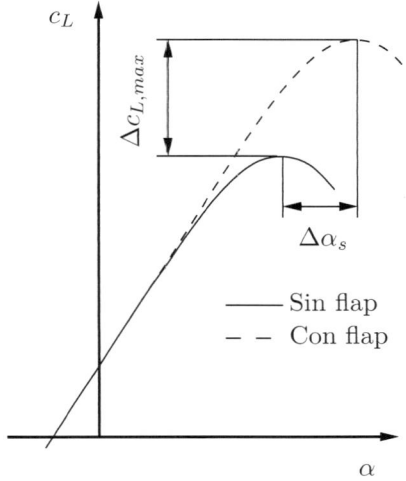

Figura 5.25. Efecto se los dispositivos hipersustentadores de borde de ataque y de control de capa límite sobre la curva de sustentación.

5.7.3. Dispositivos hipersustentadores de control de capa límite activos

Existen dos métodos para controlar la separación de la capa límite; uno consiste en inyectar aire a presión de forma tangencial a la superficie del extradós del ala, véase figura 5.26(a). El otro método consiste en aspirar la capa límite del extradós del ala a través de pequeños agujeros, véase figura 5.26(b). Ambas técnicas retrasan la separación de la capa límite y, como consecuencia, el ala entra en pérdida para ángulos de ataque mayores, alcanzando valores de $c_{L,\max}$ más grandes. Estos dispositivos hipersustentadores se denominan activos porque requieren el aporte constante de energía para su funcionamiento. Si bien son muy eficientes, porque producen un aumento de la resistencia pequeño comparado con el resto de los dispositivos hipersustentadores, son muy complejos desde el punto de vista constructivo, ya que requieren de sistemas mecánicos y neumáticos para su funcionamiento (tuberías de alta presión, válvulas de control de flujo, electrónica de control asociada, etc.), y por tanto, son comparativamente más pesados.

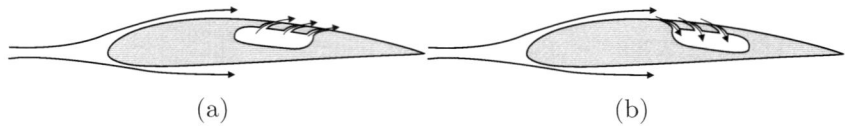

(a)   (b)

Figura 5.26. Dispositivos hipersustentadores activos. Control de la capa limite por (a) soplado o (b) aspirado.

El efecto sobre la curva de $c_L(\alpha)$ de estos dispositivos es similar al de los hipersustentadores de borde de ataque, véase figura 5.25. Se observa que al activarlos aumenta el valor del $c_{L,\max}$ y el ángulo de ataque correspondiente al $c_{L,\max}$.

5.7.4. Configuración de dispositivos hipersustentadores

En general, los aviones poseen una combinación de los diferentes dispositivos descritos con la posibilidad de ajustar la configuración a la condición de vuelo. Por ejemplo, durante el vuelo de crucero el avión vuela a una velocidad elevada, por lo que no es necesario que el coeficiente de sustentación sea muy grande y se busca que el coeficiente de resistencia sea lo más bajo posible. En esta condición los dispositivos hipersustentadores no se activan y se ajusta la configuración como se muestra en la figura 5.27(a). En la maniobra de despegue se busca aprovechar al máximo la aceleración proporcionada por el sistema de propulsión; con lo cual, se opta por una configuración como la mostrada en la figura 5.27(b), con la que se alcanzan valores de $c_{L,\max}$ entre 2 y 3, pero con un aumento de la resistencia moderado. En el aterrizaje es deseable una velocidad de pérdida lo más baja posible y una gran resistencia aerodinámica que ayude a frenar el avión. Por ello, en maniobras de aterrizaje suelen desplegarse todos los dispositivos hipersustentadores disponibles, véase figura 5.27(c). Con este tipo de configuración se alcanzan valores de $c_{L,\max}$ en el rango de 3 a 4.

Por último, en la figura 5.28 se presentan los valores típicos de coeficiente de sustentación máximo alcanzado con diferentes combina-

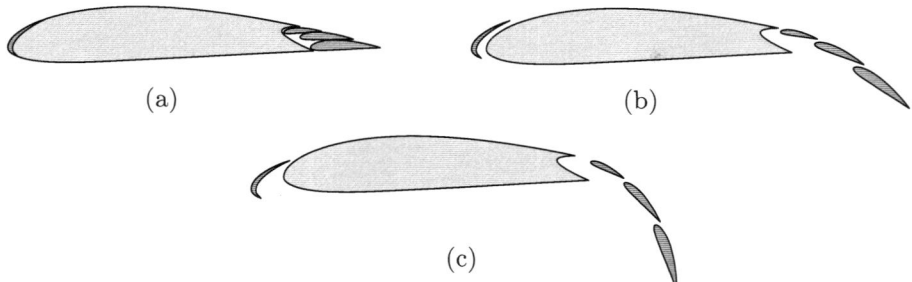

Figura 5.27. Configuración típica de dispositivos hipersustentadores en (a) condición de crucero, (b) despegue y (c) aterrizaje.

ciones de dispositivos hipersustentadores. Obsérvese, que utilizando una combinación de dispositivos hipersustentadores de borde de ataque, de borde de salida y de control de capa límite se obtienen valores del coeficiente de sustentación cercanos a cuatro.

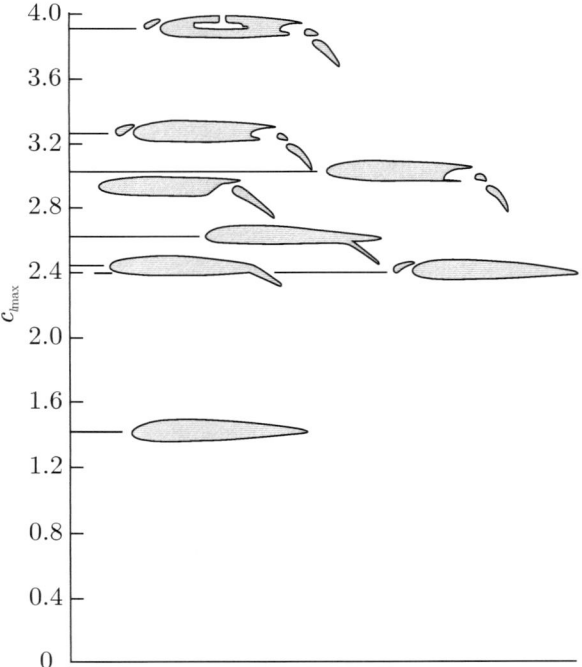

Figura 5.28. Valores típicos de coeficiente de sustentación máximo alcanzado con diferentes combinaciones de dispositivos hipersustentadores (adaptada de Loftin (1985)).

Parte III

Sistemas de Propulsión

6.1. Introducción

La finalidad del sistema de propulsión de una aeronave es la generación de fuerzas impulsoras, de modo que exista una velocidad relativa respecto al fluido en el que se mueve la aeronave, necesaria para la creación de las fuerzas aerodinámicas (fluidodinámicas) y esto lo consiguen produciendo un cambio de la cantidad de movimiento de un fluido, denominado propulsante, de modo que por el principio de acción y reacción, ese cambio de cantidad de movimiento produce una fuerza propulsiva sobre el vehículo. En la figura 6.1 se muestra el esquema de una aeronave en vuelo horizontal rectilíneo y uniforme sobre la que actúan la fuerza gravitatoria, (capítulo 2), las fuerzas aerodinámicas de sustentación y resistencia (capítulos 4 y 5) y la fuerza propulsiva T, también denominada empuje o tracción. Para conseguir que aparezca una fuerza de empuje el sistema de propulsión acelera el propulsante ejerciendo de forma global una fuerza de empuje sobre el mismo propulsante en la dirección de su movimiento de forma que por el principio de acción y reacción, el propulsante ejerce una fuerza de empuje sobre la aeronave que es igual y de sentido contrario a la fuerza que aceleró al propulsante, es decir en el sentido del vuelo.

En la sección 6.2 se define el sistema de propulsión así como los rendimientos asociados a las transformaciones energéticas que ocurren en su interior y después se explica la forma de crear empuje, sección 6.3. Posteriormente, se presentan los parámetros de consumo específico por unidad de empuje, sección 6.4, impulso específico y velocidad de salida efectiva, sección 6.5, así como el incremento de velocidad, sección 6.6. Finalmente, en la sección 6.7 se clasifican los sistemas de propulsión atendiendo a la forma de generar el empuje y por último, desde un punto

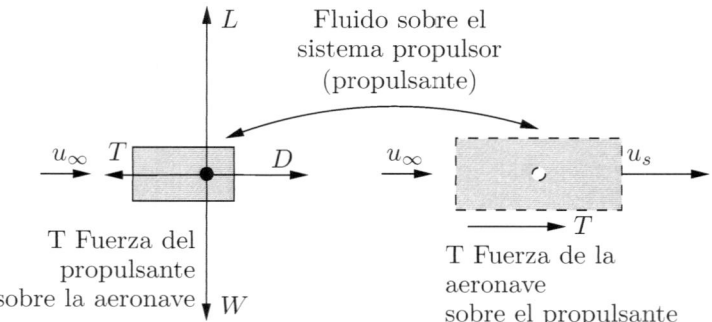

Figura 6.1. Aplicación del principio de acción y reacción a la creación de
la fuerza de empuje que propulsa una aeronave.

de vista muy general, se presenta una comparación de las prestaciones
de los diferentes sistemas de propulsión, sección 6.8.

6.2. Rendimientos

Se define el sistema de propulsión, propulsor o motopropulsor
como el sistema que transforma parte de una forma de energía
(generalmente química) en energía útil para la propulsión del vehículo.
En la figura 6.2 se muestra el esquema conceptual de un sistema
de propulsión, donde, por conveniencia, se ha separado el sistema de
propulsión en dos partes: el sistema motor y el sistema propulsor. Aunque
esta división es real en sistemas como la propulsión a hélice y el motor
alternativo, en otros sistemas como los aerorreactores y los motores
cohete, el sistema propulsor y motor son un todo por lo que en la
mayor parte de textos se habla de sistema de propulsión en vez de
motopropulsor.

Como ya se ha comentado, para que aparezca una fuerza
de propulsión es necesario cambiar la cantidad de movimiento del
propulsante, y para llo, es necesario añadir cierta cantidad de energía al
propulsante, que proviene, en general, de la energía química almacenada
en un combustible, véasefigura 6.2. La energía por unidad de tiempo
extraída del combustible es transformada en potencia mecánica y ésta,
a su vez, es transformada en potencia útil para la propulsión.

El sistema motor es el responsable de extraer la energía del
combustible y transformarla en energía mecánica, transformación que

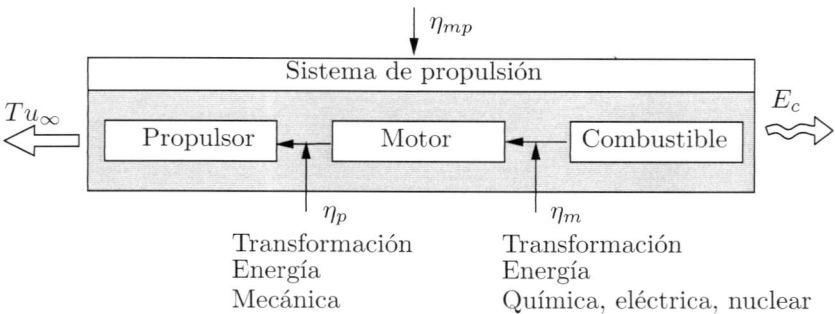

Figura 6.2. Esquema conceptual del sistema de propulsión.

siempre presenta pérdidas de diversa naturaleza y que se cuantifican en un rendimiento. Las pérdidas en la transformación de potencia del consumo de combustible a potencia mecánica útil se consideran mediante el rendimiento motor o térmico, que está directamente relacionado con los procesos termodinámicos que ocurren en el sistema de propulsión. El rendimiento motor, η_m, se define como:

$$\eta_m = \frac{\text{Potencia mecánica útil}}{\text{Potencia del combustible}}.$$

Por ejemplo, para los aerorreactores empleados actualmente el rendimiento motor puede estar entre 0.4 y 0.5.

El sistema propulsor es el sistema encargado de transformar la potencia mecánica producida por el sistema motor en potencia útil para la propulsión, es decir, crear un empuje T sobre el vehículo. También aquí existen pérdidas y entre ellas hay que tener en cuenta que el propulsante es acelerado y queda corriente abajo del vehículo con una energía cinética que representa una pérdida. Se define el rendimiento propulsor, η_p, como:

$$\eta_p = \frac{\text{Potencia útil a la propulsion}}{\text{Potencia mecánica útil}}.$$

Actualmente los aerorreactores presentan valores de rendimiento propulsor o propulsivo entre 0.5 y 0.7.

El rendimiento neto que define lo bien o mal que el sistema motopropulsor realiza esta transformación de energía recibe el nombre de rendimiento global o motopropulsor, η_{mp}:

$$\eta_{mp} = \frac{\text{Potencia útil a la propulsion}}{\text{Potencia del combustible}},$$

y evidentemente puede expresarse como, $\eta_{mp} = \eta_m \eta_p$. Los valores típicos de rendimiento global para aerorreactores actuales pueden estar comprendidos entre 0.2 y 0.35.

6.3. Empuje

A continuación se desarrolla la forma en la que se genera el empuje mediante el cambio de cantidad de movimiento del propulsante. En la figura 6.3(a) se muestra un tubo cerrado con un propulsante gaseoso en su interior. En el instante inicial, el propulsante tiene una presión interior p_0 y en el exterior se tiene p_∞. Se considera que la presión interior es mayor que la exterior, es decir, $p_0 > p_\infty$. La suma de fuerzas sobre el propulsante en la dirección x es $\sum F_x = 0$, por lo que la reacción que el apoyo del tubo ejerce sobre el propulsante es $T = 0$. Si a continuación se elimina la tapa derecha del tubo, figura 6.3(b), un instante inmediatamente después, dt, el equilibrio de fuerzas expresa que la reacción en el apoyo es, $T = (p_0 - p_\infty) A_i$. Es decir el sistema de apoyo ejerce una fuerza de reacción sobre el fluido para evitar que se desplace el tubo. Evidentemente, por el principio de acción y reacción el fluido ejerce una fuerza sobre el apoyo de sentido contrario. Si el tubo no estuviera fijado al apoyo el fluido ejercería sobre el tubo una fuerza hacia la izquierda que es la fuerza de empuje. A medida que transcurre el tiempo, el fluido interior desarrolla una velocidad u_s, en la sección de salida y la presión interior desciende de p_0 a p_i, figura 6.3(c). Por tanto, el empuje (fuerza de reacción en el apoyo) será, $T_i = (p_i - p_\infty) A_i$.

La principal conclusión es que hay una variación de cantidad de movimiento desde un extremo del propulsante a la sección de salida, que es la que hace que aparezca el empuje. Al cabo de cierto tiempo, el tubo se descarga completamente de propulsante, entonces $p_i \to p_\infty$ y $u_s \to 0$, por lo que $T_i \to 0$. Este ejemplo muestra que la diferencia de presiones en el fluido se transforma en energía cinética de chorro de propulsante. El ejemplo también indica que, conocida la distribución de presiones interna en el sistema de propulsión, se puede calcular el empuje. Para que el cálculo de empuje basado en la distribución de presiones

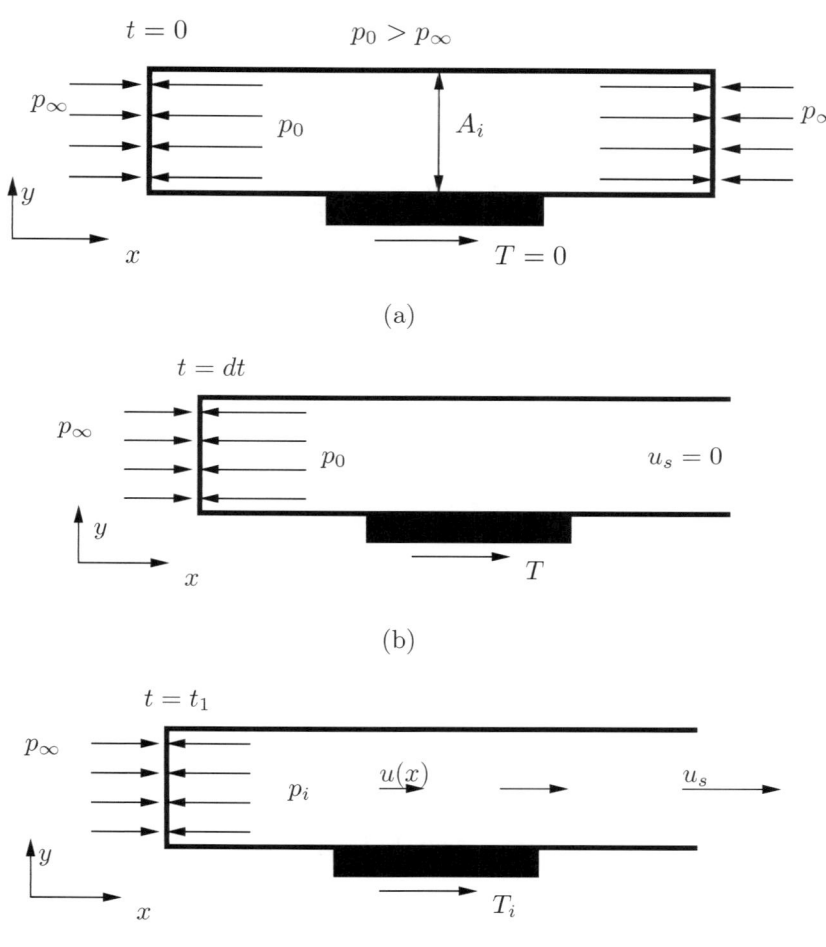

Figura 6.3. Ejemplo para ilustrar la creación de empuje y evolución de la presión interior de un tubo con el tiempo; (a) instante inicial, (b) instante inmediatamente posterior y (c) instante al cabo de un tiempo genérico (adaptada de Hill & Peterson (1991)).

internas sea riguroso es necesario añadir también las fuerzas viscosas. La dificultad de este enfoque se encuentra en que la geometría interna del sistema motopropulsor es muy complicada por lo que la estimación de los esfuerzos viscosos y presiones sobre estas paredes es prácticamente inviable. Sin embargo, se verá más adelante, que empleando la teoría de volúmenes de control se puede obtener una estimación del empuje de forma más sencilla.

Como se ha discutido en el ejemplo anterior, al cabo de un cierto tiempo el tubo se quedará vacío de propulsante y dejará de producir empuje. Existen dos formas para conseguir mantener el empuje de forma continua: mediante un depósito de propulsante o añadiendo un flujo continuo de propulsante que mantenga la presión en el interior. En el caso de tener un depósito de propulsante, el flujo saliente de gas resultante de su combustión es el flujo que produce el empuje, véase figura 6.4(a). Mediante la combustión continua del propulsante se consigue mantener un flujo continuo durante el tiempo que dure el propulsante y se podrá mantener el empuje. Más adelante se demuestra que en esta situación el empuje, T, se puede calcular según:

$$T = G u_s, \tag{6.1}$$

donde, G es el gasto másico de propulsante y u_s la velocidad en la sección de salida. Este caso particular, corresponde al caso de un motor cohete. En el caso de añadir un flujo continuo, figura 6.4(b), la diferencia se encuentra en que al propulsante que entra en el motor se le añade la energía de la combustión de un combustible para acelerarlo, generando un aumento de la velocidad del propulsante a la salida, que produce por acción y reacción, el empuje. Nuevamente, se verá más adelante, que en esta situación la expresión del empuje es:

$$T = G \left(u_s - u_\infty \right). \tag{6.2}$$

Este es el caso particular de los aerorreactores. Se debe destacar que ambas expresiones (6.1) y (6.2) son válidas para flujo estacionario y cuando la sección de salida tiene la misma presión que el exterior. En el capítulo 8 se desarrolla una demostración de estas expresiones basada en un análisis de volúmenes de control que se presenta en el capítulo 7. Resumiendo, esta forma de calcular el empuje es cierta si la presión en la salida es p_∞ y con esfuerzos viscosos despreciables.

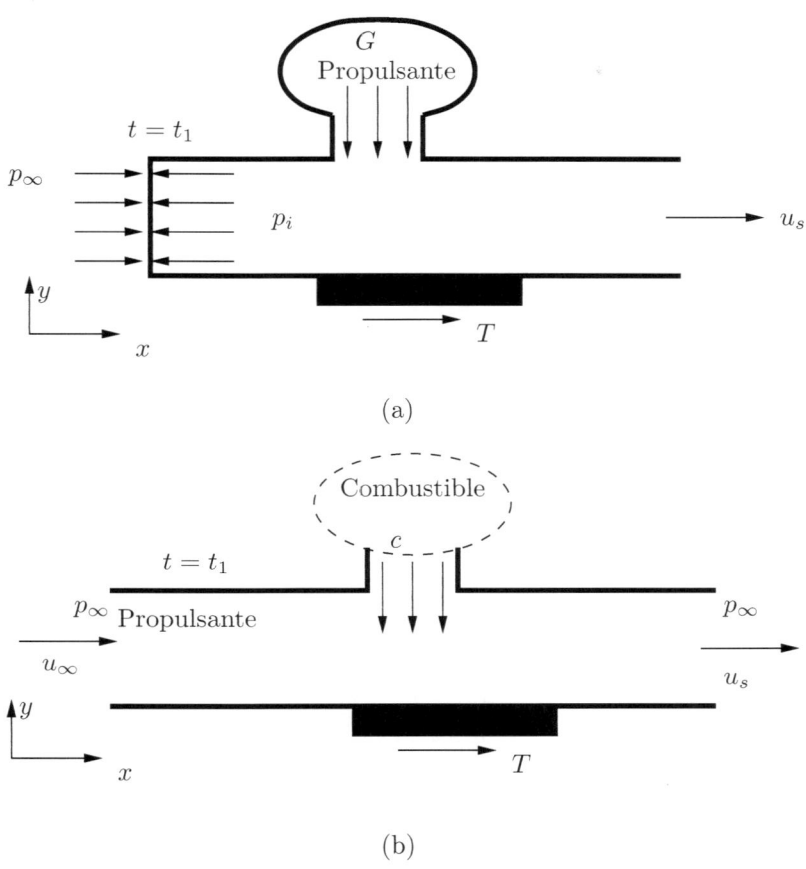

Figura 6.4. Esquema conceptual para entender la creación de empuje en (a) sistemas autónomos y en (b) sistemas no autónomos.

En cualquier caso y en base a las anteriores expresiones, se puede decir que para conseguir un determinado nivel de empuje existen dos formas diferentes, por un lado que la velocidad de salida del propulsante sea elevada y el gasto másico de propulsante moderado y por otro, que el gasto másico de propulsante sea elevado y la velocidad de salida del propulsante moderada.

6.4. Consumo específico por unidad de empuje

Los sistemas de propulsión emplean el aporte energético de un combustible que suele ser liberado mediante una reacción química para poder acelerar el propulsante, y como el combustible es limitado, un parámetro fundamental para evaluar la calidad de la generación del empuje debe tener en cuenta el gasto másico de combustible empleado. A la hora de determinar las actuaciones de una aeronave propulsada a chorro es básico conocer el consumo de combustible necesario para conseguir un determinado empuje y la práctica habitual es proporcionar este consumo referido a la unidad de empuje. Así, se define el consumo específico por unidad de empuje, c_T, como,

$$c_T = \frac{\text{Consumo de combustible}}{\text{Empuje}} = \frac{c}{T},$$

donde, c es el consumo de combustible medido en unidades de gasto, kg/s y T el empuje. Por tanto, el consumo específico por unidad de empuje tiene unidades kg/(N s).

6.5. Impulso específico y velocidad de salida efectiva

El impulso específico representa el cambio de la cantidad de movimiento, impulso, por unidad de peso de propulsante y representa una forma de medir la eficiencia del uso del propulsante. Cuanto mayor sea el impulso específico, menor masa o peso de propulsante se necesita para obtener un determinado valor de incremento de cantidad de movimiento; es decir, un sistema de propulsión es más eficiente en el uso del propulsante cuanto mayor sea su impulso específico. Es importante subrayar que un impulso específico alto no implica que el sistema de propulsión sea eficiente desde el punto de vista energético y también hay que destacar que un impulso específico elevado tampoco implica empuje elevado; en muchos casos sistemas de propulsión con elevado impulso específico presentan muy bajo empuje.

Si t_p es el tiempo que puede funcionar un motor cohete, el impulso específico total, I_{sp} se expresa como:

$$I_{sp} = \frac{\text{Impulso total del empuje}}{\text{Peso de propulsante}} = \frac{\displaystyle\int_0^{t_p} T(t)\, dt}{g_0 \displaystyle\int_0^{t_p} G(t)\, dt}, \qquad (6.3)$$

donde, $T(t)$ es el empuje, g_0 la aceleración de la gravedad al nivel del mar y G el gasto másico de propulsante. En el caso de suponer el empuje constante con el tiempo, el impulso específico se expresa como:

$$I_{sp} = \frac{T\,t_p}{g_0\,m_p},$$

donde, m_p es la masa de propulsante, y si se considera también el gasto másico G constante, entonces, $m_p = G\,t_p$. El impulso específico se mide en segundos y representa el tiempo característico necesario para obtener una variación de cantidad de movimiento dada para un determinado peso de propulsante. Habitualmente se suele asociar el impulso específico con el tiempo que duraría la combustión del propulsante, aunque esta afirmación sólo es cierta cuando el empuje del sistema propulsor es igual al peso del propulsante, $T = g_0\,m_p$, pues entonces, $I_{sp} = t_p$.

Existe otra medida del impulso específico basada en la masa de propulsante en vez del peso. Este impulso específico tiene dimensiones de velocidad y recibe el nombre de velocidad de salida efectiva, representando la velocidad media equivalente a la cual el propulsante es expulsado del vehículo a través de la sección de salida. La velocidad de salida efectiva, u_e, se define como:

$$u_e = \frac{\text{Impulso total del empuje}}{\text{Masa de propulsante}} = \frac{\int_0^t T(t)\,dt}{\int_0^t G(t)\,dt}. \tag{6.4}$$

Considerando constantes tanto el gasto como el empuje, se obtiene:

$$u_e = \frac{T\,t_p}{m_p}.$$

La velocidad de salida efectiva también es equiparable al inverso del consumo específico por unidad de empuje. Ambos parámetros miden las actuaciones de los sistemas de propulsión a chorro, pero mientras que el consumo específico por unidad de empuje se emplea habitualmente para describir las actuaciones de los aerorreactores, la velocidad de salida efectiva se usa en la caracterización de los motores cohete.

Es importante señalar que la velocidad de salida efectiva, u_e de la ecuación (6.4), puede ser muy diferente de la velocidad de salida real del chorro. Por ejemplo, en el caso de un motor cohete, la velocidad de salida efectiva es prácticamente la velocidad de salida real solamente cuando la presión de salida del chorro coincide con la presión atmosférica, y como en un motor cohete se suelen tener importantes cambios de altitud en la mayor parte de su vuelo, existe una diferencia de presión entre la sección de salida y la atmosférica, diferencia de presión que está asociada a los fenómenos de expansión del propulsante en la tobera y al proceso de adaptación de la tobera en la descarga a la atmósfera. Como se presenta en el capítulo 8, la aparición de esta diferencia de presión hace que el empuje se exprese como, $T = Gu_s + (p_s - p_\infty)A_s$, siendo, p_s la presión en la sección de salida y p_∞ la presión atmosférica a la altitud de vuelo correspondiente. Por tanto, el valor de la velocidad de salida efectiva en este caso, se ve reducido por el término de presiones, mientras que la velocidad de salida real apenas cambia.

En el caso de un aerorreactor la velocidad de salida real del chorro suele ser mucho más pequeña que la velocidad de salida efectiva, tal es el caso, por ejemplo, de un turbofan, donde la velocidad de salida efectiva y la velocidad de salida real del chorro son muy diferentes, debido a que el empuje del flujo secundario en un turbofan de alta relación de derivación puede suponer una contribución muy importante al empuje total.

6.6. Incremento de velocidad

Se considera el caso de un cohete en vuelo rectilíneo y con el empuje del vehículo orientado en la misma dirección que la trayectoria. Se asume también que, en una primera aproximación, las fuerzas aerodinámicas y la fuerza gravitatoria son despreciables; las primeras son despreciables frente al empuje cuando el vuelo ocurre en las capas altas de la atmósfera y el espacio exterior; y la fuerza gravitatoria en el espacio exterior, aunque en general no sea despreciable, si que puede considerarse mucho más pequeña que el empuje, y por tanto, despreciable en un primer análisis. Además, se considera que tanto el gasto másico del propulsante como el empuje son constantes, lo que significa que se desprecian las variaciones con el tiempo de estas magnitudes, es decir no se están considerando los tramos de vuelo de ignición y parada de los motores en los que existen importantes variaciones con el tiempo del gasto másico. Bajo estas condiciones, la masa del vehículo en función del tiempo se puede expresar como:

$$m(t) = m_i - Gt, \tag{6.5}$$

donde, m_i es la masa inicial del vehículo y G el gasto másico de propulsante. En general, la masa inicial del vehículo es la suma de la masa del propulsante, $m_p(t)$, y la masa del vehículo vacío, m_f. El gasto másico representa la variación de masa de propulsante con respecto al tiempo, $G = dm_p/dt$ y como G es constante, se puede escribir:

$$G = \frac{dm_p(t)}{dt} = \frac{m_p(t_p)}{t_p},$$

donde, t_p es el tiempo que dura la combustión del propulsante. Diferenciando la expresión (6.5), se obtiene,

$$\frac{dm(t)}{dt} = -\frac{dm_p(t)}{dt}, \tag{6.6}$$

lo que indica que el ritmo al que disminuye la masa del vehículo es igual al gasto másico de propulsante. Aplicando la segunda ley de Newton a un cohete con una masa $m(t)$ instantánea y velocidad $u(t)$, se tiene,

$$T = m(t)\frac{du}{dt}, \tag{6.7}$$

que es la ecuación diferencial que proporciona la variación de velocidad en función del tiempo. Considerando que para el caso de un motor cohete el empuje se puede expresar como,

$$T = u_e G = u_e \frac{dm_p}{dt},$$

la ecuación (6.7) se reescribe, eliminando dt, como,

$$du = u_e \frac{dm_p}{m(t)},$$

o bien, teniendo en cuenta la ecuación (6.6),

$$du = -u_e \frac{dm}{m(t)},$$

e integrando entre dos valores de velocidad,

$$\int_{u_0}^{u_f} du = -\int_{m_i}^{m_f} u_e \frac{dm}{m(t)}.$$

Como la velocidad de salida efectiva, u_e, se puede considerar constante se obtiene finalmente:

$$\Delta u = u_f - u_i = u_e \ln \left(\frac{m_i}{m_f} \right), \tag{6.8}$$

expresión que proporciona el máximo incremento de velocidad, Δu que se puede conseguir con un sistema de propulsión en el vacío y sin acciones gravitatorias, para el caso de velocidad de salida efectiva constante y una relación dada entre la masa inicial del vehículo y la masa de propulsante. En concreto, dado que la masa final del vehículo es $m_f = m_i - m_p$, resulta:

$$\Delta u = u_e \ln \left(\frac{1}{1 - \dfrac{m_p}{m_i}} \right).$$

Normalmente la relación m_p/m_i, para los motores cohete es del orden de 0.7 a 0.8. Una fracción de masa de $m_p/m_i = 0.8$, indica que el 80 % de la masa total del vehículo es empleada para propulsante.

Ejemplo 6.1

Un vehículo espacial está formado por dos etapas, una primera que consiste en un motor cohete con propulsante y una segunda con la carga de pago. Sabiendo que la masa inicial del vehículo completo es de 400 kg, la masa del vehículo después de la separación del motor cohete es de 300 kg, la duración del propulsante del motor cohete es de 5 s y el impulso específico es de 300 s. Determinar (1) el empuje (2) el gasto másico de propulsante y (3) el incremento de velocidad considerando que la velocidad inicial es nula. Considerar para todos los apartados que el empuje y el gasto son constantes con el tiempo.

Solución

(1) La masa de propulsante es la diferencia entre la masa inicial del vehículo completo y la masa del vehículo después de la separación del motor cohete, es decir, $m_p = m_i - m_f = 100$ kg. Dado que el impulso específico se puede expresar como, $I_{sp} = T\,t_p/(g_0 m_p)$, el empuje es:

$$T = I_{sp}g_0\frac{m_p}{t_p} = 58800 \text{ N}.$$

(2) El gasto másico de propulsante es $G = m_p/t_p = 20$ kg/s.

(3) Considerando que la velocidad de salida efectiva es $u_e = I_{sp}g_0 = 2940$ m/s, el incremento de velocidad se obtiene según:

$$\Delta u = u_e \ln\left(\frac{m_i}{m_f}\right) = 846 \text{ m/s}.$$

6.7. Clasificación de los sistemas de propulsión

A lo largo de la historia se han desarrollado multitud de diferentes sistemas de propulsión y algunos de ellos se han establecido como un sistema de propulsión real, mientras que otros no han llegado a alcanzar la madurez tecnológica suficiente que los haga viables. En la tabla 6.1 se muestra una clasificación de los sistemas de propulsión.

Tabla 6.1. Clasificación de sistemas motopropulsores.

Sistema de propulsión		Motopropulsor
Hélice		Hélice y alternativo
		Hélice y turboeje
Chorro no autónomo (Aerorreactor)	Con turbomáquinas	Turborreactor
		Turbofan
	Sin turbomáquinas	Estatorreactor
		Pulsorreactor
Chorro autónomo (Motor cohete)	Químico	Propulsante sólido
		Propulsante líquido
	Eléctrico	Termoeléctrico
		Electrostático
		Electromagnético
	Nuclear	Motor nuclear
	Solar	Motor termosolar
Hélice y chorro no autónomo (Aerorreactor)		Turbohélice
		Propfan

6.7.1. Propulsión a hélice

La propulsión a hélice transforma la energía almacenada en un combustible en energía mecánica que se transmite a una hélice que a su vez la transforma en energía mecánica propulsiva. El sistema propulsor es la propia hélice y el propulsante el fluido exterior, aire.

En la figura 6.5 se muestra un esquema del sistema motopropulsor basado en hélice. Dependiendo del tipo de sistema motor empleado para producir la energía mecánica se distinguen dos posibilidades: hélice y motor alternativo, y hélice y turboeje.

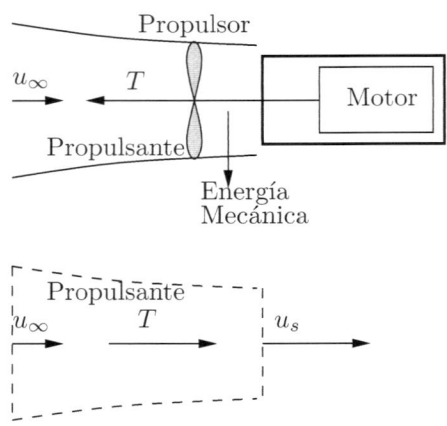

Figura 6.5. Fundamentos de la propulsión a hélice.

En el caso de hélice y motor alternativo el sistema motor es un motor de explosión, de combustión interna o alternativo; históricamente fue el primer sistema motor que se empleó en la propulsión aérea. El principal inconveniente que presenta es la elevada relación entre el peso y la potencia que proporciona, por lo que con la llegada de los motores a reacción su uso ha quedado reservado actualmente para aviación deportiva, aeronaves y helicópteros ligeros, etc.

En la segunda posibilidad, hélice y turboeje, se emplea un turboeje que básicamente es una turbina de gas en la que la potencia mecánica se acopla al sistema propulsor mediante un eje siendo este tipo de configuración una de las mas empleadas habitualmente en helicópteros.

6.7.2. Propulsión a chorro

En la propulsión a chorro se transforma la energía almacenada en el combustible transportado por la aeronave en energía cinética de un chorro de propulsante. A diferencia de la propulsión a hélice, en la que el sistema propulsor está claramente separado del sistema motor, en la propulsión a chorro las funciones del sistema propulsor y del sistema motor son prácticamente inseparables. En función de la forma en la que se accede al propulsante, se distinguen dos tipos de propulsión a chorro: propulsión a chorro no autónoma y autónoma.

En el caso de la propulsión a chorro no autónoma el sistema motor transforma la energía química del combustible en energía cinética de un propulsante que el sistema capta del exterior. El propulsante es el fluido exterior que rodea al sistema propulsor, en general aire, y que el sistema motopropulsor se encarga de capturar y mezclar con el combustible para finalmente acelerar el chorro de propulsante. El término no autónomo hace referencia a que el sistema necesita del fluido exterior para poder funcionar, es decir, que este tipo de propulsor no puede funcionar en el vacío donde no existe propulsante exterior; en la figura 6.6 se muestra el esquema del funcionamiento de este tipo de propulsión.

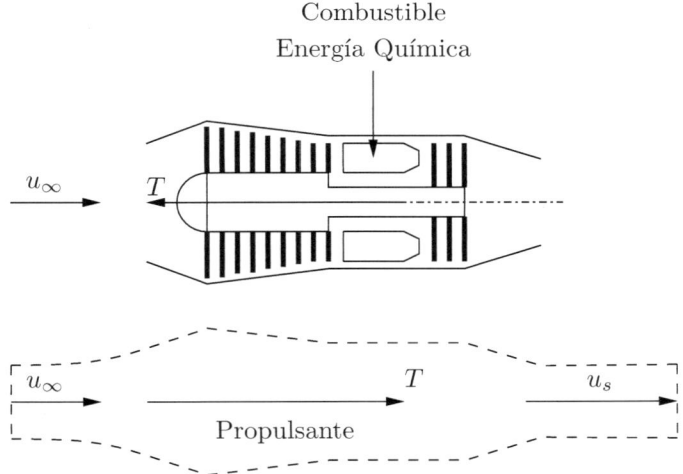

Figura 6.6. Fundamentos de la propulsión a chorro no autónoma.

Entre los diferentes tipos de sistemas de propulsión a chorro no autónomo se distinguen entre los que tienen sistemas mecánicos de compresión y expansión mediante turbomáquinas, y aquellos que carecen de dichos sistemas. En la propulsión a chorro no autónoma con turbomáquinas se incluyen los turborreactores y los turbofanes, mientras que los que carecen de turbomaquinaria son los estatorreactores y los pulsorreactores. Este grupo de sistemas no autónomos recibe el nombre genérico de aerorreactores.

De entre ellos, el turborreactor fue el primer motor de propulsión a chorro empleado para impulsar una aeronave tripulada. En general, los turborreactores son bastantes ineficientes y muy ruidosos para vuelo a números de Mach inferiores a dos pero sus prestaciones mejoran notablemente por encima de este valor; actualmente son empleados fundamentalmente en misiles de medio alcance debido a su simplicidad, eficiencia aceptable a altas velocidades y baja superficie frontal.

Un turbofan es básicamente un turborreactor con un fan o hélice carenada de numerosas palas, para conseguir aumentar la cantidad de propulsante ingerido por el aerorreactor; comparado con un turborreactor es mecánicamente más complejo y dependiendo del tamaño del fan se distinguen dos tipos: de alta y de baja relación de derivación. El turbofan de baja relación de derivación es menos ruidoso y mas eficiente que el turborreactor para números de Mach de vuelo pequeños, $M_\infty < 2$, siendo usado en cazas supersónicos. El turbofan de alta relación de derivación se emplea sobre todo en aviones de transporte de pasajeros pues este sistema es más eficiente a velocidades de vuelo transónicas y mucho menos ruidoso, aunque en cambio, presenta una mayor superficie frontal con el consiguiente aumento de la resistencia aerodinámica.

Ambos sistemas de propulsión, turborreactor y turbofan, pueden disponer de un sistema para crear empuje adicional para determinadas situaciones. En efecto, como no todo el aire que entra en el turbofan es empleado en la combustión y queda una parte importante de aire susceptible de ser empleada para una combustión posterior, se suele incorporar un sistema adicional de combustión denominado postcombustor para producir un empuje adicional, véase capítulo 8.

Un estatorreactor consigue comprimir el aire debido a la elevada velocidad con la que llega la corriente y la forma del conducto de entrada. Para ello se requiere una alta velocidad de vuelo, por lo que estos dispositivos normalmente necesitan de un turborreactor para llevar al estatorreactor a su velocidad de funcionamiento. Su eficiencia es máxima a grandes velocidades, normalmente $M_\infty \sim 3$ aunque pueden funcionar hasta $M_\infty \sim 5$. A menores velocidades las eficiencias son muy bajas debido a la escasa relación de compresión que se produce en el flujo capturado. Al no disponer de sistemas mecánicos de compresión es más ligero, sencillo y fácil de refrigerar comparado con los aerorreactores con sistemas de compresión y por su sencillez se suele emplear en cazas supersónicos y misiles.

Un pulsorreactor es en cierto sentido parecido a un estatorreactor y se suele confundir con éste. La principal diferencia entre ambos es que la combustión en el estatorreactor sucede de forma continua mientras que en el pulsorreactor tanto la compresión del aire como la combustión se realizan de forma intermitente. El pulsorreactor es bastante ruidoso e ineficiente. El pulsorreactor más famoso de la historia fue la bomba volante alemana V-1 empleada en la Segunda Guerra Mundial durante el bombardeo de Londres en 1944. Actualmente este tipo de propulsor se emplea en aviones de aeromodelismo.

En los sistemas de propulsión a chorro autónomo o motores cohete el empuje se obtiene mediante la creación y aceleración de un chorro de propulsante que el sistema lleva almacenado. El motor cohete ha sido el sistema de propulsión que ha permitido el desarrollo de la exploración y explotación del espacio, aunque su principio de funcionamiento se ha usado y se usa en muy diferentes aplicaciones, por ejemplo fuegos artificiales, misiles, vehículos lanzadores, sondas de exploración planetaria, etc. Comparados con otros sistemas de propulsión son poco eficientes a bajas velocidades, pero en cambio presentan una buena relación entre el empuje proporcionado y el peso, por lo que son capaces de obtener incrementos de velocidad muy altos con valores de eficiencia razonables.

Dependiendo del tipo de energía que se emplea para acelerar el propulsante se distinguen tres grandes grupos de propulsión a chorro autónomo o motores cohete: químicos, eléctricos, nucleares y energía solar.

En la propulsión a chorro autónomo por energía química es la combustión de un combustible junto con un oxidante, la que libera la energía química del combustible, siendo el resultado de la combustión una mezcla de gases con una elevada energía térmica que se transforma mediante el uso de una tobera en energía cinética del chorro de propulsante siendo la variación de cantidad de movimiento así conseguida la que permite obtener el empuje.

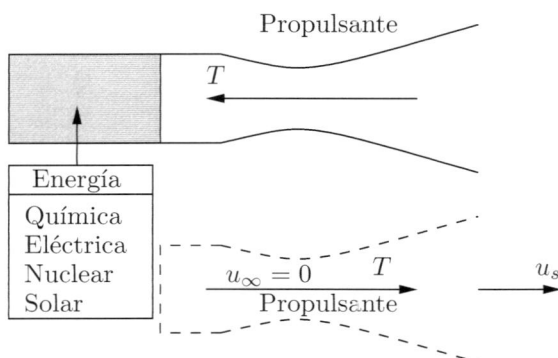

Figura 6.7. Fundamentos de la propulsión a chorro no autónoma.

En función del tipo de propulsante empleado existen dos grandes grupos de motores cohete químicos: combustible sólido y líquido. El motor cohete de combustible sólido emplea un propulsante sólido y se caracteriza por su simplicidad mecánica ya que no dispone de partes mecánicas móviles, aunque tiene el inconveniente de que una vez encendidos son prácticamente imposibles de apagar y presentan menores actuaciones comparados con los de combustible líquido. Las principales ventajas que presentan son la simplicidad y fiabilidad, ya que los motores cohete de combustible sólido pueden permanecer largos períodos almacenados y después ser empleados sin problemas. Estas características hacen que sean empleados en misiles y en los impulsores de los lanzadores y cohetes; en cambio, apenas son utilizados como sistema de propulsión para la exploración espacial.

El motor cohete de combustible líquido se caracteriza por emplear combustible en forma líquida y en general suelen emplear bipropulsantes formados por un combustible y un oxidante ambos en forma líquida. La combustión es muy eficiente y el empuje es fácil de ajustar, para lo que suele ser necesario el uso de turbomaquinaria, partes mecánicas móviles y un complejo sistema de tuberías. Este tipo de motor cohete se emplea fundamentalmente en lanzadores.

La propulsión a chorro autónoma por energía eléctrica se basa en emplear energía eléctrica para acelerar un propulsante; y dependiendo del principio de conversión energética se distinguen tres tipos: termoeléctrico (transformación de energía eléctrica en térmica), electrostático (la energía eléctrica acelera un chorro de electrones) y electromagnético.

En la propulsión termoeléctrica se emplea energía eléctrica para calentar un propulsante (N_2, H_2) y acelerarlo en una tobera. Se suelen emplear resistencias eléctricas (resistojet) o arco eléctrico (motor de arco eléctrico) para calentar el propulsante. La propulsión termoeléctrica produce empujes del orden $10^{-2}N$ a $10\,N$, varios órdenes de magnitud por debajo de los motores cohete de combustible químico y el principal uso que reciben es el de proporcionar fuerzas propulsivas en las maniobras de reorientación espacial de satélites.

El funcionamiento del motor cohete electrostático o motor de iones, se caracteriza por acelerar mediante un campo eléctrico un propulsante (cesio, mercurio, argón o xenon) que es ionizado (chorro de electrones). Los empujes de este sistema de propulsión son del orden $10^{-3}N$ a $10\,N$. También se emplean para maniobras de reorientación espacial de satélites.

Con el motor cohete electromagnético se acelera un fluido cargado eléctricamente mediante un campo electromagnético; encontrándose este tipo de motor cohete todavía en fase de desarrollo.

En la propulsión a chorro autónoma por energía nuclear se calienta un propulsante mediante un reactor nuclear de fisión y posteriormente es acelerado en una tobera; se encuentra también en fase de desarrollo.

La propulsión a chorro autónoma por energía solar emplea la energía solar para transformarla o bien en energía eléctrica o bien en energía térmica para acelerar un propulsante.

6.7.3. Propulsión mixta

Además de los sistemas ya mencionados, también existe la llamada propulsión mixta, que consiste en mezclar los sistemas de propulsión a chorro con los de hélice para intentar conseguir lo mejor de ambas técnicas. Entre los conceptos de sistema propulsor basado en técnicas mixtas se tienen el turbohélice y el propfan.

El turbohélice consiste en un turborreactor en el que parte de la potencia mecánica es comunicada a una hélice y parte empleada en acelerar un propulsante. La principal ventaja que presenta es una alta eficiencia a velocidades subsónicas bajas, aunque también tiene los inconvenientes de que la velocidad máxima que puede alcanzar la aeronave es baja, pues aparecen efectos de compresibilidad en la hélice, véase capítulo 7. Además de que es bastante ruidoso y la transmisión mecánica de potencia suele ser compleja. Este tipo de sistema de propulsión se emplea en aviones de transporte de carga y para distancias medias.

Un propfan es un turbofan con el fan sin carenar y es también conocido como aerorreactores de muy alta relación de derivación. Este diseño pretende ser un sistema de propulsión con las ventajas del turbofan en cuanto a la velocidad de vuelo y actuaciones y del turbohélice en cuanto al consumo de combustible.

6.8. Comparación de los sistemas de propulsión

En este apartado se comparan los parámetros más importantes que definen los diferentes sistemas de propulsión; a pesar de que todavía no se han presentado los fundamentos necesarios para comprender las tendencias que se muestran, la presentación que se hace de ellos pretende ser una descripción fenomenológica de los diferentes sistemas de propulsión. Los fundamentos básicos necesarios para entender estas tendencias se presentan en los capítulos 7 y 8, aunque, para una explicación detallada, se requieren conocimientos más avanzados que escapan del alcance de este libro (para más detalles se deben consultar las referencias: Mattingly (2006), Sutton & Biblarz (2005) y Hill & Peterson (1991)).

En la figura 6.8 se muestra la variación de la relación entre empuje máximo y peso del sistema propulsor, T_{max}/W, en función del número de Mach de vuelo del vehículo. El principal aspecto a destacar es que el motor cohete presenta la relación entre el empuje y el peso más grande con bastante diferencia, y ésta permanece constante con la velocidad de vuelo; en otras palabras, al ser un sistema de propulsión autónomo, el motor cohete produce un empuje independientemente de la velocidad de vuelo. En cambio, en el estatorreactor, que es un sistema de propulsión a chorro no autónomo, el empuje depende de la velocidad de vuelo, y dado que no emplea sistemas de compresión o expansión basados en turbomaquinaria el empuje alcanza un valor máximo a números de Mach elevados, entre tres y cuatro. Turborreactores y turbofanes de baja relación de derivación son muy parecidos y el empuje se mantiene

constante con la velocidad de vuelo a números de Mach supersónicos
bajos, entre uno y uno y medio. El resto de sistemas, turbofan de alta
relación de derivación, turbohélice y hélice con motor alternativo tienen
una tendencia a disminuir el empuje en función de la velocidad de vuelo,
lo que es debido a que todos ellos generan buena parte del empuje
mediante fuerzas aerodinámicas asociadas a una hélice o un fan, y tales
sistemas presentan una disminución de rendimiento cuando aparecen
efectos de compresibilidad en los extremos de la hélice o el fan. El caso
del turbofan de alta relación de derivación es menos crítico ya que gracias
a la carena del fan los efectos de compresibilidad aparecen a velocidades
mayores de forma que las prestaciones se mantienen en un rango mayor
de velocidades de vuelo.

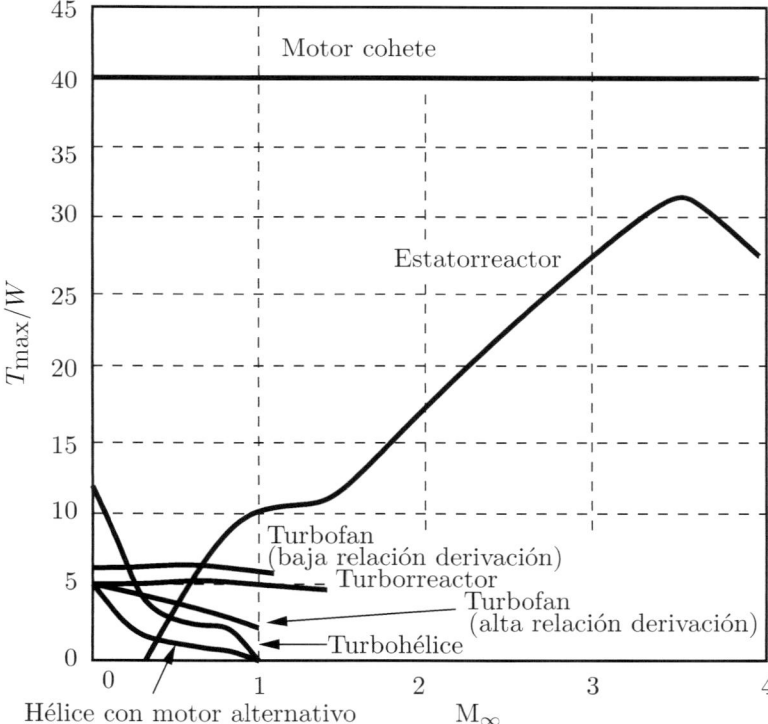

Figura 6.8. Empuje máximo respecto al peso del motor en función
del número de Mach para diferentes sistemas de propulsión (adaptada
de Brandt et al. (2004)).

En la figura 6.9 se muestra el consumo específico por unidad de empuje, c_T, para los diferentes sistemas de propulsión en función del número de Mach. También aquí se observan tres tendencias completamente diferentes: en el motor cohete el consumo específico es independiente de la velocidad de vuelo, en el estatorreactor disminuye el consumo específico con la velocidad de vuelo y en los aerorreactores aumenta el consumo específico al hacerlo la velocidad de vuelo.

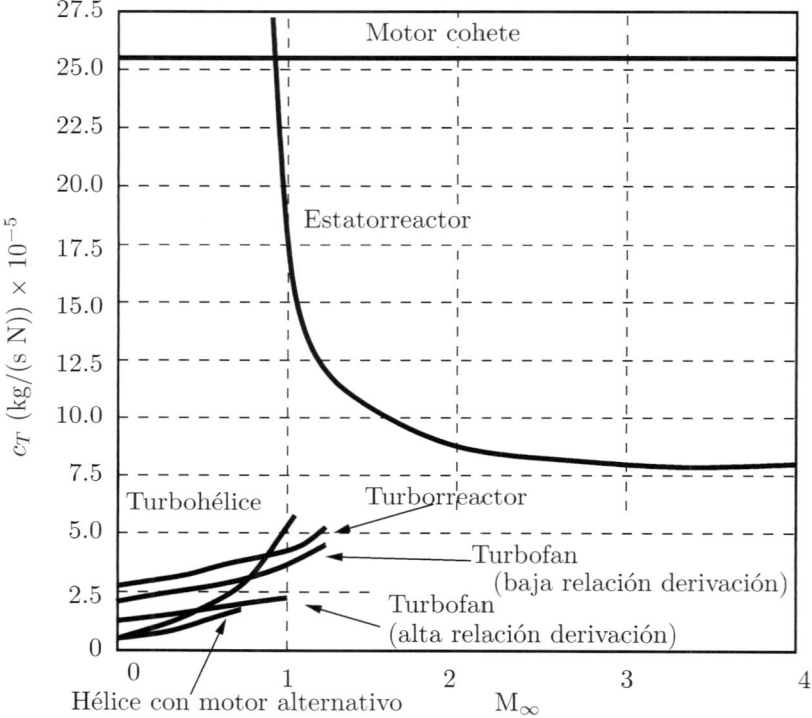

Figura 6.9. Consumo específico por unidad de empuje en función del número de Mach para diferentes sistemas de propulsión (adaptada de Brandt et al. (2004)).

En la tabla 6.2 se muestra una comparación entre tres sistemas de propulsión a chorro: aerorreactor (con turbomáquinas), estatorreactor (sin turbomáquinas) y un motor cohete; además, se muestra el impulso específico medido en segundos, siendo preciso señalar que para el cálculo del impulso específico, ecuación (6.3), de un motor cohete químico el peso del propulsante a emplear es el del combustible y el oxidante, mientras que, para el caso de un aerorreactor no se considera el gasto másico de aire y solamente se contabiliza la masa de combustible. En general, los aerorreactores presentan impulsos específicos mucho más grandes que los de un motor cohete lo que indica que los aerorreactores son mucho más eficientes desde el punto de vista del consumo del propulsante, y esto es así, fundamentalmente, porque el aire ingerido por los aerorreactores proporciona el oxidante para la combustión y la masa de la reacción mientras que en el motor cohete se debe transportar todo el propulsante al ser un sistema autónomo. Desde este punto de vista, el estatorreactor, al ser un sistema no autónomo, es mucho más eficiente en el consumo de propulsante por cada unidad de empuje generada, y presenta un impulso específico más cercano al turborreactor que al motor cohete.

Tabla 6.2. Comparación de parámetros de diferentes sistemas de propulsión (adaptada de Sutton & Biblarz (2005)).

Parámetro	Turborreactor	Estatorreactor	Motor cohete
Relación empuje peso [-]	5	7	75
Consumo específico por unidad de empuje [s/m]	2.8×10^{-5}	8.2×10^{-5}	31×10^{-5}
Velocidad efectiva de salida [m/s]	15680	13720	2646
Impulso específico [s]	1600	1400	270

En la figura 6.10 se muestra el impulso específico en función del número de Mach, indicándose las regiones en las que se sitúan los diferentes sistemas de propulsión: turbofan, turbofan con postcombustor, estatorreactor, estatorreactor supersónico y motor cohete. También aquí se puede apreciar que el motor cohete proporciona un impulso específico independiente del número de Mach de vuelo del vehículo; los dos estatorreactores muestran un nivel medio de impulso específico, del orden de 1000 s, mientras que el turbofan genera los niveles mayores de impulso específico, entre 3000 s y 6000 s. El turbofan con postcombustor muestra un nivel de impulso específico menor, entre 1500 s y 3000 s, pues es evidente que el uso del postcombustor implica un uso menos eficiente del propulsante por el aumento en el gasto de combustible.

En la figura 6.11 se muestra la denominada envolvente operacional de los sistemas de propulsión. En esta gráfica se muestran dos parámetros

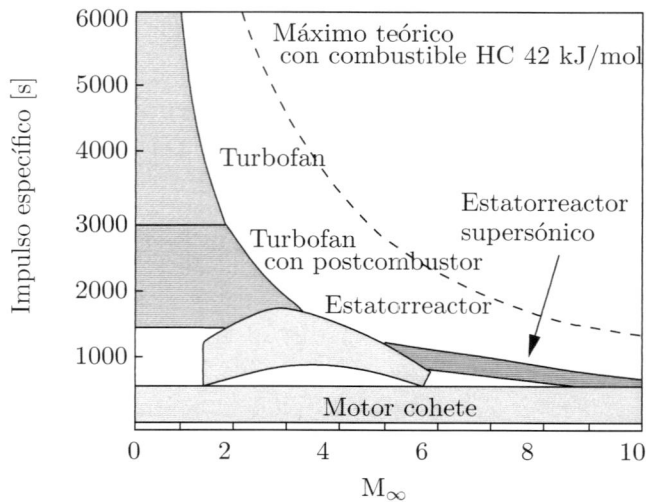

Figura 6.10. Impulso específico para diferentes sistemas de propulsión en función del número de Mach de vuelo.

que definen la condición de vuelo y que son la altitud y el número de Mach y se muestran también las zonas en las que cada sistema de propulsión es el más eficiente para una cierta condición de vuelo. Como se puede observar, para altitudes y números de Mach pequeños el sistema de propulsión más empleado es la hélice con motor alternativo; a medida que se desea volar más rápido y a mayores altitudes los sistemas a emplear son: turbohélice, turbofan, turborreactor sin postcombustor y con postcombustor, estatorreactor y motor cohete, respectivamente.

La razón por la cual un sistema de propulsión es más utilizado que otro en un determinado rango de velocidades y altitudes es que existen dos estrategias para conseguir un determinado nivel de empuje. Para entender este concepto conviene recordar las ecuaciones del empuje para un aerorreactor, expresión (6.2) y para un motor cohete, expresión (6.1); en ambos casos, es evidente que para obtener y mantener una fuerza de empuje es necesario que un cierto gasto másico de propulsante, G, sea acelerado y sea expulsado con una determinada velocidad de salida, u_s, siendo el valor del empuje proporcional al producto de estas dos magnitudes. Cualitativamente, esto implica que se puede obtener un mismo empuje con un pequeño gasto y una gran velocidad de salida, o bien con un gran gasto y una pequeña velocidad de salida. Por otro lado, puede pensarse que la velocidad de salida del propulsante es

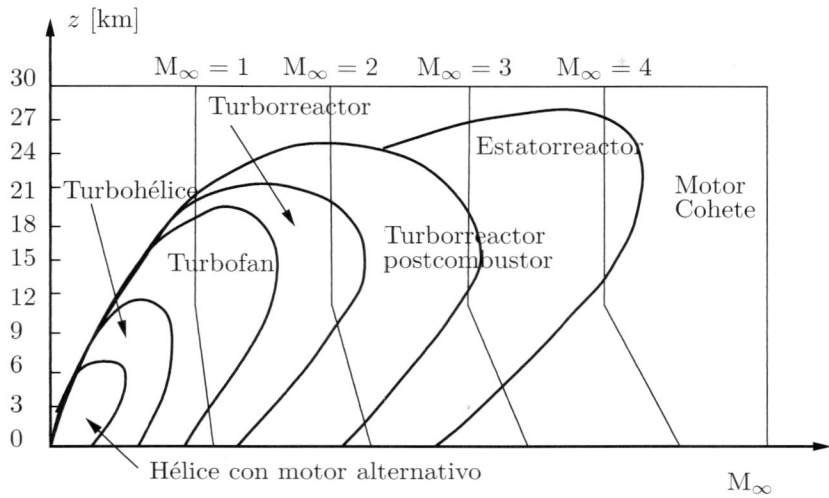

Figura 6.11. Envolvente operacional de los diferentes sistemas propulsivos (adaptada de Brandt et al. (2004)).

una consecuencia no deseada del mecanismo de generación del empuje. Concretamente, se desea generar un empuje para aumentar o mantener la velocidad de avance de un vehículo y no para imprimir una cierta velocidad al propulsante. Toda la energía cinética que tiene el propulsante es energía que no se ha aprovechado para aumentar o mantener la velocidad de vuelo. Es decir que cuanto mayor sea la velocidad de salida del propulsante, menos eficiente es el aprovechamiento de la energía consumida para producir el empuje.

En el capítulo 7 se define el rendimiento propulsivo que proporciona una medida de cuan eficiente es la propulsión. En general puede afirmarse que, para una velocidad de vuelo fija, una velocidad de salida del propulsante pequeña (pero siempre mayor que la velocidad de vuelo) implica que el rendimiento propulsivo es alto, y por el contrario, cuanto mayor sea la velocidad con la que sale el propulsante con respecto a la velocidad de vuelo, la energía cinética residual del propulsante es mayor, por lo que el rendimiento propulsivo es menor. En definitiva, desde el punto de vista del rendimiento propulsivo no interesa que el propulsante corriente abajo del sistema propulsor tenga demasiada velocidad, porque esto implica una energía cinética desperdiciada durante la transformación energética.

En vista de estas consideraciones, queda justificada la posibilidad de dos estrategias para la generación de empuje y a la luz de las ventajas e inconvenientes que presentan cada una de ellas se puede comprender porqué se utiliza una u otra dependiendo de la envolvente de vuelo del vehículo. En la Tabla 6.3 se resumen las características de estas dos estrategias para generar un mismo empuje.

Tabla 6.3. Comparación de estrategias empleadas por los sistemas de propulsión para generar un mismo empuje de forma eficiente.

Parámetro	Gasto grande Velocidad de salida pequeña	Gasto pequeño Velocidad de salida grande
Área frontal	grande	pequeña
Actuaciones	bajas velocidades y alturas	altas velocidades y alturas
Ruido	bajo	alto
Peso	mayor	menor
Complejidad mecánica	mayor	menor
Ejemplos	hélice, turbohélice, propfan y turbofan de alta relación de derivación	turbofan de baja relación de derivación, turborreactor, estatorreactor, motor cohete

La estrategia de elevada velocidad en la salida del chorro y pequeños gastos de propulsante tiene como ventaja que el sistema propulsor presenta una menor área frontal y, por tanto, menor resistencia aerodinámica, mejores actuaciones a altas velocidades y altitudes de vuelo y motores más ligeros. Los inconvenientes que presenta esta estrategia son elevados niveles de ruido, ya que el ruido de un motor es proporcional a la potencia sexta de la velocidad de salida, u_s^6, y que son poco eficientes a bajas velocidades en la conversión de energía térmica en energía cinética para la propulsión. En general, los sistemas de propulsión que siguen esta estrategia son los motores cohete, estatorreactores, turborreactores y turbofanes de baja relación de derivación.

La alternativa de elevado gasto másico de propulsante y baja velocidad de salida del chorro lleva implícito tener mejores actuaciones y eficiencias a bajos números de Mach y bajas altitudes de vuelo, y niveles de ruido bajos. En cuanto a los inconvenientes, dado que el gasto másico es elevado, se necesitan áreas frontales grandes que se traducen en elevada resistencia aerodinámica y motores mucho más complejos desde el punto de vista mecánico (necesitan partes móviles, engranajes, turbinas, compresores y fanes). Esta estrategia es utilizada por los sistemas de propulsión a hélice, turbohélice, propfan y turbofan de alta relación de derivación.

7.1. Introducción

Las primeras aeronaves capaces de volar incorporaron sistemas de propulsión basados en hélices. A pesar de que actualmente la mayoría de las aeronaves disponen de sistemas de propulsión a chorro, la propulsión a hélice sigue siendo empleada en la aviación ligera, deportiva y privada. Además, el interés en la propulsión a hélice se sigue manteniendo gracias al desarrollo de sistemas mixtos de propulsión como el turbohélice.

La propulsión a hélice requiere la creación de una fuerza impulsora en la dirección del movimiento gracias al movimiento giratorio de la hélice; obviamente los principios de funcionamiento de una hélice así como las teorías y modelos matemáticos para determinar las fuerzas aerodinámicas en una hélice sirven de base para comprender los principios de funcionamiento de otras aeronaves como los helicópteros. En el caso de los helicópteros, la hélice, denominada rotor, genera a la vez una fuerza de sustentación y otra de empuje; esta dualidad en la funcionalidad del rotor implica una complejidad en los mecanismos de control de las fuerzas aerodinámicas como se describe en el capítulo 12.

Este capítulo consta de dos partes bien diferenciadas: por un lado la descripción de los principios de funcionamiento de la hélice y por otro los fundamentos del funcionamiento del motor alternativo de cuatro tiempos. La descripción de la hélice como elemento propulsivo comienza con la descripción de la geometría básica de una hélice, sección 7.2, así como del campo de velocidades en su entorno, sección 7.3, y de las fuerzas aerodinámicas que aparecen como consecuencia de este campo, sección 7.4. A continuación, en la sección 7.5, se presenta la teoría de la cantidad de movimiento que es el modelo matemático más sencillo para analizar la aerodinámica de las alas giratorias, tanto para hélices como para rotores de helicópteros. En la sección 7.6 se presentan los resultados experimentales de caracterización de la tracción disponible y potencia necesaria para una hélice, y en función de estos resultados se establecen los diferentes regímenes de funcionamiento de la hélice, sección 7.7, así como los diferentes tipos de hélices que existen según sea el control de paso que se realice sobre ellas, sección 7.8. En la segunda parte, sección 7.9, se describe el motor alternativo (motor de combustión interna), los diferentes componentes que lo forman, sección 7.10, y su ciclo de funcionamiento, sección 7.11; a continuación se enumeran y describen brevemente los sistemas auxiliares de los que dispone un motor alternativo para poder funcionar de forma continua y regular, sección 7.12. Finalmente, en la sección 7.13 se presenta un modelo muy sencillo para estimar la potencia en el eje del motor a partir de la definición de la presión media efectiva, se discuten también las diferentes pérdidas que pueden existir y la forma de contemplarlas incluyendo el efecto de la altura de vuelo sobre la potencia del motor, y para acabar se presenta la forma de estimar la tracción disponible por el sistema motopropulsor formado por hélice y motor alternativo, así como su variación con la velocidad y altura de vuelo.

Para la determinación de las actuaciones de la aeronave es fundamental conocer las actuaciones del sistema hélice y motor alternativo conjuntamente, aunque este análisis escapa del alcance de este libro. Las actuaciones del sistema hélice y motor alternativo así como los procedimientos de operación de la aeronave con propulsión a hélice se describen con detalle en Von Mises (1996), Cuesta Álvarez (1981) y Nájera Sánchez (1996).

7.2. Geometría de la hélice

El sistema de propulsión a hélice consiste en la generación de una fuerza de tracción debida a las fuerzas aerodinámicas que aparecen como consecuencia del giro de la propia hélice, que es un sistema que esta formado por varias palas, análogas a las de las alas, ya que están formadas por perfiles aerodinámicos. En la figura 7.1 se muestran los principales elementos de una pala de hélice: el extremo de la pala más alejado del centro de rotación de la hélice recibe el nombre de punta de pala; las diferentes palas que forman una hélice se unen al eje de rotación

en un elemento denominado buje, cubo o cabeza, y la parte de la pala
que se une al buje, en el centro de rotación, recibe el nombre de encastre
de la pala o raíz de la pala.

Desde un punto de vista aerodinámico, la configuración del flujo
alrededor de los perfiles de las palas es más compleja que alrededor de
un perfil de ala debido a la rotación de la hélice. Para tener en cuenta
los efectos del giro las secciones aerodinámicas de las palas presentan
una variación de la inclinación de la cuerda respecto el plano de rotación
que se denomina torsión geométrica de la pala, θ_g. El ángulo de torsión
geométrica de una pala aumenta según la sección de la pala se encuentre
mas cerca del buje.

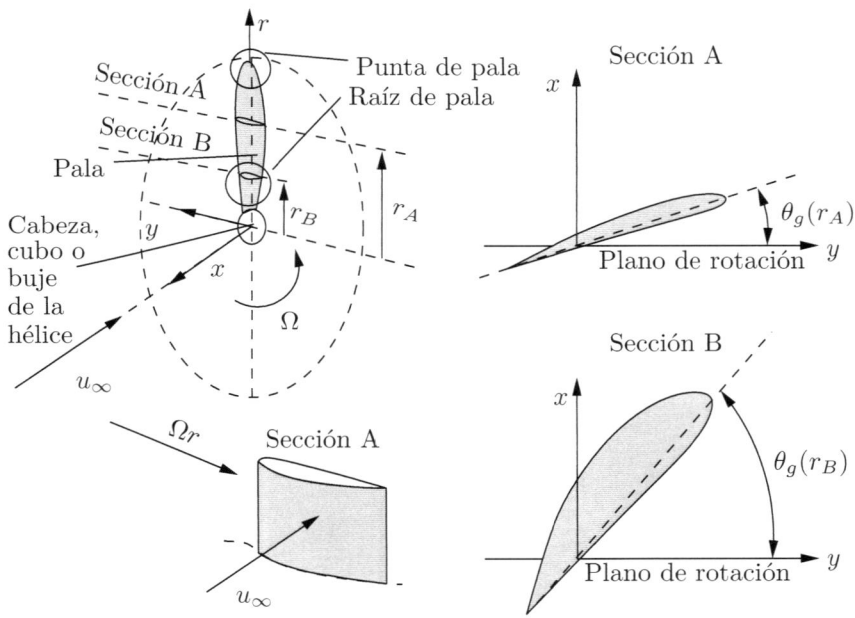

Figura 7.1. Descripción de la geometría de una hélice.

En la figura 7.2 se muestra la forma típica de una pala de hélice
clásica; como se puede observar, el espesor relativo de los perfiles t/c,
disminuye hacia la punta de la pala, siendo los aspectos estructurales
los que justifican esta distribución ya que las cargas son mayores en
el encastre (por lo que el espesor es mayor), mientras que en la zona

exterior las cargas estructurales son menores (y por tanto, el espesor
es más pequeño). La distribución de cuerda es variable a lo largo de
la pala y suele presentar un máximo hacia algo menos de la mitad
de la envergadura de la pala, y el ángulo de torsión geométrica, θ_g
disminuye hacia la punta. Las hélices son fabricadas con una determinada
distribución del ángulo de torsión, con la intención de que todas
las secciones de la pala funcionen en el mismo punto de operación
aerodinámico, y así, forma parte del diseño de la pala determinar la
distribución apropiada de ángulos de torsión para que la pala funcione
de forma óptima para una condición de operación dada.

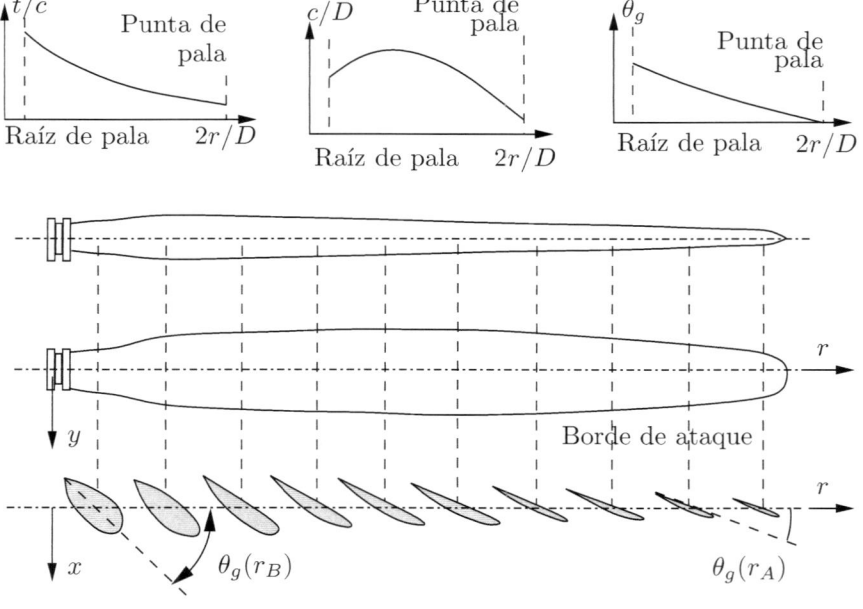

Figura 7.2. Descripción de la forma de una pala de una hélice en función
de la posición radial (adaptada de (Von Mises, 1996)).

7.3. Campo de velocidades en un perfil de hélice

En el caso de una hélice, la velocidad en cada perfil de la
pala, elemento de pala, está formada por la componente de velocidad,
relacionada con el movimiento de avance de la aeronave u_∞ y otra

componente debida al movimiento de rotación de la propia hélice. La velocidad debida a la rotación sobre cada perfil depende de la posición radial de éste a lo largo de la envergadura de la pala, de modo que esta componente es $\Omega r = 2\pi n r$, donde Ω es la velocidad angular expresada en rad/s, y n se expresa en Hz, aunque tradicionalmente se emplea en vueltas por segundo. Obviamente, la componente de velocidad en el plano de rotación es mayor en la punta de la pala que en la zona del encastre debido a que proviene del movimiento de rotación como sólido rígido alrededor del eje de la hélice. En la figura 7.3 se muestra el campo de velocidades teniendo en cuenta ambas componentes de la velocidad (corriente incidente no perturbada por la presencia de la hélice y velocidad debida al giro). Es importante destacar, sin embargo, que este campo de velocidades muy cerca de la hélice no es el que realmente incide sobre cada elemento de pala ya que, como consecuencia del movimiento de rotación de la hélice, ésta comunica una energía al fluido y lo acelera tanto en la dirección de vuelo como en la de rotación de la hélice. Por tanto, la velocidad axial que incide sobre un perfil de la pala, en la dirección de vuelo, es mayor que la velocidad corriente arriba u_∞, mientras que la velocidad en el plano de rotación también es mayor que la que corresponde a la velocidad de giro, Ωr. Fundamentalmente, la hélice acelera la corriente axial y deja una estela girando corriente abajo como consecuencia de su movimiento de rotación.

Considerando solamente las componentes de velocidad sin perturbar por la presencia de la hélice, y debido a la variación radial de velocidad en el plano de rotación, el ángulo que forma la corriente sin perturbar con el plano de rotación evidentemente cambia de una sección a otra. La corriente sin perturbar incide respecto al plano de rotación con un ángulo denominado ángulo efectivo de paso o también ángulo efectivo de entrada de la corriente, ϕ_e. En la figura 7.3 se muestra el ángulo de entrada de corriente efectivo ϕ_e en dos secciones A y B. Este ángulo es:

$$\tan \phi_e = \frac{u_\infty}{\Omega r}.$$

Como se ha mencionado anteriormente las palas de las hélices son fabricadas con un ángulo de paso geométrico θ_g, variable a lo largo de su envergadura, por tanto, el ángulo de ataque de la corriente sin perturbar

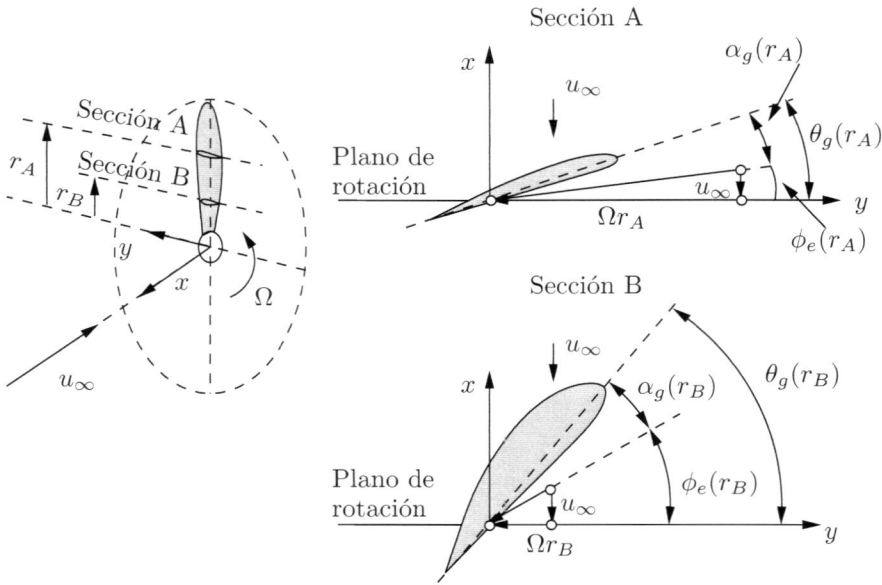

Figura 7.3. Campo de velocidades no perturbado sobre los perfiles de una pala de hélice.

en cada sección viene determinado por la relación:

$$\alpha_g = \theta_g - \phi_e, \tag{7.1}$$

donde, α_g es el ángulo de ataque geométrico; nuevamente en la figura 7.3 se muestra también el ángulo de ataque geométrico, α_g, en las dos secciones A y B. En el diseño de la hélice se pretende que, a pesar de que el ángulo de entrada efectivo de la corriente aumenta hacia la raíz, el ángulo de ataque geométrico se debe mantener aproximadamente constante a lo largo de la pala, por lo que la torsión geométrica de la pala, θ_g, aumenta hacia la raíz. En otras palabras, las palas de hélice presentan torsión geométrica porque se intenta que todas las secciones de la pala funcionen al mismo ángulo de ataque geométrico.

Una limitación que presentan las hélices es que la velocidad de la punta de pala puede alcanzar fácilmente el régimen transónico, y entonces aparece una importante componente de resistencia de onda en las secciones de la punta, lo que hace que el rendimiento propulsivo descienda haciendo las hélices ineficientes a altas velocidades de vuelo. Por ejemplo, una aeronave que vuela a 600 km/h, con una hélice de diámetro 5.33 m y que gira a 730 rpm, tiene una velocidad incidente sin

perturbar en la punta de pala de 263 m/s, que equivale a un número
de Mach de 0.8 a 3000 m de altitud. En estas condiciones los perfiles
de la pala de la zona de la punta se encuentran funcionando en régimen
transónico.

En la figura 7.4 se muestran dos sistemas de propulsión a hélice.
En la figura 7.4(a) se muestra una hélice característica de la Segunda
Guerra Mundial. La configuración de la hélice consiste en tres o cuatro
palas de forma más o menos recta que se estrecha hacia la punta y con una
torsión geométrica apreciable, diseño que permitía alcanzar velocidades
en torno a los 600 km/h. En cambio, en la figura 7.4(b) se muestra
el diseño de una hélice actual, que se caracteriza por emplear perfiles
delgados (para régimen transónico), mayor número de palas (mejor
comportamiento aerodinámico y mejor reparto estructural) y formas
curvadas hacia atrás (mejoran la respuesta en régimen transónico ya
que equivale a proporcionar flecha aerodinámica a la pala y mejoran
igualmente las respuestas aeroelástica y aeroacústica).

(a)   (b)

Figura 7.4. Evolución histórica de la forma de la hélice (a) años 40
Messerschmitt Me-109 (b) época actual A400-M.

Ejemplo 7.1

Una hélice de 3 m de diámetro tiene una torsión geométrica en la punta
de la pala de 7° y se traslada con una velocidad de avance, $u_\infty = 120$
km/h. Determinar la velocidad angular en rpm, a la que debe girar la

hélice para que el ángulo de ataque geométrico en la punta sea de 2°.

Solución

El ángulo de entrada de la corriente efectiva en la punta de la pala se expresa como $\tan \phi_e = u_\infty/(\Omega R)$, por lo que empleando la ecuación que relaciona el ángulo de ataque geométrico, el ángulo de entrada de la corriente efectivo y la torsión geométrica, ecuación (7.1), $\phi_e = \theta_g - \alpha_g$, se tiene que $\tan(\theta_g - \alpha_g) = u_\infty/(\Omega R)$. Despejando la velocidad angular se obtiene:

$$\Omega = \frac{2u_\infty}{D} \frac{1}{\tan(\theta_g - \alpha_g)} = 254.6 \,\mathrm{rad/s} = 2438 \,\mathrm{rpm}.$$

7.4. Fuerzas en un perfil de hélice

En la figura 7.5 se muestra la configuración del campo de velocidades no perturbardo en un elemento de pala y el campo de velocidades real y las fuerzas que aparecen sobre dicha sección. El campo de velocidades real sobre el perfil está compuesto de una velocidad, u, en la dirección perpendicular al plano de rotación de la hélice y una velocidad, v, en el plano de rotación. Es importante tener en cuenta que son las velocidades relativas, vistas desde un observador solidario al perfil las que definen la configuración de fuerzas que aparecen sobre dicho perfil. La componente de velocidad u, representa básicamente la velocidad de la corriente libre sin perturbar, u_∞, y una velocidad inducida por la perturbación que produce la hélice sobre la corriente fluida; en el caso normal de funcionamiento, dado que la hélice acelera el fluido, la velocidad u es mayor que u_∞. La componente de velocidad en el plano de rotación v, es prácticamente la velocidad de rotación Ωr y una componente de velocidad adicional debida al efecto inducido de rotación de la hélice sobre la corriente fluida. Las componentes adicionales a u_∞ y Ωr reciben el nombre de velocidades inducidas y su determinación es el objeto de estudio de la aerodinámica de alas giratorias. Las velocidades u y v definen el ángulo de entrada de corriente, ϕ y teniendo en cuenta que la cuerda del perfil forma un ángulo de paso θ, el ángulo de ataque del elemento de pala es, $\alpha = \theta - \phi$; conocidas las curvas características del perfil se pueden determinar los coeficientes de sustentación y resistencia, c_l y c_d, y al igual que se presentó en el capítulo 4, estos coeficientes se transforman en la sustentación por unidad de longitud, l, perpendicular a la velocidad incidente, y la resistencia aerodinámica por unidad de longitud, d, en la misma dirección que la velocidad incidente. La composición de estas dos fuerzas proporciona la resultante aerodinámica f_a.

En el caso de un ala fija la sustentación se obtiene para equilibrar el peso de la aeronave mientras que la resistencia es la fuerza que el sistema propulsor debe contrarrestar para mantener la inercia de la aeronave. Para el caso de la hélice, las proyecciones de la resultante aerodinámica que son de más utilidad son las proyectadas en las direcciones del avance de la aeronave y en el plano de rotación de la hélice. Por tanto, la resultante aerodinámica f_a, se proyecta en estos ejes en dos componentes: la tracción t en la dirección del movimiento y la fuerza de arrastre o tangencial h en el plano de rotación. La tracción t es la fuerza por unidad de longitud que impulsa la aeronave y es el efecto perseguido por el sistema de propulsión. En cambio la fuerza tangencial h es también una fuerza por unidad de longitud que se opone al movimiento rotatorio de las palas y tiende a frenar el giro de la hélice.

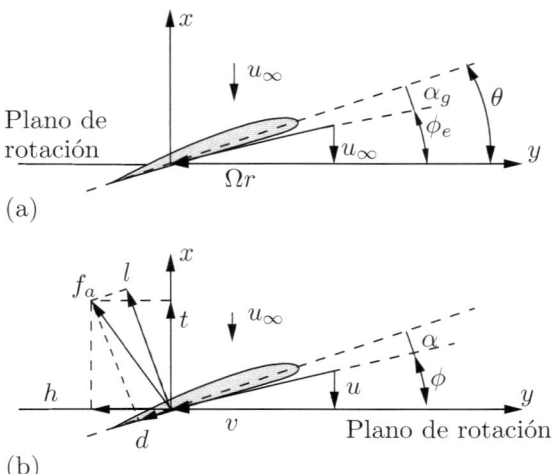

Figura 7.5. Aerodinámica de un elemento de pala de hélice. (a) Velocidades sin perturbar por la presencia de la hélice y (b) velocidades y fuerzas que aparecen sobre un perfil.

La tracción, t, que genera cada elemento de pala, en general es una función que depende de la posición a lo largo de la envergadura de la pala, $t(r)$ y se expresa como una fuerza por unidad de longitud, con dimensiones de N/m. Conocida la distribución $t(r)$, la tracción total que produce la pala de radio, R, es:

$$T = \int_0^R t(r)\mathrm{d}r. \tag{7.2}$$

Por otro lado, asociado a la fuerza de arrastre existe una distribución de momento que frena el giro de la hélice, cuya distribución se expresa como $h(r)\, r\, \mathrm{d}r$. Este momento o par aerodinámico de arrastre, consume una potencia que es proporcional a la velocidad angular de la hélice $\Omega\, r\, h(r)\, \mathrm{d}r$, de modo que, la potencia total necesaria para producir el giro de la pala es:

$$P = \int_0^R \Omega\, r\, h(r)\, \mathrm{d}r.$$

Discusión

Representar las velocidades y fuerzas que aparecen sobre un perfil característico de un aerogenerador. Comparar las velocidades y fuerzas de un perfil característico de un aerogenerador con las de una hélice, figura 7.5.

7.5. Teoría de cantidad de movimiento

La teoría de cantidad de movimiento es el modelo matemático más sencillo con el que se puede abordar el análisis de una hélice. Para poder aplicar esta teoría al caso de una hélice, primero es necesario establecer los principios de la mecánica aplicados sobre un volumen de control por el que circula un fluido. Los fundamentos y un análisis más riguroso de estos principios se puede encontrar en White (2006).

7.5.1. Principio de conservación aplicado a un volumen de control

De los diferentes métodos que existen para analizar el flujo de un fluido el análisis de volúmenes de control es el que con un menor esfuerzo matemático proporciona respuestas de forma más inmediata. Los resultados que se obtienen con este método son primeras aproximaciones a la solución detallada. Por tanto, el método de los volúmenes de control es un análisis global del flujo de un fluido, en el sentido que proporciona soluciones en grandes escalas de espacio, sin una descripción detallada y localizada del flujo. En la figura 7.6 se muestra un volumen de control en el que hay un flujo estacionario de fluido. El sistema está formado por un zona en la que el fluido entra, otra zona por la que sale y una zona impermeable al flujo.

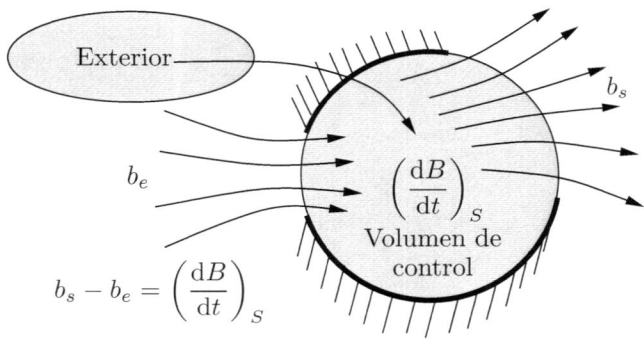

Figura 7.6. Principios fundamentales de la mecánica aplicados a un volumen de control.

Las ecuaciones de la mecánica se aplican o refieren a un volumen definido e identificable de masa. En el caso del volumen de control la masa de fluido está entrando y saliendo de forma continua a través de las superficies de entrada y salida del flujo. Por tanto, en un volumen de control se tiene un proceso continuo de volúmenes de masa identificable, volúmenes fluidos, entrando y saliendo. Sea una magnitud cualquiera del fluido, que se denomina arbitrariamente B, la variación con respecto del tiempo de esta magnitud B para un sistema fijo e identificable de fluido, S, se denota como $(\mathrm{d}B/\mathrm{d}t)_S$. Se define el flujo que entra de la magnitud B, como la cantidad de B que entra al volumen de control por unidad de tiempo y se denota como b_e. Análogamente, se define el flujo que sale de la magnitud B, como la cantidad de B que sale del volumen de control por unidad de tiempo y se escribe como b_s. En el caso de un flujo estacionario aplicado a un volumen de control, los principios de la mecánica se pueden formular como un balance entre la variación de la cantidad B con respecto al tiempo para un sistema fijo de fluido y los flujos entrantes y salientes de B. El principio fundamental se enuncia de la siguiente forma: para un sistema fijo de fluido, la cantidad de B que sale del volumen de control por unidad de tiempo, b_s, menos la cantidad de B que entra en el volumen de control por unidad de tiempo, b_e, debe ser igual a la variación de B con respecto al tiempo, es decir:

$$b_s - b_e = \left(\frac{\mathrm{d}B}{\mathrm{d}t}\right)_S.$$

Los principios de la mecánica se pueden formular a partir de esta ecuación general. A continuación se expresan los tres principios de la mecánica: conservación de la masa, ecuación de la cantidad de movimiento y ecuación de la energía mecánica.

En el caso del principio de conservación de la masa, la magnitud B es la masa, $B = m$. Este principio se puede enunciar como: el flujo de masa que entra menos el que sale debe ser igual a cero, es decir la masa por unidad de tiempo se conserva. Considerando que el flujo de masa, como se presenta en el capítulo 3, se expresa como $b = \rho\,u\,A = G$; el principio de conservación de masa se escribe como:

$$G_s - G_e = 0. \tag{7.3}$$

En este caso, se está suponiendo que el exterior ni añade ni quita masa por unidad de tiempo del volumen de control y que no hay ni generación ni destrucción de masa, es decir $(\mathrm{d}B/\mathrm{d}t)_S = 0$.

En el caso de la ecuación de la cantidad de movimiento, la magnitud B es la cantidad de movimiento $\boldsymbol{B} = m\boldsymbol{u}$ y la ecuación de la cantidad de movimiento se puede enunciar como: el flujo de la cantidad de movimiento que sale, menos el que entra es igual a la variación de la cantidad de movimiento con respecto al tiempo de un sistema fijo de fluido, $(\mathrm{d}(m\boldsymbol{u})/\mathrm{d}t)_S$. La segunda ley de Newton expresa que la suma de fuerzas exteriores, $\sum \boldsymbol{F}_{ext}$, sobre un sistema fijo de fluido es igual a la variación de la cantidad de movimiento con respecto al tiempo de dicho sistema, es decir,

$$\left(\frac{\mathrm{d}}{\mathrm{d}t}\,(m\boldsymbol{u})\right)_S = \sum \boldsymbol{F}_{ext}.$$

Teniendo en cuenta que el flujo de la cantidad de movimiento en el caso de un flujo uniforme y unidireccional se define como $G\,u$, donde G, es el gasto másico y u la velocidad, éste principio se escribe como:

$$G_s u_s - G_e u_e = \sum F_{ext}, \tag{7.4}$$

y expresa que la diferencia entre los flujos de cantidad de movimiento que salen y los que entran es igual a las fuerzas exteriores que actúan sobre el volumen de control.

La magnitud B, en el caso de la ecuación de la energía mecánica, es la energía cinética, $B = mu^2/2$ y esta ecuación se enuncia como: el flujo energía cinética que sale, menos el que entra es igual a la variación de la energía cinética con respecto del tiempo de un sistema fijo de fluido, $(\mathrm{d}\,(mu^2/2)\,/\mathrm{d}t)_S$. La ecuación de la energía mecánica para un sistema fijo de partículas expresa que la suma del trabajo por unidad de tiempo (potencia) que el exterior realiza sobre sistema fijo de fluido $\sum P_{ext}$, es igual a la variación de la energía cinética con respecto al tiempo de dicho sistema, matemáticamente:

$$\left(\frac{\mathrm{d}}{\mathrm{d}t} \left(\frac{1}{2} mu^2 \right) \right)_S = \sum P_{ext}.$$

Por tanto, la ecuación de la energía mecánica para un volumen de control se escribe como:

$$\frac{1}{2} G_s u_s^2 - \frac{1}{2} G_e u_e^2 = \sum P_{ext}, \tag{7.5}$$

donde el flujo de energía cinética se define como $G\,u^2/2$.

En resumen, se ha aplicado el principio de conservación a tres leyes fundamentales de la mecánica y se han obtenido tres ecuaciones que relacionan entre sí las variables del flujo. En la tabla 7.1 se muestran estas ecuaciones para un volumen de control con múltiples entradas y salidas de flujo.

7.5.2. Aplicación a la propulsión a hélice

En esta sección se aplica la teoría de cantidad de movimiento a la propulsión a hélice. Las hipótesis sobre el movimiento alrededor de la hélice para aplicar la teoría de cantidad de movimiento son las siguientes: se considera flujo estacionario, es decir independiente del tiempo; por

Tabla 7.1. Principios fundamentales de la mecánica.

Principio	B	b	$\left(\dfrac{\mathrm{d}B}{\mathrm{d}t}\right)_S$	Ecuación
Conservación de masa	m	G	0	$\sum_s G_s - \sum_e G_e = 0$
Segunda ley de Newton	$m\,u$	$G\,u$	$\sum F_{ext}$	$\sum_s G_s u_s - \sum_e G_e u_e = \sum F_{ext}$
Conservación de energía	$\dfrac{1}{2}mu^2$	$\dfrac{1}{2}G\,u^2$	$\sum P_{ext}$	$\sum_s \dfrac{1}{2}G_s u_s^2 - \sum_e \dfrac{1}{2}G_e u_e^2 = \sum P_{ext}$

tanto esta teoría no puede ser empleada para resolver situaciones transitorias como por ejemplo aceleraciones, arranque y paradas de funcionamiento de la hélice; se supone que el flujo es incompresible ya que las velocidades del fluido son pequeñas y no aparecen efectos de compresibilidad (el desarrollo es valido como se presenta en el capítulo 3 para velocidades de flujo hasta números de Mach en torno a 0.3); se desprecian los esfuerzos viscosos (no se incorporan los efectos de la resistencia de los perfiles de las palas) y las fuerzas gravitatorias (son despreciables comparadas con las fuerzas dominantes que actúan sobre el flujo).

Para abordar el problema se define un volumen de control cuya directriz tiene la dirección del movimiento; en las secciones transversales a la dirección del movimiento se asume que el flujo es uniforme, es decir, que en cada sección transversal las propiedades del flujo, velocidad, presión, densidad, etc., son constantes y no cambian por tanto de un punto a otro de la sección.

En la figura 7.7 se muestra una hélice y el volumen de control sobre el que se aplican las ecuaciones de un sistema abierto; el volumen de control tiene una sección transversal circular. La sección corriente arriba, sección (∞), corresponde al flujo sin perturbar que posteriormente es capturado por la hélice; en el plano de la hélice se consideran dos secciones: la sección (1^-) inmediatamente antes de la hélice y la sección justamente posterior al plano de la hélice, sección (1^+); finalmente corriente abajo, cuando el flujo recupera la presión del flujo sin perturbar, se encuentra la sección (2). En la figura 7.7 también se muestra la evolución de la velocidad y la presión del flujo a lo largo del eje longitudinal del volumen de control. Como se representa en la figura 7.7, la velocidad de flujo aumenta según se aproxima a la hélice y sigue acelerándose corriente abajo debido a la potencia que la hélice comunica al flujo. Dado que el fluido se acelera, la presión disminuye hasta el plano inmediatamente anterior a la hélice, p^- donde se produce un aumento local de presión al paso de la corriente a través del disco de la hélice; de modo que en la sección inmediatamente posterior a la hélice la presión es mayor, p^+. Finalmente, dado que en la estela la velocidad sigue aumentando, la presión disminuye nuevamente hasta alcanzar la presión de la corriente no perturbada, p_∞.

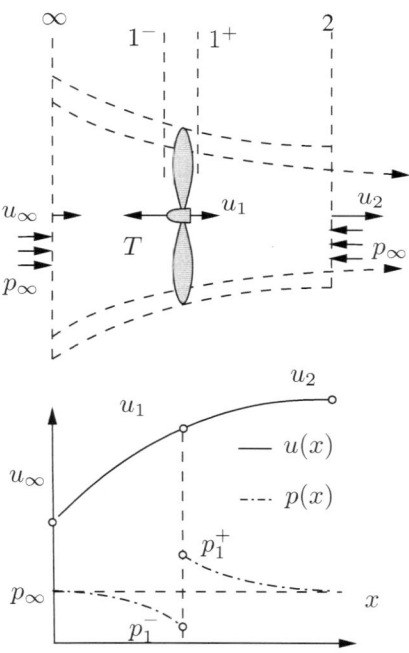

Figura 7.7. Volumen de control para el análisis de una hélice aplicando la teoría de cantidad de movimiento.

Dado que el volumen de control considerado es un volumen fluido (no hay intercambio de propiedades fluidas a través de las paredes laterales), la ecuación de conservación de masa representa la conservación del gasto másico de una sección transversal a otra del volumen de control. Por tanto, considerando las secciones corriente arriba y corriente abajo de la hélice, se tiene que, $G_\infty - G_2 = 0$, y teniendo en cuenta que la densidad es constante se puede escribir:

$$u_\infty A_\infty = u_2 A_2 = u_1 A_1.$$

Las fuerzas que el exterior ejerce sobre el volumen de control son la tracción T y las fuerzas de presión que actúan perpendicularmente a cada una de las superficies del volumen de control, cuya resultante sobre todo el volumen de control es nula. Para una demostración detallada se debe consultar la referencia Bramwell et al. (2001). Por tanto, la única fuerza que el exterior ejerce sobre el volumen de control es la tracción de la hélice, y estableciendo la ecuación de la cantidad de movimiento axial, ecuación (7.4), se tiene que $G_2 u_2 - G_\infty u_\infty = T$, y dado que $G_2 = G_\infty = G$ resulta finalmente,

$$G\left(u_2 - u_\infty\right) = T. \tag{7.6}$$

La última ecuación a considerar es la conservación de energía mecánica; como la potencia que el exterior ejerce sobre el volumen de control es la potencia que la hélice comunica al fluido, teniendo en cuenta que la potencia se puede expresar como el producto de la fuerza por la velocidad, se puede escribir que la potencia que la hélice comunica al fluido es $P = T u_1$, y por tanto la ecuación (7.5) se reescribe como,

$$\frac{1}{2} G_2 u_2^2 - \frac{1}{2} G_\infty u_\infty^2 = T u_1,$$

o bien,

$$\frac{1}{2} G \left(u_2^2 - u_\infty^2\right) = T u_1. \tag{7.7}$$

Sustituyendo en esta ecuación el resultado de la ecuación (7.6), se tiene, $T\left(u_2 + u_\infty\right) = 2 T u_1$, y despejando la velocidad en el plano de la hélice se obtiene finalmente:

$$u_1 = \frac{u_2 + u_\infty}{2}. \tag{7.8}$$

Es decir que la velocidad en el plano de la hélice es el valor medio de la velocidad no perturbada y corriente abajo, lejos de la hélice. Por otra parte, el flujo definido en el volumen de control es un flujo incompresible formado por lineas de corriente sobre las cuales se puede aplicar la ecuación de Bernoulli. Ahora bien, como hay una aportación de energía por unidad de tiempo en el plano de la hélice, y esta ecuación sólo se puede aplicar entre las líneas de corriente situadas entre $(\infty \, , \, 1^-)$ y $(1^+ \, , \, 2)$. Se elige una línea de corriente cualquiera del volumen de control y al aplicar la ecuación de Bernoulli entre $(\infty \, , \, 1^-)$ se obtiene la expresión:

$$p_\infty + \frac{1}{2}\rho u_\infty^2 = p_1^- + \frac{1}{2}\rho u_1^2,$$

y entre $(1^+ \, , \, 2)$,

$$p_1^+ + \frac{1}{2}\rho u_1^2 = p_\infty + \frac{1}{2}\rho u_2^2;$$

sumando ambas ecuaciones se obtiene,

$$p_1^+ - p_1^- = \frac{1}{2}\rho \left(u_2^2 - u_\infty^2 \right).$$

Como la tracción que proporciona la hélice se puede escribir en la forma,

$$T = A_1 \left(p_1^+ - p_1^- \right) = \frac{1}{2}\rho A_1 \left(u_2^2 - u_\infty^2 \right),$$

igualando esta expresión con la ecuación (7.6), y considerando $G = \rho u_1 A_1$, finalmente se tiene,

$$\rho u_1 A_1 \left(u_2 - u_\infty \right) = \frac{1}{2}\rho A_1 \left(u_2^2 - u_\infty^2 \right),$$

o bien, simplificando:

$$u_1 = \frac{1}{2} \left(u_2 + u_\infty \right).$$

Este resultado es idéntido al obtenido en la ecuación (7.8), lo que indica que la ecuación de Bernoulli no aporta información adicional; es importante recordar que la ecuación de Bernoulli es una ecuación que representa el balance de energía mecánica y, en este caso, al emplear la ecuación de la cantidad de movimiento y la de conservación de energía mecánica, la ecuación de Bernoulli es una combinación lineal de ambas. Finalmente, empleando la expresión (7.8) en la ecuación de conservación

de masa, de cantidad de movimiento y de energía mecánica se obtiene el
sistema de ecuaciones:

$$G = \rho u_1 A_1, \tag{7.9}$$

$$T = 2G\left(u_1 - u_\infty\right), \tag{7.10}$$

$$P = Tu_1. \tag{7.11}$$

En resumen, mediante la aplicación del principio de conservación
se ha desarrollado la teoría de cantidad de movimiento aplicada a
las hélices, que queda resumida en tres ecuaciones fundamentales
(ecuaciones 7.9, 7.10, 7.11) que relacionan las variables que intervienen
en el proceso de producción de tracción en la hélice. Nótese que aunque
se dispone de tres ecuaciones en ellas hay siete parámetros relacionados
$(G, \rho, u_\infty, u_1, A_1, T$ y $P)$, y por tanto, para poder resolver este sistema
es necesario conocer a priori cuatro de ellos. Para acabar de entender
la utilidad de esta teoría, en los ejemplos 7.2 y 7.3 se presentan dos
problemas de aplicación.

7.5.3. Rendimiento propulsivo

El rendimiento propulsivo, como se define en el capítulo 6, es
el cociente entre la potencia útil para la propulsión y la potencia
suministrada a la hélice. Teniendo en cuenta que la potencia útil para la
propulsión es Tu_∞, el rendimiento propulsivo se expresa como:

$$\eta_p = \frac{T\,u_\infty}{P}. \tag{7.12}$$

Dado que la potencia suministrada por la hélice es $P = Tu_1$ y que
la velocidad en el plano de la hélice, u_1, se relaciona con la velocidad
corriente abajo, en la estela, u_2, y la velocidad de la corriente sin
perturbar, u_∞, mediante la expresión (7.8), el rendimiento propulsivo
se puede escribir como:

$$\eta_p = \frac{2Tu_\infty}{T\left(u_2 + u_\infty\right)} = \frac{2}{1 + \dfrac{u_2}{u_\infty}}. \tag{7.13}$$

En la figura 7.8 se muestra el rendimiento propulsivo en función
de la relación u_2/u_∞. En esta figura se observa que la ecuación (7.13)

sólo es válida cuando $u_2/u_\infty > 1$ (es decir cuando $u_2 > u_\infty$), ya que si $u_2 < u_\infty$, resulta que el rendimiento propulsivo es mayor que la unidad, resultado que no tiene sentido físico. En el límite teórico en que $u_\infty = u_2$, se verifica que, $\eta_p = 1$, sin embargo, en esta situación la tracción que produce la hélice es nulo, $T = 0$, ecuación (7.6), y la potencia que transmite al fluido también es nula, $P = 0$, ecuación (7.7). Otro aspecto a destacar es que cuando la velocidad u_2, es mucho mayor que u_∞, la tracción de la hélice es grande pero el rendimiento propulsivo disminuye rápidamente; esta última observación está relacionada con algunos conceptos presentados en el capítulo anterior; en concreto, en la sección 6.3 se ha presentado que existen dos formas de conseguir un determinado empuje: con una velocidad de salida del propulsante elevada y un gasto másico de propulsante moderado o con un elevado gasto másico y velocidad de salida moderada. Ahora, teniendo en cuenta la expresión del rendimiento propulsivo, ecuación (7.13), se muestra que la forma de generar una determinada tracción a partir de un gasto másico elevado y una velocidad de salida mayor pero lo más cercana posible a la velocidad de entrada, u_∞, hace que el rendimiento propulsivo sea lo más grande posible.

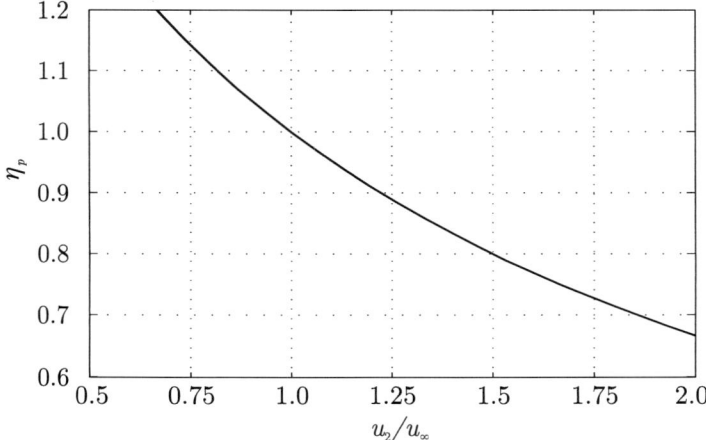

Figura 7.8. Rendimiento propulsivo en función de la relación de velocidades u_2/u_∞.

Ejemplo 7.2

Un avión de caza de la Segunda Guerra Mundial tiene un sistema propulsor basado en una hélice de diámetro 2.5 m. La tracción que produce la hélice es 9000 N. La aeronave vuela a una velocidad de $M_\infty =0.39$ y una altitud de 4877 m. En estas condiciones se pide calcular: (1) gasto másico que atraviesa la hélice, (2) potencia que se necesita y (3) rendimiento propulsivo.

Solución

(1) Para determinar el gasto másico es necesario obtener la velocidad en el plano de la hélice. Introduciendo la ecuación (7.9) en (7.10) se obtiene:

$$T = 2\rho u_1 A_1 \left(u_1 - u_\infty\right),$$

$$\frac{T}{2\rho A_1} = u_1^2 - u_\infty u_1,$$

que es una ecuación de segundo grado con la velocidad en el plano de la hélice como incógnita,

$$u_1^2 - u_\infty u_1 - \frac{T}{2\rho A_1} = 0,$$

donde, $\rho = 0.745$ kg/m^3, $u_\infty = 125.1$ m/s y $A_1 = 4.9$ m^2. De las dos soluciones solamente una tiene sentido físico, y es aquella que cumpla $u_1 > u_\infty$. Esta solución es $u_1 = 134.33$ m/s. Por tanto, el gasto másico G es:

$$G = 491.4 \text{ kg/m}^3.$$

(2) La potencia es simplemente $P = Tu_1$ y por tanto,

$$P = 1798.2 \text{ kW}.$$

(3) El rendimiento propulsivo depende de la velocidad corriente abajo que se obtiene de la ecuación (7.8) y por tanto,

$$u_2 = 2u_1 - u_\infty = 143.5 \text{ m/s}.$$

Finalmente, el rendimiento propulsivo, ecuación (7.13) es:

$$\eta_p = 0.93.$$

Ejemplo 7.3

Un avión de caza de la Segunda Guerra Mundial tiene un sistema propulsor basado en una hélice de diámetro 2.5 m. El sistema motor proporciona a la hélice una potencia de 1178 kW. La aeronave vuela a una velocidad de $M_\infty = 0.39$ y una altitud de 4877 m. En estas condiciones se pide calcular: (1) gasto másico que atraviesa la hélice, (2) tracción que produce la hélice y (3) rendimiento propulsivo.

Solución

(1) Para obtener el gasto másico que atraviesa la hélice es necesario obtener la velocidad del flujo en el plano de la hélice. Introduciendo la ecuación (7.9) en la expresión (7.10) se obtiene:

$$T = 2\rho u_1 A_1 \left(u_1 - u_\infty\right).$$

De la ecuación (7.11) $T = P/u_1$ e igualando con la ecuación anterior se obtiene:

$$P = 2\rho u_1^2 A_1 \left(u_1 - u_\infty\right),$$

$$\frac{P}{2\rho A_1} = u_1^3 - u_\infty u_1,$$

que es una ecuación de tercer grado en la velocidad en el plano de la hélice,

$$u_1^3 - u_\infty u_1^2 - \frac{P}{2\rho A_1} = 0.$$

Las soluciones de esta ecuación son dos raíces complejas y la solución real $u_1 = 134.12$ m/s. Por tanto, el gasto másico es:

$$G = \rho_\infty u_1 A_1 = 490.6 \text{ kg/m}^3.$$

(2) La tracción es simplemente, $T = P/u_1$, resultando, por tanto:

$$T = 8782.7 \text{ N}.$$

(3) Para obtener el rendimiento propulsivo es necesario primero obtener la velocidad corriente abajo u_2, según:

$$u_2 = 2u_1 - u_\infty = 143.1 \text{ m/s}.$$

Por tanto, el rendimiento propulsivo es, $\eta_p = 0.93$.

7.6. Curvas características de una hélice

La teoría de cantidad de movimiento proporciona un modelo demasiado simplificado de la hélice, y los resultados que obtiene deben ser considerados como una primera estimación. Otra aproximación más detallada para analizar el comportamiento aerodinámico de la hélice es la teoría del elemento de pala, que combinada con la teoría de cantidad de movimiento proporciona un modelo todavía matemáticamente sencillo pero bastante más realista. En Houghton & Carpenter (1993) y Von Mises (1996) se pueden encontrar los detalles particulares de estas herramientas básicas para el análisis de hélices. A pesar de que existen modelos muy sofisticados capaces de proporcionar resultados con mayor nivel de detalle para poder tener estimaciones fiables del comportamiento de la hélice es necesario recurrir a la experimentación, siendo este el carácter de los resultados relativos al comportamiento de las hélices que se presentan en esta sección.

Las curvas características de una hélice son aquellas que proporcionan la tracción que produce la hélice y la potencia que necesita en función de los parámetros que definen su comportamiento. Según se ha visto, al emplear la teoría de cantidad de movimiento, dada una hélice, la tracción que proporciona y la potencia que consume son funciones que dependen de la densidad del fluido donde se mueve ρ_∞, de la velocidad a la que se traslada u_∞ y de su diámetro D. Por otro lado, el campo de velocidades que incide sobre un perfil de la pala de una hélice, depende fuertemente del valor de la velocidad de rotación, n, y como el campo de velocidades determina completamente las fuerzas que aparecen sobre la pala, es patente que tanto la tracción como la potencia consumida por la hélice deben depender también de este parámetro.

Es de esperar que igualmente las actuaciones de la hélice dependan de la orientación respecto de la corriente de los diferentes perfiles, orientación que consta básicamente de dos contribuciones: el paso geométrico o torsión con la que se construye la pala, $\theta_g(r)$ y el paso de la pala, θ_0 que determina el ángulo de paso de cada elemento de pala, $\theta(r)$, según, $\theta(r) = \theta_g(r) + \theta_0$. El paso de la hélice se suele definir generalmente como el ángulo que forma la cuerda de la sección en la punta respecto el plano de rotación[1], aunque hay autores que suelen escoger la sección en

---

[1]Se suele considerar que el paso geométrico en la punta de la pala es nulo,

el 70 % o 75 % de la envergadura de la pala como sección de referencia. El valor del paso puede ser fijo y entonces se dice que es el ángulo de calado de la hélice, o variable cuando se tiene la posibilidad de cambiarlo en vuelo mediante la rotación de las palas de la hélice alrededor de su eje longitudinal.

Si además de todo lo anterior se considera un flujo real, los efectos viscosos en la capa límite de los perfiles de la pala influyen también en la tracción y la potencia, de modo que estas magnitudes también dependen de la viscosidad del fluido μ_∞. Finalmente, tomando en consideración que la velocidad incidente relativa de cada perfil es una composición de las velocidades de translación y rotación, para velocidades de vuelo moderadas la velocidad en la punta de la pala puede alcanzar fácilmente condiciones sónicas, por lo que aparecen efectos de compresibilidad; que básicamente implican un aumento de la resistencia de onda de los perfiles de la punta de la pala, así pues, las curvas de la hélice también dependen de la velocidad de propagación del sonido a_∞. En definitiva, fijada la forma de la hélice, pala, perfiles y torsión geométrica, θ_g, se puede establecer que:

$$T = f_1(\rho_\infty,\, u_\infty,\, D,\, n,\, \theta_0,\, \mu_\infty,\, a_\infty),$$
$$P = f_2(\rho_\infty,\, u_\infty,\, D,\, n,\, \theta_0,\, \mu_\infty,\, a_\infty),$$

y aplicando el análisis dimensional, al igual que se hizo en el capítulo 4, se obtiene la siguiente dependencia funcional de variables adimensionales,

$$c_T = \Phi_1\left(J,\, \theta_0,\, \mathrm{Re},\, \mathrm{M}_t\right),$$
$$c_P = \Phi_2\left(J,\, \theta_0,\, \mathrm{Re},\, \mathrm{M}_t\right),$$

donde, c_T es el coeficiente de tracción y c_P el coeficiente de potencia definidos como:

$$c_T = \frac{T}{\rho\,(nD)^2\,D^2}, \tag{7.14}$$

$$c_P = \frac{P}{\rho\,(nD)^3\,D^2}, \tag{7.15}$$

$\theta_g(D/2) = 0$, por lo que, $\theta(D/2) = \theta_0$

donde, las variables adimensionales son, J quees el parámetro de avance de la hélice, definido como:

$$J = \frac{u_\infty}{nD}, \tag{7.16}$$

donde, $\mathrm{Re} = \rho_\infty nD^2/\mu_\infty$ es un número de Reynolds y $\mathrm{M}_t = nD/a_\infty = \Omega R/(\pi a_\infty)$, un número de Mach asociado a la velocidad en la punta de la pala. Considerando las ecuaciones (7.14) y (7.15), el rendimiento propulsivo, ecuación (7.12), se puede expresar como:

$$\eta_p = \frac{c_T\left(J,\,\theta_0,\,\mathrm{Re},\,\mathrm{M}_t\right)J}{c_P\left(J,\,\theta_0,\,\mathrm{Re},\,\mathrm{M}_t\right)},$$

de donde se deduce que también depende de las mismas variables:

$$\eta_p = \Phi_3\left(J,\,\theta_0,\,\mathrm{Re},\,\mathrm{M}_t\right).$$

En general mientras la velocidad de la aeronave sea moderada y el paso geométrico también (de forma que se evite la entrada en pérdida de los perfiles de la pala), la influencia del número de Reynolds es pequeña y en primera aproximación despreciable. Además, si se supone que la velocidad de la aeronave es lo bastante pequeña se pueden despreciar también los efectos de compresibilidad, por lo que está justificado considerar que el número de Mach no influye. Bajo estas condiciones las curvas características de una hélice dependen del parámetro de avance J y del paso de la pala, θ_0.

En la figura 7.9 se muestra la variación de c_T, c_P y η_p con el parámetro J para un valor de paso fijo. Se puede observar que, para un paso fijo, a medida que el parámetro de avance J aumenta, los coeficientes de tracción y potencia disminuyen, y esto es así porque al aumentar el parámetro de avance, el ángulo efectivo de entrada de la corriente en la punta de la pala aumenta, ya que $\phi_e = \arctan\left(J/\pi\right)$, lo que implica que el ángulo de ataque geométrico disminuye y esto conduce, en general, a fuerzas aerodinámicas más pequeñas. El coeficiente de tracción se anula para un valor del parámetro de avance que se denota J_1; en este punto $c_P > 0$, ya que a pesar de que la hélice no produzca tracción los esfuerzos viscosos absorben par y por tanto potencia. El coeficiente de potencia también se anula, denotándose como J_2 al valor del parámetro de avance J en el que se anula c_P , (cumpliéndose en general que $J_1 < J_2$). Normalmente la curva de tracción se suele aproximar por una recta, $c_T = c_{T0}\left(1 - J/J_1\right)$ y la curva de potencia por una parábola $c_P = c_{P0}\left(1 - (J/J_2)^2\right)$.

En la figura 7.9 también se muestra el rendimiento propulsivo que presenta un máximo. Esto es así porque en el entorno de parámetros de avance muy pequeños para una velocidad de rotación constante, la velocidad de vuelo es tan pequeña que la potencia propulsiva, Tu_∞, tiende a cero; en cambio, para valores del parámetro de avance elevados, es el ángulo de ataque geométrico el que se hace muy pequeño y las fuerzas aerodinámicas tienden a producir tracción nula e incluso negativas por lo que el rendimiento propulsivo se anula y se hace negativo para estos valores de tracción.

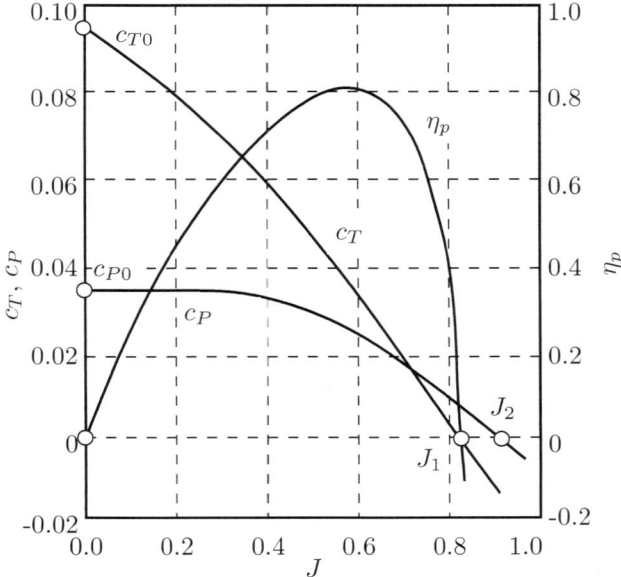

Figura 7.9. Curvas características de una hélice (adaptada de Von Mises (1996)).

En la figura 7.10 se muestra la influencia del paso en las curvas características que definen el comportamiento de la hélice. En general, manteniendo constante el parámetro de avance al aumentar el paso geométrico, sin hacer que entren en pérdida la mayor parte de las secciones de la pala, la tracción de la hélice, figura 7.10(a) y la potencia,

figura 7.10(b), aumentan. En cambio cuando el paso aumenta la curva
del rendimiento propulsivo se desplaza hacia la derecha.

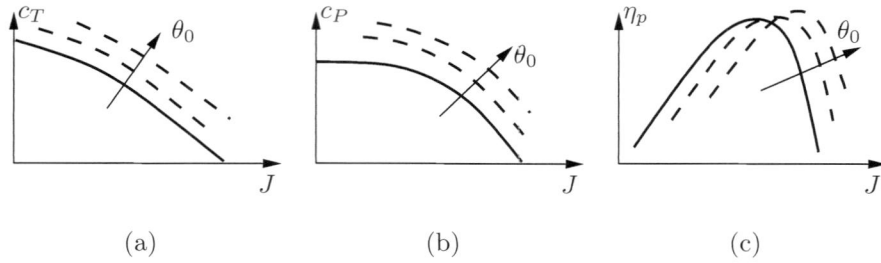

Figura 7.10. Efecto de la variación del paso, θ_0, sobre las curvas
características de una hélice. Influencia sobre (a) coeficiente de tracción,
(b) coeficiente de potencia y (c) rendimiento propulsivo.

7.7. Regímenes de funcionamiento de la hélice

En función del valor del parámetro de avance J, el funcionamiento
de la hélice cambia sustancialmente. En la figura 7.11 se muestran
los regímenes de funcionamiento de la hélice a partir de las curvas
de variación con J del coeficiente de tracción y del coeficiente de
potencia, donde se distinguen tres regímenes diferentes: propulsor, freno y
molinete, y en la figura 7.12 se muestra para cada uno de estos regímenes,
las fuerzas aerodinámicas que aparecen en una sección representativa de
la hélice.

El régimen propulsor ($0 < J < J_1$, $c_T > 0$ y $c_P > 0$), es el
normal de funcionamiento de la hélice. Al comunicar potencia a la hélice
($c_P > 0$) ésta produce una fuerza de tracción que propulsa la aeronave
($c_T > 0$). En la figura 7.12(a) se indica que, en razón del ángulo de
la velocidad incidente, la fuerza resultante aerodinámica, f_a, da lugar a
una componente en la dirección de avance de la aeronave, la tracción t, y
otra en el plano de rotación, la fuerza de arrastre, h, que produce un par
que debe ser contrarrestado por la potencia que proporciona el sistema
motor.

El régimen de freno ($J_1 < J < J_2$, $c_T < 0$ y $c_P > 0$), se caracteriza
porque al comunicar potencia a la hélice ($c_P > 0$) se produce una fuerza

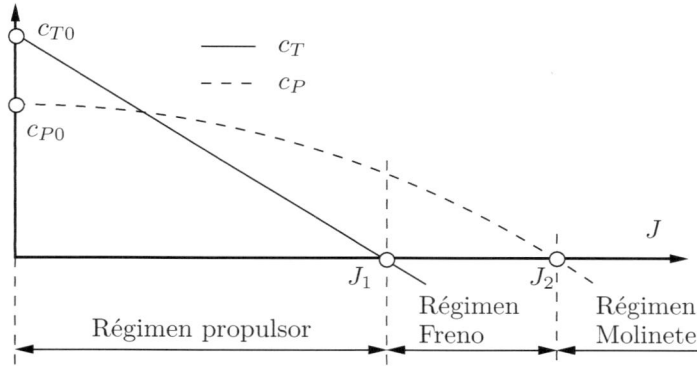

Figura 7.11. Regímenes de funcionamiento de una hélice.

de tracción que tiende a frenar la aeronave ($c_T < 0$), empleándose este tipo de régimen cuando se desea frenar la aeronave, es utilizado, en general, en el aterrizaje. En la figura 7.12(b) se muestra la situación en el régimen de freno; para ello el parámetro J ha aumentado tanto que ahora el ángulo de entrada de la corriente, ϕ, es tal que la tracción T, aparece en la dirección opuesta a la del régimen propulsor, aunque no es así en el plano de rotación donde sigue apareciendo una fuerza de arrastre, h, cuyo par tiene que ser contrarrestado por la potencia que comunica el sistema motor.

El régimen de molinete ($J > J_2$, $c_T < 0$ y $c_P < 0$), se caracteriza porque es ahora la hélice la que produce potencia ($c_P < 0$), apareciendo también una fuerza de tracción que tiende a frenar la aeronave ($c_T < 0$). En la figura 7.12(c) se muestran las velocidades y fuerzas en un perfil de la hélice funcionando en el régimen de molinete frenante; en esta situación el parámetro de avance J ha aumentado tanto que la resultante aerodinámica produce una tracción T en dirección contraria al avance de la aeronave y una fuerza de arrastre, h, tal que produce un par que genera potencia y permite, por tanto, mantener el giro de las palas. Es decir, el fluido en su paso alrededor de la hélice está frenando a la aeronave y está comunicando potencia a la hélice.

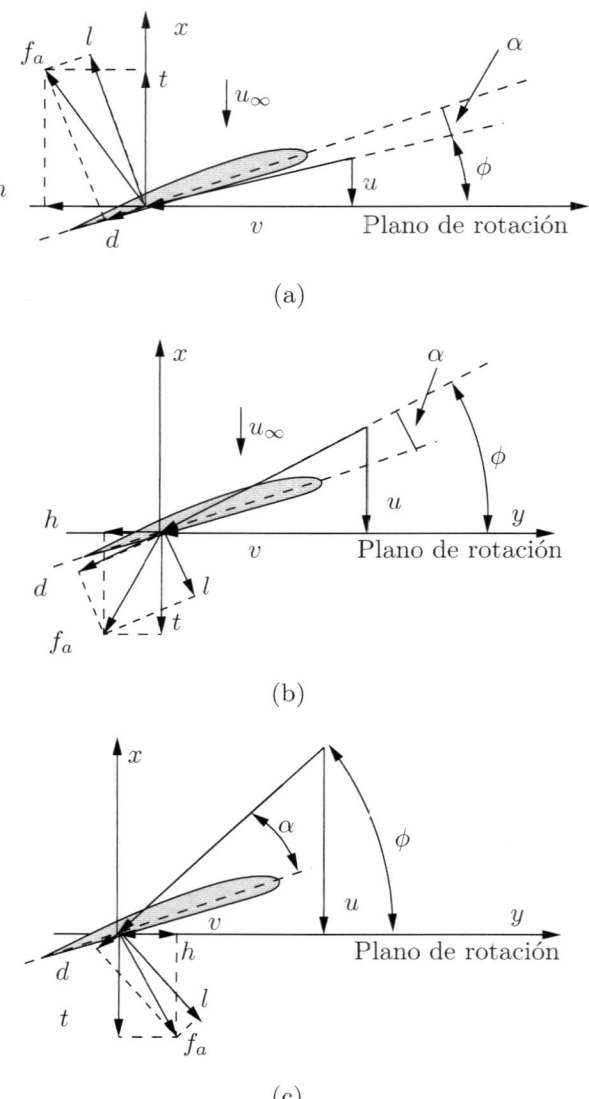

(a)

(b)

(c)

Figura 7.12. Esquema de fuerzas en los regímenes de funcionamiento de
una hélice (a) propulsor (b) freno (c) molinete frenante.

7.8. Control de paso de hélices

La curva de variación del rendimiento propulsivo de una hélice con el parámetro de avance presenta un máximo, lo que implica que desde el punto de vista operacional, y teniendo en cuenta que en condiciones normales la velocidad de rotación de la hélice permanece prácticamente constante, solamente para una velocidad de vuelo determinada la hélice funciona en el punto de rendimiento máximo. Por ello, los sistemas de propulsión a hélice pueden y suelen disponer de un sistema para modificar el ángulo de paso de las palas, θ_0, de forma que se pueda mejorar el rendimiento propulsivo en un rango mayor de velocidades. Dependiendo del tipo sistema de control del paso de las palas de la hélice éstas pueden ser de paso fijo, de dos pasos y de paso variable.

En la hélice de paso fijo, el paso es constante en todas las condiciones de vuelo, de modo que la orientación de cada pala es fija y no se permite su giro alrededor de su eje longitudinal. De esta forma, sólo para una condición de vuelo la hélice funciona en el máximo del rendimiento propulsivo, que se alcanza en J^*, véase figura 7.13(a), siendo éste valor del parámetro de funcionamiento el que determina la velocidad de vuelo a la que conviene volar la mayor parte del tiempo, y que normalmente es la velocidad de crucero.

En la hélice de dos pasos se incorpora la posibilidad de fijar dos pasos de funcionamiento; uno para bajas velocidades, $\theta_{0,1}$ y otro para altas, $\theta_{0,2}$, véase figura 7.13(b); considerando la variación del rendimiento propulsivo con el ángulo de paso θ_0, figura 7.10(c), es evidente que $\theta_{0,1}$ ha de ser menor que $\theta_{0,2}$. Durante el despegue y el ascenso de la aeronave se emplea el ángulo de paso $\theta_{0,1}$ ya que al ser la velocidad de vuelo pequeña la mayor parte de las secciones de las palas están a ángulos de ataque moderados y globalmente se produce tracción elevada con un par moderado. En el momento en el que se alcanzan altas velocidades las secciones de las palas comienzan a entrar en pérdida ya que con el ángulo de paso pequeño $\theta_{0,1}$ enseguida aparecen ángulos de ataque elevados por lo que la tracción y el rendimiento propulsivo decrecen. Por tanto, en régimen de crucero, cuando la velocidad es mucho mayor que en el despegue, se cambia el paso de la hélice a un valor mayor $\theta_{0,2}$, para que, como ha aumentado la velocidad de vuelo, el ángulo de ataque de las secciones de la pala sea tal que las fuerzas aerodinámicas produzcan elevada tracción y par moderado. De esta manera, la hélice funciona en el rendimiento máximo en dos parámetros de avance, J_1^* y J_2^*, y además, se consigue que entre estos dos parámetros de avance, en el intervalo $(J_1^*, \quad J_2^*)$, el rendimiento sea un poco más uniforme que en el caso de paso fijo.

La hélice de paso variable dispone de un sistema de control que permite ir variando el paso de la hélice de forma continua manteniendo la velocidad de giro de la hélice constante. Dado que la velocidad de giro es constante, a medida que la velocidad de vuelo aumenta el parámetro de avance también aumenta, y por tanto, conociendo las curvas de rendimiento propulsivo se puede determinar cual es el paso que, para cada velocidad de vuelo, hace que sea máximo el rendimiento propulsivo. Así pues, en el sistema de control se utiliza este tipo de información para seleccionar el paso y conseguir que la hélice funcione en la envolvente de máximos de la familia de curvas de rendimientos, figura 7.13(c). Este tipo de hélice permite además poner las palas en bandera y proporcionar incluso inversión de empuje; de este modo, en el caso de fallo de motor de una aeronave con varios motores, la hélice del motor que ha fallado se coloca en bandera, posición que corresponde a un ángulo de paso de aproximadamente 90° de manera que, las cuerdas de las secciones de la pala quedan prácticamente alineadas con la corriente incidente de modo que ésta es la única componente de velocidad que incide sobre ellas (la hélice no gira). De esta forma se disminuye la resistencia de la hélice y se evita que la hélice entre en régimen de molinete, lo cual implica que el motor dañado no es arrastrado por la hélice y por tanto se minimizan las posibilidades de aumentar los daños sobre dicho motor. Durante el aterrizaje el sistema de control coloca la hélice en régimen de freno, colocando un paso negativo de forma que aparece una tracción negativa que asiste al proceso de frenado de la aeronave.

7.9. Sistema motor asociado a una hélice

Para producir la tracción que realiza la hélice es necesario comunicarle una cierta potencia. El sistema motor es el responsable de producir esta potencia, existiendo básicamente dos alternativas, el motor alternativo y el turboeje. En este capítulo se desarrollan los principios básicos del motor alternativo y en el capítulo 8 se exponen los referentes

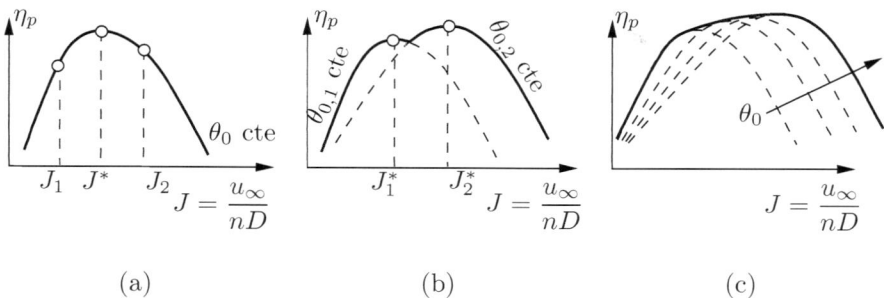

Figura 7.13. Curva de rendimiento propulsivo para una hélice de: (a) paso fijo, (b) doble paso y (c) paso variable.

al turboeje. En la figura 7.14(a) se muestra el esquema conceptual del sistema motopropulsor formado por hélice y motor alternativo, y en la figura 7.14(b) se presenta el esquema equivalente para el sistema de hélice y turboeje.

En ambos casos, el sistema motor produce una potencia P_M, y mediante un sistema de transmisión mecánica, se comunica dicha potencia a la hélice. El sistema de transmisión mecánica consta de ejes, rodamientos, cojinetes, caja de engranajes, etc, que indudablemente producen pérdidas, de modo que la potencia que llega a la hélice, P, se puede expresar en función de la potencia que produce el sistema motor (alternativo o turboeje), según,

$$P = \eta_t P_M,$$

donde, η_t es el rendimiento de la transmisión mecánica empleada para transferir la potencia del sistema motor al sistema propulsor, cuyo valor es inferior a la unidad, $\eta_t < 1$. De todos los elementos del sistema de transmisión la caja de engranajes es sin duda el elemento indispensable, pues gracias a este mecanismo se pueden adaptar las velocidades de giro del sistema motor y la hélice.

En un motor alternativo la velocidad angular de funcionamiento suele ser del orden de 1000 a 10000 rpm, mientras que la velocidad de giro de las hélices suele estar en torno a 1000 rpm. Es preciso pues, emplear cajas de engranajes con relación de reducción pequeña, por lo que el peso y los problemas relacionados con la fiabilidad y mantenimiento del sistema son pequeñas.

En un turboeje la velocidad de giro suele estar entre 10000 y 30000 rpm, mientras que la velocidad de giro de la hélice es la misma que en el caso anterior, unas 1000 rpm, lo que exige emplear cajas de engranajes con relación de reducción más grande, lo que lleva asociado un incremento de peso y de las dificultades respecto a la fiabilidad y el mantenimiento en comparación con el caso del motor alternativo. Ahora bien, esta deficiencia se compensa con el hecho de que los turboejes presentan un relación entre la potencia suministrada y peso del motor mucho mas elevada que el motor alternativo.

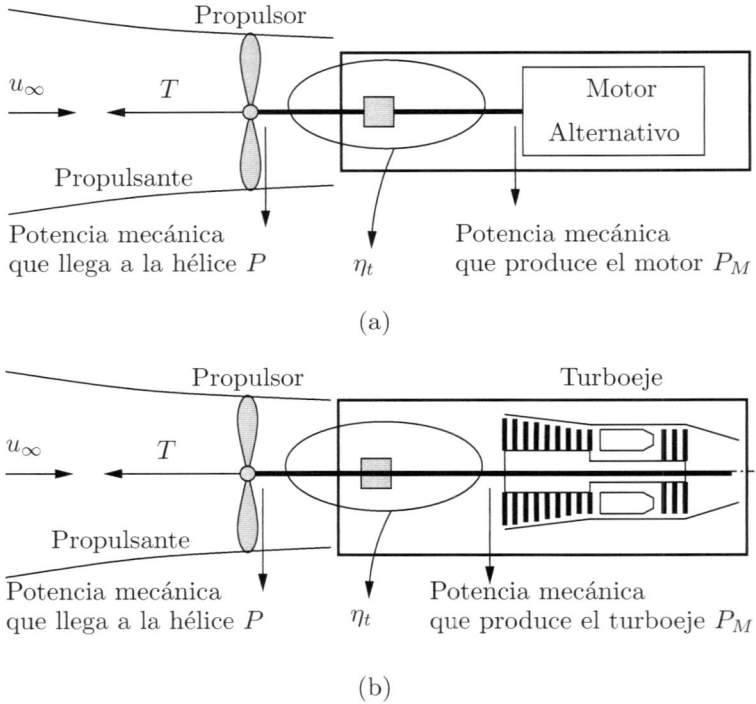

Figura 7.14. Esquema conceptual de un sistema motopropulsor basado en: (a) hélice y motor alternativo, (b) hélice y turboeje.

7.10. Motor alternativo

Los sistemas de propulsión compuestos por hélice y motor alternativo fueron la única opción disponible desde el primer vuelo de los hermanos Wright en 1903 hasta la década de 1940. El primer vuelo de los hermanos Wright se realizó con un motor de 9 kW de potencia, con una relación entre potencia y peso del motor 8.3 w/N y un rendimiento motopropulsor en el entorno del 5 %. En la figura 7.15 se muestra la evolución temporal de la relación entre potencia y peso de los motores alternativos de uso en aviación, pudiéndose apreciar que durante las siguientes décadas, hasta los años cuarenta, el sistema hélice y motor alternativo aumentó dicha relación hasta alcanzar 134 w/N, con rendimientos motopropulsores en torno al 25 %. Este progreso se debió fundamentalmente, a la incorporación de nuevos materiales, más ligeros y resistentes, sistemas de inyección de combustible, formas de palas de hélices más eficientes, turbocompresores, etc.

A partir de los años cuarenta la propulsión a chorro empezó a ser una alternativa real a los sistemas de propulsión a hélice y motor alternativo, pues a pesar de que inicialmente su rendimiento motopropulsor era inferior, la relación entre potencia y peso del motor era tres veces superior al caso de hélice con motor alternativo. Gracias a esta diferencia en la relación entre potencia y peso, junto con el rápido crecimiento y mejora del rendimiento motopropulsor, la propulsión a chorro se ha implantado como sistema de propulsión para la tecnología aeroespacial, de modo que actualmente el sistema de propulsión compuesto por hélice y motor alternativo se emplea casi únicamente en aviones y helicópteros ligeros, y en aviación deportiva y de recreo. La envolvente operacional más habitual del tipo de aeronave equipada con este sistema de propulsión está definida aproximadamente por velocidades de vuelo de hasta 500 km/h y hasta 4000 m de altitud.

El motor alternativo es un dispositivo que realiza un ciclo de potencia con un gas, en general aire mezclado con un combustible (normalmente gasolina o diesel); también recibe el nombre de motor de combustión interna porque los procesos termodinámicos que ocurren suceden en el interior de una cámara de combustión, mientras que en los sistemas de propulsión a chorro los procesos termodinámicos ocurren en una serie de componentes interconectados entre sí por los que circula un flujo continuo, es decir un sistema abierto. En los motores de combustión interna hay que diferenciar entre los de encendido por chispa y los de encendido por compresión; en el motor de encendido por chispa se quema la mezcla mediante la chispa de una bujía, mientras que en el motor de

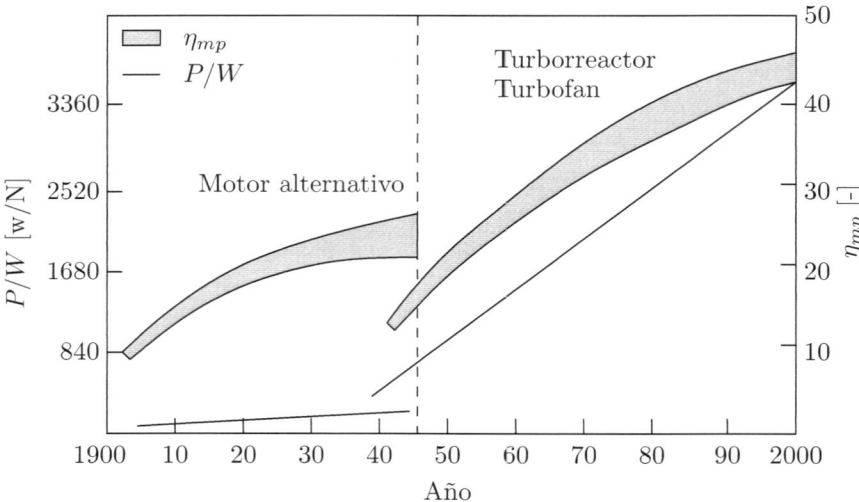

Figura 7.15. Evolución histórica del peso por unidad de potencia
y rendimiento global de los motores alternativos comparados con
turborreactores y turbofanes (adaptada de Mattingly (2006)).

encendido por compresión se comprime la mezcla a presión y temperatura
tan elevadas que la combustión se origina de forma espontánea. Dado que
los motores de encendido por chispa tienen una mayor relación entre la
potencia con respecto al peso, son éstos los que se emplean en la industria
aeronáutica.

7.11. Principio de funcionamiento del motor alternativo

En un motor alternativo se obtiene energía gracias a la combustión
de una mezcla de aire y combustible en el interior de una cámara o
cilindro de volumen variable. Entre los diferentes motores de combustión
interna que existen, el motor alternativo de cuatro tiempos es el sistema
más utilizado en los motores de aviación y de automoción, siendo este
tipo de motor el objeto de estudio de esta sección, a fin de conocer los
fundamentos para obtener una estimación de la potencia que se puede
extraer de un motor alternativo y de la tracción que se dispone en función
de la transmisión de potencia.

7.11.1. Componentes

En la figura 7.16 se muestran los principales componentes de un motor de cuatro tiempos. Básicamente el motor de cuatro tiempos consiste en unas levas que accionan las válvulas de admisión (derecha) y de escape (izquierda) por donde entra y sale una mezcla de aire y combustible. La bujía es el elemento responsable de generar la chispa que inicia la combustión de la mezcla. La cámara de combustión es el espacio comprendido entre las válvulas y la cabeza del pistón, que es el elemento que realiza un movimiento rectilíneo alternativo, haciendo que la cámara de combustión varíe de volumen a medida que se desarrollan los procesos del ciclo del motor; el pistón dispone de una serie de segmentos que garantizan por un lado la estanqueidad de la cámara de combustión y por otro lado facilitan que el rozamiento del pistón con las paredes de la cámara sea lo menor posible. El pistón o émbolo se mueve entre el punto muerto superior (PMS), y el punto muerto inferior (PMI), modificando el volumen del cilindro y mediante un mecanismo de biela-manivela se transforma el movimiento alternativo ascendente y descendente del pistón o émbolo, alojado en el cilindro, en un movimiento de rotación del eje o cigüeñal. El cárter soporta los diferentes elementos del motor.

7.11.2. Ciclo termodinámico

La mezcla de aire y combustible sufre un proceso termodinámico más o menos complejo en la cámara de combustión, que tiene naturaleza cíclica, es decir, se repite con un determinado período. El ciclo típico del proceso recibe el nombre de ciclo termodinámico, y asociados a los diferentes motores de combustión interna existen diferentes ciclos termodinámicos. El ciclo termodinámico del motor de combustión interna de cuatro tiempos recibe el nombre de ciclo Otto. En Moran & Shapiro (1999) se pueden encontrar los aspectos formales del cálculo termodinámico del ciclo Otto de aire estándar.

En la figura 7.17, se muestran las diferentes posiciones del cilindro a lo largo del ciclo y también las diferentes etapas de las que consta el ciclo termodinámico teórico o ideal. El ciclo termodinámico representado es un diagrama que muestra la presión en el interior del cilindro en función del propio volumen del cilindro; el ciclo comienza, por ejemplo, con el émbolo en el punto muerto superior con las dos válvulas cerradas,

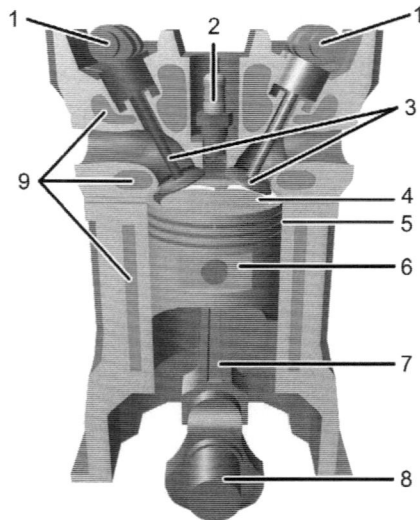

Figura 7.16. Componentes principales de un motor de cuatro tiempos.
(1) Levas (2) Bujía (3) Válvulas de admisión y escape (4) Cámara de
combustión (5) Segmentos (6) Émbolo o pistón (7) Biela (8) Cigüeñal
(9) Circuito de refrigeración.

y a continuación, con la válvula de admisión abierta y la válvula de
escape cerrada, figura 7.17(a), el piston desciende desde el punto muerto
superior al inferior y la mezcla de aire y gasolina entra en el cilindro, esta
etapa es denominada de admisión, y se caracteriza por hacerse a presión
constante.

    La siguiente etapa recibe el nombre de compresión; y en la misma,
con ambas válvulas cerradas, el cilindro asciende desde el punto muerto
inferior al superior, comprimiendo la mezcla, figura 7.17(b); el motor
debe realizar por tanto un trabajo sobre la mezcla para conseguir que su
presión aumente en el proceso de compresión.

    En la siguiente etapa, combustión, con las dos válvulas cerradas
se produce una chispa en la bujía que inicia la combustión de la mezcla,
véase figura 7.17(c). Teóricamente, la combustión se produce a volumen
constante, es decir, el cilindro no se mueve mientras se libera la energía
química del combustible aumentando la presión y temperatura de la
mezcla que se transforma en una mezcla de gases quemados.

La elevada presión empuja el cilindro desde el punto muerto superior al punto muerto inferior con las válvulas de admisión y escape completamente cerradas, comenzando la etapa de expansión, figura 7.17(d). De este modo, la liberación de energía química se traduce en un proceso de expansión que representa un trabajo que la mezcla de gases realiza sobre el motor; desde la elevada presión aparecida por la combustión, la presión disminuye durante la carrera desde el punto muerto superior al inferior.

Finalmente, en la etapa de escape, con la válvula de admisión cerrada y la de escape abierta el pistón asciende desde el punto muerto inferior hasta el superior, evacuando los gases quemados de la combustión por la válvula de escape al exterior; en la figura 7.17(e) se muestra la variación de presión con el volumen del cilindro durante esta fase.

Obsérvese que el ciclo se completa en cuatro tiempos: admisión, compresión, expansión y escape, correspondiendo cada uno a una translación del cilindro entre los puntos muertos superior e inferior, de forma que el cigüeñal da dos vueltas completas por ciclo. Otro aspecto fundamental a destacar es que sólo en la expansión se obtiene trabajo, mientras que en la compresión se cede trabajo; desde el punto de vista termodinámico se puede decir que el tiempo de admisión y parte del de escape tienen lugar a presión constante, que las etapas de compresión y expansión son isentrópicas (no implican disipación de energía y son procesos ideales) y que la etapa de combustión y parte de la de escape son a volumen constante. En la figura 7.18 se muestra la evolución termodinámica de todas las etapas del ciclo ideal de cuatro tiempos.

En general los motores suelen tener más de un cilindro. De este modo se obtiene más potencia y el funcionamiento del motor es más regular ya que se uniformiza el pico de potencia que se produce en la etapa de expansión mediante el decalaje de los ciclos de cada cilindro. Por ejemplo, en un motor de cuatro cilindros el ciclo termodinámico se desfasa en cada cilindro en una etapa de forma que siempre hay un cilindro en la etapa de expansión, la única que genera trabajo. De esta manera la producción de potencia es más uniforme suavizándose los picos de potencia extraida del motor en cada expansión.

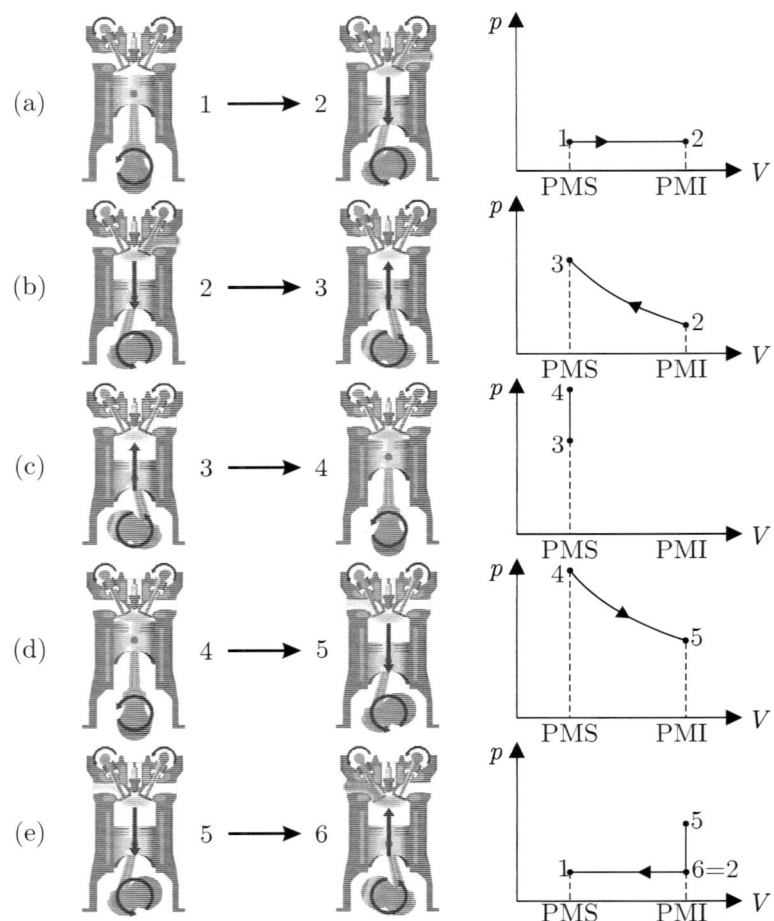

Figura 7.17. Etapas del motor alternativo de cuatro tiempos, Ciclo Otto: (a) admisión, (b) compresión, (c) combustión, (d) expansión y (e) escape.

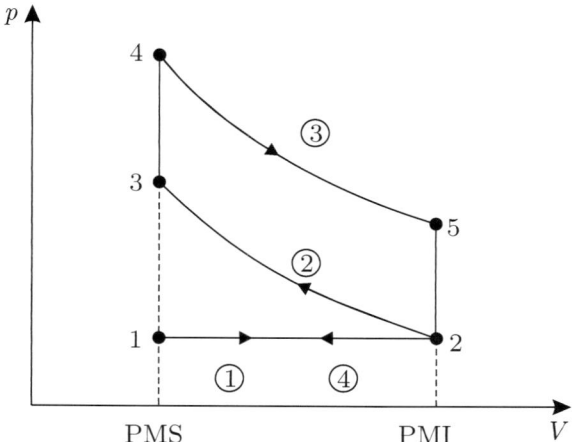

Figura 7.18. Diagrama termodinámico (presión volumen) del ciclo ideal Otto de combustión interna.

7.12. Sistemas auxiliares de los motores alternativos

En la figura 7.19 se muestra un motor típico de aviación donde se puede observar que el motor, además de estar compuesto de varios cilindros, dispone de otros sistemas auxiliares que tienen como objetivo garantizar el funcionamiento regular y continuo del motor alternativo. Entre los sistemas auxiliares de un motor alternativo cabe destacar alimentación, encendido, lubricación, distribución, refrigeración etc, algunos de los cuales se describen brevemente a continuación (una descripción más detallada y profunda se pueden encontrar en Arias-Paz Guitián (2000), Alonso (2002) y Pérez Bello (2002)).

La función del sistema de alimentación es llenar el cilindro con la mezcla de aire y combustible, para lo cual consta de elementos tales como el depósito del combustible, circuitos de tuberías, filtros de combustible y aire, bombas y el carburador. El carburador es el elemento más importante del sistema de alimentación porque es el responsable de la correcta mezcla entre el combustible y el aire.

La función del sistema de encendido es producir la chispa en la bujía en el instante adecuado para iniciar la combustión de la mezcla. Este sistema está compuesto de diferentes elementos como bujías, cables eléctricos, batería, motor de arranque, distribuidor, etc.

Figura 7.19. Motor de aviación convencional Rotax 912 de cuatro cilindros, potencia 70 kW a 5500 rpm (cortesía de BRP-Rotax).

El conjunto de elementos que regula la admisión y escape de la mezcla en el cilindro es el sistema de distribución. Las válvulas de admisión y escape, abren y cierran el paso del aire o gases de combustión hacia y desde el cilindro y deben cerrar herméticamente el cilindro en los momentos que el ciclo lo requiera, así como soportar altas temperaturas por estar muy cerca de la cámara de combustión. Un resorte las mantiene cerradas y se abren en el momento oportuno por la acción de las levas, que son accionadas por el árbol de levas.

El sistema de lubricación se necesita para minimizar la energía perdida por fricción mecánica y proporciona el nivel de lubricación necesario para que el desgaste de los diversos componentes móviles sea lo más pequeño posible y evitar también que las piezas con movimiento relativo entre ellas, debido a la fricción, puedan llegar a griparse. Otra función del sistema de lubricación es mantener la temperatura de los elementos de la cámara de combustión en valores aptos para su correcto funcionamiento. El sistema de lubricación suele disponer de un depósito para el lubricante, tuberías, válvulas y bombas para conseguir que el lubricante obtenga las presiones de trabajo adecuadas.

El sistema de refrigeración es necesario ya que durante la combustión las temperaturas que se alcanzan instantáneamente en algunos puntos de la cámara de combustión pueden llegar a ser del orden de 2000 °C. Aunque las temperaturas medias son menores debido a la expansión de la mezcla, las paredes del cilindro, válvulas y otros componentes cercanos han de funcionar a elevadas temperaturas, siendo preciso mantener las temperaturas de trabajo en niveles aceptables para el buen funcionamiento del motor. Para ello, se dispone del sistema de refrigeración cuya función es facilitar el intercambio de calor con el exterior mediante el uso de un fluido. Existen diversos sistemas de refrigeración y dependiendo del fluido que empleen para refrigerar se clasifican en: refrigeración por aire, agua o mixta.

7.13. Potencia en el eje del motor

En la figura 7.20 se representa un cilindro con una mezcla de gases producto de la combustión del aire y gasolina, la zona del cilindro ocupada por el gas tiene un volumen V y el gas está a presión p y temperatura T. La presión, al actuar sobre el émbolo, ejerce una fuerza que lo desplaza hacia abajo realizando un trabajo sobre el sistema exterior al gas, es decir, sobre el motor, esta fuerza es, $F = pA$, donde A es la sección del émbolo. El trabajo que realiza el gas sobre el émbolo se expresa como $dW = \boldsymbol{F} \cdot d\boldsymbol{x}$, siendo $d\boldsymbol{x}$ el vector desplazamiento del émbolo, así teniendo en cuenta que la variación de volumen debido al desplazamiento del émbolo se escribe como $dV = A\,dx$, el trabajo es $dW = p\,dV$, lo que indica que cuando el volumen de la cámara de combustión disminuye, es decir el gas se comprime, $dV < 0$, entonces la variación del trabajo es negativa, $dW < 0$, y por tanto el trabajo lo realiza el exterior sobre el gas. En cambio cuando el volumen aumenta, es decir el gas se expande, la variación de trabajo es positiva y, por tanto, el trabajo lo realiza el gas sobre el exterior. Así pues, teniendo en cuenta el ciclo termodinámico del motor de combustión interna, véase la figura 7.18, solamente en las etapas de compresión y expansión existe una variación de volumen y por tanto un intercambio de trabajo entre el exterior y el gas de la cámara de combustión.

Tanto en la etapa de compresión como en la de expansión la presión que se ejerce sobre el émbolo no es constante y varía a medida que el volumen cambia. Así, en la etapa de compresión el trabajo cedido por el motor al gas se expresa como:

$$W_c = \int_{V_2}^{V_3} p(V)\,dV = -\int_{V_3}^{V_2} p(V)\,dV.$$

donde, $p(V)$ depende del ciclo termodinámico y empleando los modelos termodinámicos apropiados debe ser calculada (para el cálculo del ciclo

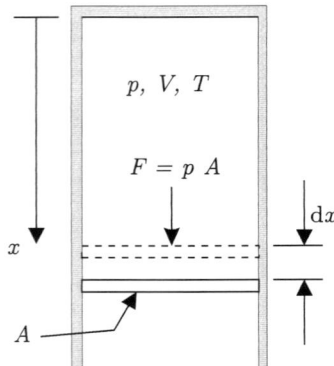

Figura 7.20. Esquema conceptual termodinámico del piston de un motor de combustión interna.

termodinámico del motor de combustión de cuatro tiempos se puede consultar Moran & Shapiro (1999)). En el contexto de esta aproximación, es suficiente saber que W_c representa un trabajo que recibe el gas del cilindro y que pierde el eje del motor. Por contra, el trabajo en la etapa de expansión, W_e, se escribe como:

$$W_e = \int_{V_4}^{V_5} p(V)\, \mathrm{d}V,$$

donde, $p(V)$ es también una función a determinar mediante el análisis termodinámico del ciclo. Este trabajo lo recibe el eje del motor cedido por el gas del cilindro.

El trabajo neto obtenido en el ciclo es:

$$W_T = W_e + W_c,$$

donde, W_e es positivo, W_c negativo, si bien W_e es mayor que W_c ya que la presión durante la etapa de expansión es mayor que la presión de la fase de compresión. Desde el punto de vista de la interpretación geométrica de las integrales, el área encerrada por las curvas del diagrama termodinámico es proporcional al trabajo neto obtenido en un ciclo, véase figura 7.21. Aplicando el teorema del valor medio del cálculo integral es posible encontrar el valor de una presión constante de forma que al área encerrada entre las curvas sea la misma. En la figura 7.21 se muestra la equivalencia entre el trabajo teórico y la presión media efectiva.

La presión media efectiva, p_e, es una presión constante y ficticia cuya integración entre los puntos muertos superior e inferior produce el

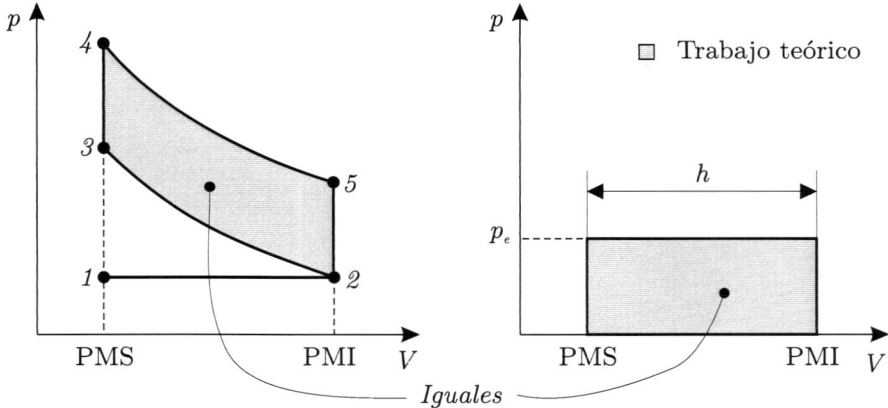

Figura 7.21. Definición de la presión media efectiva.

mismo trabajo que el producido por el ciclo. Empleando esta definición es posible calcular el trabajo entregado por el ciclo como:

$$W = p_e \int dV = p_e \pi R^2 h,$$

donde, R es el radio del émbolo y h la distancia entre el punto muerto superior y el punto muerto inferior o carrera del émbolo. Si además se define el volumen de un cilindro o cilindrada unitaria q, como $q = \pi R^2 h$, el trabajo realizado por el ciclo y recibido por el eje del motor es,

$$W = p_e q. \tag{7.17}$$

Como se ha comentado anteriormente el movimiento de translación alternativo del embolo es transformado en giro mediante el mecanismo de biela-manivela. El trabajo por unidad de tiempo, potencia, que se extrae del motor depende de la velocidad angular a la que gira el motor. Además, teniendo en cuenta que el pistón sube y baja una vez por cada revolución y que el eje del motor gira a n revoluciones por segundo, en la unidad de tiempo se completan $n/2$ ciclos, de manera que, la potencia que se extrae de un cilindro cuyo eje gira a n revoluciones por segundo es, $P = n\,W/2$, donde, W es el trabajo realizado por el motor en un ciclo. Si el motor tiene N cilindros, la potencia total, P_T, que produce el motor resulta ser:

$$P_T = N \frac{n}{2} W. \tag{7.18}$$

Se define la potencia teórica del ciclo como la potencia que genera el motor por el proceso químico y termodinámico teórico del ciclo y se obtiene reemplazando la expresión del trabajo, ecuación (7.17), en la expresión (7.18), de modo que:

$$P_T = N \frac{n}{2} p_e q = \frac{n}{2} p_e Q,$$

donde, $Q = N q$ es la cilindrada total del motor. La potencia producida por el motor depende de la velocidad de giro del motor, n, de la presión media efectiva, p_e y de la cilindrada total del motor, Q.

7.13.1. Potencia del ciclo real

El ciclo que se ha descrito es una idealización de la realidad y por tanto, el ciclo termodinámico real presenta ciertas diferencias con el ciclo termodinámico teórico o ideal. La figura 7.22 muestra el ciclo teórico y el ciclo real en un diagrama presión volumen. Las diferencias que existen entre ambos ciclos se deben a las pérdidas energéticas que aparecen durante las diferentes etapas del ciclo. Por ejemplo, la potencia teórica del ciclo se ha obtenido considerando que se ha aprovechado toda la energía disponible de la combustión, y no es así, ya que parte de la energía disponible en el combustible se pierde porque no todo el combustible se quema. También, existen pérdidas de origen térmico ya que no toda la energía que se produce en la combustión se aprovecha en aumentar la presión, pues parte se pierde en transferencia de calor al exterior (el sistema de refrigeración se encarga de evacuar este calor para mantener la temperatura del motor dentro de los niveles que aseguren su correcto funcionamiento). Hay otras pérdidas en el ciclo real que son debidas a varios factores. Por ejemplo, la combustión de la mezcla no es instantánea y en la realidad se produce de forma continua a medida que el embolo se desplaza, por lo que no ocurre a volumen constante. Igualmente el escape de la mezcla quemada no se realiza a volumen constante y se produce antes de alcanzar el punto muerto inferior apareciendo una caída de presión adicional. Además existen otras pérdidas debidas a la fricción y disipación de energía mecánica como, por ejemplo, la fricción entre los segmentos del pistón y el propio pistón, el rozamiento de los elementos móviles como cojinetes y rodamientos, etc.

Todas estas pérdidas se suelen determinar mediante experimentación, y se cuantifican con un rendimiento que relaciona la potencia real

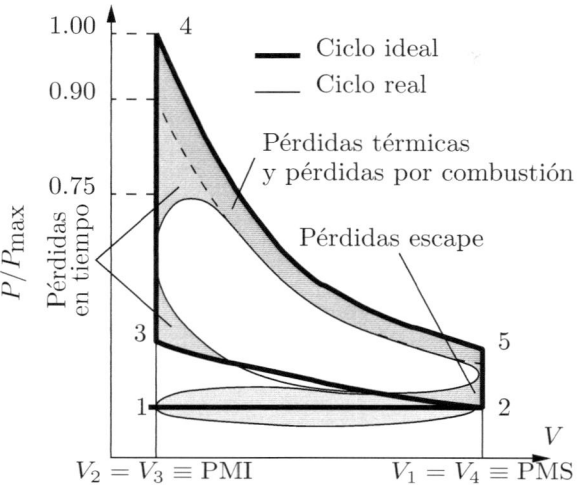

Figura 7.22. Comparación entre el ciclo ideal y real de un motor de combustión interna de cuatro tiempos en el que se muestran las pérdidas térmicas, de combustión, de escape y debidas a que la combustión no es instantánea.

con la potencia teórica del ciclo. La potencia real que se obtiene en el eje, P_{M0}, se expresa en función de la potencia teórica del ciclo, P_T, según,

$$P_{M0} = \eta_i P_T, \tag{7.19}$$

siendo, η_i el rendimiento interno del motor. El rendimiento interno engloba las perdidas asociadas al ciclo real y, como todo rendimiento, es siempre inferior a la unidad (los valores habituales del rendimiento interno de motores alternativos son típicamente $0.30 < \eta_i < 0.40$).

En la figura 7.23 se muestra un esquema de la curva característica de potencia real del motor en función de la velocidad de giro del cigüeñal n. En general, por motivos estructurales y de fiabilidad la velocidad de giro del motor suele estar limitada a una velocidad n_{max}, normalmente especificada por el fabricante.

7.13.2. Efecto de la altura sobre la potencia

La potencia en el eje del motor depende de las condiciones del aire con que se desarrolla el ciclo, pues como la combustión depende de la cantidad de aire que entra en el cilindro, la variación de densidad del aire modifica la potencia producida. A medida que la densidad del aire

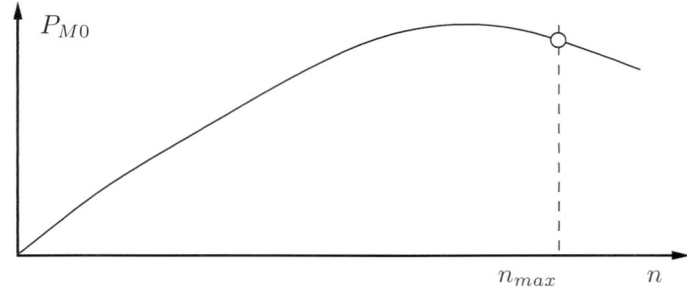

Figura 7.23. Curva característica de la potencia en función de velocidad
de rotación de un motor de combustión interna.

es más pequeña, la potencia del motor disminuye porque la cantidad de
aire que se mezcla con el combustible es menor para el mismo volumen
y la combustión se ve dificultada. Se comprende así, que la potencia
que produce el motor depende de la altitud, y a medida que la altitud
aumenta la potencia disminuye como consecuencia de que existe menos
cantidad de aire para el mismo volumen, menor densidad. En general, los
fabricantes suelen especificar la potencia en el eje a nivel del mar, P_{M0},
y para condiciones diferentes de altitud la potencia en el eje del motor,
P_M, que se suministra a la hélice mediante el sistema de transmisión,
puede estimarse mediante la expresión:

$$P_M(z) = \frac{\rho(z)}{\rho_0} P_{M0}, \qquad (7.20)$$

donde, ρ_0 y $\rho(z)$ son la densidad del aire a nivel del mar y a la altitud z,
respectivamente.

Para compensar la pérdida de potencia con la altura muchos
motores alternativos disponen de un sistema de sobrealimentación, cuyo
objetivo de este sistema es aumentar la densidad del aire que entra al
cilindro mediante un turbocompresor que lo comprime. En general, se
aprovechan los gases calientes del escape para mover una turbina que
comunica la potencia necesaria para hacer funcionar el turbocompresor.

7.13.3. Tracción disponible

Se define la tracción disponible como la tracción que proporciona
un sistema de propulsión ya construido y conocidas sus características.

En el caso de un sistema de propulsión a hélice con motor alternativo, la tracción disponible se obtiene a partir de la potencia disponible que proporciona el motor.

En la figura 7.24 se muestra la configuración habitual de un sistema propulsor de hélice con motor alternativo donde además se indican los diferentes rendimientos que intervienen en la transformación de potencia.

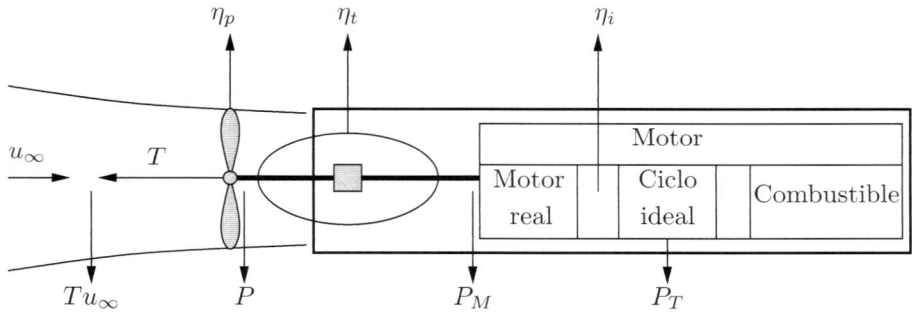

Figura 7.24. Esquema conceptual del acoplamiento de potencias y rendimientos en un sistema motopropulsor basado en motor alternativo y hélice.

Empleando la definición del rendimiento propulsivo, ecuación (7.12), la tracción disponible se expresa como:

$$T = \eta_p \frac{P}{u_\infty}.$$

La potencia que recibe la hélice P es producida por el motor y transmitida a través de la caja engranajes y transmisión mecánica a la hélice; por tanto, si el rendimiento mecánico de dicha transmisión es η_t, la potencia que llega a la hélice es $P = \eta_t P_M$. Teniendo en cuenta ahora el efecto de la altura, ecuación (7.20), y la relación entre la potencia teórica y la real, ecuación (7.19), la tracción disponible puede expresarse como:

$$T = \eta_p \eta_t \eta_i \frac{\rho}{\rho_0} \frac{P_T}{u_\infty},$$

donde hay que considerar que η_p es una función del parámetro de avance

J, ecuación (7.16), que depende de la velocidad de vuelo y la velocidad de rotación de la hélice.

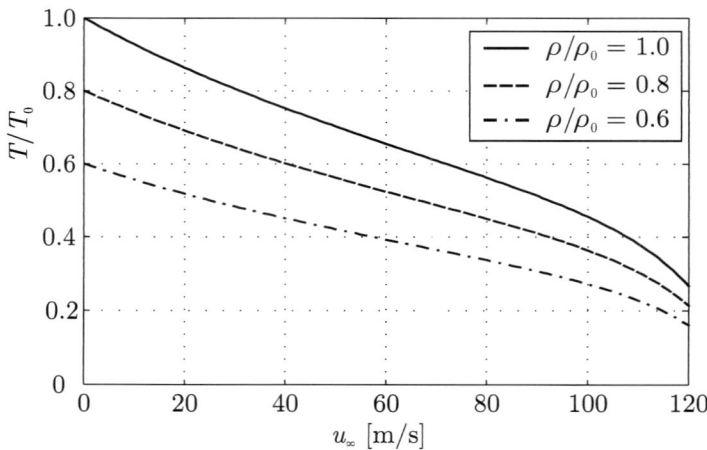

Figura 7.25. Variación de la tracción de un sistema propulsor basado en hélice y motor alternativo en función de la altura y de la velocidad de vuelo.

En la figura 7.25 se muestra la variación de tracción disponible de una hélice en función de la velocidad de vuelo y de la altitud de vuelo (relación de densidades). Se puede observar, que a medida que la velocidad de vuelo aumenta la tracción disponible disminuye, y que al aumentar la altitud, lo que significa que relación de densidades disminuye, la tracción disponible también disminuye.

PROPULSIÓN A CHORRO 8

8.1. Introducción

Los primeros sistemas en emplear propulsión a chorro fueron los cohetes utilizados en el imperio Chino gracias al descubrimiento de la pólvora, y su uso data del año 1200 d.C. Sin embargo, no fue hasta 1903 cuando Tsiolkovski propuso el uso de los motores cohete y desarrolló la ecuación fundamental del vuelo de un motor cohete, ecuación (6.8).

El primer vuelo de un motor cohete tuvo lugar en 1926 gracias a los desarrollos de Robert Goddard. A lo largo de las siguientes décadas la investigación y desarrollo del motor cohete continuó en Alemania, Unión Soviética y Estados Unidos y hacia principios de la década de los años 60 del siglo XX en la agencia precursora de la actual Agencia Europea del Espacio, culminándose esta carrera espacial en 1969 con el primer vuelo tripulado a la Luna, la misión Apollo. Actualmente, el motor cohete es la base en la que se fundamentan todas las tecnologías espaciales, especialmente los satélites artificiales, sin los que hoy en día no se entenderían aspectos tan cotidianos como la navegación por satélite, comunicaciones o predicción meteorológica, entre otros.

La propulsión a chorro no autónomo se desarrolló de forma independiente en Inglaterra y Alemania durante la década de los años 30 del siglo XX. En 1933 Frank Whittle patenta un diseño en el que una turbina mueve a una hélice carenada y el flujo de la turbina es expulsado mediante una tobera creando un chorro de gas que produce un empuje mediante un chorro; esta idea es la base del turborreactor. En Alemania, Hans von Ohain desarrolló el concepto de un propulsor formado por un compresor y una turbina girando solidariamente en un mismo eje, con un combustor intermedio que mediante la combustión de hidrógeno proporcionaba energía para que la turbina moviera al compresor. El desarrollo de esta idea culminó en Agosto de 1937 con el vuelo del Heinkel He 178, que se convirtió en la primera aeronave propulsada a chorro.

Como ya se estudió en el capítulo 7, sección 7.10, la propulsión a chorro significó un gran hito en la historia de la tecnología aeroespacial ya que hasta 1940 la propulsión de las aeronaves se basaba fundamentalmente en el sistema de hélice y motor alternativo, y con la llegada de la propulsión a chorro la tecnología aeroespacial fue capaz de conseguir el vuelo supersónico, además de reducir los costes de los viajes aéreos y mejorar la seguridad del transporte aéreo.

La reducción en costes es debida a varios factores; por un lado el aumento de la velocidad de vuelo supuso un inmediato descenso de los tiempos de vuelo y por otro, dado que la propulsión a chorro no autónoma presenta mejores relaciones de empuje frente a peso y área frontal de motor que el motor alternativo equivalente, es posible construir aeronaves más grandes. Estos aspectos permitieron aumentar la carga de pago de las aeronaves y disminuir de forma drástica los coeficientes de resistencia aerodinámica de las mismas, lo cual a su vez condujo al desarrollo de las aeronaves fuseladas de largo alcance y que actualmente forman la base del transporte aéreo. Otro factor beneficioso de los sistemas de propulsión a chorro es una importante disminución en el mantenimiento, y por tanto, en los costes, comparado con el mantenimiento asociado a los motores alternativos.

En la figura 8.1 se muestra la velocidad de las aeronaves y su evolución a lo largo del último siglo. En el primer vuelo de los hermanos Wright en 1903 se empleó un motor con una potencia del orden de 9 kW y la velocidad de vuelo fue de 55 km/h. Durante los siguientes años, hasta finales de la Segunda Guerra Mundial, gracias a las mejoras en la aerodinámica y en la tecnología de los motores alternativos se consiguió aumentar la velocidad de vuelo hasta los 700 km/h, alcanzándose potencias en torno a los 3700 kW y es en este punto de la historia de la tecnología aeroespacial donde se alcanzan los límites del sistema motopropulsor de hélice y motor alternativo. Con el afianzamiento de la propulsión a chorro no autónomo se dispuso del salto tecnológico necesario para alcanzar velocidades y altitudes hasta ese momento inalcanzables. Aunque posiblemente la primera aeronave capaz de romper la barrera del sonido fue la V-2, en su primer lanzamiento con éxito en Octubre de 1942 en la localidad alemana de Peenemunde, no fue hasta cinco años más tarde, en 1947, cuando una aeronave tripulada, el Bell X-1, consiguió viajar a mayor velocidad que la del sonido. A finales de los años 1950 el bombardero estratégico B-70 consiguió alcanzar en crucero de forma continua una velocidad igual a tres veces la del sonido (Mach 3). En los primeros años de la década de 1960 se introdujo el turbofan, cuyos primeros desarrollos se aplicaron en el campo militar, aunque a finales de la misma década se implantó el turbofan de alta relación de derivación en la industria del transporte aéreo de pasajeros. Este avance fue decisivo para el desarrollo de la segunda generación de aeronaves modernas (las aeronaves de fuselaje ancho), lo que supuso el afianzamiento del transporte aéreo como medio realmente alternativo a los existentes en ese momento (transporte naval y ferroviario).

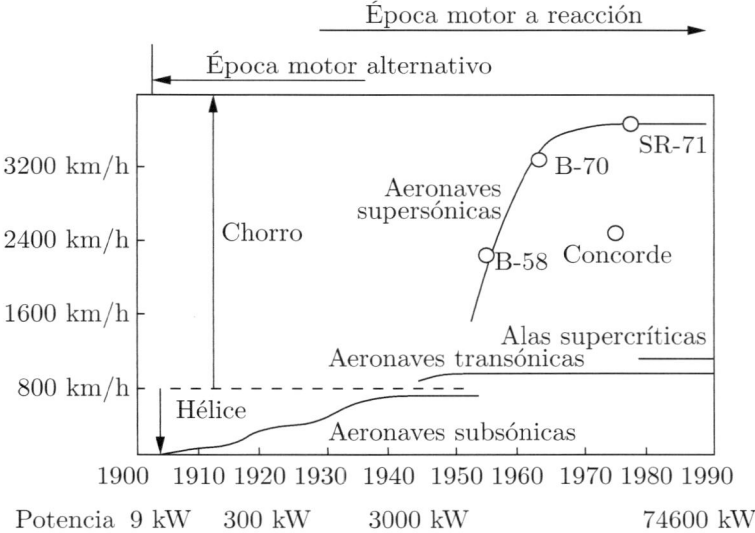

Figura 8.1. Evolución histórica de la velocidad de vuelo de las aeronaves relacionada con los avances en propulsión (adaptada de Mattingly (2006)).

En este capítulo se presentan los dos grandes modos de propulsión a chorro: aerorreactores y motores cohete. En la sección 8.2 se comparan los aerorreactores desde el punto de vista de las actuaciones que presentan; a continuación se describe el funcionamiento de la turbina de gas, sección 8.3, así como los componentes del motor a reacción conocido como turborreactor, sección 8.4. Posteriormente se describen los principios de funcionamiento y componentes principales del turbofan, sección 8.5, turbohélice (turboeje), propfan, sección 8.6, y estatorreactor, sección 8.7. Se continua en la sección 8.8 con la comparación de las actuaciones de los diferentes motores cohetes; y para finalizar, se describen y presentan los principios de funcionamiento y componentes principales de los motores cohete de propulsante químico líquido, sección 8.9, y sólido, sección 8.9, termoeléctricos, sección 8.11, electrostáticos, sección 8.12, electromagnéticos, sección 8.13, nucleares, sección 8.14, y termosolares, sección 8.15.

8.2. Aerorreactores

En el capítulo 6 se han definido los aerorreactores como los sistemas de propulsión a chorro que emplean el fluido exterior para producir un empuje que impulsa a la aeronave. Con estos sistemas se obtienen fuerzas de propulsión mediante un chorro no autónomo y pueden tener o no, adicionalmente, hélices que ayuden a producir el empuje necesario.

En la figura 8.2 se muestra la variación con el número de Mach de vuelo, de la relación entre el empuje, T, y el gasto másico, G, de diferentes aerorreactores y sistemas de propulsión a hélice. Se puede observar que tanto el turbohélice, como la hélice avanzada y la hélice convencional al alcanzar números de Mach del orden de 0.6 a 0.7 presentan valores de T/G pequeños debido a que, por efectos transónicos en las puntas de las palas, la eficiencia propulsiva disminuye y el empuje producido desciende. El turbofan de alta relación de derivación muestra la misma tendencia pero debido a que el fan consigue retrasar los efectos de compresibilidad en punta de pala comparado con las hélices sin carenar, consigue mantener una relación T/G aceptable hasta regímenes transónicos. Al aumentar el número de Mach, la velocidad de la corriente aumenta y por tanto, el gasto que ingiere el aerorreactor también aumenta. En el caso del turbofan de alta relación de derivación la disminución de la relación T/G no sólo es consecuencia de que el gasto sea más grande, sino que también el empuje desciende como consecuencia de la disminución de la eficiencia del fan. El caso del turbofan de baja relación de derivación y el turborreactor son muy parecidos ya que la disminución que se observa de la relación T/G es consecuencia únicamente del aumento del gasto con la velocidad de vuelo. En la figura 6.8 se observa que el empuje del turborreactor y del turbofan de baja relación de derivación se mantienen prácticamente constantes con el número de Mach de vuelo, tendencia que se debe por un lado a que el gasto másico aumenta con la velocidad de vuelo y por otro a que el incremento de velocidad, $u_s - u_\infty$, se hace más pequeño, ya que la velocidad de salida del aerorreactor es prácticamente independiente de la velocidad de vuelo. Ambas tendencias se cancelan en la expresión del empuje, $T = G(u_s - u_\infty)$, resultando que el empuje apenas varía con el número de Mach de vuelo, tanto para el turborreactor como para el turborreactor de baja relación de derivación.

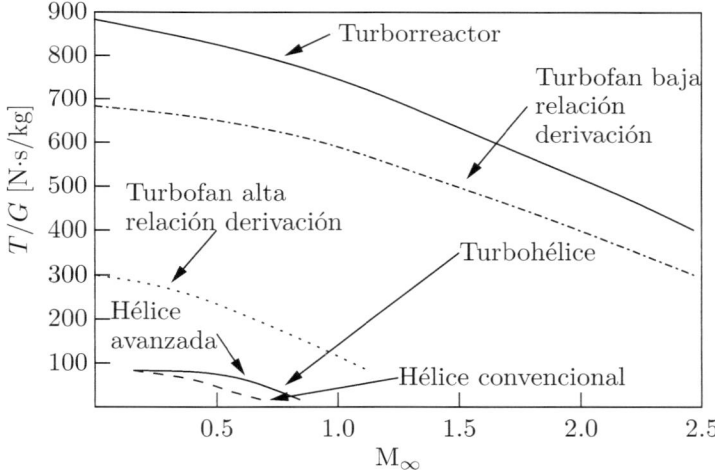

Figura 8.2. Empuje por unidad de gasto en función del número de Mach de vuelo para aerorreactores convencionales y hélices (adaptada de Mattingly (2006)).

En la figura 8.3 se presenta la variación del consumo específico por unidad de empuje, c_T, con el número de Mach de vuelo, M_∞, para diferentes aerorreactores y sistemas de propulsión a hélice. Como se menciona en el capítulo 6, evidentemente el consumo específico crece para todos los aerorreactores con el número de Mach de vuelo o dicho en otras palabras, para conseguir volar más rápido se debe consumir más cantidad de combustible por cada unidad de empuje. Nuevamente

se observa que, en el turbohélice y en la propulsión a hélice el consumo
específico de combustible por unidad de empuje, c_T, aumenta de forma
muy rápida especialmente en el entorno del régimen transónico, tendencia
que es consecuencia directa de la pérdida de eficiencia de la hélice. El
turbofan de alta relación de derivación presenta un consumo específico
mucho menor en el régimen transónico que el turbofan de baja relación de
derivación y el turborreactor; solamente a partir del régimen supersónico,
el consumo específico del turbofan de alta relación de derivación se
incrementa rápidamente, llegando a alcanzar los niveles de consumo
del turbofan de baja relación de derivación. Evidentemente, a partir
del régimen sónico el turbofan comienza a perder eficiencia propulsiva
y necesita mayor cantidad de combustible por unidad de empuje. El
turbofan de baja relación de derivación y el turborreactor nuevamente
se comportan de forma muy similar, y presentan los mayores consumos
por unidad de empuje en régimen subsónico. Resumiendo, en el régimen
supersónico es donde las ventajas de estos aerorreactores frente a los
otros sistemas empiezan a ser claras.

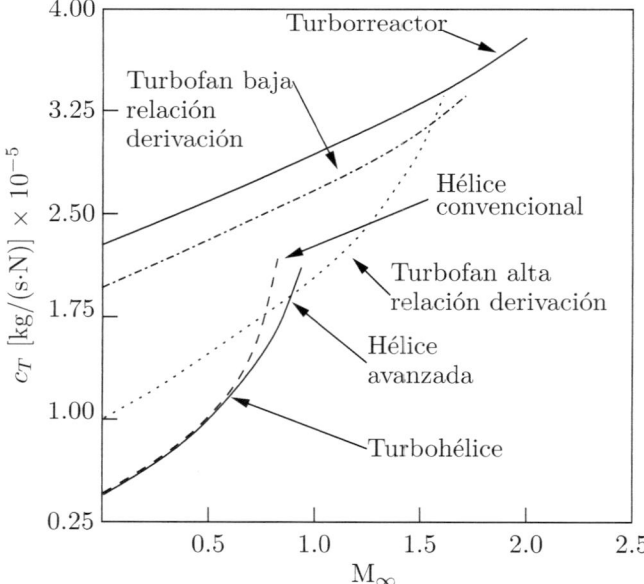

Figura 8.3. Consumo específico por unidad de empuje en función del
número de Mach de vuelo para aerorreactores convencionales y sistemas
de propulsión a hélice (adaptada de Mattingly 2006).

En la figura 8.4 se pueden observar los rendimientos propulsivo, η_p, motor o térmico, η_m, y motopropulsor o global, η_{mp}, de diferentes aerorreactores para vuelo subsónico. El turborreactor y el turbofan de baja relación de derivación son los que peores rendimientos presentan en este régimen, si bien debido al flujo secundario, el turbofan de baja relación de derivación tiene mejores rendimientos, especialmente el propulsivo, que el turborreactor. Los mejores rendimientos corresponden al turbofan de alta relación de derivación y al propfan, ya que ambos presentan aproximadamente el mismo rendimiento motor pero el propfan tiene mucho mejor rendimiento propulsivo, sin duda debido a que el propfan emplea hélices con diseños avanzados para alta velocidad y presenta una relación de derivación del mismo orden o superior a las usadas en el turbofan de alta relación de derivación. De hecho, a pesar de que el propfan es un concepto desarrollado entre el final de la década de 1970 y la década de 1980, hoy en día existe un claro interés en mejorar este diseño para alcanzar la madurez tecnológica necesaria que le permita imponerse como un sistema de propulsión competitivo. Actualmente y gracias al desarrollo de materiales más eficientes, ligeros y resistentes, mejoras en la tecnología de combustión, turbomaquinaria, procesos de fabricación, etc, se prevé que se consiga aumentar el rendimiento térmico o motor, η_m, hasta 0.6, y el propulsivo hasta 0.8 o 0.85 gracias a la incorporación de nuevos diseños de fanes y hélices de alta velocidad.

Además de las tendencias del empuje y el consumo específico de combustible de los diferentes aerorreactores en función del número de Mach de vuelo, también es necesario considerar como influye otra variable que define una condición de vuelo, como es la altitud del mismo. Dado que los aerorreactores son motores que funcionan empleando un importante gasto de aire, sus características son sensibles a la variación de densidad con la altitud. En efecto, el empuje que proporciona un aerorreactor depende fuertemente del gasto másico de aire que es capaz de ingerir, y evidentemente, si aumenta la altitud de vuelo, la densidad, y por tanto, la cantidad de aire por unidad de volumen, disminuye, por lo que el gasto másico es menor.

Para determinar las fuerzas propulsivas es necesario conocer cómo es el ciclo termodinámico del aerorreactor así como las actuaciones de los diferentes componentes del motor. Como se ha expuesto, para un aerorreactor determinado el empuje disponible depende

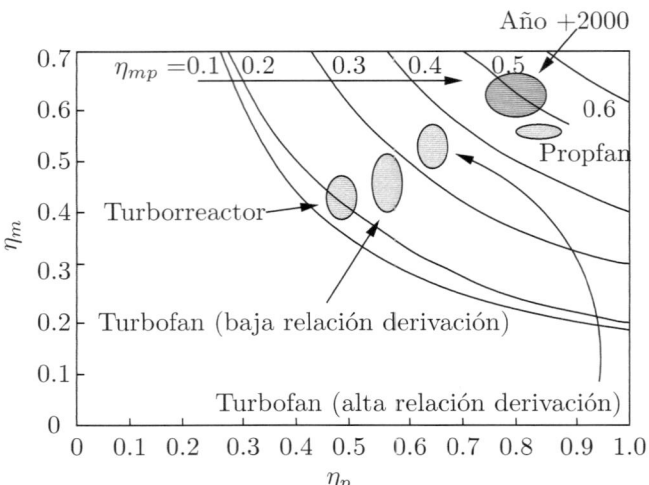

Figura 8.4. Rendimiento motor, η_m, y propulsivo, η_p, de diferentes aerorreactores en vuelo subsónico. En el gráfico también se indican las curvas de rendimiento motopropulsor, η_{mp}, constante (adaptada de Mattingly (2006)).

fundamentalmente de la altitud y velocidad de vuelo, determinándose las actuaciones de una aeronave a partir de esta dependencia funcional. En la tabla 8.1 se presentan diferentes expresiones del empuje en función de la altitud y el número de Mach de vuelo para distintos tipos de aerorreactores. La dependencia del empuje con la altitud se considera de forma general proporcional a la relación de densidades entre la altitud de vuelo y el nivel del mar, $\rho(z)/\rho_0$. Como se ha mencionado, el modelo de empuje para el turborreactor y el turbofan de baja relación de derivación es prácticamente independiente de la velocidad de vuelo y, por tanto, en la expresión correspondiente no aparece dicha velocidad. En el caso del turbofan de alta relación de derivación, el empuje sí depende del número de Mach de vuelo y a medida que éste aumenta el empuje disminuye. Finalmente, en el caso del turbohélice el empuje es la superposición del empuje proporcionado por el chorro, en este sentido es igual al del turborreactor, y el empuje de la hélice, T_h, que se estima de acuerdo a lo que se expone en el capítulo 7.

En la tabla 8.2 se presenta el modelo de consumo específico de combustible, c_T, en función de la altitud y el número de Mach vuelo, M_∞, para diferentes aerorreactores. El consumo específico de combustible

Tabla 8.1. Modelos de variación de empuje, T con la altitud, z, y número de Mach de vuelo, M_∞, para diversos aerorreactores (adaptada de Brandt et al. (2004)). El subíndice 0 indica condiciones a nivel del mar según la atmósfera ISA y T_h es el empuje proporcionado por la hélice.

Propulsor	Modelo de empuje
Turborreactor	$T(z, M_\infty) = T_0 \left(\dfrac{\rho(z)}{\rho_0} \right)^n , \, n \approx 1$
Turbofan de baja relación de derivación	$T(z, M_\infty) = T_0 \left(\dfrac{\rho(z)}{\rho_0} \right)^n , \, n \approx 1$
Turbofan de alta relación de derivación	$T(z, M_\infty) = T_0 \dfrac{k}{M_\infty} \left(\dfrac{\rho(z)}{\rho_0} \right)^n , \, n \approx 1, k \approx 0.1$
Turbohélice	$T(z, M_\infty) = T_0 \left(\dfrac{\rho(z)}{\rho_0} \right)^n + T_h(z, M_\infty) , \, n \approx 1$

también disminuye como consecuencia del aumento de altitud de vuelo, aunque de forma más suave que el empuje; en general la dependencia funcional del consumo específico de combustible con la altitud se hace a través de la raíz cuadrada de la relación entre la temperatura, a la altitud de vuelo considerada, y la temperatura al nivel del mar, $\theta(z)$, y aumenta con la velocidad de vuelo, aunque dependiendo del tipo de aerorreactor el ritmo de crecimiento del consumo específico cambia con el número de Mach (el factor b de la tabla 8.2).

El ritmo de crecimiento más alto es el del turbohélice seguido por el turbofan de alta relación de derivación como se observa también en la figura 8.3. Sin embargo para una altitud fija y números de Mach subsónicos, en términos absolutos, el mayor consumo específico corresponde al turborreactor y al turbofan de baja relación de derivación.

En las siguientes secciones se presentan los principios de funcionamiento de los aerorreactores. Primero se presenta el funcionamiento básico de la turbina de gas como núcleo principal en el que se fundamentan los aerorreactores, a continuación se describe el funcionamiento del turborreactor como sistema de propulsión a partir del cual han evolucionado los aerorreactores actuales y finalmente, se presentan el resto de aerorreactores: turbofan, turbohélice, propfan (turboeje) y estatorreactor.

Tabla 8.2. Modelos de variación del consumo específico de combustible por unidad de empuje en función de la altitud y número de Mach de vuelo para diversos aerorreactores (adaptada de Mattingly (2006)). El subíndice 0 indica condiciones a nivel del mar según la atmósfera ISA. $\theta(z)$ es la relación entre la temperatura a la altitud de vuelo y la temperatura al nivel del mar.

$c_T(z, \mathrm{M}_\infty) = (a + b\,\mathrm{M}_\infty)\,\sqrt{\theta(z)}$		
Propulsor	a	b
Turborreactor	1.7	0.26
Turbofan de baja relación de derivación	1.8	0.3
Turbofan de alta relación de derivación	0.4	0.45
Turbohélice	0.2	0.9

8.3. Turbina de gas

Una turbina de gas es una máquina que transforma energía química en energía mecánica, para lo cual dispone de los siguientes componentes: compresor, cámara de combustión y turbina. La energía mecánica obtenida puede ser extraída en diferentes formas, tales como potencia en un eje, aire comprimido, empuje, etc, y son ampliamente utilizadas en muchos campos tecnológicos, empleándose para proporcionar potencia a generadores eléctricos, aeronaves, trenes, etc.

En la figura 8.5 se muestra el esquema funcional de una turbina de gas. El aire entra en la turbina de gas y el primer elemento que se encuentra es el compresor, que gira a altas velocidades y proporciona energía mecánica a la corriente fluida que se traduce en un aumento de la presión y de la temperatura del aire (en la sección 8.4.1 se describen los tipos de compresores existentes y su arquitectura más básica); a continuación el aire entra en la cámara de combustión o combustor, donde se mezcla con el combustible y se produce la combustión aumentando la temperatura y, por tanto, la energía térmica del aire (en la sección 8.4.1 se presenta una descripción detallada de las características y los tipos de cámaras de combustión existentes). A continuación, el flujo pasa por la turbina cuya función es extraer parte de la energía térmica y de presión que contienen los gases provenientes de la cámara de combustión y trasformarla en energía mecánica (también en la sección 8.4.1 se

presentan las características más importantes de las turbinas empleadas
en los aerorreactores), una parte de la energía extraída por la turbina
se emplea en mantener el compresor en funcionamiento y el resto de la
energía puede aprovecharse para otros fines, como por ejemplo, propulsar
una aeronave o mover un generador de energía eléctrica. En particular,
en el contexto de la propulsión, este excedente de energía se emplea para
propulsar la aeronave mediante diferentes métodos que dan origen a los
diferentes tipos de aerorreactores.

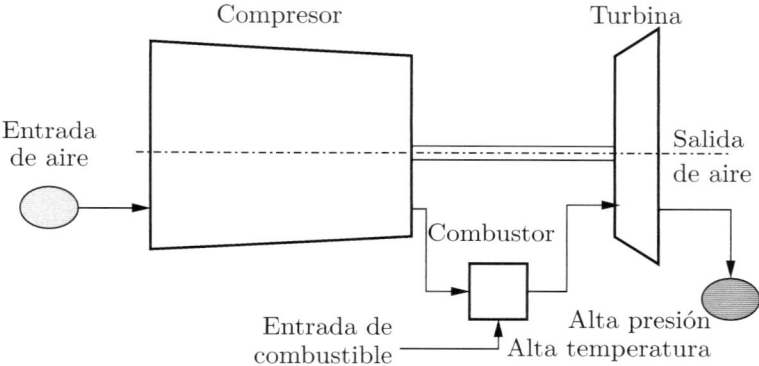

Figura 8.5. Esquema funcional de una turbina de gas.

8.4. Turborreactor

Un turborreactor es en esencia una turbina de gas a la que se
le añaden un difusor de entrada que acomoda la entrada de aire al
compresor y una tobera de salida que acelera el flujo de gases quemados
transformando la energía térmica y de presión de los gases, a la salida
de la turbina, en energía cinética de un chorro, véase la figura 8.6. Como
en la turbina de gas, parte de la potencia que la turbina extrae de la
corriente fluida es empleada para mover el compresor, y el resto es usado
para acelerar el chorro en la tobera produciendo el empuje sobre el motor.

En la figura 8.7 se muestran las etapas por las que discurre el
flujo de aire en su paso por el turborreactor, y se comparan con las
etapas de un motor alternativo. La principal diferencia es que, en cada

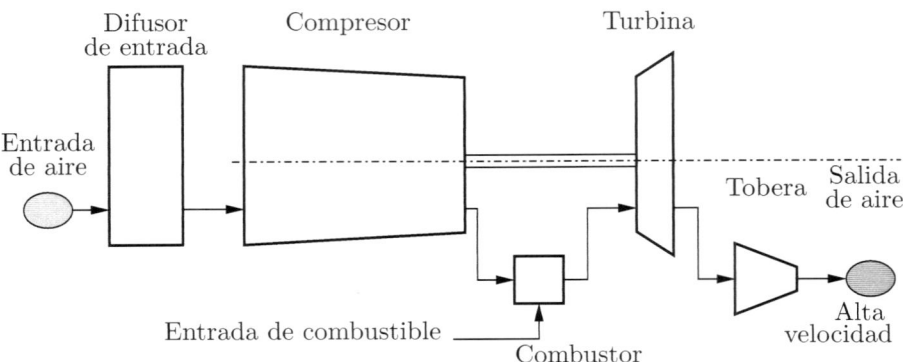

Figura 8.6. Esquema funcional de un turborreactor.

cilindro del motor de combustión interna, el gas pasa por las sucesivas
etapas de forma alternativa (de ahí el nombre de motor alternativo),
mientras que en los motores basados en la turbina de gas, y en general
en todos los sistemas de propulsión a chorro, las etapas se realizan
en forma continua a lo largo de los diversos componentes del motor.
Así, la compresión, combustión, expansión y escape en el turborreactor
ocurren simultaneamente en diferentes componentes. Se dice pues que el
proceso es continuo y que este tipo de motor es un motor de combustión
continua. En la comparación mostrada en la figura 8.7, es interesante
destacar que las etapas de admisión, compresión, combustión y expansión
son practicamente iguales en su concepto, pero en cambio, la etapa
de expansión presenta una importante diferencia. En el caso del motor
alternativo, la etapa de expansión se emplea para poder volver a dejar el
cilindro en su estado inicial, eliminando los gases quemados de la cámara
de combustión, mientras que en el turborreactor el principal objetivo de
la fase de escape es la producción de empuje; para ello en la expansión
se emplea una tobera con el fin de acelerar el fluido y hacer que aparezca
dicho empuje.

El ciclo que describe la evolución de las variables termodinámicas
del flujo de aire en su paso por un turborreactor se denomina ciclo
Brayton. En la figura 8.8(a) se ha representado dicho ciclo termodinámico
y en la figura 8.8(b) el ciclo correspondiente al motor alternativo (ciclo
Otto) así como la evolución de la presión, temperatura y velocidad
del flujo a lo largo de un turborreactor típico. En el ciclo Brayton

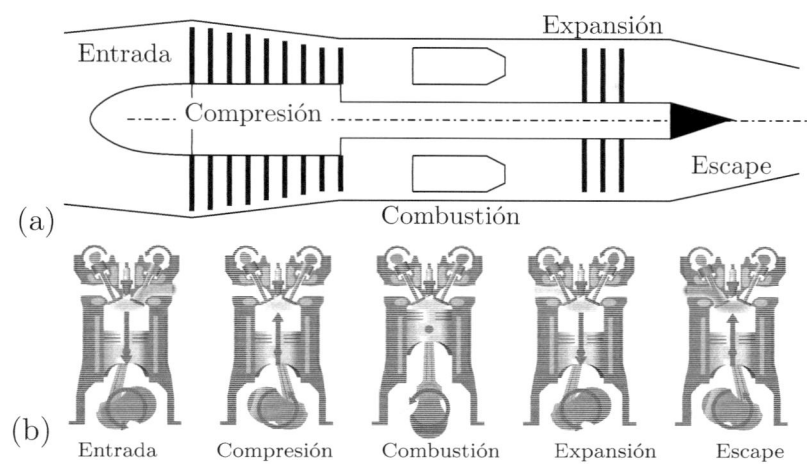

Figura 8.7. Comparación de los etapas de (a) turborreactor (combustión continua) y (b) motor alternativo (combustión intermitente).

la primera etapa se caracteriza por aumentar la presión mediante la acción del compresor, y desde el punto de vista termodinámico ideal, la compresión se realiza de forma isentrópica (entropía constante), es decir, sin disipación de energía y de forma reversible. Durante esta etapa la velocidad del flujo puede pasar de 250 m/s a 100 m/s, como consecuencia de la acción de la compresión, la presión aumenta desde practicamente 100 kPa hasta 800 kPa (una relación de compresión del orden de 8) y la temperatura desde 7 °C hasta unos 250 °C. La combustión se caracteriza por ocurrir a presión constante (alrededor de 800 kPa); la velocidad del fluido a lo largo de la cámara de combustión es del orden de 140 m/s y la temperatura, como consecuencia de la combustión, puede alcanzar 900 °C. A continuación, se produce la expansión del flujo en la turbina que también se supone que se realiza de forma isentrópica, en esta etapa la temperatura disminuye apreciablemente, hasta alcanzar valores del orden de 700 °C, disminuyendo la presión y aumentando la velocidad del flujo hasta unos 230 m/s, y después de la turbina la corriente es descargada a la atmósfera a través de la tobera, recuperando la presión con la que el flujo entró en el motor. La corriente a la salida de la tobera queda con una elevada velocidad (del orden de 600 m/s) y también una elevada temperatura (alrededor de 600 °C). Tanto la energía cinética, como la energía térmica con la que se queda el chorro en la estela del motor, representan pérdidas.

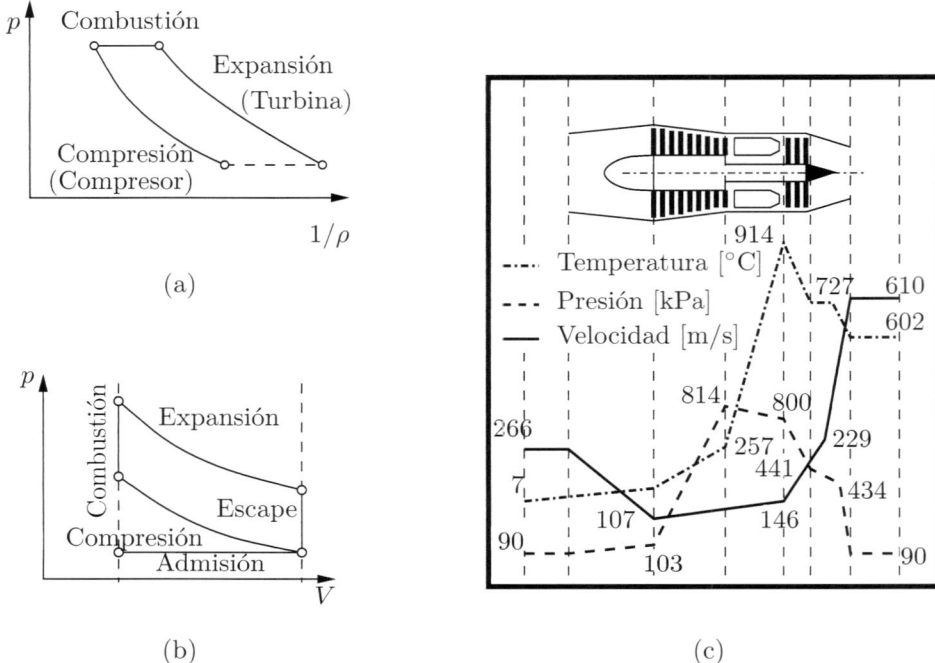

(a)

(b)   (c)

Figura 8.8. Ciclos termodinámicos de: (a) un turborreactor (ciclo Brayton) y (b) un motor alternativo (ciclo Otto). (c) Evolución de la temperatura, presión y velocidad a lo largo de un turborreactor.

8.4.1. Componentes de un turborreactor

A continuación se describen los componentes básicos del turbo-rreactor, componentes que son comunes a todos los aerorreactores ya que el turborreactor constituye el núcleo en el que se basan los diferentes desarrollos que se han realizado en propulsión a chorro no autónoma.

El primer componente que encuentra el flujo de aire que incide sobre el aerorreactor es el difusor, véase figura 8.9, cuya finalidad es decelerar la corriente, así como prevenir el desprendimiento y uniformizar la corriente de entrada al compresor.

La deceleración de la corriente es necesaria porque el número de Mach de funcionamiento de un compresor axial suele encontrarse en torno a 0.4, mientras que el fan de los turbofanes suele trabajar en torno a números de Mach del orden de 0.7. El proceso de deceleración de la corriente depende del régimen de vuelo, ya que, mientras que en vuelo subsónico la corriente se decelera según se acerca al difusor de entrada, en el caso supersónico la deceleración se produce en la proximidad del difusor y se consigue mediante de ondas de choque.

Además, el diseño del difusor de entrada debe presentar un comportamiento aerodinámico que sea poco sensible al desprendimiento de la corriente, incluso en condiciones de desalineación del eje del motor respecto a la corriente libre incidente. El desprendimiento de la corriente implica pérdida de actuaciones del difusor y creación de flujo desprendido que puede afectar al resto de los componentes, especialmente al compresor.

Por último, el difusor debe proporcionar una corriente lo más uniforme posible, lo que es especialmente crítico ya que si el flujo no es uniforme, se encuentra perturbado, y con un elevado contenido de turbulencia, el funcionamiento del compresor se ve afectado, pudiendo llegar a producir un mal funcionamiento e incluso fallo del mismo por el elevado nivel de vibraciones.

Cada difusor se diseña para funcionar de forma óptima en una determinada condición de vuelo de modo que, dependiendo del régimen, subsónico o supersónico, para el que se diseña una aeronave, existe una gran diferencia en la forma geométrica y en la operación del difusor. Evidentemente, cuando un difusor opera fuera de su condición de vuelo, su eficiencia disminuye y esto se traduce en un aumento de resistencia y de pérdida de capacidad de deceleración de la corriente. En la figura 8.9 se muestran dos difusores empleados en aerorreactores; en la figura 8.9(a) se representa un difusor subsónico que suele ser un conducto divergente que, como se describe en la sección 3.8.4, produce una deceleración de la corriente y un aumento de la presión; en cambio, en el diseño de un difusor supersónico se incentiva la aparición de ondas de choque para conseguir decelerar la corriente y comprimir el flujo y, como se presenta en la sección 3.8.5, las ondas de choque pueden ser oblicuas o normales. En la figura 8.9(b) se muestra la forma típica de un difusor supersónico que emplea ondas de choque oblicuas para conseguir la deceleración de la corriente. También en el caso supersónico el difusor se diseña para una velocidad de vuelo determinada, por lo que para velocidades diferentes aumenta la resistencia y disminuye la eficacia del difusor; en general existen diversas formas de mejorar la situación, bien generando un sistema de ondas de choque más complejo y con un número mayor de ondas de choque oblicuas, o bien variando la posición del cono central para adaptar el sistema de ondas de choque en cada velocidad de vuelo. Aparte del difusor supersónico de tipo cónico, existen también otros difusores supersónicos con secciones rectangulares en los que se generan ondas de choque normales.

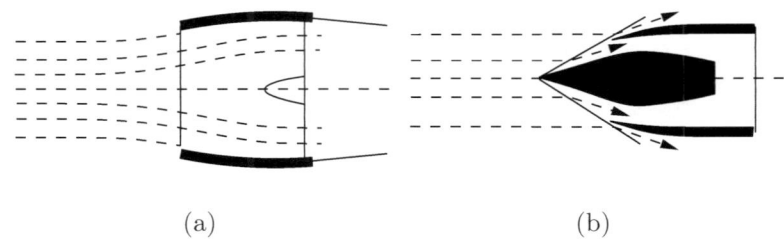

(a)   (b)

Figura 8.9. Formas habituales de difusores: (a) subsónico y (b) supersónico.

El compresor es el elemento responsable de comprimir el flujo, de manera que en su paso por el mismo, la corriente aumenta su presión y temperatura (el compresor proporciona un trabajo al flujo). El objetivo principal del compresor es dejar el flujo en condiciones de alta presión para conseguir que la combustión posterior ocurra en un volumen más pequeño y sea autosostenida. La relación entre la presión a la salida del compresor con respecto a la presión a la entrada es el parámetro más importante para definir las actuaciones del compresor. Esta relación de presión para un compresor de tipo axial suele presentar valores en torno a 10:1 o 15:1, y pudiendo alcanzar en casos muy particulares valores máximos del orden de 30:1, ver Mattingly (2006).

Existen dos tipos de compresores: axiales y centrífugos. En un compresor axial la componente principal de velocidad del flujo es paralela al eje longitudinal del compresor, mientras que en un compresor centrífugo la componente principal de velocidad del flujo aparece en la dirección radial. En la actualidad los motores de reacción emplean compresores axiales, aunque en los primeros motores de reacción se empleaban compresores centrífugos porque los axiales todavía no habían alcanzado el nivel de madurez tecnológica necesaria. Las ventajas que tiene el compresor axial comparado con el centrífugo son que presenta, en general, un rendimiento mayor y que para un mismo diámetro exterior, el flujo másico que es capaz de ingerir es mucho mayor; este último aspecto ha sido decisivo para la imposición de las turbomáquinas axiales, ya que en general para el mismo empuje el área frontal de un compresor centrífugo es mucho mayor que el axial, por lo que la resistencia asociada al mismo también es mayor.

En la figura 8.10 se muestra el esquema de un compresor axial, que consiste en un conjunto de rotores y estatores, véase la figura 8.10(a). Cada par rotor-estator define una etapa de compresión y cada rotor y estator esta formado por un conjunto de álabes dispuestos circunferencialmente. Los alabes, en cierta forma, son alas con mayor o menor torsión y cuyas secciones transversales son perfiles aerodinámicos. El rotor se encuentra unido al eje, de manera que gira de forma solidaria al sistema compresor-turbina. El estator, por contra, se encuentra fijo en la carcasa exterior del motor. En la figura 8.10(b) se muestra un detalle tridimensional de la configuración de un compresor axial en rotor y estator, así como de los álabes de los que está formado.

El flujo en su paso por el compresor se encuentra con un gradiente de presión desfavorable (la presión aumenta en la dirección del movimiento), razón por la que los álabes de los compresores suelen presentar muy baja curvatura, ya que el gradiente de presión desfavorable hace que sea fácil desprender la corriente. Debido al gradiente de presión adverso y para conseguir una compresión eficiente se requiere de un proceso de compresión progresiva. Como consecuencia de esto, los compresores presentan un mayor número de etapas que las turbinas; por ejemplo, el turborreactor GE-J79 tiene 17 etapas de compresión y 3 etapas de turbina, con una relación de compresión conseguida en el compresor de 12.9:1.

Después del compresor viene la cámara de combustión, que es donde se mezcla el aire con el combustible y se produce la combustión de dicha mezcla. El diseño de la cámara de combustión debe contemplar criterios como son tamaño mínimo, que la combustión sea eficiente disminuyendo en lo posible la emisión de contaminantes, que las cargas mecánicas y térmicas sean pequeñas para garantizar una vida operativa de sus componentes lo más larga posible, asegurar la estabilidad de la llama y obtener distribuciones de temperatura controlables a la entrada de la turbina.

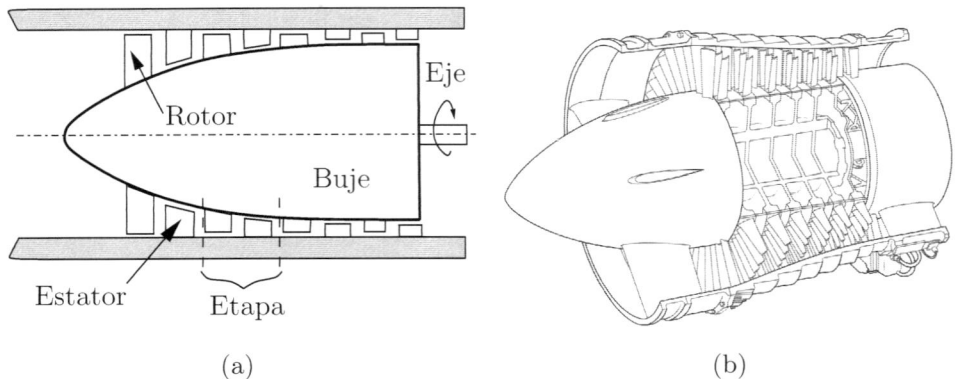

Figura 8.10. Subcomponentes de un compresor axial. (a) Rotor y estator
y (b) vista tridimensional de un compresor axial.

Las cámaras de combustión están formadas por tubos de llama que
son los componentes donde se produce la combustión. En la figura 8.11
se muestra un tubo de llama de flujo axial y tres configuraciones típicas
de tubos de llama para formar la cámara de combustión. A través del
inyector de combustible se introduce en la cámara de combustión el
combustible atomizado y vaporizado; dado que la combustión se realiza
en régimen subsónico y el flujo de aire tras el compresor se caracteriza
por elevadas velocidades, a la entrada del tubo de llama se sitúa un
difusor de corriente que aumenta la presión y disminuye la velocidad,
véase la figura 8.11, se debe destacar que como la corriente a la entrada
de la cámara de combustión es subsónica, el difusor es un conducto
divergente. Tras el difusor el flujo de aire se deriva en dos: flujo primario y
secundario, quedando la reacción de combustión confinada en el interior
de un revestimiento por el que se mueve el flujo primario; entre la
carcasa del tubo y el revestimiento interno circula el flujo secundario
cuya misión principal es refrigerar el tubo de llama. En la zona del
flujo primario, como consecuencia directa de la combustión, se alcanzan
temperaturas muy elevadas, por lo que el revestimiento interno suele
disponer de orificios que permiten la entrada del flujo de aire secundario
de menor temperatura, consiguiendo de esta forma refrigerar buena parte
del flujo primario. La zona en la que el combustible es inyectado en el flujo
primario suele diseñarse para forzar un fuerte proceso de recirculación
y de creación de turbulencia que facilite el proceso de mezclado de la
corriente de aire con el combustible atomizado. De esta forma se evita

que la llama sea soplada al exterior y se garantiza que se mantenga estable.

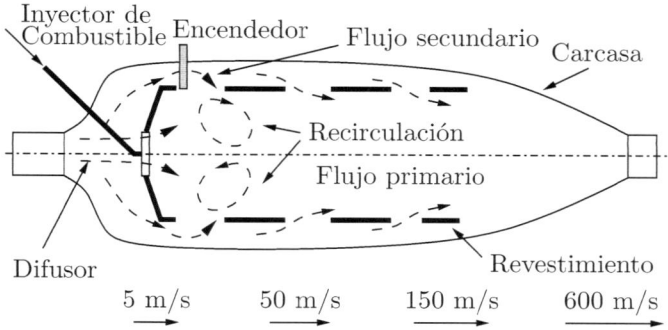

Figura 8.11. Esquema de un combustor.

En las figuras 8.12 (a), (b) y (c) se muestran diferentes configuraciones de tubos de llama denominados respectivamente: anular, tubular y tubular-anular. En la configuración tubular la combustión se produce en el espacio que deja el revestimiento interior, sin que exista separación física entre cada una de las entradas de combustible, véase la figura 8.12(a). En el caso tubular, cada entrada de combustible se encuentra confinada en un revestimiento independiente, figura 8.12(b). Finalmente, en la cámara de tipo tubular-anular la combustión acontece en cada revestimiento interno de forma separada del resto pero el flujo secundario es común a todos los tubos de llama, figura 8.12(c). Actualmente, en la propulsión aeroespacial se emplean fundamentalmente las cámaras de tipo anular o tubular-anular, debido a que, en general son más ligeras que las tubulares.

La turbina tiene como objetivo extraer potencia de la corriente fluida, que en parte se emplea en mover el compresor. La turbina, al igual que el compresor, es un elemento mecánico giratorio formado por un número determinado de etapas, donde cada etapa está formada por un rotor y un estator, cada uno de ellos con álabes de formas aerodinámicas para la extracción de potencia de la corriente fluida. La turbina se encuentra conectada mecánicamente con el compresor mediante uno o varios ejes, dependiendo del número de compresores y turbinas.

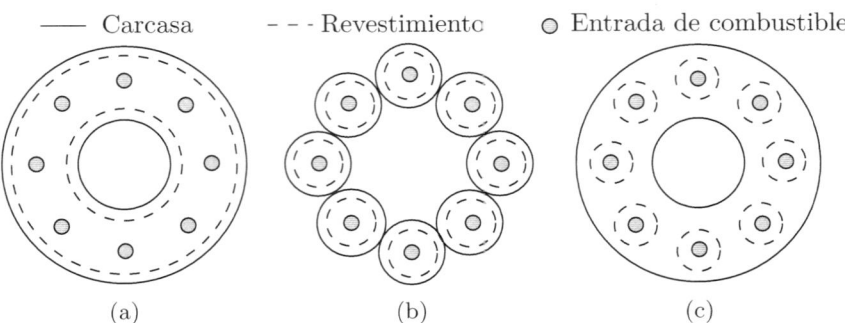

Figura 8.12. Cámaras de combustión habituales: (a) anular, (b) tubular y (c) tubular-anular.

En su paso por la turbina el flujo de gases procedentes de la combustión se encuentra con un gradiente de presión favorable (la presión disminuye en la dirección del movimiento), lo que justifica que los álabes de las turbinas suelan presentar elevadas curvaturas ya que el gradiente de presión favorable hace que sea más difícil que se desprenda la corriente, véase la figura 8.13. Así al aumentar la curvatura del perfil, las fuerzas aerodinámicas se hacen más grandes y, por tanto, el trabajo específico por unidad de etapa es mayor comparado con el caso del compresor y como consecuencia de ello, el número de etapas de las turbinas es menor que el número de etapas de compresión. En cambio, los álabes de la turbina se encuentran con una corriente de temperatura elevada, y debido a la elevada velocidad de rotación de la turbina (del orden de 10000 rpm) los álabes se encuentran sometidos a elevados esfuerzos centrífugos; además la elevada curvatura de los álabes hace que las fuerzas aerodinámicas también sean elevadas. El material con el que se construyen los álabes debe ser capaz de soportar tanto altas temperaturas como elevados esfuerzos, situación que acelera los procesos de oxidación, y dependiendo del ambiente de funcionamiento, pueden resultar también incentivados los procesos de corrosión por elevada temperatura. Por ejemplo, se ha comprobado que tras 2500 horas de vuelo a baja altitud en álabes sin recubrimiento de Níquel-Aluminio pueden quedar dañados de forma irreparable. En la figura 8.13(a) se muestra un álabe sin recubrimientos de tipo Níquel-Aluminio y otro álabe con recubrimiento de Níquel-Aluminio después de 2500 horas de funcionamiento se puede apreciar el evidente deterioro del álabe sin recubrimiento.

Debido a la elevada temperatura de funcionamiento de la turbina, los álabes situados en las primeras etapas disponen de sistemas de refrigeración para disminuir su temperatura. El sistema más habitual consiste en extraer aire frío y a elevada presión del compresor, sangrado, e inyectarlo a través de la base del álabe de turbina, que suele estar hueco para acomodar este gasto de aire y, a través de ranuras y orificios situados en sus superficies, terminar saliendo a la corriente principal, figura 8.13(c). La inyección de aire frío en los álabes de turbina tiene dos objetivos, por un lado se disminuye su temperatura y se consigue elevar el rendimiento motor o térmico del aerorreactor y por otro, proporcionan energía a la capa límite del álabe de forma que es más difícil que se desprenda.

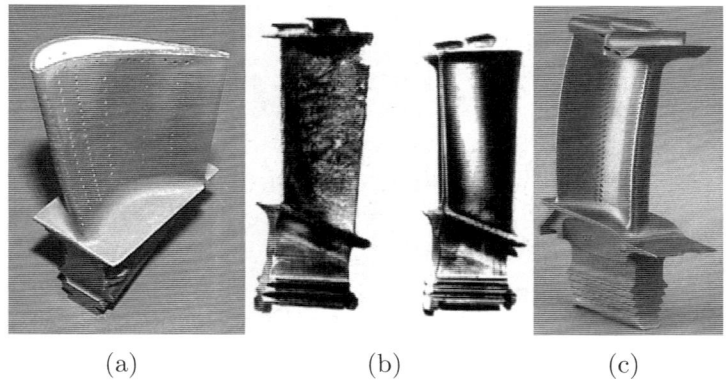

(a)   (b)   (c)

Figura 8.13. (a) Álabe de turbina (b) Deterioro de los álabes debido al efecto de la elevadas temperatura y cargas (según Meetham (1986)) (c) Sistema de refrigeración empleados en los álabes de las turbinas.

Determinados aerorreactores requieren disponer de un empuje adicional en ciertas circunstancias, por ejemplo, durante el despegue en un pista corta o en una maniobra de evasión en situación de combate. Los aerorreactores de las aeronaves que así lo requieren disponen de algún sistema para conseguir disponer de este empuje adicional. Estos sistemas son muy empleados en aeronaves militares, ya que requieren una mayor variabilidad de los niveles de empuje disponible que las aeronaves de uso civil o transporte. Básicamente, existen dos formas de conseguir aumentar el empuje: inyección de agua y postcombustión.

El aumento de empuje mediante inyección de agua se basa en introducir agua o una mezcla de agua y alcohol en el compresor o en la cámara de combustión. El aumento de empuje se obtiene porque al introducir agua aumenta no sólo el gasto, sino que también la presión en la cámara de combustión. Este tipo de técnica puede llegar a conseguir aumentos de empuje del orden del 50 % en maniobras de despegue.

La postcombustión se basa en añadir combustible a la mezcla de gases quemados antes de llegar a la tobera de salida. La postcombustión es posible porque la mezcla aire con combustible que queda tras la combustión principal sigue teniendo aire suficiente para poder realizar otra combustión adicional. El postcombustor es el elemento responsable de conseguir aumentar la temperatura de los gases de escape para que al ser expandidos en la tobera alcancen una mayor velocidad de salida y por tanto un mayor empuje y consiste básicamente en un conducto relativamente largo situado entre la turbina y la tobera con una entrada de combustible y un estabilizador de llama, véase la figura 8.14. Los estabilizadores de llama son de formas romas y su misión es generar la suficiente recirculación y turbulencia de flujo para facilitar la estabilidad de la combustión. De esta forma, se puede conseguir mantener una llama estacionaria dentro de una corriente cuya velocidad, aunque subsónica, es mayor que la velocidad de la llama. El uso de los estabilizadores de llama tiene como inconveniente la caída de presión que producen en la corriente, lo que exige encontrar un compromiso entre la caída de presión y la estabilidad de llama para determinar el área de estabilizadores a emplear.

La tobera de salida es el elemento responsable de acelerar la corriente para conseguir elevadas velocidades del flujo, que permitan crear un empuje sobre el aerorreactor. Para conseguir altos valores de empuje por unidad de gasto es necesario que la velocidad de salida del chorro sea alta, lo cual implica que la energía cinética del chorro sea grande, de modo que, la tobera debe ser capaz de producir un descenso de presión en un proceso de expansión que permita a los gases procedentes de la combustión aumentar su velocidad.

Para aeronaves en régimen subsónico se emplean toberas convergentes mientras que para aeronaves que funcionan en régimen

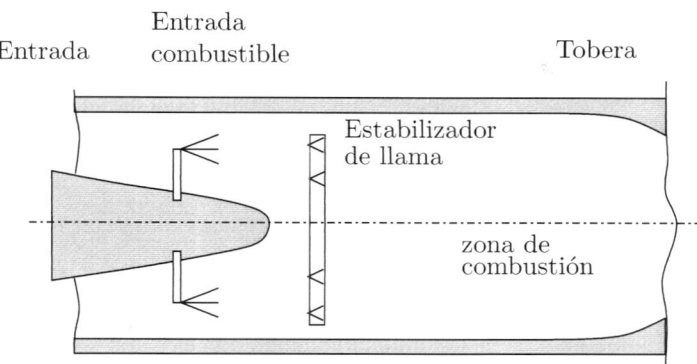

Figura 8.14. Sistema de postcombustión para aumento de empuje y también combustor de un estatorreactor.

supersónico se usan toberas convergentes-divergentes. La primera es simplemente un conducto convergente que se emplea en aeronaves subsónicas y en motores de bajo empuje, siendo la variable de diseño que suele decidir su uso la relación de la presión en la salida de la turbina con respecto a la presión exterior, empleándose este tipo de toberas cuando esta relación es baja, inferior a dos. Las toberas convergentes-divergentes se suelen emplear cuando la relación de presiones en la tobera es alta, lo que en general ocurre en aeronaves supersónicas con requisitos de elevados empujes; estas toberas convergentes-divergentes no son de geometría fija y suelen disponer de mecanismos que permiten variarla y así, se habla de toberas de geometría variable cuando existe la posibilidad de variar la posición de la sección de área mínima o garganta y el ángulo de la parte divergente, manteniéndose la dirección del chorro, véanse las figuras 8.15(a) y 8.15(b). En cambio se dice que una tobera convergente-divergente es vectorial cuando tiene la posibilidad de orientar el chorro en diferentes direcciones, véanse las figuras 8.15(c) y 8.15(d), pudiendo incluso ayudar a frenar la aeronave invirtiendo el sentido del vector empuje además de proporcionar fuerzas verticales durante el despegue y aterrizaje. El ejemplo más famoso es el motor Pegasus de Rolls-Royce empleado en el caza Harrier.

8.4.2. Determinación del empuje en un turborreactor

En esta sección se presenta la aplicación de la teoría de volúmenes de control que se ha presentado en la sección 7.5 al cálculo del empuje

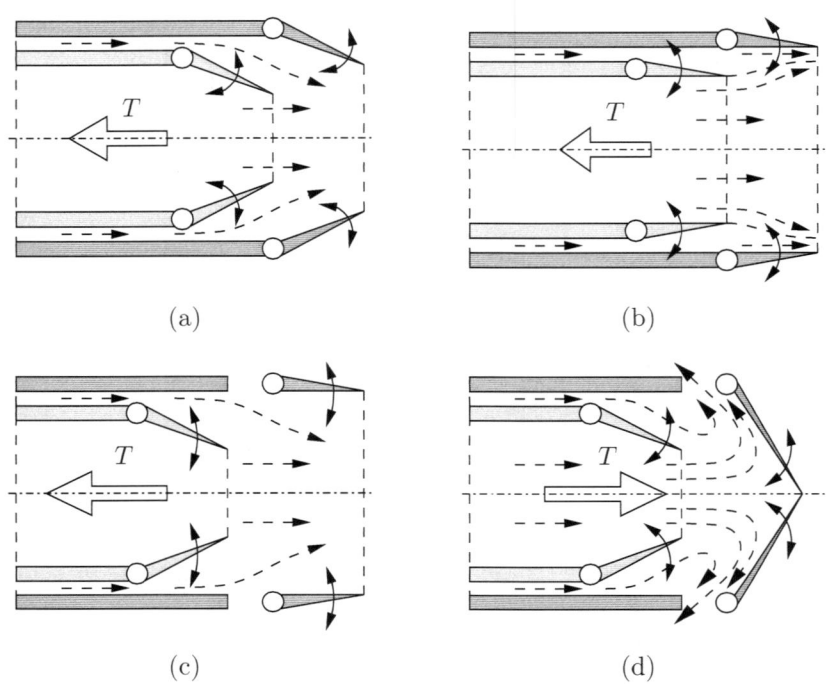

Figura 8.15. Tobera de salida de geometría variable: (a) régimen subsónico y (b) régimen supersónico. Tobera de salida de empuje vectorial: (c) régimen subsónico y (d) régimen de empuje en reversa.

de un turborreactor. En la figura 8.16 se muestra un aerorreactor y un volumen de control que está dividido en dos: el volumen de control asociado al aire que es ingerido por el motor V_i y el volumen de control global que corresponde al entorno fluido del aerorreactor, V_e. La sección corriente arriba del turborreactor se divide también en dos: la superficie A, que corresponde a la sección de flujo que termina siendo ingerida por el motor, y la sección A_1, que representa el flujo que al pasar alrededor del turborreactor; una parte es desplazada hacia el exterior del volumen de control V_1 y la otra parte configura la corriente en la sección posterior del turborreactor. El gasto asociado al flujo ingerido por el motor se denota como G y el asociado a la sección A_1 se escribe como G_1. Teniendo en cuenta, que las condiciones del flujo corriente arriba del turborreactor son u_∞, p_∞ y ρ_∞, el gasto ingerido por el motor es, $G = \rho_\infty u_\infty A$ y el gasto del entorno del turborreactor corriente arriba es, $G_1 = \rho_\infty u_\infty A_1$. En el volumen de control V_e está inmerso parte del sistema de sujeción del turborreactor al ala, y por tanto, el exterior realiza una fuerza de reacción sobre el volumen de control igual al empuje T. Además, a través de este anclaje se introduce el combustible que es mezclado con el gasto de aire ingerido. El gasto de combustible se denota como G_c y la velocidad con la que se introduce con u_c. La sección posterior del volumen de control V_e presenta dos flujos: el flujo de salida de los gases resultantes de la combustión del aire y el combustible, A_s, y la parte del entorno fluido que rodea al turborreactor, A_2. El flujo de salida del turborreactor se caracteriza por presentar una velocidad u_s y una presión p_s, en general diferente de la presión de la corriente sin perturbar, p_∞; el gasto en la sección de salida, G_s, es, por tanto, $G_s = \rho_s u_s A_s$. Se supone que el flujo en la sección de salida del entorno del turborreactor tiene una velocidad u_∞ y una presión p_∞, ya que, aunque es perturbado por la presencia del turborreactor ésta es despreciable en la mayor parte de los casos, el gasto asociado a la sección A_2 es, por tanto, $G_2 = \rho_\infty u_\infty A_2$. La presencia del motor apenas perturba las propiedades de la corriente libre corriente arriba y la única perturbación que produce es que parte del flujo es desplazado fuera del volumen de control por la presencia del turborreactor y genera un flujo saliente de masa con velocidad u_∞ que se denota como G_d.

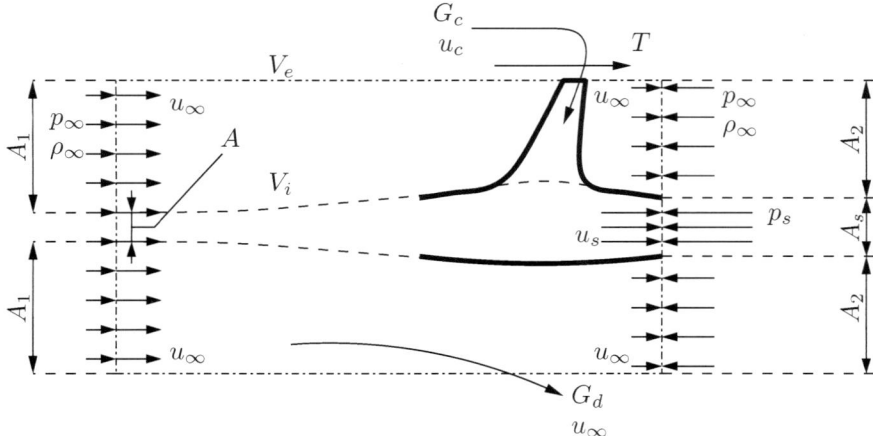

Figura 8.16. Volumen de control para la determinación del empuje producido por un turborreactor.

Teniendo en cuenta la definición de las secciones se cumple que, $A_1 + A = A_2 + A_s$, expresión que se puede escribir como:

$$A_1 - A_2 = A_s - A. \tag{8.1}$$

Aplicando la conservación de masa al volumen de control, V_i, véase la Tabla 7.1, se obtiene:

$$G_s = G + G_c, \tag{8.2}$$

que expresa que el gasto en la sección de salida del turborreactor es igual al gasto de aire ingerido por el motor, más el gasto de combustible. La conservación de masa, cuando se aplica al volumen de control del entorno del motor, V_e, proporciona la relación:

$$G_d + G_2 + G_s - G - G_1 - G_c = 0, \tag{8.3}$$

e introduciendo en (8.3) la ecuación (8.2). se obtiene que, $G_d = G_1 - G_2$, y empleando la expresión (8.1), resulta:

$$G_d = \rho_\infty u_\infty \left(A_s - A\right). \tag{8.4}$$

Esta expresión muestra que el gasto de flujo desplazado por el motor depende de la diferencia entre el área de fluido corriente arriba que termina ingiriendo el motor y la sección de salida del turborreactor, y como en general se cumple $A_s \neq A$ existe parte de flujo corriente arriba que es desplazado por la presencia del turborreactor.

La fuerza resultante se obtiene de la aplicación de la ecuación de balance de cantidad de movimiento al volumen de control V_e, y para ello, hay que considerar que los flujos de cantidad de movimiento que entran en el volumen de control son: $G_1 u_\infty$, $G u_\infty$, corriente arriba y el asociado al combustible $G_c u_c$. Dado que la velocidad con la que entra el combustible en la cámara de combustión es pequeña y que el gasto de combustible comparado con el de aire que ingiere el motor también es pequeño, el flujo de cantidad de movimiento de combustible que entra en el volumen de control, $G_c u_c$, es prácticamente despreciable comparado con el flujo de cantidad de movimiento de aire que entra en el turborreactor $G u_\infty$ y por tanto, no es considerado en la ecuación de balance. Por otro lado, los flujos de cantidad de movimiento que salen del volumen de control son: el asociado al flujo desplazado $G_d v_d$ y los correspondientes a la sección de salida $G_s u_s$ y $G_2 u_\infty$. Las fuerzas exteriores que actúan sobre el volumen de control son las de presión y la correspondiente a la reacción de la sujeción del motor, es decir el empuje. El principio de cantidad de movimiento, véase la Tabla 7.1, aplicado al volumen de control V_e, es, $\sum_s G_s u_s - \sum_e G_e u_e = \sum F_{ext}$, y queda por tanto:

$$(G_2 + G_d - G_1 - G) u_\infty + G_s u_s = T + p_\infty (A_1 + A - A_2) - p_s A_s.$$

El término $(G_2 - G_1) u_\infty$ del lado izquierdo de esta expresión se puede expresar como $(G_2 - G_1) u_\infty = \rho_\infty u_\infty (A - A_s)$. Empleando la ecuación (8.4), considerando la expresión (8.2) del gasto de salida y teniendo en cuenta la ecuación (8.1) en los términos de presión, se obtiene la expresión para el empuje del turborreactor como:

$$T = (G + G_c) u_s - G u_\infty + (p_s - p_\infty) A_s.$$

En general el consumo de combustible G_c suele ser del orden del 2 % al 5 % del gasto de aire que es ingerido por el turborreactor, es decir, que, $G \gg G_c$ y por tanto, $G + G_c \approx G$. Además, en condiciones de funcionamiento normal la sección de salida del turborreactor suele tener la misma presión que el entorno, $p_s = p_\infty$, situación en la que se dice que la tobera del turborreactor está adaptada. Empleando estas dos simplificaciones, la ecuación del empuje se reduce a:

$$T = G (u_s - u_\infty).$$

Ejemplo 8.1

El turborreactor J-85 se ha empleado en aeronaves militares como el T-38 y el F-5. Su desarrollo y primer vuelo es de la década de 1950. Sin embargo, todavía sigue siendo usado y la Fuerza Aérea Estadounidense prevé emplearlo hasta el año 2040 (actualmente se emplea en aviones de entrenamiento). Se considera un avión T-38 que vuela a una altitud de 12000 m y a un número de Mach de 0.7. Suponiendo la tobera adaptada y el gasto de combustible despreciable comparado con el gasto de aire y considerando que el empuje varía con la altitud de la forma, $T(z) = T_0 \rho(z)/\rho_0$, donde, T_0 representa el empuje a nivel del mar, determinar: (1) la velocidad de salida del chorro para la versión militar sin postcombustor y (2) la velocidad de salida del chorro para la versión militar con postcombustor. En la siguiente tabla se detallan las características relevantes del motor a nivel del mar. Las cantidades entre paréntesis corresponden a la versión militar.

Peso	180-200 kg
Diámetro	0.45 m
Etapas de compresión	8
Etapas de turbina	2
Empuje a nivel del mar	12 kN (18 kN)
Empuje a nivel del mar con postcombustor	17 kN (22 kN)

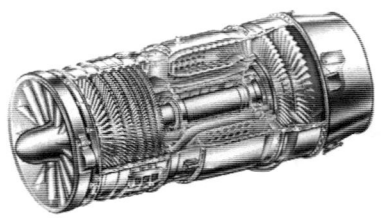
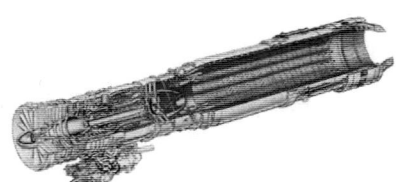

J-85 sin postcombustor   J-85 con postcombustor

Solución

En la condición de vuelo dada ($M_\infty = 0.7$ y $z = 12000$ m), la velocidad de vuelo es:

$$u_\infty = M_\infty \sqrt{\gamma R T_\infty} = 206.5 \text{ m/s}.$$

Aunque la velocidad u_∞ no corresponde exactamente a la velocidad en la sección de entrada del motor, el gasto en una primera aproximación se puede escribir como:

$$G = \rho u_\infty \frac{\pi D^2}{4} = 10.2 \text{ kg/s},$$

donde, $D = 0.45$ m, es el diámetro del motor. Teniendo en cuenta que el empuje en condiciones de tobera adaptada y el gasto de combustible despreciable, se puede expresar como, $T = G(u_s - u_\infty)$, la velocidad de salida del chorro es:

$$u_s = u_\infty + \frac{T}{G} = u_\infty + \frac{T_0}{G} \frac{\rho}{\rho_0}.$$

(1) Para el caso de versión militar sin postcombustor, $T_0 = 18$ kN, la velocidad de salida del chorro es $u_s = 653.8$ m/s.

(2) Para el caso de versión militar con postcombustor, $T_0 = 22$ kN, la velocidad de salida del chorro es $u_s = 753.2$ m/s.

8.5. Turbofan

El turbofan es un diseño de aerorreactor que pretende ser un compromiso entre el turborreactor y la propulsión a hélice. El turbofan consiste en un difusor de entrada, fan, núcleo del motor (compresor, cámara de combustión y turbina) turbina para el fan y toberas, véase la figura 8.17. El turbofan se caracteriza por presentar un flujo primario (núcleo del motor) y un flujo secundario (fan). El flujo primario es el análogo al flujo en un turborreactor, con la diferencia que el fan es una primera etapa de compresión; el flujo secundario se separa del flujo primario y simplemente es comprimido por el fan y expandido en una tobera asociada al flujo secundario, sin que haya combustión alguna implicada. El fan es una hélice carenada en un conducto, por lo que el flujo axial de aire a la entrada del fan puede alcanzar números de Mach del orden de 0.5 mientras que la relación de compresión que suele proporcionar es del orden de 1.5 a 2, ver Hill & Peterson (1991).

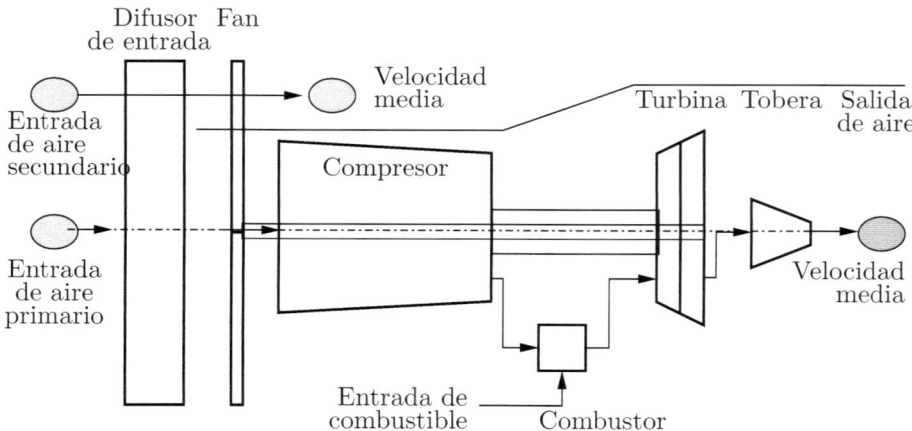

Figura 8.17. Esquema funcional de un turbofan.

La relación entre el gasto másico del flujo secundario y el flujo primario recibe el nombre de relación de derivación y para evitar la necesidad de tener que emplear cajas de reducción para adaptar la velocidad de giro de la turbomaquinaria a la de la hélice suelen ser lo suficientemente pequeños, del orden de cinco a seis, ver Hill & Peterson (1991), pudiendo alcanzar valores tan elevados como 17:1.

Desde el punto de vista mecánico, el turbofan es más complejo que el turborreactor. La turbina consta de dos partes: turbina de alta presión y turbina de baja presión. El flujo resultante de la combustión se encuentra con la turbina de alta presión y la potencia que se extrae en la expansión es empleada en mover el compresor de alta presión, posteriormente, el flujo se sigue expandiendo en la turbina de baja presión y la potencia extraída se emplea en mover el compresor de baja presión y, dependiendo del tipo de configuración mecánica, el fan. La configuración más convencional es la de dos ejes concéntricos: uno que comunica la turbina de alta con el compresor de alta presión y otro que conecta la turbina de baja presión con las etapas de baja presión del compresor y el fan. También existen diseños con tres ejes independientes, uno para el fan, otro para el conjunto compresor y turbina de baja presión (grupo intermedio) y el tercero para el compresor y turbina de alta presión.

La principal ventaja que presentan los turbofanes comparados con los turborreactores es que tienen un menor consumo de combustible para un mismo empuje y velocidad de vuelo en la región del régimen transónico. Esto se debe a que primero, el turbofan dispone de un flujo secundario movido por el fan de manera que el flujo de aire total que pasa por el turbofan es mucho más grande que el de un turborreactor con el mismo empuje (el turbofan crea el empuje moviendo una gran cantidad de aire, del cual la parte más importante no consume combustible) y en segundo lugar, la eficiencia motor o térmica del turbofan es mayor que la del turborreactor, pues el chorro se deja en la atmósfera con menos energía, tanto térmica como cinética. El turbofan dispone de unas etapas de turbina para producir la potencia necesaria para mover el compresor y otras etapas adicionales son empleadas en mover el fan, por lo que la corriente que se expande en la tobera tiene menos temperatura y por tanto, menor velocidad en la sección de salida en comparación con un mismo núcleo de turborreactor, por ello, las pérdidas de energía cinética y térmica en el chorro son menores. En otras palabras, parte de la energía disponible en el chorro es movida hacia la parte delantera del turbofan donde se encuentra el fan que es más eficiente a las velocidades asociadas al régimen transónico, en vez de emplearla en acelerar el chorro. Además, dado que el ruido que genera un sistema de propulsión a chorro es directamente proporcional a la velocidad de salida del chorro, los turbofanes son, en general, menos ruidosos que los turborreactores.

En la figura 8.18 se muestra la configuración de un turbofan, General Electric GE90 y las formas habituales de los álabes de turbofan. En general, los álabes del fan reciben una corriente que el difusor de entrada consigue decelerar hasta números de Mach del orden de 0.5. Ahora bien, si se tiene en cuenta la velocidad de giro del fan, junto con su gran diámetro, el número de Mach local de la corriente en la punta del álabe del fan puede llegar a alcanzar fácilmente condiciones supersónicas, en torno a 1.6. Debido a que el régimen de funcionamiento de los álabes del fan es transónico y supersónico bajo, la forma de estos álabes difiere ostensiblemente de los álabes de compresor, véase la figura 8.18(a). Los álabes del fan deben ser diseñados para tener buena relación resistencia frente al peso, buen comportamiento mecánico ante impacto, elevada vida a fatiga, etc. Las cargas estructurales a las que se ve sometido el fan son elevadas debido a vibraciones e impacto (el fan debe soportar operando de forma continua el impacto de pájaros). En la figura 8.18(b) se observa el diseño convencional de un álabe del fan equipado con elementos rigidizadores para minimizar las vibraciones, con poca torsión y, en general, de sección delgada, siendo los elementos rigidizadores una fuente de resistencia aerodinámica y que dificultan el equilibrado del fan. En diseños más actuales, véase la figura 8.18(c), se emplean álabes de elevada torsión y cuerda grande con lo que consiguen prescindir de los elementos rigidizadores laterales.

8.5.1. Clasificación

La relación de derivación del turbofan B se define como la relación entre el gasto másico del flujo de aire secundario G_s y el flujo de aire primario, G es decir:

$$B = \frac{\text{Gasto másico del flujo secundario}}{\text{Gasto másico del flujo primario}} = \frac{G_s}{G}.$$

De acuerdo con el valor de la relación de derivación, los turbofanes se pueden clasificar en turbofanes de baja y alta relación de derivación.

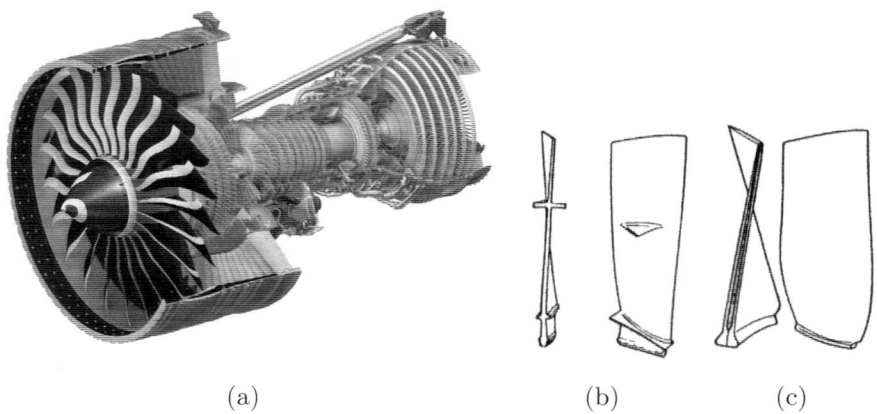

Figura 8.18. (a) Turbofan GE90 (cortesía de General Electric Aviation), (b) álabes de fan convencionales (c) álabes de fan de cuerda grande (adaptadas de Hill & Peterson (1991)).

En un turbofan de baja relación de derivación ($B \sim 1.5$), el gasto del flujo secundario y primario son prácticamente del mismo orden, es decir, sólo una pequeña parte de aire pasa por el conducto del fan. Este tipo de aerorreactor presenta un fan de diámetro pequeño y el motor es más compacto, de modo que la resistencia aerodinámica producida por la superficie frontal del motor es menor comparada con la de un turbofan de alta relación de derivación. Históricamente, fueron los primeros turbofanes que se produjeron y representan una evolución del turborreactor para mejorar el consumo específico por unidad de empuje a velocidades moderadas. El avance en mejoras de los materiales empleados para la fabricación de turbinas permitió elevar la temperatura de entrada a la turbina, lo cual a su vez hizo, que se pudiera emplear este exceso de energía térmica para mover etapas adicionales de compresión que pronto derivaron en un pequeño fan para mover el flujo secundario. El turbofan de baja relación de derivación se puede entender como la transición natural entre el turborreactor y los turbofanes de alta relación de derivación. Este tipo de motor actualmente se emplea en aeronaves de alta velocidad, cazas militares, etc.

En un turbofan de alta relación de derivación ($B \sim 6$), el gasto del flujo secundario es mucho mayor que el primario, de modo que una gran cantidad de aire pasa por el conducto del fan, y por tanto, el empuje se produce consiguiendo grandes gastos másicos a baja velocidad de chorro en vez de pequeños gastos a alta velocidad. En este tipo de motor el fan tiene un diámetro grande y por tanto el motor es menos compacto e induce una resistencia aerodinámica mayor, comparada con la de un turbofan de baja relación de derivación. Al ser el fan más grande las palas que lo forman son grandes y requieren diseños aerodinámicos y estructurales específicos, ya que son más propensas a problemas de hielo, impacto de objetos extraños etc. Además, comparado con el caso de baja relación de derivación, el fan requiere mayor potencia ya que debe mover una mayor cantidad de aire, por lo que la potencia extraída por la turbina de baja presión es mayor, lo que significa que la velocidad y temperatura del chorro en la sección de salida son menores para el mismo núcleo. Esto se traduce en eficiencias térmicas mayores y menor ruido que su equivalente de baja relación de derivación, aunque evidentemente, para que estas ventajas sean reales son necesarias velocidades de vuelo menores que las de funcionamiento de un turborreactor o un turbofan de baja relación de derivación. Los turbofanes de alta relación de derivación se emplean actualmente en aviación comercial para números de Mach correspondientes al régimen subsónico alto.

8.5.2. Empuje de un turbofan

En la figura 8.19 se muestran los volúmenes de control elegidos para determinar el empuje que produce un turbofan.

Se ha de considerar que en el caso del turbofan, se tienen realmente dos chorros, el primario y el secundario; así pues, siguiendo un razonamiento similar al de la sección 8.4.2, se obtiene que la expresión del empuje de un turbofan es:

$$T = (G + G_c)\, u_s - G\, u_\infty + (p_s - p_\infty)\, A_s$$
$$+ G_s\, (u_{ss} - u_\infty) + (p_{ss} - p_\infty)\, A_{ss},$$

donde, u_{ss} es la velocidad de salida del flujo secundario y p_{ss} la presión de salida del flujo secundario. Para una demostración más rigurosa se pueden consultar las referencias Flack (2005) o Archer & Saarlas (1996).

En el caso de suponer que las presiones a las que sale el flujo en las secciones de salida de ambas toberas, tanto en el flujo primario como el secundario, es la del ambiente (toberas adaptadas, $p_S = p_{ss} = p_\infty$) y que el consumo de combustible es mucho menor que el gasto de aire, el

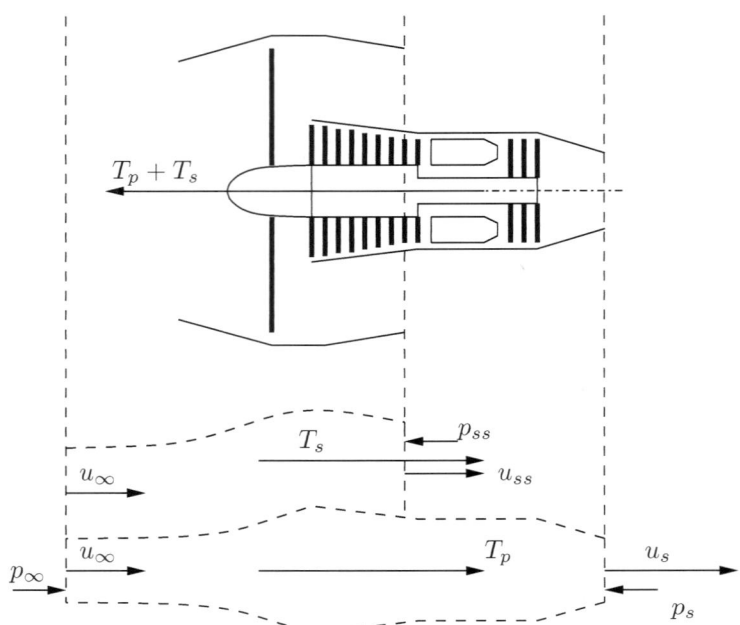

Figura 8.19. Esquema conceptual de la creación de empuje en un turbofan.

empuje que proporciona un turbofan se puede expresar como:

$$T = G\left(u_s - u_\infty\right) + G_s\left(u_{ss} - u_\infty\right).$$

Ejemplo 8.2

El turbofan PW4000 es una familia de aerorreactores desarrollado por Pratt & Whitney y que equipa aeronaves como el Airbus A310, A300 y Boeing B747 y B777. Se considera un avión Airbus A310 que vuela a una altitud de 10000 m y a un número de Mach de 0.83. En condiciones de crucero, el gasto del flujo primario es $G = 135.8\,\text{kg/s}$. Suponiendo tobera adaptada y gasto de combustible despreciable comparado con el gasto de aire y considerando que el empuje varía con la altitud, según $T(z) = T_0\rho(z)/\rho_0$, donde T_0 representa el empuje a nivel del mar, así como, que la velocidad de salida del flujo secundario es un 10 % mayor que la velocidad de salida del primario, determinar: (1) velocidad de salida del chorro primario y secundario, y (2) relación entre el empuje del primario con respecto al secundario.

PW4000	
Empuje (nivel del mar) T_0	185 kN
Diámetro del fan	2.4 m
Relación de derivación	$B = 5$
RPM rotor de baja presión	4000 rpm
RPM rotor de alta presión	10300 rpm
Etapas de turbina (HP)	2
Etapas de turbina (LP)	4

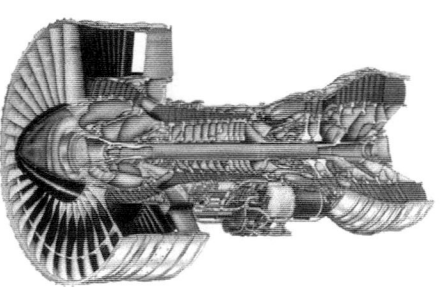

Solución

(1) La velocidad de vuelo correspondiente a la condición de vuelo $M_\infty = 0.83$ y $z = 10000$ m, es:

$$u_\infty = M_\infty \sqrt{\gamma R T_\infty} = 248.5 \text{ m/s}.$$

El empuje, en condiciones de tobera adaptada y gasto de combustible despreciable, se puede expresar como $T = G\left(u_s - u_\infty\right) + BG\left(fu_s - u_\infty\right)$ donde la relación de derivación es, $B = 5$ y $f = 1.1$. Despejando la velocidad de salida del chorro primario, u_s, de la expresión anterior se tiene que:

$$u_s = \frac{T(z) + u_\infty G\left(1 + B\right)}{G\left(1 + B\,f\right)} =$$

$$= \frac{T_0 \dfrac{\rho(z)}{\rho_0} + u_\infty G\left(1 + B\right)}{G\left(1 + B\,f\right)} = 299.8 \,\text{m/s},$$

y la velocidad de salida del flujo secundario es, $u_{ss} = f\,u_s = 329.8\,\text{m/s}$.

(2) El empuje del flujo primario es, $T = G\left(u_s - u_\infty\right) = 6970.0\,\text{N}$ y el del flujo secundario, $T_s = B\,G\left(f\,u_s - u_\infty\right) = 55211\,\text{N}$. Por tanto, la relación entre el empuje del primario con respecto al secundario es:

$$\frac{T}{T_s} = 0.12.$$

8.6. Turbohélice, propfan y turboeje

En esta sección se presentan dos tipos de aerorreactores basados en la propulsión mixta de chorro y hélice: turbohélice y propfan. Como actualmente los fabricantes de motores construyen un único núcleo común sobre el que añaden los accesorios necesarios para ofrecer tanto turboejes como turbohélices, dadas las similitudes con el turbohélice, también se describe el turboeje; aunque el turboeje en sí mismo no representa un sistema de propulsión ya que realmente su misión es proporcionar potencia mecánica en forma de giro de un eje mecánico (el turboeje se suele emplear para mover el rotor de los helicópteros).

8.6.1. Turbohélice

Un turbohélice es básicamente una turbina de gas en la que la mayor parte de la potencia obtenida se emplea en mover una hélice; se considera un sistema de propulsión mixta ya que parte de la propulsión se obtiene mediante la hélice y otra parte, mediante la expansión del chorro en la tobera. En la figura 8.20 se muestra el esquema funcional de un turbohélice consistente en una hélice y un flujo primario o núcleo central (turborreactor), donde, a través de un difusor, entra el aire que es comprimido en un compresor, posteriormente es mezclado con un combustible, y tras la combustión, expandido en una turbina y acelerado en una tobera produciendo el chorro de salida.

El turbohélice puede considerarse una extensión del concepto de turbofan[1], ya que la hélice es capaz de mover un gasto de aire mucho mayor que el turbofan y las velocidades con las que descarga el chorro en la salida de la tobera son menores. El flujo a través de la hélice, equivalente al flujo secundario de un turbofan, puede ser del orden de 25 a 30 veces el del flujo primario, y para garantizar el correcto funcionamiento de la hélice habitualmente se suele disponer de un sistema de control para regular el paso de las palas, véase el capítulo 7. Para mover la hélice es necesario añadir etapas de turbina adicionales, pues aunque la turbina que proporciona potencia a la hélice puede ser parte integral de la turbina

---

[1]Es importante destacar que históricamente el turbohélice se desarrolló antes que el turbofan, aunque en la presentación adoptada en este libro se ha preferido seguir una línea basada en el equilibrio entre velocidad de salida del chorro frente a gasto másico secundario, en vez de la secuencia histórica.

de gas, actualmente muchos turbohélices tienen una turbina libre en un eje concéntrico que se conecta directamente a la hélice, de forma que ésta pueda girar independientemente de la velocidad de giro del compresor. La velocidad de rotación de la hélice debe mantenerse entre ciertos valores por diversas razones, por un lado, para que la hélice sea eficiente es necesario que la velocidad en la punta se mantenga en régimen subsónico, y por otro se debe evitar que los esfuerzos centrífugos alcancen niveles que puedan dañar las palas y así garantizar la integridad estructural de la hélice. Como desafortunadamente la velocidad de giro de la hélice que satisface estas restricciones es bastante inferior a la velocidad de giro de la turbina, resulta necesario emplear cajas de engranajes para transformar la velocidad de giro de la turbina a la velocidad de giro de la hélice. Estas cajas de reducción deben de ser capaces de proporcionar relaciones de transformación en el entorno de 15:1. En el caso del turbohélice, la caja de reducción se considera parte del motor, mientras que en el caso de un turboeje (helicópteros) la caja de reducción se encuentra separada y alejada del motor.

La velocidad de salida de los gases de escape de los turbohélices es pequeña porque prácticamente toda la potencia de expansión se ha empleado en el compresor y la hélice; a pesar de esto el chorro contribuye al empuje total, si bien su contribución suele ser menor del 10 % del empuje total. La configuración del turbohélice incentiva un mayor trasvase de potencia desde la turbina hacia la parte delantera donde se produce la propulsión mediante hélice, en vez de hacia el chorro de salida, de forma que, en el turbohélice el empuje se produce mediante la creación de un gran gasto másico y pequeñas velocidades de salida.

Considerando que el turbohélice incorpora un sistema de control de paso, caja de reducción y turbina libre adicional, existe un aumento de peso considerable cuando se compara con el turborreactor del mismo tamaño, del orden de 1.5 veces superior. A pesar de esta diferencia de peso, el turbohélice es mucho más eficiente a bajas velocidades de vuelo y en aplicaciones que requieran elevadas prestaciones, como por ejemplo durante el despegue y el aterrizaje especialmente en distancias cortas. Debido a que las hélices presentan áreas frontales mayores que el área frontal del turborreactor y, dado que los turbohélices suelen ser más pequeños en longitud comparados con el turborreactor equivalente, el compresor empleado en el turbohélice suele ser de tipo axial con, al

menos, una etapa de compresión centrífuga, ya que es difícil fabricar
álabes robustos para las etapas finales de compresores axiales pequeños.
En definitiva, el turbohélice como sistema de propulsión se emplea en
aeronaves subsónicas con velocidades de vuelo modestas, en el entorno de
700 km/h. En aviación civil son empleados en aeronaves para transporte
de pasajeros entre destinos cortos y que emplean aeropuertos con pistas
cortas ya que el turbohélice presenta buenas características en aterrizaje
y despegue en distancias pequeñas.

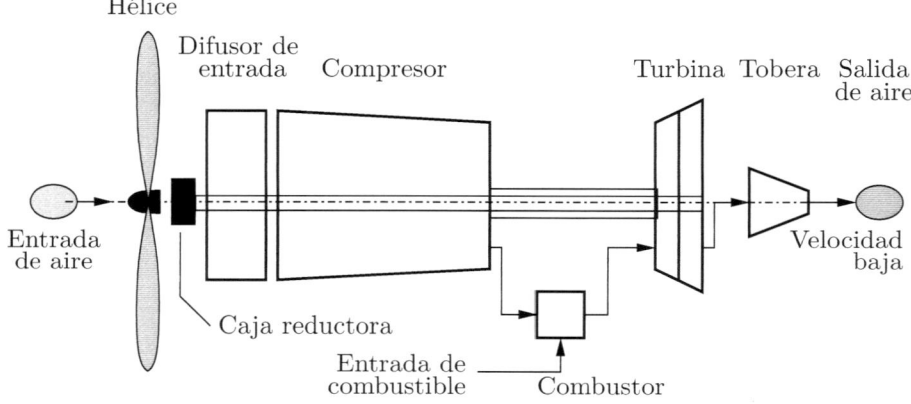

Figura 8.20. Esquema funcional de un turbohélice.

8.6.2. Empuje de un turbohélice

Para determinar el empuje que produce un turbohélice se ha de
considerar por un lado el empuje que produce la hélice y por otro, el
debido al flujo primario del núcleo central del motor. En la figura 8.21 se
muestran los volúmenes de control elegidos para determinar este empuje,
y siguiendo un razonamiento similar al de la sección 8.4.2, se obtiene la
expresión del empuje para un turbohélice:

$$T = (G + G_c)\, u_s - G\, u_\infty + (p_s - p_\infty)\, A_s + T_h,$$

donde, T_h es el empuje que suministra la hélice. Suponiendo un
funcionamiento con tobera adaptada, es decir, presión en la sección de
salida igual a la presión ambiente, $p_s = p_\infty$ y despreciando el consumo

de combustible, $G \gg G_c$, el empuje del turbohélice queda como:

$$T = G\left(u_s - u_\infty\right) + T_h.$$

Para obtener esta expresión se supone despreciable la interacción entre el flujo de la hélice y el del flujo primario. Además, suponiendo conocida la potencia mecánica que produce la turbina libre, P_t, el empuje de la hélice se puede expresar como:

$$T_h = \eta_p(u_\infty)\,\eta_t\,\frac{P_t}{u_\infty},$$

donde, η_p es el rendimiento propulsivo de la hélice y η_t el rendimiento de la transmisión mecánica. Como se expone en el capítulo 7, el rendimiento propulsivo es una función del parámetro de avance, J, de modo que dada una hélice y, por tanto, su diámetro, así como su velocidad de giro, el rendimiento propulsivo es una función de la velocidad de vuelo u_∞.

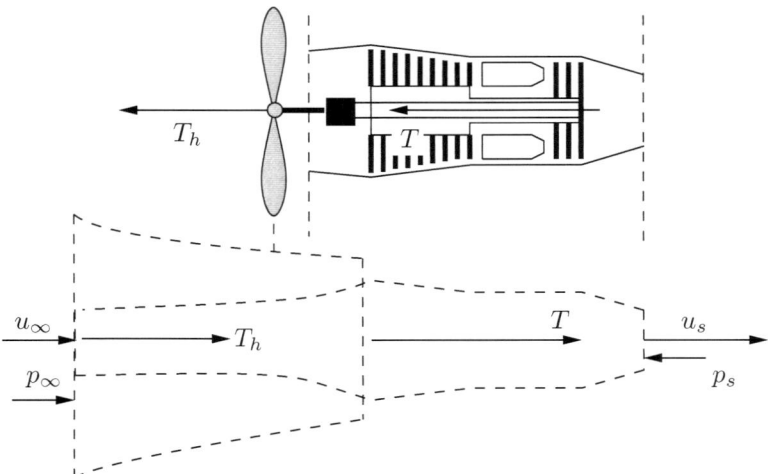

Figura 8.21. Esquema conceptual de la creación de empuje en un turbohélice.

8.6.3. Propfan

El propfan es un motor que combina las ventajas de un turbohélice y un turbofan. Por un lado, es una evolución del diseño de un turbohélice porque presenta hélices diseñadas para altas velocidades y por este motivo, también recibe el nombre de fan sin carenar, y por otro lado, representa una extensión del concepto de turbofan en el que se ha aumentado al máximo la relación de derivación. De hecho, este tipo de motor también recibe el nombre de turbofan de ultra elevada relación de derivación, pudiendo alcanzar ésta valores del orden de 20 a 30.

Como es sabido, los turbohélices no se emplean normalmente en aeronaves de alta velocidad en régimen transónico porque debido a la aparición de la resistencia de onda asociada a la velocidad transónica de las puntas de pala, las hélices pierden efectividad. El propfan mejora la situación mediante el empleo de un número elevado de palas con flecha, (la punta de la pala está curvada hacia atrás en el plano de rotación), emplean perfiles delgados y diseños específicos de punta de pala. De esta forma las aeronaves equipadas con propfan pueden alcanzar velocidades de vuelo que se aproximan a $M_\infty = 0.75$. Para mantener el rendimiento propulsivo de la hélice durante diferentes condiciones de vuelo disponen de un sistema de control de paso que les permite cambiar la orientación de las palas y por tanto de los perfiles aerodinámicos y en general constan de un par de hélices en contrarrotación.

El propfan tiene como primer objetivo disminuir el consumo de combustible, y a pesar de conseguirlo, tiene como importante inconveniente el nivel de ruido que produce. El primer diseño de propfan fue desarrollado por la NASA en los años 70 y empleado en un DC-9, posteriormente General Electric desarrolló el GE36 con dos rotores contrarrotatorios situados en la parte de la turbina, véase la figura 8.22. Actualmente, debido al elevado precio del combustible y el interés en la reducción de emisiones, existe un renovado interés en el desarrollo de propfanes mejorados para aeronaves comerciales de transporte de pasajeros. Así, empresas como Boeing y Airbus están evaluando nuevos desarrollos de esta idea para implantar en sus futuros diseños de aeronaves.

8.6.4. Turboeje

El turboeje se puede definir como una turbina de gas diseñada para producir, única y exclusivamente, potencia mecánica en un eje. En cierta manera un turboeje se diferencia muy poco de un turbohélice, siendo la principal diferencia entre ambos que en el caso de un turboeje

Figura 8.22. GE36 propfan en un McDonnell Douglas MD-UHB
(Cortesía Burkhard Domke).

toda la energía térmica obtenida por la combustión de la mezcla aire y
combustible es extraida en la turbina y la velocidad de salida de los gases
es prácticamente nula, mientras que el caso del turbohélice los gases de
escape son expandidos en una tobera produciendo una parte de empuje.
Otra diferencia es que en el turboeje, la caja de engranajes forma parte
del vehículo en el que se instala y no del motor en sí mismo, como ocurre
en el caso del turbohélice.

El turboeje, como se menciona en el capítulo 7 se puede emplear
en la propulsión a hélice como sistema motor, pues frente al motor
alternativo, tiene la ventaja de ser, para la misma potencia producida,
mucho más compacto y ligero. También se emplea como sistema para
proporcionar potencia a las palas de helicópteros y hélices de barcos.

Actualmente casi todos los turboejes presentan un turbina libre
para producir la potencia, diseño que tiene dos importantes ventajas,
pues permite conectar directamente a la turbina libre una hélice,
desacoplando este sistema del conjunto compresor y turbina, y además
separa la parte de turbina en dos secciones: la de alta presión, conectada
directamente al compresor, y la de baja presión, turbina libre que produce
la potencia mecánica. Esta separación facilita el mantenimiento porque
permite actuar sobre la turbina que requiere más mantenimiento (turbina
de alta presión) de la turbina con menos mantenimiento (turbina de baja
presión). Hoy en día casi todos los turboejes se desarrollan y fabrican en
un único formato, independientemente del uso que reciban, ya sean como
turbohélices o turboejes, y dependiendo de la aplicación para la que vayan
a ser usados, el fabricante proporciona los correspondientes accesorios.

En la figura 8.23 se muestra el turboeje CT7 que ha sido empleado en helicópteros como el Bell 214ST, Sikorsky S-70C y Sikorsky S-92. Este mismo turboeje es comercializado por General Electric Aviation para ser empleado como turbohélice, por ejemplo en los aviones CASA CN-235, Saab 340 y Sukhoi S-80. En la figura 8.23 se puede observar la caja de engranajes situada en la parte delantera del motor y conectada al eje de potencia del turboeje, así como las dos turbinas de dos etapas cada una, el compresor axial de cinco etapas y el compresor centrífugo de la última etapa.

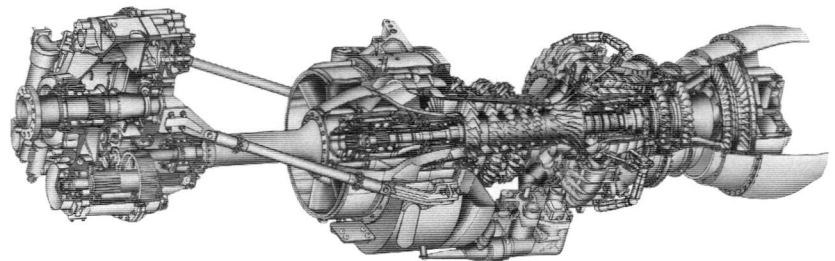

Figura 8.23. Despiece del turboeje CT7 (cortesía de General Electric Aviation).

8.7. Estatorreactor

El estatorreactor es el aerorreactor más simple de todos ya que carece de turbomaquinaria. En la figura 8.24 se muestra el esquema del mismo, limitado ahora a difusor de entrada, cámara de combustión y tobera. El funcionamiento es análogo al de los otros aerorreactores, el aire entra en el difusor de entrada donde se decelera para, a continuación, entrar en la cámara de combustión donde es mezclado con un combustible para posteriormente transformar la energía térmica alcanzada en la combustión en energía cinética del chorro mediante su expansión en la tobera de salida.

Una de las dificultades en el diseño de un estatorreactor es el difusor de entrada, ya que como la combustión debe suceder a un número de Mach entre 0.2 y 0.3, el difusor debe ser capaz de comprimir el aire y decelerar la corriente hasta alcanzar estos valores del número de Mach. De hecho, el funcionamiento del estatorreactor consigue ser más eficiente

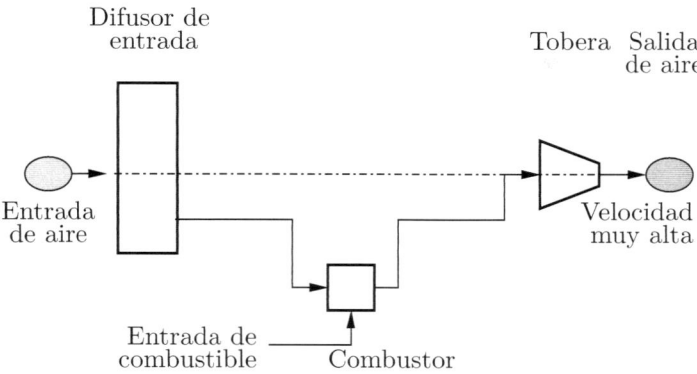

Figura 8.24. Esquema funcional de un estatorreactor.

a altos números de Mach de vuelo, supersónicos, porque el incremento de presión conseguido a estas altas velocidades es mayor. Habitualmente el difusor supersónico de un estatorreactor suele ser una superficie cónica, véase la figura 8.9(b), que se encarga de formar un sistema de ondas de choque que consigue incrementos de presión elevados y una deceleración de la corriente adecuada para la posterior combustión. Evidentemente, la relación de compresión que se alcanza depende de la velocidad de vuelo y de las características del difusor, lo que es un inconveniente porque implica que el estatorreactor es incapaz de generar empuje alguno sin una velocidad de vuelo que sea capaz de conseguir comprimir adecuadamente la corriente. Habitualmente, el estatorreactor debe ser montado en una aeronave que le proporcione la velocidad de vuelo necesaria para poder funcionar o bien ser empleado como parte de un motor híbrido capaz de cambiar de modo de funcionamiento entre turborreactor y estatorreactor. Un ejemplo bien conocido es el del turborreactor J58 de Pratt & Whitney empleado para propulsar a la aeronave Lockheed SR71 Blackbird. Este motor funciona como un turborreactor con postcombustor hasta alcanzar un número de Mach elevado, situación en la que el flujo es derivado directamente hacia el postcombustor evitando pasar por el compresor, cámara de combustión y turbina. De esta forma, el motor funciona como un estatorreactor con el postcombustor actuando como el combustor del estatorreactor.

Una vez que la corriente ha sido comprimida y decelerada en el difusor de entrada, el aire es mezclado con el combustible que es inyectado en forma de fino spray para posteriormente realizar la combustión en la cámara de combustión en la que los estabilizadores de llama ayudan a mantener el proceso de combustión, véase la figura 8.14. Dado que el estatorreactor carece de turbomaquinaria no presenta limitaciones tan severas en cuanto a temperatura de fin de combustión que tienen los otros aerorreactores (la temperatura que se alcanza al final de la combustión puede llegar a alcanzar 3000 K). Como los materiales actualmente empleados en las cámaras de combustión pueden soportar temperaturas hasta 1200 K, para conseguir una combustión con temperaturas tan elevadas es necesario diseñar de forma adecuada el patrón de la inyección de combustible para que en las proximidades de las paredes quede una corriente de apantallamiento de aire frío que permita la refrigeración de las mismas.

8.8. Motores cohete

En el capítulo 6 de introducción a los sistemas de propulsión se definen los motores cohete como sistemas de propulsión a chorro que no necesitan de un fluido exterior para acelerar el chorro y producir empuje. Los motores cohete son autónomos, ya que pueden funcionar independientemente del medio exterior.

En la figura 8.25 se muestra la relación de empuje con respecto al peso del motor cohete en función del impulso específico. Se observa, que existen dos niveles muy diferentes de empuje, por un lado están los motores cohete químicos y nucleares, con altas relaciones de empuje con respecto al peso, y por otro los motores cohete termoeléctricos, electromagnéticos y electrostáticos, con baja relación de empuje frente a peso. Los motores cohete químicos están limitados fundamentalmente por aspectos energéticos ya que la cantidad de energía que se puede liberar durante la combustión está determinada por el comportamiento químico de los propulsantes. Esto implica que los motores cohete químicos y nucleares presenten menores impulsos específicos, ya que hacen un peor uso de la masa de propulsante.

Los motores cohete de tipo eléctrico o electromagnético consiguen aumentar la energía cinética del propulsante mediante energía eléctrica

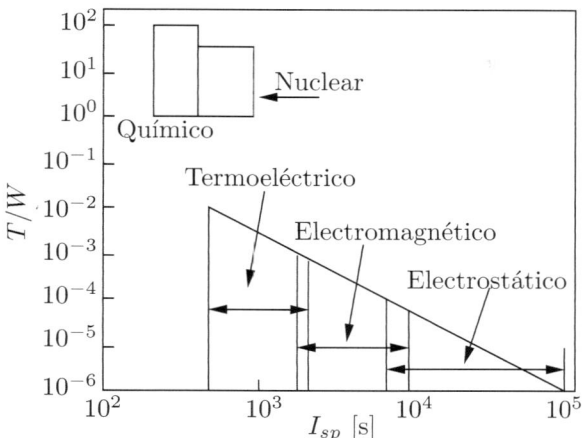

Figura 8.25. Relación empuje peso del motor cohete en función del impulso específico (adaptada de Mattingly (2006)).

y la ventaja que proporciona este método es que la fuente de energía primaria se encuentra separada del propulsante, siendo el principal atractivo de estos sistemas que, en principio, cualquier cantidad de energía eléctrica puede ser añadida a una determinada cantidad de masa, reduciéndose por tanto, el consumo de masa de propulsante, es decir mejoran el impulso específico del motor cohete.

La fuente de energía para la propulsión eléctrica puede se accesible desde el espacio (energía solar) incorporada al vehículo (baterías eléctricas) o incluso traída desde la Tierra (combustible nuclear). De esta forma los motores cohete son capaces de conseguir un uso más eficiente del propulsante y son capaces de obtener altos niveles de impulso específico, hasta 10^5 segundos. Sin embargo, el uso de una fuente de energía separada del propulsante implica que deben existir sistemas adicionales para conseguir transformar la energía primaria a energía eléctrica y poder acelerar el propulsante. Por otro lado, para alcanzar elevadas velocidades de salida del propulsante es necesario proporcionar una potencia muy elevada. Desde el punto de vista práctico, los motores cohete eléctricos y electromagnéticos proporcionan empujes pequeños porque se encuentran limitados por el peso del sistema de potencia y, debido a esto, presentan relaciones de empuje frente al peso, como máximo del orden de 10^{-2}. Los motores cohete de tipo electrostático o electromagnético convierten energía eléctrica directamente en energía cinética del propulsante sin la necesidad de aumentar la temperatura del fluido de trabajo. Por este motivo, es posible alcanzar elevadas velocidades de salida de chorro sin incurrir en limitaciones de origen térmico en los materiales de las cámaras de combustión.

En las siguientes secciones se describe el principio de funcionamiento de los principales motores cohete: motores cohete químicos de combustible líquido y sólido, motores cohete eléctricos, termoeléctricos, electromagnéticos y electrostáticos, nucleares y termosolares.

8.9. Motor cohete químico de combustible líquido

Este tipo de motor cohete transforma la energía química, contenida en un propulsante químico en forma líquida, mediante su combustión a elevada presión produciendo gases a una elevada temperatura (2500 °C a 4000 °C). La energía térmica de estos gases es transformada en energía cinética en la tobera del motor cohete alcanzándose velocidades de salida del chorro muy elevadas (1800 m/s a 4300 m/s).

El combustible líquido empleado es transportado en depósitos y habitualmente es necesario disponer de un sistema de alimentación para que el combustible líquido pueda alcanzar altas presiones que permitan una correcta combustión. Algunos motores cohete de combustible líquido son capaces de operar de forma repetitiva y ser apagados y encendidos en el momento que se requiera. La mayor limitación para que los motores cohete de combustible líquido sean capaces de funcionar durante períodos largos, superiores a 1 hora, es la correcta refrigeración de la cámara de combustión.

8.9.1. Propulsante

Los tipos de combustible líquido empleados son básicamente dos: monopropulsantes y bipropulsantes.

Un monopropulsante es un único líquido que contiene tanto el oxidante como el combustible, que cuando es debidamente catalizado se descompone en gas caliente. Un monopropulsante muy habitual es la hidracina (N_2H_4) empleado en la tercera etapa del Ariane IV.

Un bipropulsante es un oxidante líquido y un combustible líquido separados. El bipropulsante que se empleó en los módulos del Apollo tenía como oxidante oxígeno O_2 y como combustible RP_1 (hidrocarburo líquido parecido al queroseno). Dentro de los bipropulsantes existe una categoría denominada propulsantes hipergólicos que son aquellos en los que la combustión se inicia espontáneamente cuando el oxidante y el combustible entran en contacto. Aunque los propulsantes hipergólicos tienden a ser difíciles de manejar, los motores cohete que los emplean suelen ser sencillos de controlar y muy fiables. Por ejemplo, la monometil-hidracina con el tetraóxido de nitrógeno es un propulsante hipergólico que ha sido empleado en la segunda etapa de la versión 5G del Ariane.

8.9.2. Sistema de alimentación

Los requisitos que debe satisfacer el sistema de alimentación de un motor cohete de combustible líquido son, por un lado, transferir el propulsante desde los tanques de almacenamiento a la cámara de combustión y, por otro, proporcionar la presión adecuada al propulsante para su correcta combustión. Existen básicamente dos tipos de sistemas de alimentación, de gas presurizado y de turbomaquinaria. Los sistemas de alimentación de gas presurizado se emplean en aplicaciones de bajo empuje y peso, y pequeños incrementos de velocidad, como por ejemplo, en misiones de control de actitud (véase la sección 11.5.2, del capítulo 11) dado que la relación de la carga de pago a la masa total del vehículo es mayor comparada con el sistema de alimentación de turbomáquinas. Este último sistema de alimentación se emplea fundamentalmente para aplicaciones que requieran grandes cantidades de propulsante, elevados empujes e incrementos de velocidad superiores a los 3000 m/s, tal es el caso de los vehículos lanzadores.

En la figura 8.26 se muestra un motor cohete de propulsante líquido con un sistema de alimentación de gas presurizado. En este sistema se dispone de un depósito con gas a muy elevada presión (se suelen emplear gases como hidrógeno o helio a unos 30 MPa de presión); a través de un sistema de válvulas de regulación el gas presurizado transfiere la presión a los depósitos del combustible y oxidante en estado líquido, que son impulsados hacia la cámara de combustión donde se realiza la combustión a alta presión. Entre las ventajas que aporta este sistema comparado con el de turbomaquinaria se encuentran la simplicidad en cuanto a tuberías, válvulas, etc, la simplicidad en el sistema de control ya que el número de elementos es mucho menor (la presencia de turbomáquinas implica complejidad, aumento de peso, control extra del sistema de las turbomáquinas así como una combustión adicional).

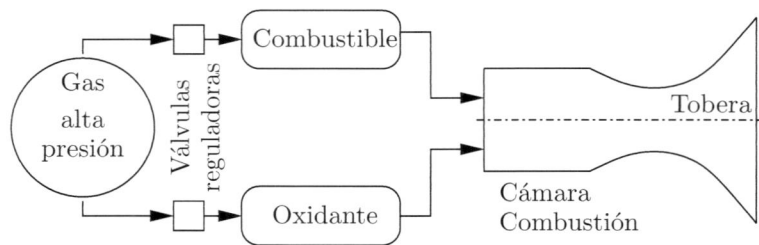

Figura 8.26. Sistemas de alimentación basado en gas presurizado empleado en motores cohete químicos de combustible líquido.

En la figura 8.27 se observa un motor cohete de combustible líquido con un sistema de alimentación de turbomaquinaria. En general el sistema de alimentación por turbomáquinas tiene una turbina de gas que produce la potencia necesaria para mover las bombas que suministran oxidante y combustible presurizados a la cámara de combustión. Las ventajas que presenta el sistema de alimentación por turbomaquinaria son: ausencia de depósitos adicionales para el gas presurizado, los depósitos del combustible y oxidante son más sencillos y ligeros porque no deben ser presurizados, como en el caso del gas presurizado y para elevados incrementos de velocidad suelen resultar más ligeros.

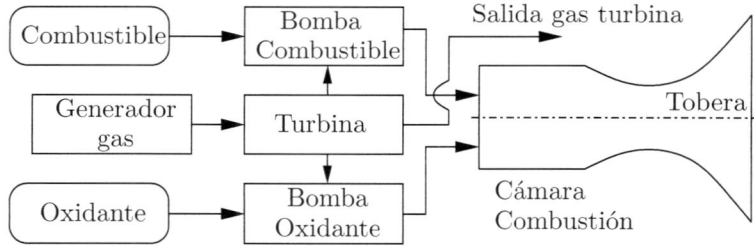

Figura 8.27. Sistemas de alimentación basado en turbomaquinaria empleado en motores cohete químicos de combustible líquido.

8.9.3. Cámara de combustión

El objetivo que tiene la cámara de combustión es proporcionar las condiciones necesarias para que el propulsante mantenga y alcance las elevadas presiones y temperaturas necesarias para la combustión y generar gas a elevada temperatura mediante la combustión del propulsante.

Los componentes de una cámara de combustión de motor cohete de combustible líquido son los inyectores, sistemas de ignición y la zona de combustión. Los inyectores son los responsables de la correcta vaporización, atomización, y mezcla uniforme del oxidante y combustible, y el sistema de ignición es el responsable de realizar la ignición de la mezcla y mantener la combustión del propulsante. En la zona donde se realiza la combustión dada la gran cantidad de energía liberada, se alcanzan elevadas temperaturas, por lo que es necesario disponer de una correcta refrigeración.

8.10. Motor cohete químico de combustible sólido

En la figura 8.28 se muestra el esquema básico de un motor cohete de combustible sólido. En este tipo de motor cohete el propulsante se encuentra almacenado en estado sólido, también denominado grano, que está alojado dentro de la propia cámara de combustión; el combustible sólido dispone de todos los elementos necesarios para que la combustión se produzca. Una vez que se realiza la ignición, el propulsante sólido se quema dejando una cavidad interior, que funciona como una cámara de combustión, por la que los gases calientes resultantes son expandidos a través de una tobera.

A medida que la combustión avanza el volumen del hueco interior aumenta hasta que el combustible es consumido en su totalidad. Como consecuencia de esto, a medida que se consume el combustible, la presión a la que se realiza la combustión se modifica y, por lo tanto, el empuje que proporciona el motor también cambia con el tiempo, de manera que, dependiendo de la configuración y forma de la sección de combustible sólido se obtienen diferentes leyes de empuje del motor cohete en función del tiempo. A medida que el área transversal del frente de la combustión aumenta, el empuje que proporciona el motor cohete también aumenta. En la figura 8.29 se pueden observar diferentes secciones de combustible

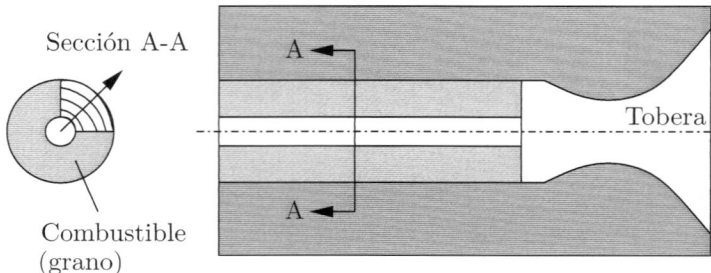

Figura 8.28. Esquema de funcionamiento de motores cohete químicos de combustible sólido.

sólido y su influencia en la ley de empuje en función del tiempo.

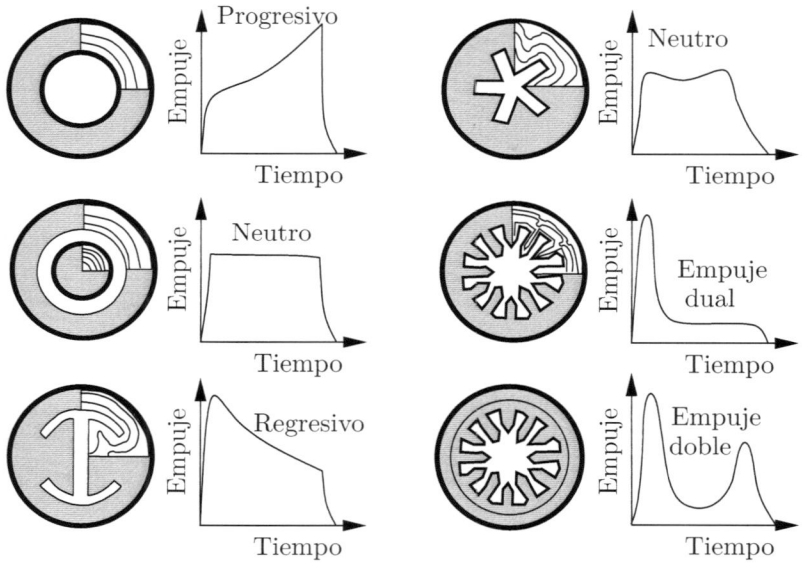

Figura 8.29. Diseño de sección de combustible sólido y su relación con el empuje en función del tiempo.

El combustible del motor cohete químico con combustible sólido contiene tanto el oxidante como el propio combustible, existiendo dos tipos básicos de combustible sólido: el homogéneo y el heterogéneo. El propulsante homogéneo incluye tanto el oxidante como el combustible en la misma molécula (por ejemplo, una mezcla de nitroglicerina y nitrocelulosa). Además, este tipo de propulsante suele contar con otro tipo de aditivos: estabilizadores para contrarrestar la descomposición autocatalítica, plásticos no explosivos para mejorar las propiedades mecánicas, supresor de destello para promover una combustión suave a bajas temperaturas o agentes de opacidad para evitar que, por radiación, se produzca la ignición interna en impurezas o defectos. El propulsante heterogéneo dispone una fase oxidante (perclorato amónico, perclorato potásico) embebida en una matriz combustible (polibutadieno-acrilonitrilo, polibutadieno hidroxil terminado).

8.11. Motor cohete termoeléctrico

El motor cohete termoeléctrico es el motor cohete de tipo eléctrico que más se asemeja al motor cohete de tipo químico, pues se basa en acelerar un fluido a través de una tobera mediante energía eléctrica que se emplea en calentar el propulsante. Los motores cohete termoeléctricos presentan empujes del orden de 0.01 N a 0.5 N y velocidades de salida del chorro del orden 1000 m/s a 5000 m/s, siendo los propulsantes normalmente empleados amoniaco, hidrógeno o nitrógeno y, dependiendo del tipo de principio que se emplee para calentar el gas, se distinguen dos motores cohete termoeléctricos: el resistojet y el motor de arco eléctrico.

8.11.1. Resistojet

En el motor de tipo resistojet se emplean resistencias eléctricas para calentar el gas. En la figura 8.30 se muestra el esquema conceptual del funcionamiento de un motor cohete de este tipo. Se emplean metales puros en la construcción de la zona de calentamiento del gas, y como estos materiales presentan elevadas propiedades de conducción eléctrica y térmica, se consigue calentar de forma muy eficaz el propulsante, que una vez calentado es expandido en una tobera. Este tipo de motor se ha empleado a modo de demostración para el control de actitud de satélites. Como propulsante se suele emplear nitrógeno, amoniaco o hidracina, aunque en el caso de emplear hidracina, dado que es un monopropulsante químico, se puede tener simultaneamente propulsión eléctrica y química.

En general los prototipos que se han ensayado producen pequeños empujes, del orden de 0.2 N. Desde el punto de vista del diseño presentan intercambiadores de calor con elevadas longitudes de transferencia de calor, diámetros de la garganta de tobera del orden de milímetros y relaciones de área de salida respecto al área de garganta, muy grandes. En experimentos llevados a cabo en el espacio se han alcanzado potencias del orden de 500 W.

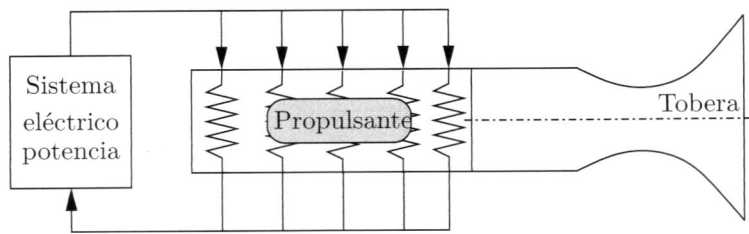

Figura 8.30. Esquema conceptual de un motor resistojet.

8.11.2. Motor de arco eléctrico

En el motor cohete de arco eléctrico se calienta el propulsante mediante la descarga de un arco eléctrico, véase figura 8.31, posteriormente el gas a elevada temperatura es expandido en una tobera para producir el empuje requerido. Para producir el arco eléctrico es necesario disponer de un sistema eléctrico capaz de proporcionar elevadas intensidades de corriente eléctrica. Normalmente el propulsante empleado es Helio en vez de Hidrógeno, ya que el primero, a pesar de ser más pesado, es un gas monoatómico y por tanto no se disocia.

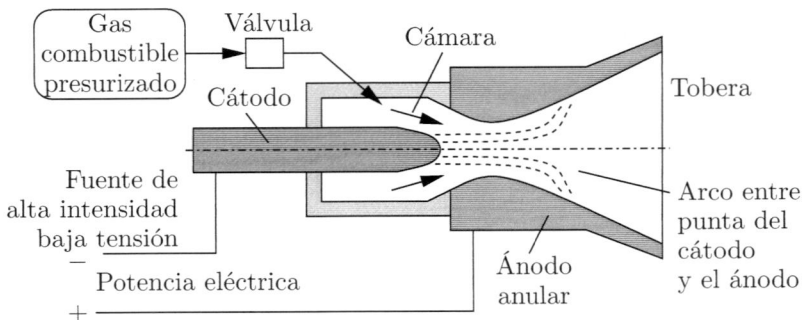

Figura 8.31. Esquema conceptual de un motor de arco eléctrico.

8.12. Motor cohete electrostático

El motor cohete electrostático consiste principalmente en acelerar mediante fuerzas electrostáticas un propulsante formado por partículas cargadas eléctricamente. Las partículas son normalmente iones positivos, obtenidos a partir del bombardeo por electrones de un determinado propulsante.

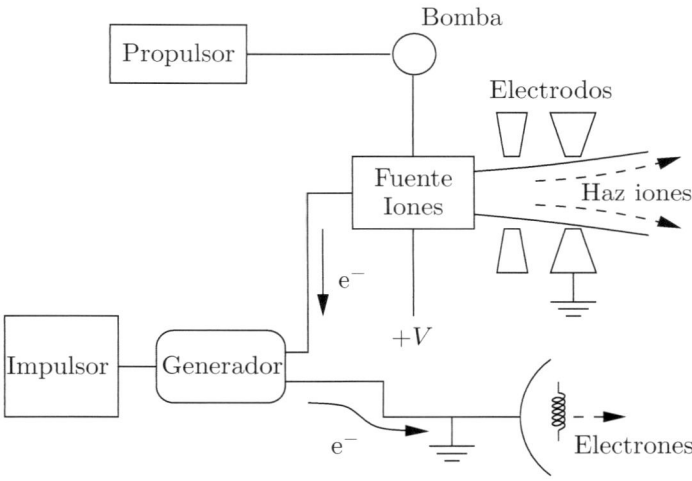

Figura 8.32. Esquema conceptual de un motor cohete electrostático.

En la figura 8.32 se muestra el diagrama de funcionamiento de un motor cohete electrostático; mediante una bomba, un propulsante eléctricamente neutro es transportado a una fuente de iones donde mediante bombardeo de electrones, se obtienen dos corrientes separadas, una de electrones y otra de iones positivos. La corriente de iones es llevada al acelerador de iones que consiste básicamente en unos electrodos que establecen un elevado campo eléctrico que acelera la corriente de iones a altas velocidades. El empuje del motor cohete aparece como la fuerza de reacción total a la aceleración de haz de iones. El acelerador de iones se suele mantener a potencial positivo y el último electrodo suele conectarse a tierra, al potencial del vehículo. Para evitar que el vehículo adquiera una carga negativa neta que termine contrarrestando el empuje creado, es necesario que la corriente de electrones eyectada de la fuente de iones sea eliminada; para ello, a través de un impulsor conectado a un generador se crea una diferencia de potencial que hace que los electrones se muevan al potencial de tierra para, posteriormente a través de un filamento caliente, ser eliminados del vehículo.

8.13. Motor cohete electromagnético

El motor cohete electromagnético se basa en acelerar, mediante fuerzas electromagnéticas, una corriente de un conductor eléctrico en forma de fluido.

Habitualmente se parte de un gas que ha sido calentado hasta un estado de plasma, término que se emplea para describir una mezcla eléctricamente neutra de iones, electrones y neutrones fluyendo en una corriente fluida a alta temperatura (5000 K). El motivo por el que se emplea el gas en estado de plasma es doble, por un lado, y dado que el plasma un buen conductor eléctrico, presenta facilidad para interactuar con campos electromagnéticos, y por otro lado, al ser un gas, presenta propiedades de fluido y es más fácil establecer un flujo.

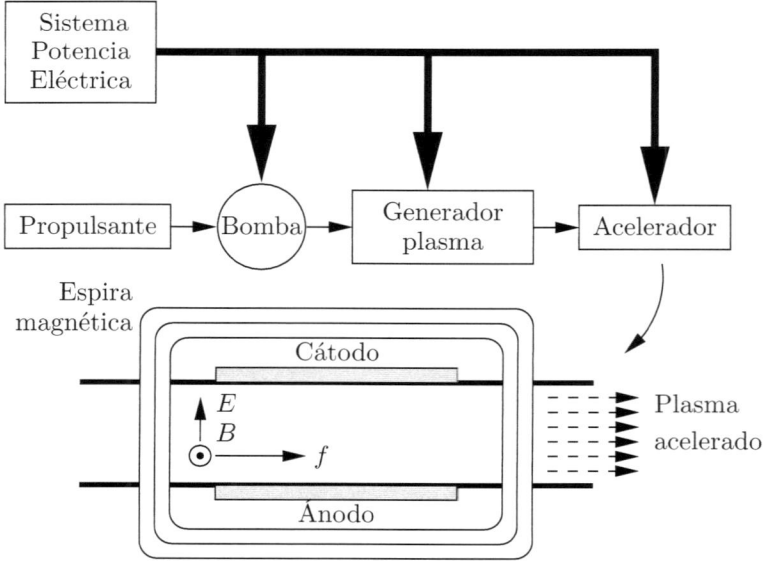

E campo eléctrico, B campo magnético, f fuerza Lorentz

Figura 8.33. Esquema conceptual de un motor cohete electromagnético.

De acuerdo a la teoría del electromagnetismo, cuando un campo magnético actúa perpendicularmente a una corriente eléctrica aparece una fuerza, fuerza de Lorenz, sobre el medio conductor en la dirección perpendicular tanto a la corriente eléctrica como al campo magnético. Esta fuerza aparece sobre el plasma de forma que lo acelera produciendo un haz que puede alcanzar velocidades del orden de miles de metros por segundo. A diferencia del motor de iones, este tipo de motor presenta la ventaja de dejar un chorro neutro desde el punto de vista eléctrico. La fuerza propulsiva de origen electromagnético se ha empleado en prototipos denominados motor de plasma magnetodinámico y motor de plasma pulsante; en la figura 8.33 se observa un esquema conceptual del funcionamiento de un motor cohete electromagnético.

8.14. Motor cohete nuclear

En el motor cohete químico la energía es obtenida del propio propulsante; en cambio en el motor cohete eléctrico y el motor cohete nuclear la fuente de energía se encuentra separada del propulsante.

La principal ventaja que tiene el motor cohete nuclear reside en la elevada densidad de energía que se puede disponer comparada con la energía química de un propulsante. Dado que la emisión de propulsante radiactivo es algo impensable, la técnica habitual para poder emplear un cohete nuclear consiste en que una pequeña cantidad de combustible nuclear proporcione energía a un propulsante como el hidrógeno, ya que para una diferencia de temperatura fija puede proporcionar la velocidad de escape mayor debido a que tiene menor peso molecular.

Durante la década de 1960 se diseñaron y ensayaron prototipos de motor cohete nuclear basados en la fisión nuclear. En la figura 8.34 se muestra el principio de funcionamiento de un motor cohete nuclear: mediante la fisión de uranio se genera calor en un reactor nuclear y posteriormente esta energía es transferida al propulsante, habitualmente hidrógeno. Este tipo de motor cohete proporciona elevados empujes, entre 40000 N y 980000 N, con impulsos específicos en torno a 900 s. Sin embargo, existen importantes dificultades asociadas a este tipo de motor cohete, como son las elevadas temperaturas de trabajo del propulsante (del orden de 2500 K), así como las intensas radiaciones y su efecto conjunto sobre la integridad estructural de los materiales del motor; además de otros problemas como el control del reactor nuclear, diseño de protecciones ligeras contra la radiación para permitir vehículos tripulados, etc.

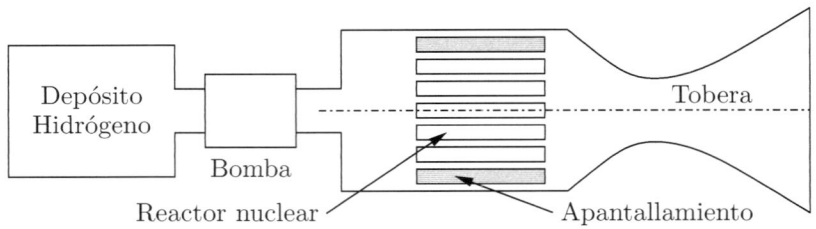

Figura 8.34. Esquema conceptual de un motor termo nuclear.

8.15. Motor cohete termosolar

Hasta la fecha el motor cohete termosolar no ha sido empleado en la propulsión principal de un vehículo espacial. Un esquema conceptual del funcionamiento del motor cohete se puede observar en la figura 8.35.

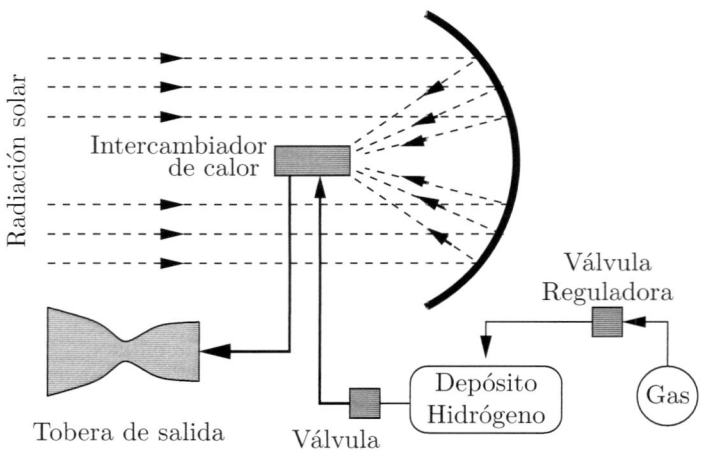

Figura 8.35. Esquema conceptual de un motor termosolar.

El motor cohete termosolar es un reflector parabólico para concentrar la radiación solar en un receptor que suele estar fabricado de metales parecidos al tungsteno capaces de soportar altas temperaturas. En el propio receptor existe un intercambiador de calor que refrigera el receptor y recibe el calor necesario para aumentar la temperatura del líquido de trabajo, normalmente hidrógeno líquido. El calor capturado por el intercambiador termina calentando al hidrógeno hasta 2700 K, que es enviado al exterior a través de una tobera. Dado que el reflector parabólico es un elemento grande y ultraligero, que además necesita cierta rigidez estructural, suele ser desplegado fuera de la atmósfera para evitar problemas de integridad estructural debido a las cargas aerodinámicas. Además, los reflectores deben disponer de sistemas que les permitan orientarse hacia el Sol. Uno de los problemas más importantes de estos sistemas es el almacenamiento del propulsante o la forma de repostar o regenerarlo.

Ejemplo 8.3

Se desea comparar diferentes sistemas de motor cohete y para ello, se considera un motor cohete químico ($I_{sp} = 250$ s), un motor cohete termoeléctrico ($I_{sp} = 600$ s), un motor cohete nuclear de fisión ($I_{sp} = 900$ s), y un motor cohete electrostático ($I_{sp} = 2000$ s). Determinar el gasto másico y la potencia a comunicar para que todos ellos produzcan un empuje de 100 N asumiendo un rendimiento motor común de 0.5. Suponer que el empuje y el gasto son constantes con el tiempo.

Solución

El gasto másico de propulsante se determina teniendo en cuenta la definición del impulso específico, ecuación (6.3), y asumiendo el empuje y el gasto de propulsante constantes con el tiempo se tiene que:

$$G = \frac{T}{I_{sp}g_0}.$$

Para determinar la potencia a comunicar se debe recordar que el rendimiento motor se expresa como el cociente entre la potencia mecánica del chorro y la potencia comunicada al sistema motopropulsor. La energía cinética del chorro de salida, de acuerdo a la teoría de volúmenes de control, véase la tabla 7.1, se expresa como $Gu_s^2/2$, donde, para el caso del motor cohete, se puede asumir que la velocidad de salida es aproximadamente la velocidad de salida efectiva, $u_s \sim u_e$. Por tanto, la potencia a comunicar al sistema motopropulsor, P_{mp}, es:

$$P_{mp} = \frac{Gu_e^2}{2\eta_m}$$

donde, $u_e = g_0 I_{sp}$. Empleando estas expresiones se obtiene la siguiente tabla comparativa

Motor cohete	$G[\text{kg/s}]$	P_{mp} [kW]
Químico	0.0408	245
Termoeléctrico	0.0170	588
Nuclear de fisión	0.0113	882
Electrostático	0.0051	1960

Parte IV

Mecánica del vuelo

ACTUACIONES DE LAS AERONAVES 9

9.1. Introducción

En este capítulo se presenta una introducción a los fundamentos de la mecánica del vuelo, disciplina que estudia el movimiento del avión como respuesta a las fuerzas y momentos exteriores, así como la estabilidad y el control de dicho movimiento. En la figura 9.1 se muestra un esquema conceptual de la mecánica de vuelo y su relación con las dos ramas que son su objeto de estudio: las actuaciones y la estabilidad y control de las aeronaves. En este capítulo se presenta el estudio de las actuaciones, cuyo objetivo es describir el movimiento del centro de gravedad del avión como respuesta a las fuerzas aerodinámicas, propulsivas y gravitatorias que actúan sobre él. Para ello, se aplican al avión las ecuaciones de la mecánica considerando que es una masa puntual, es decir que no se tienen en cuenta sus dimensiones, su geometría ni su distribución de masas. La otra rama de la mecánica del vuelo, la estabilidad y el control, considera la aeronave como un sólido rígido, en el que se tienen en cuenta las dimensiones geométricas y la distribución de masas para estudiar cómo las fuerzas y momentos definen el movimiento del centro de gravedad y la orientación o actitud y velocidades angulares de la aeronave. El estudio de esta disciplina está fuera del alcance de este libro.

Entre otras cosas, el estudio de las actuaciones, la estabilidad y control de la aeronave sirve para verificar que se cumplen los requisitos de diseño. Por ejemplo, mediante el estudio de actuaciones es posible estimar el empuje y la potencia necesaria para volar en una cierta condición de crucero (vuelo horizontal, rectilíneo y uniforme), evaluar el ángulo y la velocidad en una maniobra de ascenso, determinar la distancia que puede volar sin repostar combustible, calcular las distancias necesarias para las

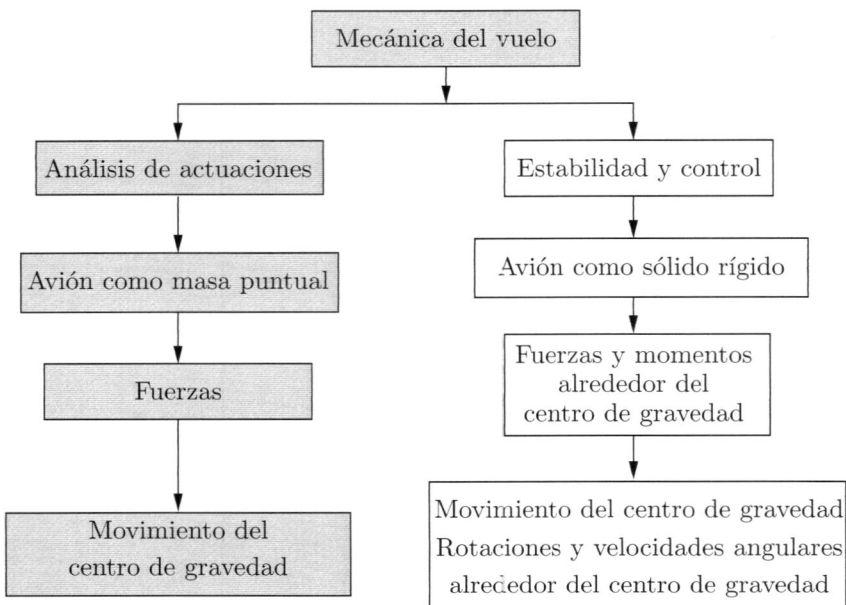

Figura 9.1. Esquema conceptual de la mecánica del vuelo y su relación
con los problemas de actuaciones.

carreras de despegue y aterrizaje, etc. Además, los resultados obtenidos
del estudio de la mecánica del vuelo del avión se utilizan para buscar la
mejor manera de realizar estas operaciones, es decir de forma óptima,
por ejemplo, conseguir un menor consumo, un mayor alcance, reducir la
carrera de despegue y aterrizaje, etc.

El análisis de actuaciones también es útil para comparar aviones
similares entre sí, lo que es de gran interés cuando una compañía aérea
estudia la posibilidad de comprar un avión u otro. En estos casos se
analizan las actuaciones de todos los aviones candidatos y se obtienen
criterios para decidir cuál de ellos es el más adecuado a los requisitos
de la compañía (aunque, obviamente, hay más criterios que se deben
considerar como el precio final, costes de mantenimiento y operación,
etc.).

Este capítulo comienza con una descripción de los modelos
matemáticos que describen de fuerzas que actúan sobre el avión. A
continuación, en la sección 9.2 se presentan las ecuaciones generales
del movimiento de una masa puntual y las hipótesis que se utilizan

para aplicarlas al movimiento del avión. En la sección 9.4, se analiza el vuelo horizontal, rectilíneo y uniforme; en la sección 9.5 se estudian las maniobras de ascenso y descenso, y en la sección 9.6, el vuelo de planeo, un caso particular de descenso. El viraje en el plano vertical se presenta en la sección 9.8 y en la sección 9.9 se describe y analiza un viraje en el plano horizontal. Por último, se presenta una introducción al estudio de las actuaciones integrales, sección 9.10.

9.2. Fuerzas externas sobre el avión

En el estudio de las actuaciones se considera que las fuerzas externas que actúan sobre el avión son básicamente tres: la atracción gravitatoria (es decir el peso); la fuerza propulsiva y la fuerza aerodinámica. El peso se calcula como, $W = m\,g$, donde m es la masa del avión, que en general es un dato conocido, y g es la aceleración debida a la atracción gravitatoria terrestre, que se considera constante e igual a $9.8\,\mathrm{m/s}^2$.

Tal y como se describe en los capítulos que componen la parte III de este libro, el empuje que proporcionan los diversos sistemas de propulsión de aplicación aeronáutica depende de la densidad del aire (es decir, la altitud de vuelo) y de la velocidad de vuelo (o el número de Mach), es decir que el empuje disponible puede escribirse como, $T_d = T_d\,(\rho_\infty, u_\infty)$. Según el sistema de propulsión esta función tiene una forma u otra, por ejemplo, como se describe en el capítulo 8, el empuje que proporcionan los aerorreactores es prácticamente independiente de la velocidad. En cualquier caso, en este capítulo se supone que la función $T_d = T_d\,(\rho_\infty, u_\infty)$ es un dato conocido del sistema de propulsión del avión.

Para estimar las fuerzas aerodinámicas en este capítulo se considera que la velocidad de la corriente incidente es siempre paralela al plano de simetría del avión; esto implica que todas las fuerzas aerodinámicas están contenidas en ese plano, es decir, que no existe fuerza lateral de origen aerodinámico. Bajo esta hipótesis y, de acuerdo a lo presentado en los capítulos de la parte II, la fuerza aerodinámica se descompone en sustentación, L, que es perpendicular a la corriente incidente y al plano del ala, y la resistencia aerodinámica, D, que es paralela a dicha corriente. La magnitud de estas fuerzas es:

$$L = \frac{1}{2}\rho_\infty u_\infty^2 S \, c_L, \tag{9.1}$$

$$D = \frac{1}{2}\rho_\infty u_\infty^2 S \, c_D, \tag{9.2}$$

donde, c_L y c_D son los coeficientes aerodinámicos del avión completo, esto quiere decir que incluyen los efectos de todos los componentes del avión en la generación de las fuerzas aerodinámicas (fuselaje, superficies aerodinámicas de cola, tren de aterrizaje, etc.).

En general, puede suponerse que la totalidad de la fuerza de sustentación es proporcionada por el ala, con lo cual el coeficiente de sustentación puede expresarse como $c_L = c_{L\alpha}\alpha + c_{L0}$, donde los valores de $c_{L\alpha}$ y c_{L0} corresponden a los estimados para el ala con los métodos presentados en el capítulo 5. En este capítulo se supone que la polar del avión se expresa como:

$$c_D = c_{D0} + K \, c_L^2, \tag{9.3}$$

donde, c_{D0} es el coeficiente de resistencia para sustentación nula o coeficiente de resistencia parásita, y K el parámetro de resistencia inducida, ambos dependientes del número de Reynolds y del número de Mach. El valor de c_{D0} depende fundamentalmente de la resistencia de fricción del avión completo (ala, fuselaje, superficies de cola, etc.); el coeficiente de resistencia de fricción total del avión es mayor que la suma de los coeficientes de resistencia de las partes porque en las uniones entre ellas aparecen alteraciones en el campo fluido que provocan efectos de interferencia aerodinámica. Según el avión, el coeficiente de resistencia parásita varía aproximadamente entre 0.014 para un avión moderno subsónico y 0.04 para una avioneta con tren de aterrizaje fijo (véase Roskam (1985)).

Por otro lado, el término $K \, c_L^2$ incluye la resistencia inducida que aparece por efectos de los torbellinos de borde marginal y el aumento de la resistencia de fricción para ángulos de ataque diferentes de cero. El valor de K puede estimarse como $K = 1/(\pi\Lambda e)$, donde e se denomina factor de Oswald, que suele tomar valores entre 0.65, para una avioneta con tren de aterrizaje fijo, y 0.85, para a un avión moderno subsónico (véase Roskam (1985)). En la literatura específica de cálculo de aviones se pueden encontrar diversos métodos para estimar los valores de los parámetros c_{D0} y K (véase Torenbeek (1976) o Roskam (1985)). A lo largo de este capítulo se supone que ambos son datos conocidos, que dependen de la configuración del avión (configuración de despegue, aterrizaje o crucero) y se mantienen constantes.

Hay que mencionar que, en general, la polar de los aviones no es necesariamente simétrica con respecto al eje de ordenadas, es decir, que el coeficiente de resistencia mínimo no aparece cuando $c_L = 0$. Sin embargo, para el análisis de actuaciones, describir la polar del avión de acuerdo a la ecuación (9.3) simplifica el tratamiento matemático sin perder generalidad.

9.2.1. Eficiencia aerodinámica

Como se puede apreciar a lo largo de este capítulo, un parámetro de suma importancia en el análisis de actuaciones es la eficiencia aerodinámica del avión, que se define de forma análoga a la eficiencia de perfiles y alas, es decir, $E = L/D$, donde ahora, L y D son la sustentación y la resistencia del avión completo. Suele ser de particular interés conocer el valor de la eficiencia máxima del avión, E_{max}, que puede hallarse a partir de su definición, es decir, si se escribe la eficiencia como:

$$E = \frac{L}{D} = \frac{c_L}{c_D} = \frac{c_L}{c_{D0} + K\,c_L^2}, \tag{9.4}$$

los máximos de la función E vienen definidos por:

$$\frac{\mathrm{d}E}{\mathrm{d}c_L} = \frac{\mathrm{d}}{\mathrm{d}c_L}\left(\frac{c_L}{c_{D0} + K\,c_L^2}\right) = \frac{c_{D0} - K\,c_L^2}{(c_{D0} + Kc_L^2)^2} = 0.$$

Para que se cumpla esta igualdad debe cumplirse que $c_{D0} - K\,c_L^2 = 0$, de donde se obtiene el coeficiente de sustentación que hace que la eficiencia aerodinámica sea máxima:

$$c_{L,\mathrm{opt}} = \sqrt{\frac{c_{D0}}{K}}. \tag{9.5}$$

Sustituyendo el valor calculado de $c_{L,\mathrm{opt}}$ en la expresión de la eficiencia aerodinámica, ecuación (9.4), la eficiencia aerodinámica máxima resulta:

$$E_{max} = \frac{1}{2\sqrt{c_{D0}K}}. \tag{9.6}$$

Esta expresión muestra que para obtener valores grandes de la eficiencia aerodinámica, se debe diseñar el avión de forma que, tanto c_{D0} como K sean lo más pequeños posible.

9.3. Ecuaciones del movimiento

Para describir el movimiento del avión se aplican las ecuaciones de la dinámica y un conjunto de hipótesis sobre la aeronave y su movimiento. Así, se considera que el avión es un cuerpo sólido y rígido, que tiene un plano de simetría y que el intervalo de tiempo considerado es lo suficientemente pequeño para despreciar el consumo de combustible (por tanto, la masa del avión se mantiene constante). Además, se supone que sobre él actúan un conjunto de fuerzas exteriores y la suma de todos los momentos es cero. Con estas hipótesis, el avión puede pensarse como una masa puntual, tal como se esquematiza en la figura 9.2, donde también se pone de manifiesto que se considera que las fuerzas aerodinámicas, L y D, son la suma de las aportaciones de todas las partes del avión (ala, superficies de cola, fuselaje, etc.). Por último, se admite que la atmósfera está en reposo, es decir sin viento, con lo cual el módulo de la velocidad del avión con respecto al aire, es igual al módulo de la velocidad del centro de gravedad del avión, u_{cg}, es decir, $|u_\infty| = |u_{cg}|$.

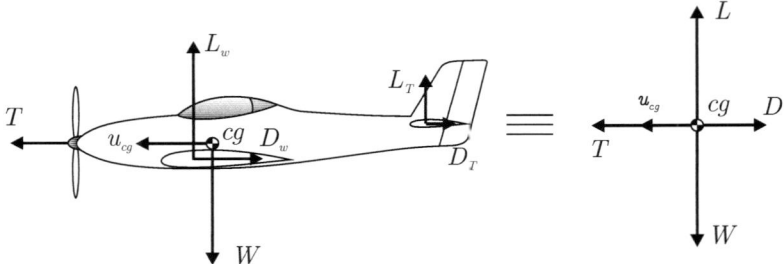

Figura 9.2. Modelo de masa puntual de aeronave.

Para plantear las ecuaciones que describen el movimiento en la figura 9.3 se presenta un diagrama de cuerpo libre de la aeronave, donde el avión está representado por una masa puntual situada en su centro de gravedad y que se mueve con velocidad u_∞. Se define un sistema de referencia cuyo origen está fijo en el centro de gravedad del avión, el eje x coincide en dirección y sentido con la velocidad de avance, el eje y es perpendicular al plano de simetría del avión y apunta hacia el semiala derecha (entrando en el plano de la página) y el eje z está contenido en el plano de simetría del avión y completa un triedro a derechas. En el mismo diagrama se han representado las fuerzas que actúan sobre el avión: el peso, que apunta al centro de la Tierra, la tracción que en general se supone que coincide con la velocidad de avance y las fuerzas aerodinámicas de sustentación y resistencia.

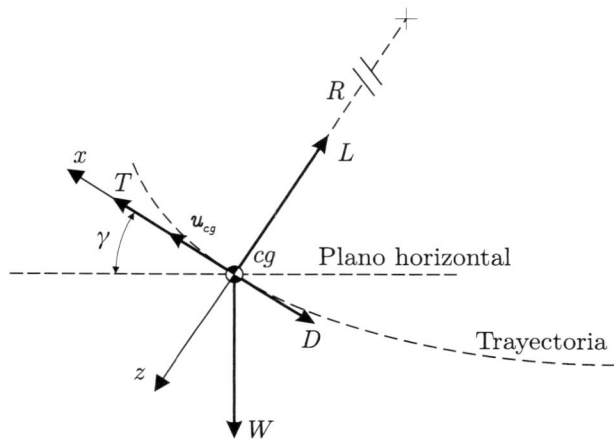

Figura 9.3. Esquema del movimiento del avión representado por una masa puntual.

Como el sistema de referencia elegido está ligado al avión y se mueve con él, es un sistema no inercial, esto implica que además de las fuerzas reales que actúan sobre el avión se deben considerar las fuerzas de origen inercial, como la fuerza centrífuga o la fuerza de Coriolis (véase Prieto Alberca (1986b)). El movimiento de la aeronave se describe mediante la segunda Ley de Newton, que puede escribirse como:

$$\boldsymbol{F}_a + \boldsymbol{F}_p + \boldsymbol{F}_g + \boldsymbol{F}_I = 0, \tag{9.7}$$

donde, $\boldsymbol{F}_a$ es la fuerza aerodinámica, $\boldsymbol{F}_p$ es la fuerza propulsiva, $\boldsymbol{F}_g$ es la fuerza gravitatoria, $\boldsymbol{F}_I$ es la fuerza de inercia. Como el sistema de referencia está ligado al centro de gravedad del avión y se han considerado las fuerzas inerciales, la aceleración con respecto a este sistema es siempre igual a cero.

En las secciones 9.4, 9.5, 9.6 y 9.8 se analizan el vuelo simétrico en el plano vertical que consiste en una condición de vuelo en las que todas las fuerzas están contenidas en el plano de simetría del avión y además este plano coincide con el plano vertical. Bajo estas condiciones, y de acuerdo a la figura 9.3, la ecuación (9.7) puede escribirse en sus componentes como:

$$T - D - W \sin \gamma = 0, \tag{9.8}$$

$$W \cos \gamma - L + m \frac{u_\infty^2}{R} = 0, \tag{9.9}$$

donde, por las condiciones impuestas al movimiento, no hay componentes de fuerza en el eje y. El ángulo γ se denomina ángulo de asiento de la velocidad o de trayectoria y es el ángulo que forma la trayectoria con el plano horizontal. El término $m\, u_\infty^2/R$, donde R es el radio de curvatura de la trayectoria, es la fuerza centrífuga que aparece por considerar un sistema de referencia no inercial que es solidario al avión. Así planteadas, las ecuaciones (9.8) y (9.9) describen de forma general un vuelo simétrico en el plano vertical.

9.4. Vuelo horizontal rectilíneo y uniforme

En general una buena parte del perfil de vuelo de todos los aviones corresponde al vuelo de crucero, que consiste en un movimiento uniforme con trayectoria horizontal y rectilínea, como el que se esquematiza en la figura 9.4.

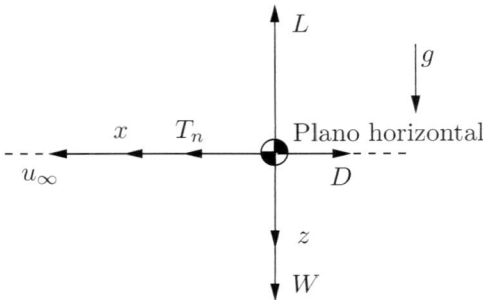

Figura 9.4. Esquema de fuerzas sobre la aeronave en vuelo horizontal rectilíneo y uniforme.

En esta configuración el ángulo de trayectoria es nulo, $\gamma = 0$, y no existen fuerzas de origen inercial (la trayectoria es rectilínea y la velocidad constante), de modo que las ecuaciones (9.8) y (9.9) que describen el movimiento del avión quedan expresadas como:

$$T_n - D = 0, \qquad\qquad (9.10)$$
$$W - L = 0, \qquad\qquad (9.11)$$

donde se ha representado el empuje como T_n porque es el empuje necesario para mantener esta condición de vuelo. Reemplazando las fuerzas aerodinámicas según las expresiones (9.1) y (9.2), se obtiene que:

$$T_n = \frac{1}{2}\rho_\infty u_\infty^2 S\, c_D, \qquad\qquad (9.12)$$
$$W = \frac{1}{2}\rho_\infty u_\infty^2 S\, c_L. \qquad\qquad (9.13)$$

En primer lugar, obsérvese en la ecuación (9.13) que para un avión con un peso W, superficie alar S y que vuela a una altura donde la densidad del aire es ρ_∞, la velocidad de vuelo depende exclusivamente del coeficiente de sustentación y, como consecuencia directa, del ángulo de ataque. Si por alguna razón se modifica el valor de la velocidad de vuelo, u_∞, el único modo de recuperar el equilibrio y mantener el vuelo horizontal, rectilíneo y uniforme es modificando el coeficiente de sustentación, c_L, o lo que es lo mismo, el ángulo de ataque, α. De no ser así, la suma de fuerzas sobre el eje z ya no es nula y el avión experimenta una aceleración vertical, es decir, que no se mantiene el nivel de vuelo.

Por otro lado, si a partir de la ecuación (9.13) se expresa el coeficiente de sustentación como $c_L = 2W/(\rho_\infty u_\infty^2 S)$ y se reemplaza en la polar del avión, ecuación (9.3), resulta,

$$c_D = c_{D0} + K\left(\frac{2W}{\rho_\infty u_\infty^2 S}\right)^2,$$

y sustituyendo este último resultado en la ecuación (9.12), se obtiene:

$$T_n = \frac{1}{2}\rho_\infty u_\infty^2 S\, c_{D0} + K\,\frac{2W^2}{\rho_\infty u_\infty^2 S}. \qquad\qquad (9.14)$$

Esta expresión proporciona el empuje necesario en función de la velocidad de vuelo; el resto de los parámetros pueden suponerse como datos conocidos de las características del avión (W, S, c_{D0} y K) y de la condición de vuelo (ρ_∞) . El lado derecho de la expresión (9.14) permite pensar que el empuje necesario, T_n, está compuesto por el empuje parásito, $T_0 = \rho u_\infty^2 S\, c_{D0}/2$, asociado a la resistencia parásita, y que varía de forma parabólica con la velocidad de vuelo, más el empuje inducido, $T_i = 2\,K\,W^2/\left(\rho_\infty u_\infty^2 S\right)$, asociado a la resistencia inducida, cuya representación en función de u_∞ corresponde a una hipérbola, como se presenta en la figura 9.5.

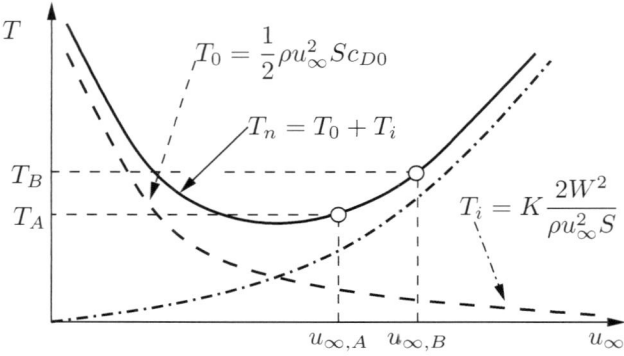

Figura 9.5. Empuje necesario para el vuelo horizontal rectilíneo y uniforme.

Las ecuaciones que describen el vuelo horizontal, rectilíneo y uniforme se pueden interpretar de la siguiente forma: el ángulo de ataque (o el coeficiente de sustentación) del avión determina la velocidad de vuelo, ecuación (9.13), y la velocidad de vuelo determina el empuje necesario para mantener dicha condición de vuelo, ecuación (9.14). Por ejemplo, si el avión está volando en una cierta condición A mostrada en la figura y el piloto desea mantener el vuelo de crucero, pero aumentar la velocidad hasta $u_{\infty,B}$, debe disminuir el ángulo de ataque y simultáneamente ajustar el empuje al valor que dicta la expresión (9.14).

El hecho de que el empuje parásito, T_0, aumenta con la velocidad de vuelo, mientras que el empuje inducido, T_i, disminuye con u_∞, resulta en que es posible volar a dos velocidades diferentes, correspondientes a ángulos de ataque diferentes, con un mismo valor del empuje, y que el empuje necesario presenta un valor mínimo, tal como se observa en la figura 9.5. A partir de las ecuaciones del movimiento es posible deducir en qué condiciones el empuje necesario es mínimo. En efecto, dividiendo la ecuación (9.10) por la (9.11) se obtiene que $T_n/W = D/L$, o bien,

$$T_n = \frac{W}{L/D} = \frac{W}{c_L/c_D} = \frac{W}{E}. \tag{9.15}$$

Es decir, para un avión con un peso W dado, la tracción necesaria varía como el inverso de la eficiencia aerodinámica. Se deduce entonces, que el empuje necesario mínimo, $T_{n,\min}$, se produce cuando el avión vuela a una cierta velocidad que corresponde a condiciones de eficiencia aerodinámica máxima, $E_{\max}$.

9.4.1. Límites de velocidad

Debe tenerse en cuenta que, de acuerdo a la descripción de los capítulos 7 y 8, el empuje que proporcionan los sistemas de propulsión, en general presenta ciertos límites, y además depende de la velocidad de vuelo (o el número de Mach) y de la densidad del aire a la altura de vuelo. Para entender las limitaciones que impone este hecho se considera un avión en vuelo de crucero a una cierta altitud, cuyo sistema de propulsión presenta una curva de variación del empuje máximo disponible, T_d, con la velocidad como la que se muestra en la figura 9.6 en línea de trazos. En el mismo sistema de ejes se muestra el empuje necesario, T_n, para mantener la condición de vuelo horizontal rectilíneo y uniforme en función de la velocidad, ecuación (9.14). La región del plano en la cual se verifica que $T_d > T_n$ define el rango de velocidades en las cuales es posible volar en condiciones de crucero, ya que en ese rango el sistema propulsor puede proporcionar el empuje necesario. Los puntos donde se cruzan las curvas definen los límites de velocidad entre los cuales el avión puede realizar vuelo de crucero a la altitud considerada. Entre esos límites se cumple que $T_d - T_n > 0$; esta diferencia se denomina exceso de empuje y es la cantidad de empuje remanente que puede proporcionar el sistema de propulsión y que el avión puede utilizar para realizar alguna maniobra que requiera empuje adicional, como por ejemplo un ascenso (véase la sección 9.5) o un viraje (véanse las secciones 9.8 y 9.9).

El punto de intersección de la derecha define la velocidad máxima, $u_{\infty,\max}$, a partir de la cual el sistema de propulsión no es capaz de proporcionar el empuje necesario para vencer la resistencia aerodinámica de la aeronave. Para velocidades, $u_\infty > u_{\infty,\max}$ se cumple que, $T_d < T_n$ y la aeronave no dispone de empuje suficiente para mantener el vuelo de crucero. Si el piloto disminuye el ángulo de ataque por debajo del valor correspondiente a $u_{\infty,\max}$ el resultado es que la aeronave no produce suficiente sustentación para compensar el peso y comienza a descender.

Análogamente, existe una velocidad mínima, $u_{\infty,\min}$, por debajo de la cual el sistema de propulsión no es capaz de proporcionar el empuje necesario para vencer la resistencia aerodinámica que aparece. Del mismo modo, si el piloto intenta aumentar el ángulo de ataque para disminuir la velocidad por debajo de $u_{\infty,\min}$, la aeronave no produce suficiente sustentación para compensar el peso y comienza a descender.

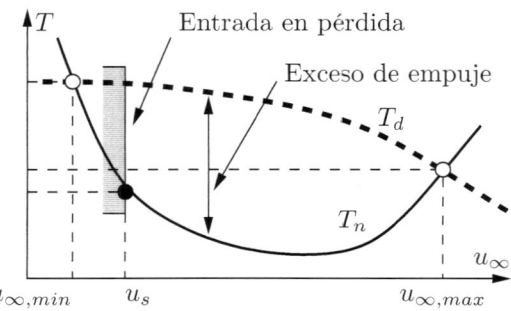

Figura 9.6. Empuje necesario y disponible en el vuelo horizontal rectilíneo y uniforme.

Como se indica en la figura 9.6, existe otra limitación en la velocidad mínima de vuelo que es la velocidad de pérdida definida en la sección 5.7. Como se explica en párrafos anteriores, en vuelo de crucero la velocidad se controla modificando el coeficiente de sustentación, es decir, el ángulo de ataque. Sin embargo, todos los aviones presentan un cierto coeficiente de sustentación máximo que define la velocidad de pérdida, u_s, según la ecuación 5.17. Para velocidades menores que la de pérdida el avión no genera suficiente sustentación para mantener el vuelo horizontal, rectilíneo y uniforme. Dependiendo del avión, el sistema de propulsión y la altitud de vuelo, la velocidad mínima de vuelo puede ser por motivos propulsivos, $u_{\infty,\min}$, o por motivos aerodinámicos, u_s.

9.4.2. Efecto de la altitud de vuelo

Hasta ahora se ha considerado que el vuelo de crucero se realiza a una cierta altitud donde la densidad del aire es ρ_∞. Sin embargo, como se puede observar en la ecuación (9.14), el empuje necesario depende de la densidad, y por lo tanto de la altitud de vuelo. A medida que la altitud crece y la densidad disminuye, la curva de empuje necesario se traslada a velocidades mayores, tal como se muestra en la figura 9.7(a). Por otro lado, de acuerdo a lo explicado en los capítulos 7 y 8, a medida que crece la altitud, el empuje disponible decrece. En la figura 9.7(a) se presenta un ejemplo de este comportamiento. Como consecuencia, se observa que la velocidad máxima se hace más pequeña, que la velocidad mínima por limitaciones propulsivas se hace más grande y el exceso de empuje disminuye.

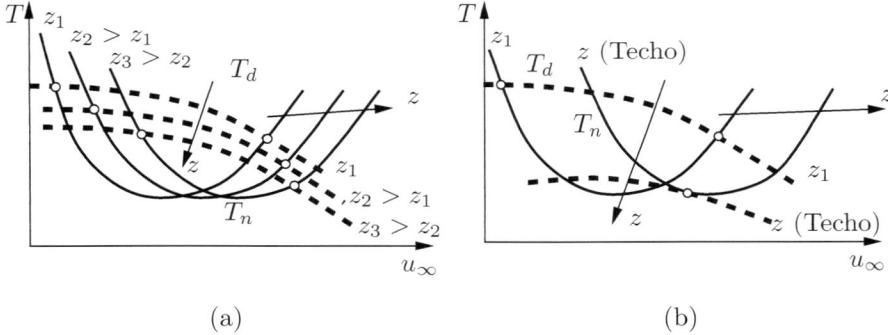

(a)   (b)

Figura 9.7. Variación de la condición de vuelo con la altitud para el vuelo horizontal rectilíneo y uniforme: (a) empuje necesario y disponible (b) determinación del techo de la aeronave.

A medida que se consideran altitudes mayores la tendencia de las curvas de empuje necesario y disponible continua según lo descrito hasta que a una cierta altitud ambas curvas son tangentes en un punto, tal como se puede observar en la figura 9.7(b). A esta altitud el avión no tiene más exceso de empuje, por lo que no tiene capacidad de realizar ninguna maniobra que requiera empuje adicional, como por ejemplo un vuelo de ascenso. Esta altitud se la define como el techo de de la aeronave.

Ejemplo 9.1

Un avión realiza un vuelo horizontal, rectilíneo y uniforme, con una velocidad de 180 km/h y a una altitud de 3000 m. Este avión tiene una envergadura de 8.5 m, una superficie alar de 9.94 m^2 y una masa de 600 kg. Se conocen los siguientes datos de la aerodinámica de este avión:

$c_L = 4.36\alpha + 0.21$, $c_{D0} = 0.045$, $e = 0.7$ y se asume que el coeficiente de resistencia total del avión es $c_D = c_{D0} + c_{Di}$. Considerando condiciones ISA, calcular (1) el ángulo de ataque del avión, (2) la tracción que debe proporcionar el sistema de propulsión y (3) el valor del mínimo empuje necesario y la velocidad correspondiente para realizar vuelo de crucero a la altitud considerada.

Solución

(1) Para determinar el ángulo de ataque se emplean las ecuaciones del vuelo horizontal uniforme y rectilíneo. Se despeja el coeficiente de sustentación de la ecuación (9.13),

$$c_L = \frac{2W}{\rho_\infty u_\infty^2 S} = \frac{2m\,g}{\rho_\infty u_\infty^2 S} = 0.52,$$

donde la densidad a 3000 m, según la atmósfera estándar, es $\rho_\infty = 0.909\,\text{kg/m}^3$. Conocido el valor del coeficiente, se despeja el ángulo de ataque correspondiente de la curva de sustentación de la aeronave,

$$c_L = c_{L0} + c_{L\alpha}\alpha,$$
$$\alpha = \frac{c_L - c_{L0}}{c_{L\alpha}} = 0.0713 = 4.1°.$$

(2) Para determinar la tracción necesaria que debe proporcionar el sistema de propulsión es necesario conocer la curva polar de la aeronave. Teniendo en cuenta que el alargamiento del ala es $\Lambda = b^2/S = 7.26$, la polar puede expresarse como:

$$c_D = c_{D0} + \frac{c_L^2}{\pi\Lambda e} = 0.045 + 0.0626\,c_L^2.$$

Empleando el coeficiente de sustentación obtenido se calcula el coeficiente de resistencia, resultando que, $c_D = 0.0620$. Finalmente, el empuje necesario se obtiene reemplazando estos valores en la ecuación (9.12):

$$T_n = \frac{1}{2}\rho_\infty u_\infty^2 S\,c_D = 700\,\text{N}.$$

(3) De acuerdo a lo deducido en la sección 9.4, para que empuje necesario sea el mínimo, el avión debe volar en la condición de eficiencia

aerodinámica máxima, cuyo valor se calcula con la expresión (9.6), $E_{\max} = 1/\sqrt{4c_{d0}K} = 9.42$. Mediante la ecuación (9.15) se obtiene el empuje necesario mínimo,

$$T_{n,\min} = \frac{W}{E_{\max}} = 624\,\text{N}.$$

En esta condición de vuelo el valor del coeficiente de sustentación es el óptimo y se calcula mediante la ecuación (9.5), es decir, que $c_{L,\text{opt}} = \sqrt{c_{D0}/K} = 0.85$. Despejando la velocidad de la ecuación (9.13) y reemplazando el valor del $c_{L,\text{opt}}$, resulta que la velocidad correspondiente al mínimo empuje es:

$$u_{\infty,T\min} = \sqrt{\frac{2W}{\rho_{\infty}S\,c_{L,\text{opt}}}} = 39\,\text{m/s}.$$

9.5. Ascenso y descenso rectilíneo uniforme

En esta sección se estudian las maniobras de ascenso y descenso uniforme, en las cuales el avión vuela con velocidad constante y trayectoria rectilínea, formando un ángulo de asiento de la trayectoria, γ, constante con respecto al plano horizontal. En el caso de vuelo en ascenso el ángulo de trayectoria se define como positivo, $\gamma > 0$, mientras que en maniobras de descenso es negativo, $\gamma < 0$. En ambos casos de considera que este ángulo es pequeño, es decir $|\gamma| \ll 1$. En la figura 9.8 se muestra un diagrama de cuerpo libre de una maniobra de ascenso uniforme.

En esta maniobra no existen fuerzas de origen inercial ya que la trayectoria es rectilínea y la velocidad constante, por tanto, las ecuaciones (9.8) y (9.9) que describen el movimiento del avión son ahora:

$$T_{n,a} - D - W\sin\gamma = 0, \tag{9.16}$$
$$W\cos\gamma - L = 0. \tag{9.17}$$

donde, $T_{n,a}$ es el empuje necesario para esta maniobra. Bajo la hipótesis de que el ángulo de trayectoria es pequeño, $\gamma \ll 1$, puede considerarse que $\cos\gamma \approx 1$ y $\sin\gamma \approx \gamma$, y las ecuaciones de movimiento quedan,

$$T_{n,a} - D - W\gamma \approx 0,$$
$$W - L \approx 0.$$

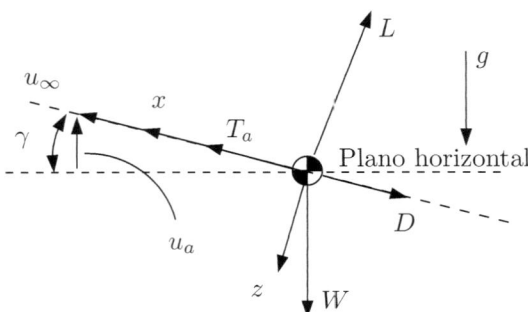

Figura 9.8. Esquema de fuerzas sobre la aeronave en vuelo de ascenso rectilíneo y uniforme.

De la primera ecuación se despeja el ángulo de trayectoria,

$$\gamma = \frac{T_{n,a} - D}{W},$$

mientras que de la segunda ecuación se deduce que $W \approx L$; esto implica que el coeficiente de sustentación en esta maniobra es aproximadamente igual al que se requiere en vuelo horizontal, rectilíneo y uniforme. Si el coeficiente de sustentación es el mismo, el coeficiente de resistencia también es el mismo, ya que se obtiene reemplazando el coeficiente de sustentación en la polar del avión. Esto quiere decir que la resistencia en vuelo en ascenso (o descenso) puede escribirse como $D = T_{n,\text{vhru}}$, donde $T_{n,\text{vhru}}$ es el empuje necesario para vuelo horizontal uniforme y rectilíneo para la misma velocidad y altura; con lo cual el ángulo de trayectoria queda como:

$$\gamma = \frac{T_{n,a} - T_{n,\text{vhru}}}{W}. \tag{9.18}$$

Para interpretar esta expresión se plantea el siguiente ejemplo: sea un avión de peso W en vuelo de crucero a una cierta altitud. Si se desea mantener esta condición, el piloto debe ajustar el sistema de propulsión para que proporcione un empuje $T_{n,\text{vhru}}$, si el empuje es mayor que ese valor, el avión sube ya que, según la ecuación (9.18), el ángulo de la trayectoria es positivo, $\gamma > 0$; es decir que mientras exista un exceso de empuje el avión puede subir, tal y como se muestra en la figura 9.9. Por el contrario, si la tracción es menor que la necesaria para el vuelo horizontal, rectilíneo y uniforme, el avión desciende. Resumiendo, el ascenso o descenso del avión, no se controla con el ángulo de ataque (es decir el coeficiente de sustentación), sino con el empuje que proporciona el sistema de propulsión.

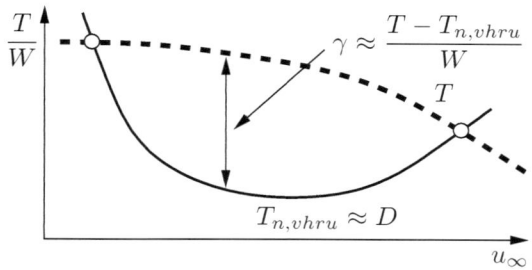

Figura 9.9. Interpretación de la diferencia entre empuje necesario y disponible como ángulo de inclinación de la trayectoria en vuelo de ascenso.

Empleando la hipótesis de que la resistencia es la misma que en el caso de vuelo horizontal rectilíneo y uniforme, a partir de la ecuación (9.18), se obtiene que,

$$\gamma \approx \frac{1}{W}\left[T_{n,a} - \left(\frac{1}{2}\rho_\infty u_\infty^2 S c_{D0} + K\frac{2W^2}{\rho_\infty u_\infty^2 S}\right)\right]. \qquad (9.19)$$

Esta relación proporciona el valor de γ en función del empuje suministrado por el motor, a una velocidad dada, y también pone de manifiesto que el ángulo γ es controlado mediante el empuje.

Se define la velocidad vertical como la variación de altitud del avión por unidad de tiempo, es decir, $u_v = \mathrm{d}h/\mathrm{d}t$. De la figura 9.8 se deduce que la velocidad vertical puede expresarse como, $u_v = u_\infty \sin\gamma \approx u_\infty\gamma$, donde se ha considerado que $\gamma \ll 1$. Reemplazando en esta expresión el valor del ángulo de trayectoria proporcionado por la ecuación (9.19) resulta:

$$u_v = \frac{u_\infty}{W}\left[T_{n,a} - \left(\frac{1}{2}\rho_\infty u_\infty^2 S c_{D0} + K\frac{2W^2}{\rho_\infty u_\infty^2 S}\right)\right].$$

Los aviones suelen estar equipados con un instrumento llamado variómetro que determina esta velocidad en función de las variaciones de presión.

Ejemplo 9.2

El mismo avión del ejemplo 9.1 comienza una maniobra de ascenso con velocidad uniforme a 3000 m de altitud. El anemómetro del avión indica una velocidad con respecto al aire de 180 km/h y el variómetro indica una velocidad vertical ascendente de 2 m/s. Se pide (1) el ángulo de ascenso, (2) el ángulo de ataque en estas condiciones y (3) la tracción que debe proporcionar el motor.

Solución

(1) El ángulo de ascenso se determina a partir de la geometría definida por la velocidad con respecto del aire, u_∞, y la velocidad vertical ascendente, u_v, es decir,

$$\gamma = \arctan\left(\frac{u_v}{u_\infty}\right) = 0.04\,\text{rad} = 2.3°.$$

(2) El ángulo de ataque se obtiene mediante la ecuación del movimiento en el eje z, que para el caso de vuelo de ascenso uniforme y rectilíneo con ángulo de ascenso pequeño es:

$$L \approx W,$$

$$\frac{1}{2}\rho_\infty u_\infty^2 S\, c_L \approx W,$$

por lo que,

$$c_L \approx \frac{2W}{\rho_\infty u_\infty^2 S} = 0.52,$$

y teniendo en cuenta la curva de sustentación de la aeronave se obtiene el ángulo de ataque como:

$$\alpha = \frac{c_L - c_{L0}}{c_{L\alpha}} = 0.071\,\text{rad} = 4.1°.$$

(3) La tracción necesaria se obtiene de la ecuación de Newton en la dirección de movimiento,

$$T_{n,a} \approx D + W\gamma = \frac{1}{2}\rho_\infty u_\infty^2 S\, c_D + W\gamma = 935\,\text{N},$$

donde el coeficiente de resistencia se ha calculado utilizando la polar de este avión, es decir, $c_D = c_{D0} + K\, c_L^2 = 0.062$.

9.6. Vuelo de planeo rectilíneo y uniforme

El vuelo de planeo es un caso particular de una maniobra de descenso en la cual las fuerzas propulsivas son nulas, tal y como se esquematiza en la figura 9.10. Para su análisis se plantean las ecuaciones generales del vuelo simétrico, ecuaciones (9.8) y (9.9), considerando vuelo rectilíneo, uniforme, con un ángulo de trayectoria constante y negativo y empuje nulo, es decir,

$$-D + W \sin \gamma_d = 0,$$
$$W \cos \gamma_d - L = 0.$$

donde, γ_d es el ángulo de trayectoria o ángulo de planeo. Despejando la resistencia y la sustentación se obtiene:

$$D = W \sin \gamma_d, \tag{9.20}$$
$$L = W \cos \gamma_d, \tag{9.21}$$

y dividiendo ambas expresiones resulta:

$$\tan \gamma_d = \frac{D}{L} = \frac{1}{E}.$$

Si además se considera que el ángulo de trayectoria es pequeño, $\tan \gamma_d \approx \gamma_d$, con lo cual se llega a que:

$$\gamma_d \approx \frac{1}{E}. \tag{9.22}$$

Es decir, que el ángulo de planeo, γ_d, puede estimarse como el inverso de la eficiencia aerodinámica. Se deduce de la ecuación (9.22) que cuando el avión vuela con la eficiencia aerodinámica máxima, $E_{\max}$, el ángulo de planeo es mínimo, $\gamma_{d,\min} = 1/E_{\max}$.

Ejemplo 9.3

Cuando mismo avión de los ejemplos anteriores se encuentra volando a 5000 m de altitud, el piloto detiene los motores y comienza una maniobra de planeo. En esta situación se pide: (1) el ángulo de planeo correspondiente a una velocidad con respecto al aire de 216 km/h, (2) el ángulo de descenso mínimo y la velocidad de descenso correspondiente y (3) la velocidad de descenso mínima y el ángulo de descenso correspondiente.

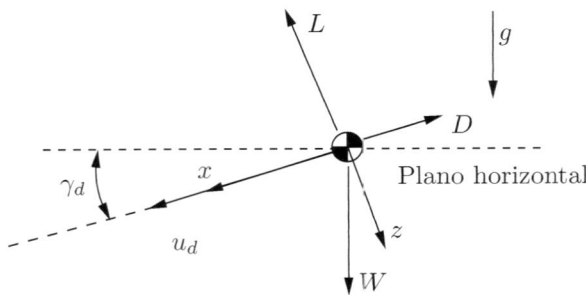

Figura 9.10. Esquema de fuerzas sobre la aeronave en vuelo de planeo rectilíneo y uniforme.

Solución

(1) El ángulo de planeo se obtiene a partir de la ecuación (9.22), por lo que se necesita conocer la eficiencia aerodinámica con la que está volando el avión en estas condiciones. Considerando que el ángulo de planeo es $\gamma_d \ll 1$, la ecuación del movimiento en el eje z, ecuación (9.21), es $L \approx W$, de donde se obtiene que:

$$c_L = \frac{2W}{\rho_\infty u_\infty^2 S} = 0.45,$$

donde la densidad a 5000 m, según la atmósfera estándar, es $\rho_\infty = 0.735\,\mathrm{kg/m^3}$. Reemplazando el coeficiente de sustentación en la polar del avión, se obtiene el coeficiente de resistencia correspondiente, $c_D = 0.057$; por lo que el ángulo de planeo correspondiente a una velocidad de vuelo $u_\infty = 216\,\mathrm{km/h} = 60\,\mathrm{m/s}$, resulta:

$$\gamma_d = \frac{1}{E} = \frac{c_D}{c_L} = 0.129\,\mathrm{rad} = 7.4°.$$

(2) Para que el ángulo de planeo sea mínimo se debe de cumplir que la eficiencia aerodinámica sea máxima. Por tanto, reemplazando la expresión (9.6) en la ecuación (9.22), el ángulo de planeo mínimo resulta:

$$\gamma_{d,\mathrm{min}} = \frac{1}{E_{\mathrm{max}}} = 2\sqrt{c_{D0}K} = 0.106\,\mathrm{rad} = 6.1°.$$

De la figura 9.10 se deduce que la velocidad de descenso puede expresarse como, $u_d = u_\infty \sin \gamma_d \approx u_\infty \gamma_d$, por lo que la velocidad de descenso correspondiente al $\gamma_{d,\mathrm{min}}$ es $u_{d,\gamma\mathrm{min}} = u_{\infty,\gamma\mathrm{min}}\gamma_{d,\mathrm{min}}$, donde, $u_{\infty,\gamma\mathrm{min}}$, es la velocidad con respecto al aire correspondiente al vuelo con ángulo de planeo mínimo. Por otro lado, se sabe para planear en esta condición el coeficiente de sustentación debe ser el óptimo, $c_{L,\mathrm{opt}} = \sqrt{c_{D0}/K} = 0.85$ y, dado que, $L \approx W$, la velocidad con que debe volar el avión es:

$$u_{\infty,\gamma\mathrm{min}} = \sqrt{\frac{2W}{\rho_\infty S c_{L,\mathrm{opt}}}} = 43.6\,\mathrm{m/s}.$$

Finalmente, la velocidad vertical de descenso correspondiente al vuelo con ángulo de descenso mínimo es:

$$u_{d,\gamma\mathrm{min}} = \sqrt{\frac{2W}{\rho_\infty S c_{L,\mathrm{opt}}}}\frac{1}{E_{\mathrm{max}}} = 4.6\,\mathrm{m/s}.$$

(3) A partir de la geometría del movimiento y las ecuaciones que lo describen, la velocidad de descenso se puede expresar como:

$$u_d = u_\infty\gamma = u_\infty\frac{D}{W} = \frac{1}{W}\left(\frac{1}{2}\rho_\infty u_\infty^3 S\,c_{D0} + K\frac{2W^2}{\rho_\infty u_\infty S}\right). \qquad (9.23)$$

Obsérvese que para un cierto avión, volando a una altitud determinada, la velocidad de descenso sólo es función de la velocidad con respecto al aire, por lo que es posible derivar esta expresión con respecto a u_∞ e igualarla a cero, obteniéndose:

$$\frac{du_d}{du_\infty} = \frac{3}{2}\rho_\infty u_\infty^2 S c_{D0} - K\frac{2W^2}{\rho_\infty u_\infty^2 S} = 0.$$

Despejando u_∞ y reemplazando los datos de este ejemplo, se obtiene la velocidad con respecto al aire correspondiente a la velocidad de descenso mínima,

$$u_{\infty,ud\mathrm{min}} = \left(\frac{1}{3}\right)^{1/4}\sqrt{\frac{2W}{\rho_\infty S c_{L,\mathrm{opt}}}} = 33.1\,\mathrm{m/s}.$$

Para calcular el ángulo de descenso correspondiente hay que determinar la eficiencia aerodinámica en esta condición de vuelo. El coeficiente de sustentación ahora es:

$$c_L = \frac{2W}{\rho_\infty S\,u_{\infty,ud\mathrm{min}}^2} = \sqrt{3}c_{L,\mathrm{opt}} = 1.47.$$

Obsérvese que el valor del coeficiente de sustentación obtenido es relativamente grande, por lo que se debería verificar que no excede el $c_{L,\max}$ de este avión; si así fuera este avión no podría volar en esta condición de planeo. Para los fines de este ejemplo se puede asumir que este coeficiente de sustentación es menor que el máximo del avión. Así, reemplazando el c_L en la polar del avión, se obtiene el coeficiente de resistencia correspondiente, $c_D = 0.18$. Por tanto, el ángulo de planeo es, $\gamma_{d,u_{d\min}} = c_D/c_L = 0.123\,\mathrm{rad} = 7.0°$. Finalmente, aplicando la definición de la velocidad vertical de descenso resulta:

$$u_{d,\min} = u_{\infty,u d\min}\gamma_{d,u_{d\min}} = 4.1\,\mathrm{m/s}.$$

9.7. Factor de carga

Antes de abordar el estudio de las maniobras de viraje es conveniente presentar el factor de carga, un parámetro muy utilizado para el análisis de actuaciones y que, además, se utiliza en el proceso de diseño y cálculo de las estructuras de las aeronaves. Se define el factor de carga, n, como la relación entre la fuerza de sustentación generada por el avión y su peso total,

$$n = \frac{L}{W}, \tag{9.24}$$

y es una medida de las fuerzas que actúan sobre el avión. Obsérvese que si se reemplaza el peso por mg resulta:

$$n = \frac{L}{mg} = \frac{a_L}{g},$$

donde, a_L puede interpretarse como la aceleración debida a la fuerza de sustentación, con lo cual el factor de carga queda expresado como la relación entre esta aceleración y la aceleración de la gravedad. Es por ello, que el factor de carga también proporciona el valor de la aceleración que aparece en sobre el avión expresado en múltiplos de g. Por ejemplo, en vuelo horizontal, rectilíneo y uniforme el factor de carga es $n = 1$.

Los organismos de regulación aeronáutica, como la europea JAR (*Joint Aviation Requirements*) y la FAR (*Federal Aviation Regulations*) de los EE.UU., establecen normas que fijan los factores de carga máximos y mínimos que debe soportar la estructura de un avión según su categoría y peso. Por su parte, los fabricantes de aviones proporcionan los márgenes dentro de los cuales debe utilizarse el avión para no provocar daños en su estructura, como por ejemplo, velocidades y radios de viraje mínimos.

9.8. Viraje en un plano vertical

La maniobra de viraje en el plano vertical consiste en una trayectoria circular de radio R, contenida en un plano vertical que se recorre con velocidad constante (figura 9.11). Esta maniobra también se denomina maniobra de looping. Para analizarla, se considera que el cambio de altitud durante la maniobra es lo suficientemente pequeño como para poder asumir que la densidad del aire no varía.

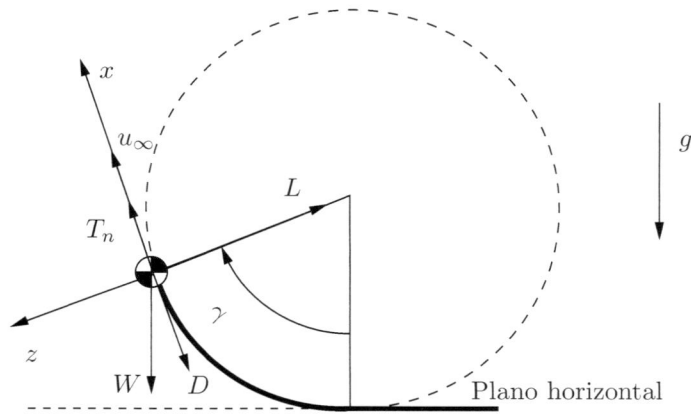

Figura 9.11. Esquema de fuerzas sobre la aeronave en vuelo en plano vertical circular y uniforme.

En este movimiento, el ángulo de trayectoria γ varía entre 0 y 2π y, por tratarse de una trayectoria con curvatura, debe incluirse la fuerza centrífuga que aparece por utilizar un sistema de referencia ligado a la aeronave (sistema no inercial) para describir el movimiento. Así pues, las ecuaciones (9.8) y (9.9) quedan:

$$T_n - D - W \sin \gamma = 0, \tag{9.25}$$

$$m\frac{u_\infty^2}{R} + W \cos \gamma - L = 0. \tag{9.26}$$

Despejando la sustentación L, de la segunda ecuación se obtiene:

$$L\left(\gamma\right) = m\frac{u_\infty^2}{R} + W\cos\gamma. \tag{9.27}$$

Esta expresión proporciona la sustentación que debe producir el avión en función de la posición que ocupa la aeronave en el viraje, $L\left(\gamma\right)$, y es la fuerza que debe compensar la fuerza centrífuga y una componente del peso que cambia con la posición de la aeronave dentro del viraje (obsérvese que el resto de los parámetros se consideran constantes). En la figura 9.12 se presenta un gráfico de esta expresión, donde se observa la variación de la fuerza de sustentación, L, en función de la posición del avión a lo largo de la maniobra, definida por el valor del ángulo de trayectoria, γ $(0 < \gamma < \pi)$.

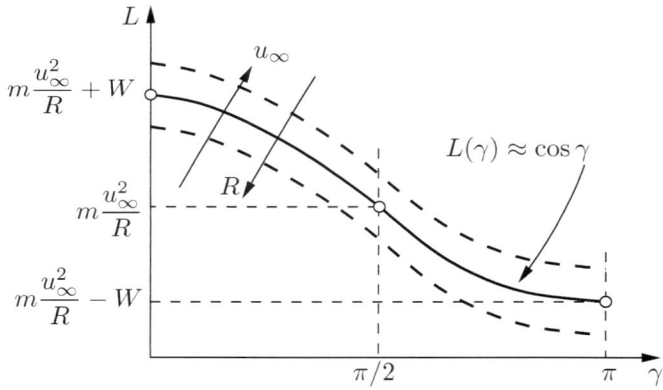

Figura 9.12. Variación de la fuerza de sustentación, L, en función de la posición del avión a lo largo de la maniobra, definida por el valor del ángulo de trayectoria, γ.

Se observa que la sustentación que proporciona el ala es máxima en el punto más bajo de la trayectoria ($\gamma = 0$) y, a medida que la aeronave progresa en el viraje, la sustentación necesaria es menor ya que la componente de peso que debe compensar, $W\cos\gamma$, es menor. El valor mínimo de sustentación se alcanza en el punto más alto de la trayectoria, $\gamma = \pi$. En este punto particular, la fuerza centrífuga es compensada por la sustentación y el propio peso de la aeronave.

Es de interés analizar como se modifica la sustentación necesaria en función del resto de las variables que aparecen en la expresión (9.27).

Si se aumenta el radio de curvatura del viraje, manteniendo el resto de parámetros constantes, el término de la fuerza centrífuga, $m\,u_\infty^2/R$, se hace más pequeño, por lo que la sustentación necesaria disminuye. En cambio, si se desea realizar el viraje con mayor velocidad la fuerza centrífuga aumenta y la sustentación necesaria es mayor.

Si se divide la ecuación (9.27) por el peso de la aeronave se obtiene la expresión del factor de carga,

$$n = \frac{L}{W} = \frac{1}{W}\left(m\frac{u_\infty^2}{R} + W\cos\gamma\right) = \frac{u_\infty^2}{gR} + \cos\gamma, \qquad (9.28)$$

donde se puede observar que presenta la misma dependencia funcional con el ángulo de la trayectoria, γ, que la sustentación necesaria para realizar el viraje, por tanto el factor de carga máximo aparece en $\gamma = 0$.

Sea ahora una aeronave con un cierto factor de carga máximo permitido $n_{\max}$; se puede utilizar la expresión (9.28) para encontrar los límites que garantizan que el viraje se realice con seguridad. Por ejemplo, para una velocidad de viraje, u_∞, es posible determinar el radio de curvatura mínimo con el cual la aeronave puede realizar este viraje sin exceder el factor de carga máximo. Teniendo en cuenta que en esta maniobra el factor de carga máximo aparece en, $\gamma = 0$ se tiene:

$$n_{\max} = \frac{u_\infty^2}{gR_{\min}} + 1,$$

o bien,

$$R_{\min} = \frac{u_\infty^2}{g\left(n_{\max} - 1\right)}. \qquad (9.29)$$

De forma análoga se puede calcular la velocidad máxima, $u_{\infty,\max}$, con el que la aeronave puede realizar un viraje de radio R sin exceder el factor de carga máximo,

$$u_{\infty,\max} = \sqrt{gR\left(n_{\max} - 1\right)}.$$

Ejemplo 9.4

Se desea verificar si el avión definido en los ejemplos anteriores es capaz de realizar una maniobra de looping como la que se muestra en el esquema de la figura 9.11 volando a una velocidad de 270 km/h y una altitud de 500 m. El máximo factor de carga que este avión puede soportar es $n_{\max} = 3.8$ y la tracción máxima que entrega su sistema propulsor, a esa velocidad y altitud, es $T_d = 3000\,\text{N}$. Se pide: (1) calcular el radio mínimo de la maniobra para no superar el factor de carga máximo; (2) el valor de la tracción necesaria cuando $\gamma = 45^\text{o}$, 90° y 180°, si se realiza el looping con el radio mínimo y despreciando la variación de la densidad durante la maniobra; (3) el tiempo que tarde en completar una vuelta (4) y verificar si este avión puede realizar la maniobra en estas condiciones.

Solución

(1) Sabiendo que el factor de carga máximo aparece en $\gamma = 0$, se reemplazan los valores de la velocidad y factor de carga máximo de este ejemplo en la expresión (9.29), de donde se obtiene que:

$$R_{\min} = \frac{u_\infty^2}{g\,(n_{\max} - 1)} = 205\,\text{m}.$$

(2) Para determinar el empuje que deben proporcionar los motores de la aeronave se emplea la segunda Ley de Newton en la dirección del movimiento, ecuación (9.25),

$$T_n - D - W \sin\gamma = 0,$$

donde, $D = \dfrac{1}{2}\rho_\infty u_\infty^2 S\, c_D = \dfrac{1}{2}\rho_\infty u_\infty^2 S\, (c_{D0} + K\, c_L^2)$. A diferencia de los casos anteriores (vuelo horizontal ascenso o descenso), ahora la sustentación no es igual al peso y por tanto, hay que calcular la sustentación. Para ello, se aplica la segunda Ley de Newton en la dirección perpendicular al movimiento de la aeronave, ecuación (9.26),

$$L = m\frac{u_\infty^2}{R} + W \cos\gamma,$$

y, como por definición, el coeficiente de sustentación se expresa como:

$$c_L = \frac{L}{\dfrac{1}{2}\rho_\infty u_\infty^2 S} = \frac{m\dfrac{u_\infty^2}{R} + W \cos\gamma}{\dfrac{1}{2}\rho_\infty u_\infty^2 S}.$$

Sustituyendo esta expresión en la resistencia aerodinámica, resulta:

$$D = \frac{1}{2}\rho_\infty u_\infty^2 S \left\{ c_{D0} + K \left[\frac{2\left(m\dfrac{u_\infty^2}{R} + W\cos\gamma\right)}{\rho_\infty u_\infty^2 S} \right]^2 \right\}.$$

Por tanto, el empuje que deben proporcionar los motores, queda finalmente:

$$T_n = \frac{1}{2}\rho_\infty u_\infty^2 S\, c_{D0} + \frac{2K}{\rho_\infty u_\infty^2 S}\left(m\frac{u_\infty^2}{R} + W\cos\gamma\right)^2 + W\sin\gamma.$$

Haciendo ahora aplicación para los ángulos pedidos se obtiene la siguiente tabla:

γ [°]	c_L	c_D	n	T_n [kN]
45	0.63	0.070	3.5	6.44
90	0.50	0.061	2.8	7.86
180	0.32	0.052	1.8	1.68

(3) Dado que la maniobra se realiza a velocidad lineal constante, la aeronave describe un movimiento circular uniforme y por tanto, el período de dicho movimiento es el tiempo que requiere el viraje completo, es decir,

$$t = \frac{2\pi}{\Omega} = \frac{2\pi R}{u_\infty} = 17\ \text{s}.$$

(4) Teniendo en cuenta que el empuje máximo del que dispone la aeronave es $T_d = 3\,\text{kN}$ y que el empuje necesario en $\gamma = 45°$ es $T_n = 6.44\,\text{kN} > T_d$, la aeronave no puede realizar esta maniobra.

9.9. Viraje en un plano horizontal

Para cambiar el rumbo del avión sin modificar la altitud de vuelo se realiza una maniobra de viraje en el plano horizontal, que consiste en una trayectoria circular de radio R, contenida en un plano horizontal y con velocidad constante, como se esquematiza en la figura 9.13. Como es sabido, para modificar la dirección del vector velocidad es necesario una aceleración centrípeta, a_c. En esta maniobra la forma de obtener esta aceleración es inclinar todo el avión con un ángulo de balanceo, μ, mediante el uso de los alerones, de modo que una componente de la fuerza de sustentación queda contenida en el plano horizontal y es perpendicular al vector velocidad, tal como se observa en la figura 9.13. Esta componente, cuyo valor es $L\sin\mu$, actúa como fuerza centrípeta que provoca la aceleración que modifica la dirección del vector velocidad. Cuando la maniobra se realiza de modo que la resultante de las fuerzas másicas (el peso más la fuerza centrífuga) está contenida en el plano de simetría del avión, se dice que es un viraje coordinado.

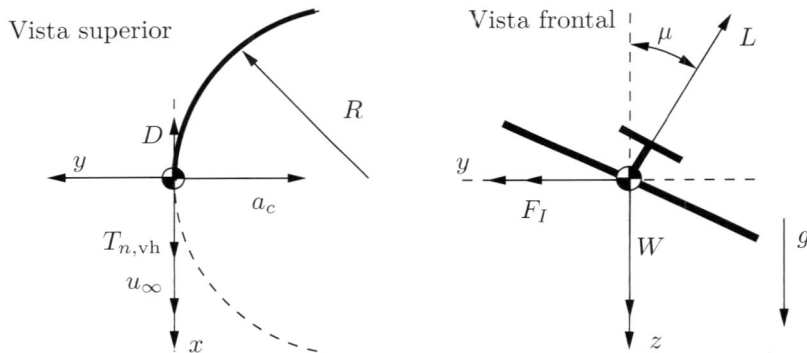

Figura 9.13. Esquema de fuerzas sobre la aeronave en vuelo en plano horizontal circular y uniforme.

Como en el análisis de las maniobras anteriores, se considera un sistema de referencia ligado a la aeronave, es decir que se trata de un sistema de referencia no inercial y además la trayectoria presenta curvatura; por tanto, se debe tener en cuenta la fuerza de origen inercial, F_I, que aparece en la aeronave, es decir la fuerza centrífuga. En esta maniobra aparecen fuerzas fuera del plano de simetría del avión, por lo que es necesario plantear las ecuaciones de movimiento en los tres ejes ligados a la aeronave. A partir del esquema de fuerzas que se observa en la figura 9.13 se escriben las ecuaciones del movimiento de la aeronave como,

$$T_{n,\text{vh}} - D = 0, \tag{9.30}$$

$$m\frac{u_\infty^2}{R} - L\sin\mu = 0, \tag{9.31}$$

$$W - L\cos\mu = 0. \tag{9.32}$$

De la última ecuación se deduce que el factor de carga para esta maniobra es:

$$n = \frac{1}{\cos\mu}, \tag{9.33}$$

es decir, que en general $n > 1$ y, si el ángulo de balanceo aumenta, también lo hace el factor de carga y por tanto, la sustentación necesaria para la maniobra. Para entender mejor esto, se escribe la ecuación (9.32) como, $W = q_\infty S\, c_L \cos\mu$, o bien:

$$c_L = \frac{1}{\cos\mu}\frac{W}{q_\infty S} = n\frac{W}{q_\infty S} = n\,c_{L,\text{vhru}}. \tag{9.34}$$

Obsérvese, que el coeficiente de sustentación en esta maniobra es igual al coeficiente de sustentación en vuelo de crucero, $c_{L,\text{vhru}}$, multiplicado por el factor de carga, que es mayor que uno y está relacionado con el ángulo de balanceo según la ecuación (9.33). Cuanto mayor es el ángulo μ, mayor es el coeficiente de sustentación necesario para esta maniobra. Esto se debe a que si se dedica una parte de la sustentación para producir una aceleración centrípeta que curve la trayectoria, la sustentación total debe aumentar, de forma que su componente vertical, $L\cos\mu$, equilibre el peso de la aeronave, es decir, conserve el equilibrio en el eje z, y no se pierda altitud. Esto implica que, además de dar un ángulo de balanceo, el piloto debe aumentar el ángulo de ataque, α, para conseguir el coeficiente de sustentación necesario dado por la ecuación (9.34).

El empuje necesario para este viraje, $T_{n,\text{vh}}$ se obtiene de la ecuación (9.30) que puede escribirse como:

$$T_{n,\text{vh}} = q_\infty S\, c_{D0} + n^2 K\, c_{L,\text{vhru}}^2, \tag{9.35}$$

donde se ha reemplazado el coeficiente de resistencia por la expresión de la polar del avión y el coeficiente de sustentación por la expresión (9.34). Esta expresión indica que el empuje necesario para el viraje horizontal es mayor que el necesario para vuelo horizontal, rectilíneo y uniforme, ya que el segundo término del lado derecho de la igualdad, que es el que está asociado a la resistencia inducida, es igual al que aparece en la ecuación (9.14) pero multiplicado por n^2. Esto se debe a que, como se ha dicho, para realizar el viraje es necesario aumentar el coeficiente de sustentación, de acuerdo a lo que indica la ecuación (9.34), y por tanto, también aumenta la resistencia inducida, con lo cual es necesario aumentar la tracción para mantener el vuelo en equilibrio.

Ejemplo 9.5

El avión de los ejemplos anteriores realiza una maniobra de viraje en el plano horizontal con un radio de giro de 400 m, a una altitud de 3000 m y con velocidad de 180 km/h.

Se pide: (1) calcular el ángulo de balanceo necesario para realizar este viraje de forma coordinada, (2) el factor de carga en dicha maniobra, (3) el coeficiente de sustentación y ángulo de ataque necesarios y, por último, (4) calcular la tracción necesaria para realizar la maniobra.

Solución

(1) Tomando las ecuaciones que describen este movimiento y dividiendo la ecuación (9.31) por la (9.32) se obtiene la siguiente expresión para el ángulo de balanceo μ:

$$\tan \mu = \frac{u_\infty^2}{gR},$$

de donde se obtiene que, $\mu = \arctan\left[u_\infty^2/(gR)\right] = 0.568 \, \text{rad} = 32.5°$.

(2) Empleando la ecuación (9.33) se obtiene que el factor de carga es, $n = 1/\cos\mu = 1.2$.

(3) Reemplazando los datos de este ejemplo en la ecuación (9.34) se determina el coeficiente de sustentación:

$$c_L = n\frac{W}{q_\infty S} = 0.62,$$

El ángulo de ataque se obtiene de la curva de sustentación del ala,

$$\alpha = \frac{c_L - c_{L0}}{c_{L\alpha}} = 0.0.94 \, \text{rad} \ = 5.4°.$$

(4) La tracción necesaria para realizar el viraje horizontal con ángulo de balanceo se obtiene de la ecuación (9.35),

$$T_{n,\text{vh}} = q_\infty S\, c_{D0} + n^2 K \frac{W^2}{q_\infty S} = 777.5\,\text{N}.$$

Existe otra otra forma de realizar un viraje en el plano horizontal que consiste en utilizar el timón de dirección para rotar el avión un cierto ángulo de guiñada, β, de modo que se desalinea el vector de la fuerza empuje con respecto a la dirección de vuelo, tal y como se muestra en la figura 9.14. Aparece una componente del empuje que es perpendicular al vector velocidad y genera la aceleración centrípeta, a_c, necesaria para cambiar el rumbo. A partir del esquema de fuerzas de la figura 9.14, las ecuaciones del movimiento son:

$$T_{n,\beta}\cos\beta - D = 0, \tag{9.36}$$

$$m\frac{u_\infty^2}{R} - T_{n,\beta}\sin\beta = 0, \tag{9.37}$$

$$W - L = 0. \tag{9.38}$$

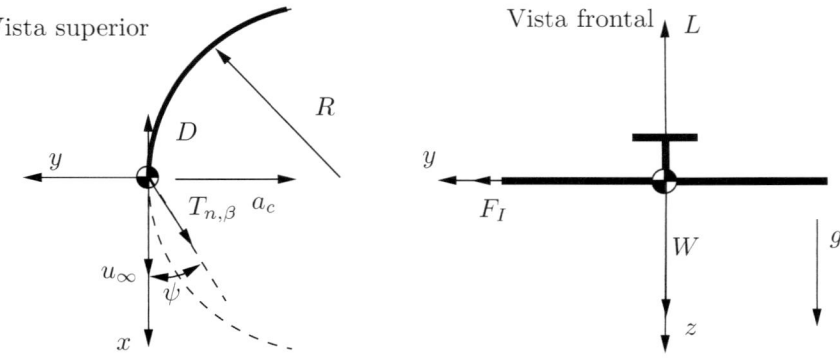

Figura 9.14. Esquema de fuerzas sobre la aeronave en vuelo en plano horizontal circular y uniforme.

Aunque es posible realizar el viraje en el plano horizontal de esta manera, no suele hacerse así debido a que, en general, requiere una tracción mucho mayor que si se realiza con un ángulo de balanceo.

Este hecho se pone en evidencia en el ejemplo 9.6, donde se muestra que realizar un viraje de esta forma es muy ineficiente, ya que requiere aumentar mucho el empuje. En condiciones normales de vuelo el empuje es mucho menor que la sustentación y, por tanto, la aceleración centrípeta que es capaz de crear es pequeña. Este tipo de maniobra se realiza sólo para ligeros cambios de rumbo, con grandes radios de curvatura de la trayectoria y velocidades modestas; de modo que la aceleración centrípeta necesaria sea pequeña.

Ejemplo 9.6

El mismo avión realiza una maniobra de viraje en el plano horizontal en las misma condiciones que en el ejemplo 9.5, es decir, con un radio de giro de 400 m, a una altitud de 3000 m y con velocidad de 180 km/h. Calcular la tracción necesaria para realizar el mismo viraje, pero sin dar balanceo al avión.

Solución

En primer lugar se debe determinar el coeficiente de sustentación para luego determinar la resistencia y finalmente determinar el empuje. De la ecuación (9.38) se obtiene que:

$$c_L = \frac{2W}{\rho_\infty u_\infty^2 S} = 0.52,$$

y por tanto, el coeficiente de resistencia es $c_D = c_{D0} + K\,c_L^2 = 0.062$ y la resistencia, $D = \rho_\infty u_\infty^2 S\,c_D/2 = 700\,\text{N}$. Para obtener el ángulo de guiñada se dividen las ecuaciones (9.37) y (9.36),

$$\tan\beta = \frac{mu_\infty^2}{RD},$$

de donde se obtiene que $\beta = 1.386\,\text{rad} = 79.4°$. Finalmente, de la ecuación (9.36) se obtiene el empuje necesario:

$$T_{n,\beta} = \frac{D}{\cos\beta} = 3815\,\text{N}.$$

Se puede observar que para realizar el mismo viraje empleando un ángulo de guiñada, el empuje necesario es aproximadamente cinco veces más grande que el necesario si se realiza con ángulo de balanceo.

9.10. Actuaciones integrales

En esta sección se presenta una introducción al análisis de las actuaciones integrales del avión, que consiste en estudiar el movimiento global de la aeronave entre los extremos de una trayectoria de vuelo. En concreto se presentan dos actuaciones integrales, el alcance, que se define como la distancia total que puede recorrer un avión con una cierta cantidad de combustible y la autonomía, que es el tiempo total que puede permanecer en vuelo con una cierta cantidad de combustible. Evidentemente, en este análisis ya no puede suponerse que la masa del avión es constante, debido a que se consideran intervalos de tiempo y distancias lo suficientemente grandes para que la variación de la masa debida al consumo de combustible sea importante. La masa total de la aeronave, m, se puede expresar como $m(t) = m_i + m_c(t)$, donde m_i es la masa de la aeronave sin combustible y m_c es la masa de combustible. Derivando esta expresión con respecto al tiempo se obtiene que:

$$\frac{\mathrm{d}m}{\mathrm{d}t} = \frac{\mathrm{d}m_c}{\mathrm{d}t} = -c, \tag{9.39}$$

donde, c se ha definido en la sección 6.4 como el gasto de combustible, $c = -\mathrm{d}m_c/\mathrm{d}t$.

Estrictamente hablando, para calcular las actuaciones integrales se debe considerar todo el perfil de vuelo del avión es decir el despegue, ascenso, crucero, maniobras, descenso y aterrizaje; sin embargo, aquí sólo se analiza el alcance y la autonomía en crucero (vuelo horizontal, rectilíneo y uniforme), ya que, en general, la mayoría de los aviones realizan la mayor parte del vuelo en esta condición. En este caso, la cinemática del movimiento del avión a lo largo de la trayectoria está descrito por la siguiente relación, $\mathrm{d}s/\mathrm{d}t = u_{cg}$, donde, s es el espacio recorrido a lo largo de la trayectoria y u_{cg} es la velocidad del centro de gravedad del avión que se considera constante. Sin embargo, dado que se considera la atmósfera en reposo, se cumple que $|u_\infty| = |u_{cg}|$, por tanto, puede escribirse:

$$\frac{\mathrm{d}s}{\mathrm{d}t} = u_\infty. \tag{9.40}$$

En los siguientes apartados se tratan las actuaciones integrales de los aviones equipados con sistemas de propulsión a chorro no autónomo. El análisis relativo a los aviones propulsados a hélice, es muy similar y el lector interesado puede encontrarlo en alguna de las siguientes referencias: Anderson (2005), Brandt et al. (2004) o Shevell (1988).

9.10.1. Autonomía de aviones propulsados a chorro

En la sección 6.4 se define el consumo específico por unidad de empuje como un parámetro característico de los sistemas de propulsión a chorro que relaciona el consumo de combustible con el empuje proporcionado por el sistema propulsor como, $c_T = c/T$; sustituyendo esta definición en la ecuación (9.39), que expresa la variación de la masa del avión por unidad de tiempo, se obtiene:

$$\frac{\mathrm{d}m}{\mathrm{d}t} = -c_T T,$$

o bien,

$$\mathrm{d}t = -\frac{\mathrm{d}m}{c_T T}. \tag{9.41}$$

Si se integra esta expresión entre la masa inicial, m_i, y final, m_f, del avión se obtiene la autonomía, t_A, como:

$$t_A = \int_0^{t_A} \mathrm{d}t = -\int_{m_i}^{m_f} \frac{\mathrm{d}m}{c_T T}.$$

En la sección 9.4 se demuestra que en vuelo horizontal, rectilíneo y uniforme, el empuje puede expresarse como $T = W/E$, por lo que la autonomía resulta:

$$t_A = \int_{m_f}^{m_i} \frac{c_L}{c_D} \frac{1}{c_T g} \frac{\mathrm{d}m}{m}, \tag{9.42}$$

donde se ha expresado el peso como, $W = mg$ y la eficiencia aerodinámica como, $E = c_L/c_D$. Para calcular la integral es necesario conocer como varían, c_T, c_L y c_D con respecto a la masa, m, a lo largo del vuelo. La forma en que se modifican estas variables es lo que se conoce como programa de vuelo o ley de pilotaje y, según sean las expresiones que definen estas variables, la solución de la integral (9.42) puede ser más o menos complicada. Se plantea un caso sencillo en el cual se considera que c_T es constante y el avión completa la trayectoria con el mismo ángulo de ataque, lo que implica que los coeficientes aerodinámicos no varían y, por tanto, la eficiencia aerodinámica también es constante. Con estas hipótesis se resuelve la integral (9.42) y la autonomía resulta:

$$t_A = \frac{c_L}{c_D} \frac{1}{c_T g} \ln \left(\frac{m_i}{m_f} \right). \tag{9.43}$$

Se concluye, que para que el valor de la autonomía sea el máximo posible se requiere que la cantidad de combustible disponible sea máximo, el consumo específico por unidad de empuje del motor, c_T, sea lo más pequeño posible y la eficiencia aerodinámica del avión sea máxima. Obsérvese que bajo las hipótesis en las que se ha deducido la expresión (9.43), la autonomía no depende de la densidad, es decir de la altitud de vuelo.

Ejemplo 9.7

El avión estudiado está realizando un vuelo horizontal rectilíneo y uniforme de crucero a una altitud de 3000 m y con velocidad de 180 km/h. La masa de este avión sin combustible es $m_f = 500\,\text{kg}$, la masa de combustible que se dispone en los depósitos es de $m_c = 100\,\text{kg}$ y el consumo específico por unidad de empuje es $c_T = 1.95 \times 10^{-5}$ kg/(N s). Calcular (1) la autonomía utilizando el coeficiente aerodinámico correspondiente al valor medio de la masa de la aeronave durante el crucero y (2) la autonomía considerando que siempre vuela con la máxima eficiencia aerodinámica.

Solución

(1) El valor medio de la masa de la aeronave durante el crucero es, $\bar{m} = (m_i + m_f)/2 = 550\,\text{kg}$. El coeficiente de sustentación correspondiente se obtiene de la condición de vuelo horizontal uniforme y rectilíneo, $L = W$, como:

$$c_L = \frac{2\bar{m}g}{\rho_\infty u_\infty^2 S} = 0.48,$$

y el coeficiente de resistencia de la polar del avión $c_D = 0.059$. Reemplazando estos datos en la ecuación (9.43) resulta:

$$t_A = \frac{c_L}{c_D} \frac{1}{c_T} \frac{1}{g} \ln \left(\frac{m_i}{m_f} \right) = 7687\,\text{s} = 2.1\,\text{h}.$$

(2) Para que la autonomía sea máxima es necesario que la aeronave vuele con el valor de eficiencia máxima, por lo que el valor del coeficiente de

sustentación al que tiene que realizarse el crucero es, $c_{L,\text{opt}} = \sqrt{c_{D0}/K} = 0.85$ y el coeficiente de resistencia para este valor es, $c_D(c_{L,\text{opt}}) = 0.090$. El valor de la eficiencia aerodinámica es, $E_{\text{max}} = 9.42$. Sustituyendo estos valores en la expresión de la autonomía, se tiene:

$$t_{A,\text{max}} = E_{\text{max}}\frac{1}{c_T}\frac{1}{g}\ln\left(\frac{m_i}{m_f}\right) = 8991\,\text{s} = 2.5\,\text{h}.$$

9.10.2. Alcance

La distancia total que puede recorrer un avión con una cierta cantidad de combustible, es decir, el alcance, se obtiene a partir de la cinemática del movimiento uniforme a lo largo de la trayectoria, ecuación (9.40), $ds = u_\infty dt$. Si se reemplaza en la ecuación (9.41) se obtiene,

$$ds = -u_\infty\frac{dm}{c_T T}. \tag{9.44}$$

Teniendo en cuenta que se considera vuelo horizontal, rectilíneo y uniforme, la velocidad de crucero se obtiene de la ecuación (9.13),

$$u_\infty = \sqrt{\frac{2mg}{\rho_\infty S c_L}},$$

y el empuje puede expresarse de acuerdo a la ecuación (9.15), con lo cual la expresión (9.44) resulta:

$$ds = -\frac{1}{c_T}\sqrt{\frac{2}{\rho_\infty S}\frac{g}{}}\frac{\sqrt{c_L}}{c_D}\frac{dm}{\sqrt{m}}.$$

Integrado esta expresión entre la masa inicial, m_i, y final, m_f, del avión se obtiene el alcance, s_A, para aviones propulsados a chorro como:

$$s_A = \int_0^{s_A} ds = -\int_{m_i}^{m_f}\frac{1}{c_T}\sqrt{\frac{2}{\rho_\infty S}\frac{g}{}}\frac{\sqrt{c_L}}{c_D}\frac{dm}{\sqrt{m}}.$$

De forma similar a lo que sucede con la autonomía, para calcular esta integral es necesario conocer como varían todos los parámetros que aparecen en la integral con la masa del avión a lo largo del vuelo. Además, obsérvese que el alcance depende de la densidad y, por tanto, de la altitud de vuelo. Considerando que en vuelo de crucero la altitud no cambia ($\rho_\infty = $ cte) y que c_L, c_D y c_T son constantes, el alcance resulta:

$$s_A = \frac{2}{c_T} \sqrt{\frac{2}{\rho_\infty S\,g}} \frac{\sqrt{c_L}}{c_D} \left(\sqrt{m_i} - \sqrt{m_f} \right). \tag{9.45}$$

Como en el caso de la autonomía, para que el alcance sea máximo se requiere que el consumo especifico por unidad de empuje sea mínimo y que la cantidad de combustible sea máxima; sin embargo, en este caso debe ser máxima la relación $\sqrt{c_L}/c_D$ y no la eficiencia aerodinámica. Además, se observa que el alcance depende de la altitud de vuelo a través de la densidad; cuanto mayor sea la altitud (menor densidad), mayor es el alcance. Esta conclusión presenta ciertas limitaciones porque a medida que la densidad del aire es menor, las actuaciones de los aerorreactores se deterioran.

Ejemplo 9.8

Calcular el alcance del avión en consideración cuando realiza un vuelo en las mismas condiciones del ejemplo 9.7: (1) utilizando el coeficiente aerodinámico correspondiente a la eficiencia máxima y (2) considerando las condiciones para el máximo alcance.

Solución

(1) De los resultados del ejemplo 9.7 se obtienen los coeficientes aerodinámicos correspondientes al valor medio de la masa de la aeronave durante el crucero, siendo $c_{L,\mathrm{opt}} = 0.85$ y $c_{D,\mathrm{opt}} = 0.090$. Reemplazando estos datos en la ecuación (9.45) del alcance resulta:

$$s_A = \frac{2}{c_T} \sqrt{\frac{2}{\rho_\infty S\,g}} \frac{\sqrt{c_{L,\mathrm{opt}}}}{c_{D,\mathrm{opt}}} \left(\sqrt{m_i} - \sqrt{m_f} \right) = 336.7 \times 10^3 \text{ m.}$$

(2) Para que el alcance sea máximo, la relación $\sqrt{c_L}/c_D$ debe ser máxima, de modo que el coeficiente de sustentación que hace máxima esta relación se calcula de acuerdo a:

$$\frac{d}{dc_L} \left(\frac{\sqrt{c_L}}{c_{D0} + K\,c_L^2} \right) = 0,$$

por lo que derivando queda:

$$\frac{2}{\sqrt{c_L}}\left(c_{D0} + K\,c_L^2\right) - 2k\,c_L\sqrt{c_L} = 0,$$

Despejando el valor del coeficiente de sustentación resulta:

$$c_{L,\mathrm{smax}} = \sqrt{\frac{1}{3}\frac{c_{D0}}{K}} = \sqrt{\frac{1}{3}}c_{L,\mathrm{opt}} = 0.49,$$

y cuyo coeficiente de resistencia es $c_{D,\mathrm{smax}} = 0.060$. El alcance máximo es:

$$s_{\mathrm{max}} = \frac{2}{c_T}\sqrt{\frac{2}{\rho_\infty S\,g}}\frac{\sqrt{c_{L,\mathrm{smax}}}}{c_{D,\mathrm{smax}}}\left(\sqrt{m_i} - \sqrt{m_f}\right) = 383.8 \times 10^3\,\mathrm{m}.$$

Parte V

Vehículos espaciales

10.1. Introducción

Una misión espacial es un conjunto de actividades que se realizan, al menos en parte, fuera del entorno terrestre y un vehículo espacial es aquel que se diseña para desarrollar una misión espacial. En este capítulo y en el siguiente se presenta una introducción a los diferentes aspectos vinculados con la ingeniería de vehículos espaciales, con la idea de proporcionar información básica sobre las particularidades y dificultades que presenta el diseño de estos vehículos que, en muchos aspectos, están en el límite de la ciencia y la tecnología. A pesar de esto, existen fuertes motivaciones que impulsan a dedicar los recursos necesarios para llevar a cabo misiones espaciales, pues mediante vehículos espaciales es posible obtener servicios que no pueden obtenerse de otra manera, o bien, se obtienen de una forma más eficiente.

Uno de los ejemplos más destacados son los servicios relacionados con las comunicaciones, pues mediante señales de radio es posible transmitir voz, datos (Internet), televisión, etc. a medias y largas distancias con cobertura global. Las comunicaciones vía satélite son particularmente útiles en aplicaciones móviles como barcos, aeronaves y vehículos terrestres donde la utilización de cables es imposible. Otro servicio de suma importancia es la meteorología: mediante el uso de vehículos espaciales se observa constantemente la evolución de los fenómenos meteorológicos para pronosticar el tiempo a corto y medio plazo con información global y continua. La navegación por satélite es una aplicación basada en el mismo principio de la navegación astronómica, es decir, la determinación de la posición en cualquier punto de la Tierra a partir de la posición conocida de un conjunto de astros o satélites artificiales. Tiene la ventaja de que la información se recibe de forma continua a través de ondas de radio, tanto de día como de noche y bajo cualquier condición meteorológica. En el ámbito científico los vehículos espaciales se utilizan en astronomía y exploración planetaria; pues con ellos es posible observar el espacio sin la distorsión óptica que introduce la atmósfera terrestre y, además, es posible acercar los instrumentos de observación y medida a otros cuerpos celestes. Otras aplicaciones son el seguimiento de la evolución de cultivos, la observación de recursos hídricos y forestales, la generación de cartografía y, en general, la explotación de los recursos naturales; así como en misiones tripuladas de carácter científico y de exploración.

Uno de los aspectos más importantes de una misión espacial es la trayectoria u órbita que debe seguir el vehículo, ya que, debe estar de acuerdo con los requisitos de la carga útil. Por ejemplo, un satélite de observación debe tener una órbita que no sea excesivamente alta para tener una mejor resolución en las imágenes y también debe pasar por la vertical de cualquier punto de la Tierra con cierta periodicidad. Otro ejemplo son los satélites de comunicaciones que utilizan la órbita geoestacionaria para mantener fija su posición relativa con respecto a la superficie de la Tierra.

El objetivo de este capítulo es presentar los fundamentos de la mecánica orbital para estudiar el movimiento de los vehículos espaciales y las características de sus órbitas. Aunque las leyes físicas y conceptos que se estudian son de orden general, el planteamiento se ha enfocado al movimiento de vehículos espaciales.

En la sección 10.2 se presentan los conocimientos elementales de la mecánica orbital, es decir, las leyes de Kepler y la Ley de Gravitación Universal de Newton, desarrollando ejemplos de órbitas circulares; mientras que en la sección 10.3 se amplía el análisis para el caso más general en que las trayectorias son secciones cónicas. En la sección 10.4 se presentan las constantes de los movimientos orbitales que proporcionan algunas relaciones necesarias para el cálculo de órbitas y, por último, en la sección 10.5 se analizan dos tipos de maniobras orbitales: la transferencia coplanar y el cambio de inclinación del plano orbital.

Es importante destacar que algunos conceptos y relaciones matemáticas se presentan sin demostración; ya que para llegar a ellos se requiere la solución de ecuaciones diferenciales que están más allá de los conocimientos requeridos para la lectura de este libro. En Chobotov (2002), Thomson (1986) o Elices Concha (1991) se desarrollan estos aspectos con todo el rigor matemático.

10.2. Leyes fundamentales de la mecánica orbital

A partir de las observaciones de Copérnico (1473-1543) y Tycho Brahe (1546-1601), en 1609 Johannes Kepler enunció sus tres leyes relativas al movimiento de los planetas alrededor del Sol:

1. Los planetas se mueven en órbitas elípticas alrededor del Sol, estando este situado en uno de sus focos (véase la figura 10.1).

2. La línea que une un planeta con el Sol barre áreas iguales en tiempos iguales, es decir, la velocidad areolar es constante (si $\Delta t_1 = \Delta t_2$, implica que $A_1 = A_2$).

3. El cuadrado del período de la órbita de cualquier planeta en torno al Sol es proporcional al cubo de su semieje mayor, es decir, $T^2 \propto a^3$ o $T^2/a^3 = $ cte.

En la figura 10.1 se muestra un esquema de una órbita elíptica típica y se definen algunos parámetros geométricos característicos. En general, el punto más próximo al foco se llama periapsis y el más alejado apoapsis. En el caso de órbitas alrededor de la Tierra de denominan perigeo y apogeo; mientras que para órbitas alrededor del Sol se denominan perihelio y afelio.

En el capítulo 2 se presenta la Ley de Newton de Gravitación Universal que establece que dos masas puntuales, M y m (véase la figura 2.3 de la página 28), se atraen mutuamente con una fuerza, F_g, dirigida a lo largo de la recta que las une, siendo F_g, directamente proporcional al producto de las masas e inversamente proporcional al cuadrado de la distancia entre las masas, r, es decir,

$$F_g = G\frac{M\,m}{r^2}, \tag{10.1}$$

donde, $G = 6.67 \times 10^{-11} \text{N m}^2\text{kg}^{-2}$. Esta ley es más general que las de Kepler y no sólo se aplica al movimiento de los planetas.

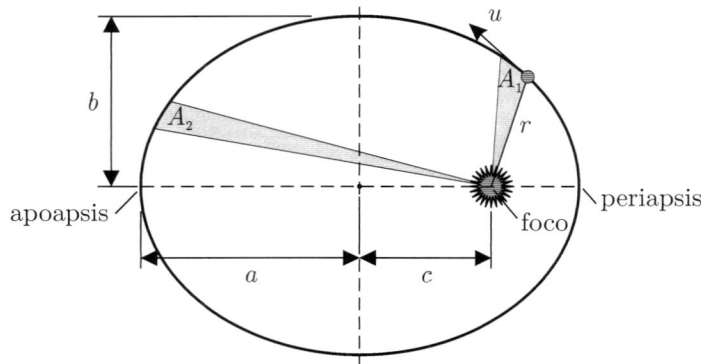

Figura 10.1. Movimiento de un planeta alrededor del sol.

En los capítulos anteriores se analiza el vuelo de las aeronaves dentro de la atmósfera terrestre. En ese caso, el rango de variación de la distancia entre el vehículo y el centro de la Tierra, r, es muy pequeño con respecto al valor del radio de la Tierra y por tanto, esta distancia puede considerarse constante e igual al radio de la Tierra. Como consecuencia, la fuerza de atracción gravitatoria se ha incluido en el análisis como la fuerza peso, $W = m\,g_0$, donde m, es la masa de la aeronave y $g_0 = 9.8\,\mathrm{m/s}^2$, es la aceleración de la gravedad que se considera constante. Por el contrario, en el estudio de órbitas de vehículos espaciales o astros, la distancia r, puede tomar valores muy diferentes, por lo que debe considerarse la ecuación (10.1) para incluir las fuerzas gravitatorias.

En las páginas siguientes se aplican las leyes de Kepler y de Newton al estudio de trayectorias de vehículos espaciales, para ello, se consideran las siguientes hipótesis: el movimiento de los vehículos espaciales está determinado por la atracción gravitatoria de un sólo cuerpo central (problema de dos cuerpos), tanto el vehículo como el cuerpo central se consideran masas puntuales, la masa del vehículo es mucho más pequeña que la del cuerpo central y sobre los cuerpos sólo actúan fuerzas de atracción gravitatoria y fuerzas inerciales, es decir, se desprecian las fuerzas de origen aerodinámico que puedan aparecer (como puede suceder en órbitas bajas). El efecto de las fuerzas propulsivas se describe en la sección 10.5 donde se presenta una introducción al análisis de maniobras orbitales.

En primer lugar se analiza el caso sencillo de un vehículo espacial de masa m, describiendo una órbita circular (que es un caso particular de una órbita elíptica), alrededor de la Tierra, cuya masa es M_T (figura 10.2). Sobre el satélite sólo actúa la fuerza de atracción gravitatoria, F_g, por lo que la segunda ley de Newton, a lo largo del eje r, puede escribirse como,

$$\Sigma F = m\, a,$$
$$G\frac{M_T\, m}{R^2} = m\frac{u^2}{R},$$

donde, u es la velocidad del satélite, R el radio de la órbita y u^2/R es la aceleración normal (centrípeta) sobre el vehículo. Despejando la velocidad se obtiene que:

$$u = \sqrt{\frac{\mu}{R}}, \tag{10.2}$$

donde, $\mu = GM$ es el parámetro de gravitación y es un valor que, para un cuerpo central dado, es una constante del cuerpo central. En la tabla 10.1 se presentan los valores de μ de algunos cuerpos del sistema solar. La ecuación (10.2) establece una relación entre el radio de una órbita y la velocidad que debe tener el vehículo espacial para mantener esa órbita. A esta velocidad se la conoce como velocidad de satelización y suele referirse como u_C.

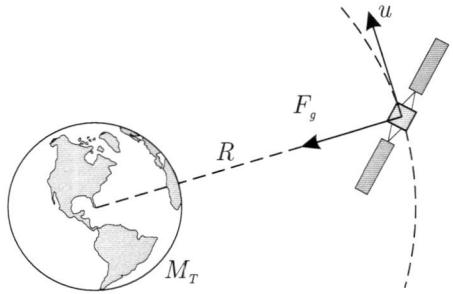

Figura 10.2. Satélite describiendo una órbita circular de radio R.

Teniendo en cuenta que el vehículo describe un movimiento circular uniforme, el período de la órbita puede calcularse de manera sencilla como la distancia recorrida en una órbita dividida la velocidad,

Tabla 10.1. Parámetro de gravitación, μ, de algunos cuerpos del sistema solar.

Cuerpo	Parámetro gravitación, μ $[\text{m}^3/\text{s}^2]$
Sol	1.327×10^{20}
Tierra	3.986×10^{14}
Luna	4.903×10^{12}
Marte	4.283×10^{13}

es decir,

$$T = \frac{2\pi R}{\sqrt{\dfrac{\mu}{R}}} = 2\pi\sqrt{\frac{R^3}{\mu}}. \qquad (10.3)$$

Obsérvese, que una órbita circular es un caso particular de una elíptica donde $a = b = R$. Sabiendo esto y reescribiendo la ecuación (10.3), se obtiene que, $T^2 = 4\pi^2 R^3/\mu$, o bien:

$$\frac{T^2}{R^3} = \frac{4\pi^2}{\mu}. \qquad (10.4)$$

La última expresión no es otra cosa que la segunda ley de Kepler aplicada a una órbita circular.

Ejemplo 10.1

El satélite de la UPM (UPM-Sat 1) tiene una órbita aproximadamente circular de 706 km de altitud. Determinar: (1) el valor de la velocidad orbital y (2) la cantidad de vueltas alrededor de la tierra que da en un día.

Solución

(1) En primer lugar se calcula el radio de la órbita como $R = R_T + h = 7084 \times 10^3$ m. El valor de la velocidad orbital es:

$$u = \sqrt{\frac{\mu}{R}} = 7501\,\text{m/s} = 7.5\,\text{km/s}.$$

(2) Reemplazando el radio de esta órbita en la ecuación (10.3), se obtiene el período orbital:

$$T = 2\pi\sqrt{\frac{R^3}{\mu}} = 5934\,\text{s} = 98.9\,\text{min}.$$

Si se considera que el día tiene 1440 min, el UPM-Sat 1 da 14.6 vueltas alrededor de la Tierra por día.

Discusión

Una órbita geosíncrona es una órbita circular cuyo período es igual a un día terrestre, es decir 23 h 56 min 4.09 s; si además, el plano orbital coincide con el plano del ecuador se denomina órbita geoestacionaria. Un satélite en esta órbita parece estar quieto si es observado desde la Tierra; por esta razón esta órbita es muy utilizada por los satélites de comunicaciones. Determinar la altitud y la velocidad de satelización de las órbitas geosíncronas.

10.3. Caso general de los movimientos de orbitales

Las órbitas circulares son un caso particular del estudio del movimiento de dos cuerpos bajo la acción gravitatoria. El problema general consiste en resolver las ecuaciones del movimiento en el plano de la órbita sin suponer que la órbita es circular. El planteamiento y la solución de estas ecuaciones está fuera del alcance de este libro. El lector interesado puede consultar Thomson (1986), Chobotov (2002) o Elices Concha (1991). Por el momento es suficiente con saber, que la trayectoria resultante es siempre una curva cónica, es decir, circular, elíptica, parabólica o hiperbólica (véase la figura 10.3). La ecuación de una sección cónica en coordenadas polares es:

$$r = \frac{a\left(1 - e^2\right)}{1 + e\cos\theta},$$ (10.5)

donde, r es la magnitud del vector posición, θ es el ángulo polar o anomalía verdadera, a es el semieje mayor y $e = c/a$, la excentricidad, dos constantes que definen la geometría de la sección cónica. En la figura 10.3 se observa la geometría de las órbitas cónicas y la definición de los parámetros que las definen, y en la tabla 10.2 se presenta, la relación entre el semieje mayor, la excentricidad y la energía mecánica específica (véase la sección 10.4) para cada tipo de órbita[1]. Además, en la tabla 10.3 se presentan algunas relaciones entre los parámetros geométricos de las órbitas elípticas.

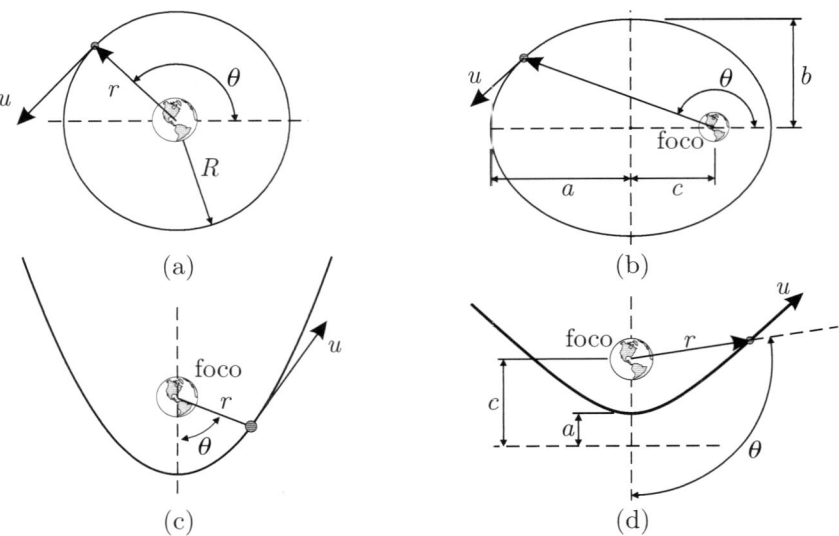

Figura 10.3. Tipos de órbitas y definición de sus parámetros geométricos. (a) Circular, (b) elíptica, (c) parabólica y (d) hiperbólica.

Tabla 10.2. Parámetros característicos de las órbitas cónicas.

Órbita	Semieje mayor, a	Excentricidad, e	Energía, ϵ
Circular	$= R$	0	< 0
Elíptica	> 0	$0 < e < 1$	< 0
Parabólica	∞	1	0
Hiperbólica	< 0	> 1	> 0

La ecuación (10.2) se ha obtenido tras aplicar la segunda Ley de Newton al movimiento de un satélite, asumiendo que describe una órbita circular; por tanto, establece una relación entre el módulo del vector posición, r, y la magnitud de la velocidad, u, válida sólo para órbitas circulares. Se puede demostrar (véase Thomson (1986)) que para

---

[1]En el caso de la parábola, los parámetros a y c no tienen representación geométrica directa. Para más detalles se puede consultar Chobotov (2002) o Elices Concha (1991).

el caso general de una órbita cónica arbitraria, la ecuación (10.2) queda expresada como:

$$u = \sqrt{\mu \left(\frac{2}{r} - \frac{1}{a} \right)}. \tag{10.6}$$

La ecuación (10.6) proporciona una relación entre r y u que es válida para cualquier tipo de órbita definida en función del valor del semieje mayor, a. Obsérvese, que si $a = R$, la ecuación (10.6) se reduce a la expresión (10.2).

Discusión
Determinar en qué puntos de las órbitas elípticas se alcanzan las velocidades máximas y mínimas.

Resolviendo el problema general también puede demostrarse (véase Thomson (1986)) que para las órbitas elípticas se verifica que:

$$\frac{T^2}{a^3} = \frac{4\pi^2}{\mu}, \tag{10.7}$$

lo que concuerda y verifica la tercera Ley de Kepler, siendo $4\pi^2/\mu$, el valor de la constante de proporcionalidad.

Ejemplo 10.2
La Estación Espacial Internacional (*International Space Station*, ISS), describe una órbita elíptica alrededor de la tierra cuya altitud del perigeo es de 361 km y y la del apogeo de 467 km. Se pide: (1) determinar la excentricidad y el semieje mayor de la órbita de la Estación, (2) calcular el período orbital y (3) obtener las velocidades máxima y mínima.

Solución
(1) Resolver este punto implica determinar e y a para completar la ecuación (10.5), correspondiente a la órbita de la Estación. Los radios del apogeo y perigeo son:

$$r_a = R_T + h_a = 6845 \times 10^3 \text{m},$$
$$r_p = R_T + h_p = 6739 \times 10^3 \text{m},$$

Tabla 10.3. Relaciones entre los parámetros geométricos que definen una
órbita elíptica.

Excentricidad, e	$e = \frac{c}{a}$
	$e = \frac{(r_a - r_p)}{(r_a + r_p)}$
	$e = \frac{r_a}{a} - 1$
	$e = 1 - \frac{r_p}{a}$
Radio del apoapsis, r_a	$r_a = a\,(1+e)$
	$r_a = 2a - r_p$
	$r_a = r_p \frac{(1+e)}{(1-e)}$
Radio del periapsis, r_p	$r_p = a\,(1-e)$
	$r_p = r_a \frac{(1-e)}{(1+e)}$
	$r_p = 2a - r_a$
Semieje mayor, a	$a = (r_a + r_p)\,/2$
	$a = \dfrac{\mu r}{2\mu - u^2 r}$
	$a = \dfrac{r_p}{(1-e)}$
	$a = \dfrac{r_a}{(1+e)}$

y de las relaciones geométricas de la elipse (véase la tabla 10.3), resulta:

$$a = \frac{r_a + r_p}{2} = 6792 \times 10^3 \mathrm{m},$$

$$e = 1 - \frac{r_p}{a} = 0.0078.$$

Obsérvese que la excentricidad es muy pequeña, es decir que la órbita es
prácticamente circular.

(2) Según la relación (10.7) el período es:

$$T = 2\pi \sqrt{\frac{a^3}{\mu}} = 5571\,\mathrm{s} = 92.8\,\mathrm{min}.$$

(3) Las velocidades máxima y mínima corresponden al perigeo y
apogeo respectivamente. Reemplazando los radios correspondientes en

la ecuación (10.6) se obtiene:

$$u_{\min=u_a} = \sqrt{\frac{2\mu}{r_a} - \frac{\mu}{a}} = 7601 \,\text{m/s},$$

$$u_{\max} = u_p = \sqrt{\frac{2\mu}{r_p} - \frac{\mu}{a}} = 7721 \,\text{m/s}.$$

10.4. Constantes de los movimientos orbitales

Como sobre un cuerpo que orbita alrededor de otro cuerpo central sólo actúan fuerzas conservativas, su energía mecánica se conserva (su valor es constante) y puede escribirse:

$$E = E_c + E_p = \text{cte},$$

donde, E_p es la energía potencial gravitatoria y E_c la energía cinética. En un sistema como el que se muestra en la figura 10.4, el valor de la energía potencial debe referirse con respecto a un cierto punto. En problemas de mecánica orbital, la convención establecida es que el valor de la energía potencial es cero cuando $r \to \infty$. Por tanto, la energía potencial en un punto, P, situado a una distancia r del cuerpo central es igual al trabajo realizado contra la fuerza gravitatoria para llevar la masa m desde el infinito hasta el punto P.

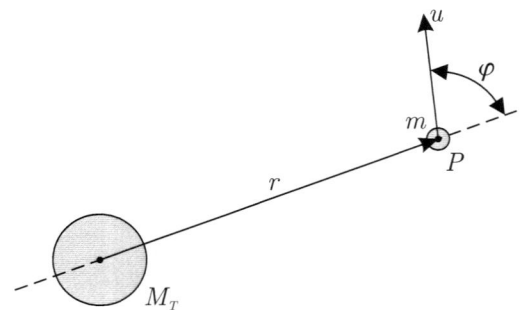

Figura 10.4. Movimiento de una masa m en el campo gravitatorio de una masa M_T.

Ahora, si la distancia entre M_T y m se modifica en un valor dr, el diferencial de trabajo realizado contra la fuerza de gravitación es F_g dr y que, por definición, es igual a la variación de la energía potencial, dE_p. El valor de la fuerza que realiza el trabajo se obtiene de la ecuación (10.1) y por tanto,

$$dE_p = F_g dr = G\frac{M_T m}{r^2}dr.$$

Integrando desde $r \to \infty$, donde $E_p = 0$, hasta un valor genérico de r, se obtiene:

$$E_p = \int_\infty^r G\frac{M_T m}{r^2}dr = -G\frac{M_T m}{r}.$$

Este es el valor de la energía potencial de una masa m que está sometida al campo gravitatorio generado por el cuerpo central de masa M_T y situada a una distancia r de dicho cuerpo. Obsérvese, que la energía potencial es negativa debido a que la referencia tomada es $E_p(r \to \infty) = 0$.

Por otro lado, la energía cinética de un vehículo de masa m puede expresarse como $E_c = mu^2/2$. Finalmente, la energía mecánica por unidad de masa (o energía específica) de un vehículo espacial en un punto cualquiera de su órbita puede escribirse como:

$$\epsilon = \frac{E}{m} = \frac{u^2}{2} - \frac{\mu}{r}. \tag{10.8}$$

Si se reemplaza la expresión de la velocidad en función de r, ecuación (10.6), en la expresión (10.8), se obtiene:

$$\epsilon = -\frac{\mu}{2a}. \tag{10.9}$$

Esta ecuación muestra que la energía total se puede expresar en función del semieje mayor de la órbita. Para órbitas cerradas (circular y elíptica) la energía mecánica es negativa (véase la tabla 10.2). Si la energía aumenta (por ejemplo utilizando propulsión), a aumenta, haciendo la órbita más grande. Si la energía sigue aumentando hasta ser cero, la órbita se transforma en una trayectoria parabólica. En la ecuación (10.9), esto implica que $a \to \infty$. La trayectoria parabólica posee suficiente energía para escapar de la atracción gravitatoria del cuerpo central (por ejemplo la Tierra). Por esta razón, la velocidad que se obtiene en la ecuación (10.6), al hacer $a \to \infty$, se denomina velocidad de escape:

$$u = \sqrt{\frac{2\mu}{r}}.$$

Obsérvese que es aproximadamente un $40\,\%$ mayor que la velocidad de satelización de una órbita circular de radio r.

Las trayectorias con mayor energía son las hiperbólicas. En ellas el cuerpo también se aleja infinitamente del cuerpo central, pero requieren más energía que las parabólicas. Por esta razón, en las misiones interplanetarias se utilizan trayectorias parabólicas para que la sonda escape de la atracción gravitatoria terrestre.

La otra magnitud que se conserva constante en el movimiento de un vehículo espacial es el momento cinético por unidad de masa, definido como $\boldsymbol{h} = \boldsymbol{r} \wedge \boldsymbol{u}$ y cuyo módulo es:

$$h = r\, u\, \sin\varphi, \tag{10.10}$$

donde, φ es el ángulo que forman $\boldsymbol{r}$ y $\boldsymbol{u}$, como se indica en la figura 10.4.

A partir de las ecuaciones (10.6), (10.9), (10.10) y las relaciones entre los parámetros geométricos de las curvas cónicas se puede encontrar una relación entre la energía del satélite y la excentricidad de la órbita. Si se calcula el valor de h a partir de la posición del vehículo en el perigeo de la órbita (donde $\varphi = 90°$), se obtiene:

$$h = r_p u_p.$$

Elevando esta expresión al cuadrado y reemplazando la velocidad por la expresión (10.6) particularizada en el radio del perigeo, resulta:

$$h^2 = r_p^2 \mu \left(\frac{2}{r_p} - \frac{1}{a} \right).$$

Sustituyendo el radio en el perigeo por su relación con el semieje mayor y la excentricidad ($r_p = a\,(1 - e)$, véase la tabla 10.3), tras operar se obtiene:

$$h^2 = \mu a \left(1 - e^2 \right); \tag{10.11}$$

finalmente, despejando el valor del semieje a de la ecuación (10.9) y reemplazándolo en (10.11) resulta:

$$\epsilon = \frac{\mu^2}{2h^2} \left[e^2 - 1 \right]. \tag{10.12}$$

Ejemplo 10.3

Un vehículo lanzador pone en órbita un satélite. En el punto de inyección la altitud es de 1594 km, la velocidad de $\sqrt{50}$ km/s, la anomalía verdadera es $\theta = 120°$ y el ángulo formado entre $\boldsymbol{r}$ y $\boldsymbol{u}$ vale $\varphi = 60°$. Se pide: (1) calcular la energía del satélite y decir que tipo de órbita es, y (2) determinar la ecuación de la órbita.

Solución

(1) La energía del satélite es:

$$\epsilon = \frac{u_i^2}{2} - \frac{\mu}{r_i} = -2.5 \times 10^7 \, \text{J/kg},$$

donde, u_i y r_i son la velocidad y el radio de la órbita en el punto de inyección. Como el valor de la energía es negativo, la órbita es cerrada.

(2) Para completar la ecuación de la órbita (10.5) es necesario conocer la excentricidad, e, y el semieje mayor, a. El primero puede calcularse con la ecuación (10.12), para lo cual, es necesario conocer la magnitud del momento cinético, h. Aplicando la expresión (10.10) en el punto de inyección de la órbita, se obtiene:

$$h = r_i u_i \sin \varphi = 4.882 \times 10^{10} \text{m}^3/\text{s},$$

y por tanto:

$$e = \sqrt{\frac{2h^2}{\mu^2}\epsilon + 1} = 0.5.$$

Este resultado indica que la órbita es elíptica. Para hallar a se reemplazan los valores de r_i, θ_i y e en la ecuación general de las cónicas, ecuación (10.5), y se despeja a, es decir:

$$a = \frac{r_i \left(1 + e \cos \theta_i\right)}{\left(1 - e^2\right)} = 7972 \ \text{km};$$

finalmente la ecuación de la órbita, $r\left(\theta\right)$, es:

$$r = \frac{7972 \left(1 - 0.25\right)}{1 + 0.5 \cos \theta}.$$

10.5. Maniobras orbitales

Es habitual que a lo largo de la vida de un vehículo espacial sea necesario modificar su órbita o trayectoria. Por ejemplo, para alcanzar órbitas altas como la geoestacionaria, la forma más eficiente de hacerlo es mediante órbitas intermedias llamadas órbitas de aparcamiento y órbitas de transferencia. Para pasar de una órbita a otra se realizan maniobras orbitales que se basan en que la forma de una órbita está completamente definida por el vector posición y la velocidad del vehículo en cada punto y depende de su energía mecánica total. Por ejemplo, un satélite en una órbita circular de radio R tiene una energía mecánica $\epsilon = -\mu/(2R)$; si en un punto dado se aplica un impulso que aumente la velocidad, también aumenta la energía cinética y por lo tanto, la energía mecánica total; como consecuencia se modifica la geometría de la órbita.

Para modificar la velocidad del satélite se utilizan sistemas de propulsión basados en motores cohete. En maniobras orbitales los motores suelen actuar por un período de tiempo muy corto, comparado con el período orbital, de modo que se puede suponer que producen un cambio de velocidad, Δu, instantáneo.

Ejemplo 10.4

Se considera un satélite, con una masa total de 2100 kg, en una órbita circular de aparcamiento de 300 km de altitud alrededor de la Tierra. (1) ¿Cuál es el cambio de velocidad que debe aplicarse para adquirir una órbita elíptica que tenga 300 km de altitud en su perigeo y 3000 km en el apogeo (figura 10.5)? (2) ¿Qué masa de combustible es necesaria para esta maniobra si la velocidad de salida efectiva del motor es $u_e = 2450\,\text{m/s}$?

Solución

(1) La velocidad de la órbita circular es:

$$u_c = \sqrt{\frac{\mu}{(h_c + R)}} = 7.726 \times 10^3\,\text{m/s}.$$

El semieje mayor de la órbita elíptica buscada es:

$$a = \frac{(r_p + r_a)}{2} = 8028 \times 10^3\text{m}.$$

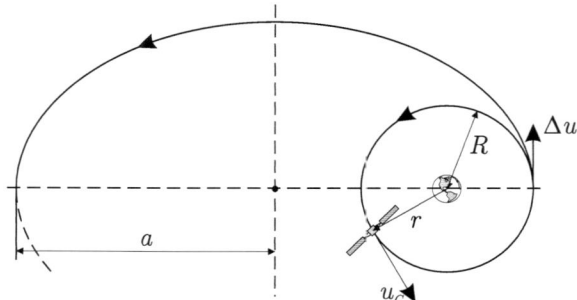

Figura 10.5. Transferencia de una órbita circular a otra elíptica.

El perigeo de la órbita elíptica debe ser tangente a la órbita circular; de la ecuación (10.6) se deduce que la velocidad en el perigeo de la órbita elíptica es:

$$u_p = \sqrt{\mu \left(\frac{2}{r_p} - \frac{1}{a} \right)} = 8.350 \times 10^3 \, \text{m/s},$$

es decir, para convertir la órbita circular inicial en la elíptica, es necesario un incremento de velocidad $\Delta u = u_p - u_c = 624\,\text{m/s}$, aplicado en el perigeo, tal como se muestra en la figura 10.5.

(2) La relación entre la variación de la masa del satélite y el incremento de velocidad generado por el motor, se obtiene de la ecuación (6.8) presentada en la sección 6.6:

$$\Delta u = u_e \ln \frac{m_i}{m_f},$$

donde, m_i es la masa inicial y m_f la masa final del satélite después de aplicar el impulso por el que se incrementa la velocidad en Δu. Operando se obtiene la masa final:

$$m_f = m_i \exp \left(-\frac{\Delta u}{u_e} \right) = 1627.6\,\text{kg},$$

de manera que para esta maniobra se han consumido 472.4 kg de combustible.

10.5.1. Transferencia coplanar de Hohmann

Para cambiar de una órbita a otra, éstas deben ser tangentes en un punto; si no lo son, es necesario utilizar órbitas intermedias llamadas de transferencia. La maniobra de transferencia coplanar de Hohmann, que se esquematiza en la figura 10.6, permite pasar de una órbita circular inicial a otra circular final pasando por una órbita elíptica de transferencia mediante la aplicación de dos impulsos.

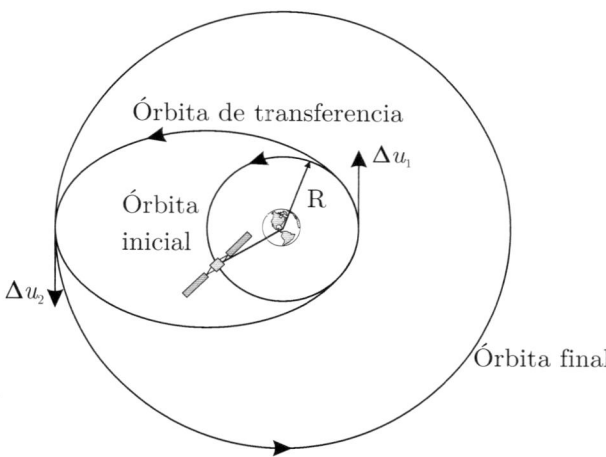

Figura 10.6. Maniobra de transferencia coplanar de Hohmann.

10.5.2. Cambio de inclinación

Cuando sólo actúan las fuerzas gravitatorias sobre los cuerpos, las órbitas se desarrollan en planos. Sin embargo, puede ser necesario modificar el plano de la órbita como requisito de la misión que debe llevar a cabo el vehículo. Para cambiar la inclinación del plano de la órbita se aplica un incremento de la velocidad, Δu, dirigido en la dirección normal al plano orbital, como se esquematiza en la figura 10.7. En general puede suponerse que el incremento de velocidad se produce de forma instantánea, debido a que el tiempo en que se aplica el impulso es muy pequeño comparado con el período de la órbita. En la figura se observa que el cambio de inclinación, Δi, se produce como una rotación del plano orbital alrededor del eje que une al vehículo con el cuerpo central. Si se consideran cambios de inclinación pequeños $\Delta i \ll 1$, la velocidad de la órbita modificada es, $u = u' \cos \Delta i \approx u'$ y la relación entre el ángulo de inclinación y el impulso necesario es:

$$\Delta i = \arctan \frac{\Delta u}{u} \approx \frac{\Delta u}{u}. \tag{10.13}$$

Obsérvese que el impulso necesario para realizar un cierto cambio de inclinación es proporcional a la velocidad del vehículo ($\Delta u = \Delta i\, u$). Esto implica que, de ser posible, esta maniobra debe realizarse cuando la velocidad el vehículo es mínima (por ejemplo, cuando pasa por el apoapsis de una órbita elíptica); de esta forma, para un valor de Δi dado, el impulso necesario es mínimo y por lo tanto, menor el combustible requerido.

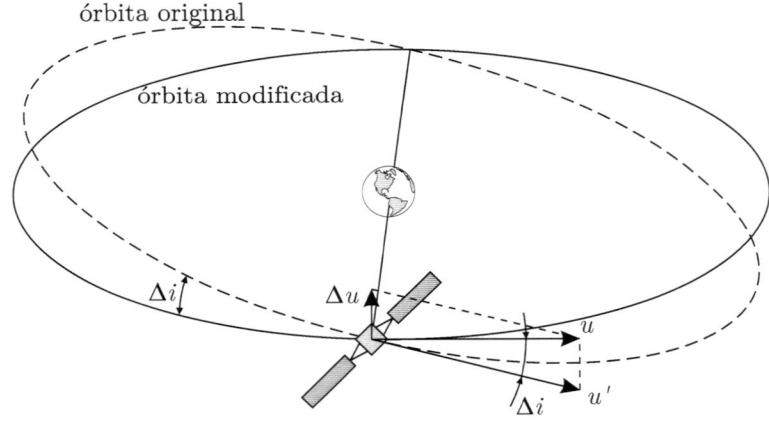

Figura 10.7. Cambio de inclinación del plano orbital.

Ejemplo 10.5

Se desea situar un satélite de comunicaciones en órbita geoestacionaria. El lanzador Ariane 5 lo inyecta en una órbita circular de aparcamiento de 500 km de altitud y cuyo plano está inclinado 5° con respecto al plano del ecuador. Calcular: (1) los impulsos y la masa de combustible necesarios para alcanzar la órbita geoestacionaria ($h_{geo} = 35786$ km), sabiendo que la masa inicial del satélite es $m_0 = 3118$ kg y la velocidad de salida efectiva del motor es $u_e = 4350$ m/s y (2) el tiempo de viaje entre la órbita inicial y final.

Solución

(1) En primer lugar se utiliza una transferencia coplanar de Hohmman para alcanzar una órbita geosíncrona, es decir que tenga el mismo período orbital que el período de rotación de la Tierra. La velocidad de satelización de una órbita circular de 500 km de aparcamiento es:

$$u_{pr} = \sqrt{\frac{\mu}{r_{pr}}} = 7.613 \times 10^3 \, \text{m/s}.$$

La órbita de trasferencia debe ser una elipse cuyo perigeo coincida con la órbita de aparcamiento y el apogeo con la geosíncrona. Por lo tanto el semieje mayor de esta órbita es:

$$a = \frac{(r_{pr} + r_{geo})}{2} = 24521 \times 10^3 \text{m}.$$

La velocidad en el perigeo de esta órbita es

$$u_p = \sqrt{\frac{2\mu}{r_p} - \frac{\mu}{a}} = 9.983 \times 10^3 \, \text{m/s},$$

obteniéndose que el incremento de velocidad para pasar de la órbita de aparcamiento a la de transferencia es, $\Delta u_1 = u_p - u_{pr} = 2.37 \times 10^3 \, \text{m/s}$.

Para determinar el segundo impulso se calcula la velocidad en el apogeo de la órbita de transferencia y la velocidad de satelización de la órbita geosíncrona:

$$u_a = \sqrt{\frac{2\mu}{r_a} - \frac{\mu}{a}} = 1.628 \times 10^3 \, \text{m/s},$$

$$u_{geo} = \sqrt{\frac{\mu}{r_{geo}}} = 3.075 \times 10^3 \, \text{m/s}.$$

El incremento de velocidad para alcanzar la órbita geosíncrona es $\Delta u_2 = u_{geo} - u_a = 1.446 \times 10^3 \, \text{m/s}$.

Por último, se realiza una maniobra de cambio de inclinación para que el plano orbital coincida con el ecuador. El incremento de velocidad necesario para esta maniobra se obtiene a partir de la ecuación (10.13), $\Delta u_3 = u_{geo}\Delta i = 268 \, \text{m/s}$.

De la ecuación (6.8) se obtiene que la masa del satélite después de la primera maniobra es, $m_1 = m_0 \exp\left(-\Delta u_1/u_e\right) = 1808 \, \text{kg}$; la masa después de alcanzar la órbita geosíncrona es, $m_2 = m_1 \exp\left(-\Delta u_2/u_e\right) = 1297\,\text{kg}$ y, finalmente, la masa del satélite luego de adquirir la órbita geoestacionaria es, $m_f = m_2 \exp\left(-\Delta u_3/u_e\right) = 1219\,\text{kg}$. Es decir, que para completar todas las maniobras se han consumido $m_c = m_0 - m_f = 1899\,\text{kg}$ de combustible.

(2) El tiempo de viaje entre la órbita inicial de aparcamiento y la geoestacionaria puede calcularse como la mitad del período de la órbita elíptica de transferencia. De la ecuación (10.7) se obtiene:

$$\frac{T}{2} = \frac{1}{2}\sqrt{\frac{4\pi^2 a^3}{\mu}} = 19107\,\text{s}.$$

Es decir, se requieren 5 horas, 18 minutos y 27 segundos para alcanzar la órbita geosíncrona.

11.1. Introducción

En el capítulo anterior se ha definido una misión espacial como un conjunto de actividades que se realizan, al menos en parte, fuera del entorno terrestre. En este capítulo se presenta una descripción de las características más importantes de las misiones espaciales y los vehículos que desarrollan estas misiones. El objetivo es dar una introducción a la ingeniería de sistemas espaciales presentando sus peculiaridades, como el entorno espacial y los requisitos que este impone, y describiendo las distintas soluciones de ingeniería que se emplean en los vehículos espaciales para satisfacer estos requisitos.

En la sección 11.2 se describe la estructura de una misión espacial y los componentes que forman la arquitectura de los sistemas espaciales. En la sección 11.3 se presenta una clasificación de las misiones espaciales y se exponen algunos ejemplos ilustrativos. En la sección 11.4 se describen los aspectos relativos al entorno en que se desarrolla la operación de los vehículos espaciales y, por último, en la sección 11.5, se presenta una descripción de los subsistemas que conforman la plataforma de los vehículos espaciales. El lector interesado puede encontrar estos temas desarrollados con mayor profundidad en Brown (1998), Larson & Wertz (1999) o Fortescue et al. (2003). También puede ser interesante la lectura de Meseguer & Sanz (1998), donde se describe el pequeño sistema espacial diseñado, construido, ensayado, puesto en órbita y operado por profesores y alumnos de la Universidad Politécnica de Madrid.

11.2. Arquitectura de sistemas espaciales

Se denomina sistema espacial a la infraestructura necesaria para llevar a cabo las misiones espaciales. En el esquema de la figura 11.1 se presentan los distintos componentes de un sistema espacial agrupados según su función.

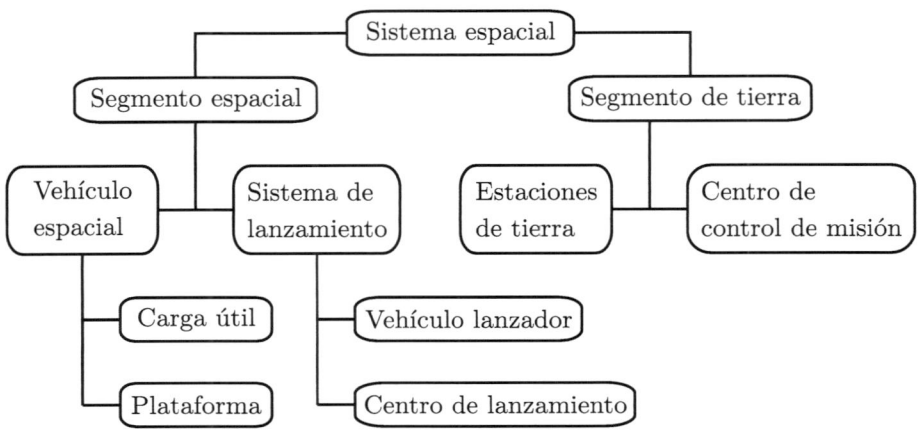

Figura 11.1. Arquitectura de los sistemas espaciales.

El segmento espacial está compuesto por el vehículo espacial (satélite, sonda interplanetaria o estación espacial) y el sistema de lanzamiento. El vehículo espacial puede dividirse en carga útil y plataforma, donde la carga útil es la parte del vehículo espacial que está directamente vinculada a la misión para la que se diseña el vehículo (por ejemplo una cámara de observación de la tierra o un sistema de recepción, amplificación y retransmisión de señales de televisión). La plataforma es la parte del vehículo espacial que se encarga de suministrar todos los recursos necesarios para el funcionamiento de la carga útil y el propio vehículo; consiste en un conjunto de subsistemas que satisfacen los diferentes requisitos que impone la carga útil (como por ejemplo los subsistemas de determinación y control de actitud, de propulsión, de potencia, de control térmico, etc.).

También se considera como parte del segmento espacial al sistema de lanzamiento, cuyo objetivo es inyectar el vehículo espacial en la órbita deseada, y está formado por el vehículo lanzador y el centro de lanzamiento. El vehículo lanzador cuenta con un motor cohete con la capacidad de alcanzar las altitudes y velocidades de satelización necesarias (véase el capítulo 10), mientras que el centro de lanzamiento es la instalación de donde despega el lanzador y es monitorizado durante su operación.

El segmento de tierra está formado por la red de estaciones de tierra y el centro de control de misión. La función de la red de estaciones de tierra es transmitir instrucciones (telecomandos) al vehículo, recibir los datos de la carga útil y de la plataforma y realizar las medidas de seguimiento de la trayectoria del vehículo. En el centro de control de misión se reciben los datos del vehículo espacial y se envían instrucciones de control a través de las estaciones de tierra. Su función es supervisar y controlar al vehículo en tiempo real, determinar y predecir su órbita y su orientación, planificar las operaciones futuras y analizar los datos recibidos de la carga útil.

El diseño de vehículos espaciales presenta algunas particularidades con respecto a otros proyectos de ingeniería. Aunque por otro lado, existen ciertos requisitos de diseño que pueden considerarse comunes a todos los vehículos espaciales como son, la masa mínima, la alta fiabilidad y el mínimo consumo de potencia. El requisito de masa mínima es similar al de las aeronaves y se especifica para disminuir la potencia necesaria para poner el vehículo en órbita. Está relacionado con el elevado coste de lanzamiento, pues colocar una masa en órbita cuesta varias decenas de miles de euros por cada kilogramo. En general, la energía necesaria para el funcionamiento del vehículo espacial se obtiene de paneles solares y se almacena en baterías. Cuanto mayor es el consumo de potencia, mayor es la superficie necesaria de paneles solares, mayor la capacidad de las baterías y, por lo tanto, mayor la masa del vehículo; todo ello conduce al requisito de mínimo consumo de potencia. El requisito de alta fiabilidad es debido a que los vehículos espaciales se operan de forma remota, por lo que se hace muy difícil o imposible su mantenimiento y reparación.

Además de estos requisitos comunes, en el diseño de vehículos espaciales se deben tener en cuenta los requisitos de la carga útil y las duras condiciones que impone el entorno espacial.

11.3. Clasificación de las misiones espaciales

Una forma muy habitual de clasificar las misiones espaciales es en función de la carga útil que transportan los vehículos espaciales, ya que esta define los objetivos de la misión. A continuación, se presenta una clasificación que incluye una breve descripción de la misión y la carga útil, de acuerdo con las categorías que se observan en la figura 11.2.

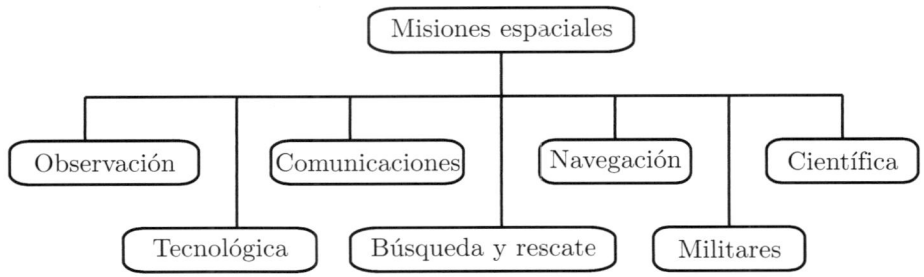

Figura 11.2. Clasificación de las misiones espaciales.

Las misiones de observación de la Tierra llevan como carga útil cámaras que captan la luz en diferentes bandas del espectro (luz visible, infrarrojo, ultravioleta, etc.), para tomar imágenes de la superficie terrestre, océanos y atmósfera. Las imágenes captadas pueden ser utilizadas en diversas aplicaciones (cartografía, meteorología, estudio de recursos naturales, detección de fuegos, usos militares, etc.). La diferencia entre las diversas aplicaciones es la resolución necesaria de las imágenes captadas, que depende de la capacidad de los sensores de la cámara y de la altitud de la órbita. Por ejemplo, la resolución requerida en las imágenes de los satélites meteorológicos oscila entre 700 m y 7 km aproximadamente, mientras que los estudios de recursos naturales exigen resoluciones que oscilan entre 300 m y 1 m. Los satélites de observación militar tienen resoluciones mucho mayores, de hasta unos pocos centímetros.

En el caso de las comunicaciones existen dos tipos de satélites: los pasivos y los activos. Los primeros actúan como reflectores de señales de radio, suelen ser de forma esférica y están construidos de plástico recubierto por una fina capa metálica. Requieren estaciones de tierra poderosas, ya que la señal que llega a la Tierra es muy débil. Los

activos reciben la señal, la amplifican y la reenvían a la Tierra como
un simple repetidor de microondas. Es muy habitual el uso de órbitas
geoestacionarias para este tipo de satélites.

Los sistemas de posicionamiento global (GPS) de uso en
navegación, consisten en una flota de vehículos cuya función es emitir
constantemente una señal con información de su posición y una referencia
de tiempo. Si un sistema receptor en la Tierra recibe simultáneamente
esta información de varios satélites, puede determinar su posición en
cualquier lugar del globo terráqueo por triangulación. El sistema más
conocido y utilizado es el NAVSTAR de los EE.UU., pero también
existe el GLONASS operado por Rusia. Actualmente, la Agencia
Espacial Europea, ESA, está desarrollando el sistema GALILEO,
que complementará a los anteriores aumentando la precisión en la
determinación de la posición, proporcionando mayor cobertura en las
zonas polares y garantizando un servicio continuo de posicionamiento.

Existen sistemas específicos para misiones de búsqueda y
rescate, donde se emplean satélites similares a los de observación
y comunicaciones que incorporan sistemas de recepción de señales
de auxilio para retransmitirlas a Tierra. Existe un sistema llamado
COSPAS/SARSAT que nació de la unión del programa COSPAS de
Rusia y el SARSAT de EE.UU., Canadá y Francia. Actualmente lo
integran 25 países y consta de cuatro satélites geosincrónicos, cinco de
órbita baja, 66 estaciones de tierra y 29 centros de control.

Los satélites tecnológicos y de demostración en órbita son
vehículos espaciales lanzados para estudiar y verificar el comportamiento
de distintos componentes en condiciones reales de funcionamiento en el
ambiente espacial, como por ejemplo, nuevos paneles solares, materiales,
mecanismos de despliegue o equipamiento electrónico. Existe una
inmensa variedad de este tipo de vehículos; como ejemplo reciente puede
mencionarse el satélite GIOVE-A, el primero del sistema de navegación
europeo GALILEO, cuya misión es probar la nueva tecnología que se ha
desarrollado para la nueva constelación de satélites de posicionamiento
global. Dentro de su modestia, el microsatélite UPM-Sat 1 también es
un satélite de demostración tecnológica, equipado con varios paneles
solares experimentales proporcionados por la ESA (véase Meseguer &
Sanz (1998) y figura 1.12(a)).

En las misiones científicas, como su nombre indica, se transporta como carga útil equipamiento científico que puede ser muy variado. Se puede establecer una clasificación entre terrestres o extraterrestres, según la órbita que describan. Un ejemplo bien conocido es el telescopio espacial Hubble, un telescopio robótico situado en una órbita circular alrededor de la Tierra de 590 km de altitud, es decir en la exosfera. Por estar fuera de la atmósfera terrestre se elimina la distorsión óptica que producen los fenómenos meteorológicos y la contaminación lumínica producida por los núcleos urbanos de la superficie terrestre. De este modo se obtienen imágenes del espacio de una calidad muy superior a las del mejor telescopio terrestre. Está en funcionamiento desde principios de 1990 como un proyecto conjunto entre la NASA y la ESA. Otro ejemplo de misión científica es el proyecto Cassini-Huygens, una misión científica extraterrestre cuyo objetivo es estudiar el planeta Saturno y sus satélites naturales. El vehículo consta de la nave Cassini (de la NASA) y la sonda Huygens (de la ESA) que es una sonda de exploración atmosférica (véase el apartado 1.4.2) que se posó en la superficie de Titán. En octubre de 1997 fue lanzada y entró en órbita, alrededor de Saturno, en julio de 2004. El conjunto transporta 13 instrumentos científicos diferentes con los objetivos de caracterizar la geología, comportamiento magnético y meteorología de Saturno y sus satélites. La sonda espacial ROSETTA, figura 1.12(b), es otro proyecto de la ESA, cuyo objetivo fundamental es el estudio de los cuerpos primitivos del sistema solar con el fin de conocer su origen y evolución y de ello derivar la historia cosmogónica del resto de los cuerpos del Sistema Solar. El vehículo orbital lleva a bordo una serie de instrumentos de teledetección, y una sonda destinada a atracar en el cometa 67P/Churyumov-Gerasimenko para efectuar estudios de su núcleo. Entre los instrumentos del vehículo orbital se encuentra OSIRIS (*Optical, Spectroscopic and Infrared Remote Imaging System*) en el que España tiene una importante participación. En particular, el Instituto Universitario de Microgravedad "Ignacio Da Riva" de la Universidad Politécnica de Madrid (IDR/UPM) ha participado en el diseño térmico global y análisis estructural (véase Sanz et al. (2007)).

Como se describe en el apartado 1.4.1 las estaciones espaciales son vehículos espaciales tripulados con múltiples aplicaciones. Históricamente pueden mencionarse las siete estaciones de la serie Salyut y la Mir, de la Unión Soviética y el Skylab, de los EE.UU. Actualmente está en operación la Estación Espacial Internacional (*International Space Station*, ISS), un proyecto común de la NASA, la Agencia Espacial Federal Rusa, la Agencia Japonesa de Exploración Espacial, la Agencia Espacial Canadiense y la ESA. Su órbita es elíptica con una excentricidad muy pequeña y una altitud media de 340 km, es decir en la termosfera. Entre las aplicaciones que pretenden llevarse a cabo pueden mencionarse la experimentos y procesos en condición muy cercana a la ingravidez en disciplinas muy diversas, observatorio astronómico y base intermedia para misiones extraterrestres.

11.4. Entorno de los vehículos espaciales

El entorno del vehículo espacial es el conjunto de condiciones exteriores a las que el vehículo está expuesto desde su fabricación y correspondientes ensayos, pasando por la fase de lanzamiento y hasta el fin de su vida útil. En el caso más general, se deben considerar las condiciones asociadas a los procesos de fabricación, integración de componentes, ensayos en tierra, transporte hasta el punto de lanzamiento, lanzamiento, entorno espacial y, posiblemente, reentrada en el entorno atmosférico terrestre o en el de otro planeta. El estudio de estas condiciones suele agruparse en: entorno terrestre, de lanzamiento y espacial.

11.4.1. Entorno Terrestre

Dentro de ciertos límites, el entorno terrestre se puede suponer controlable, de modo que se pueden satisfacer las diversas especificaciones que el vehículo y su carga útil deben cumplir. Los aspectos más importantes a tener en cuenta dentro del entorno terrestre están relacionados con la presencia de la atmósfera y las condiciones de transporte del vehículo espacial.

El agua y el oxígeno que contiene la atmósfera son elementos muy corrosivos para muchos de los materiales que se utilizan en la fabricación de vehículos espaciales. La corrosión de los elementos estructurales ocasiona deterioro de las propiedades mecánicas de los materiales y puede conducir a la aparición de fallos durante el lanzamiento. Por ello, en ciertas etapas del proceso de fabricación e integración es deseable controlar la humedad del aire o, en casos extremos, excluir totalmente el oxígeno y la humedad del entorno del vehículo, reemplazándolos por gases inertes tales como nitrógeno y helio. Sin embargo, una humedad demasiado baja tampoco es deseable, por dos razones, por un lado pueden aparecer cargas electrostáticas que afecten a la electrónica del vehículo espacial y por otro, si la humedad es muy baja puede afectar a la sensación de confort de los operarios que estén trabajando en el vehículo espacial. Algunos componentes electrónicos que utilizan tecnología de semiconductores de óxidos metálicos (MOS), son particularmente sensibles a los altos voltajes y pueden resultar dañados ante una descarga electrostática. Para evitar este problema, el personal que manipula estos elementos durante el montaje del vehículo espacial, está permanentemente conectado a tierra. Esto se consigue haciendo que tanto el suelo como el calzado sean conductores. Como solución de compromiso normalmente se admite un valor de la humedad relativa en torno al 40 % o al 50 %.

Otro factor a considerar es el polvo que existe en suspensión en la atmósfera y que se acumula rápidamente sobre las superficies horizontales. El polvo puede afectar a mecanismos delicados y puede obturar pequeños orificios. Para prevenir la contaminación por deposición de polvo, los vehículos espaciales y los subsistemas que los componen, se integran y ensayan en zonas denominadas "áreas limpias". Son salas de trabajo en las que se controlan las condiciones ambientales (presión, temperatura, humedad, etc.), y la cantidad de partículas de polvo en suspensión. El control de estas condiciones ambientales se consigue mediante sistemas de ventilación forzada, filtrado y acondicionamiento de aire. Las áreas limpias se clasifican en categorías según el número de partículas por unidad de volumen.

Durante el transporte del vehículo de un punto a otro de la superficie terrestre puede estar sometido a condiciones de vibración y choques más severas que las existentes en el lanzamiento y durante un tiempo mayor, ya que la operación de transporte suele durar horas o días, frente a unos pocos minutos que dura el lanzamiento. En viajes cortos, por ejemplo, si se requiere moverlo de un edificio a otro dentro de la factoría, el problema se soluciona desplazándolo lentamente sobre una pista preparada para este fin. En el caso de viajes largos, a velocidades altas, es preciso utilizar vehículos de transporte especiales con suspensión neumática. El transporte aéreo presenta ventajas frente al

Figura 11.3. Balsa de transporte del tanque principal del Space Shuttle (fuente: NASA).

transporte terrestre en el caso de grandes desplazamientos. Por supuesto, es necesario proteger al vehículo transportado de las cargas que se producen durante el despegue y el aterrizaje o de las que se producen al entrar un avión en una zona de turbulencias. En el caso de estructuras espaciales muy grandes, el único medio de transporte práctico para trayectos de distancias medias es el marítimo o fluvial. Las primeras etapas de los lanzadores Saturno V se transportaban en barcazas, y el mismo medio de transporte se utiliza para el transporte de los tanques principales del Space Shuttle entre Michoud, Luisiana y Cabo Cañaveral, Florida (véase la figura 11.3). Obviamente, los requisitos de humedad, limpieza, etc., enunciados anteriormente, se deben mantener durante el transporte.

11.4.2. Entorno de lanzamiento

La fase de lanzamiento es crítica en la vida de un vehículo espacial, ya que durante un corto período de tiempo está sometido a un estado de cargas extremas. Durante unos minutos el vehículo está sometido a importantes fuerzas longitudinales, debido a la aceleración del lanzador, y laterales, ocasionadas por ráfagas de viento; soporta importantes vibraciones mecánicas y se ve sometido a una dosis notable de energía acústica, especialmente en el momento de despegue, cuando el ruido producido por los motores cohete se refleja en el suelo. El ruido aerodinámico es otro factor a tener en cuenta, sobre todo cuando se pasa por el régimen transónico.

Durante la etapa inicial del lanzamiento la presión del entorno del vehículo varía desde el valor en el punto de lanzamiento hasta la del vacío espacial. Se deben prever orificios para evacuar el aire contenido en las cavidades del vehículo espacial, de lo contrario aparecerán cargas sobre la estructura debidas a la diferencia de presión. El calentamiento aerodinámico de la cubierta protectora durante el ascenso en la parte baja de la atmósfera y el producido por la atmósfera residual una vez desprendida la protección, puede dar lugar a altas temperaturas que deben considerarse en el diseño de los componentes del vehículo. El desprendimiento de las etapas consumidas del lanzador y el encendido de las siguientes producen cargas de impacto.

Las empresas de lanzadores suelen proporcionar un manual de usuario del lanzador donde se detallan los datos sobre el entorno de lanzamiento, incluidas las aceleraciones longitudinales y laterales, rangos de presión y temperaturas, intensidad del ruido y vibraciones, etc. Como ejemplo, en las figuras 11.4(a) y 11.4(b) se presentan el factor de carga estático longitudinal, n, y la relación entre la presión en el interior de la cofia del Ariane 5 y la presión en el punto de lanzamiento, en función del tiempo, a partir del instante de lanzamiento (figuras adaptadas de Arianespace (2004)). Obsérvese que la figura 11.4(b) sólo abarca los primeros 90 segundos. Esto se debe a que en ese intervalo de tiempo se alcanza una altitud de aproximadamente 100 km, donde la presión es prácticamente nula.

11.4.3. Entorno espacial

Las condiciones ambientales del entorno espacial tienen una fuerte influencia en las actuaciones y la vida útil de los vehículos espaciales. En la figura 11.5 se presenta un esquema de las características principales del entorno espacial; en los párrafos siguientes se describen estas características y cómo afectan al diseño y al funcionamiento de los vehículos espaciales.

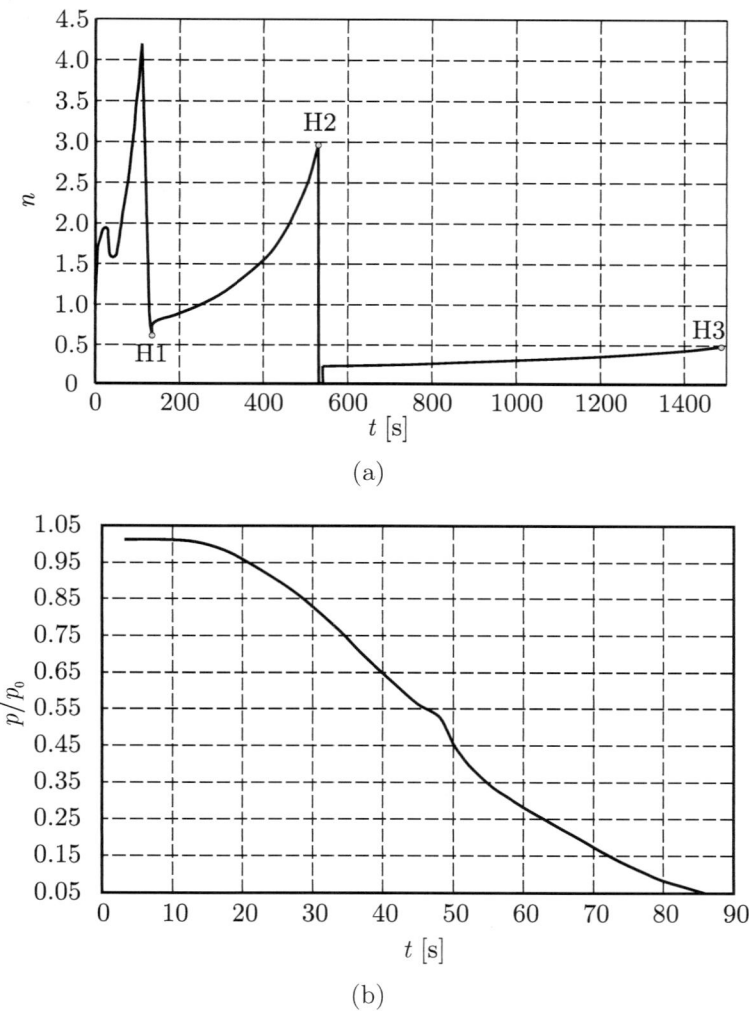

Figura 11.4. Lanzamiento del Ariane 5. (a) Factor de carga estático longitudinal, n, en función del tiempo, t, en un lanzamiento típico. Los puntos H1, H2 y H3 son los instantes en que se extinguen las etapas y se separan del lanzador. (b) Variación de la presión estática dentro de la cofia durante un lanzamiento, referida a la presión atmosférica en el punto de lanzamiento, p/p_0. (adaptadas de Arianespace (2004)).

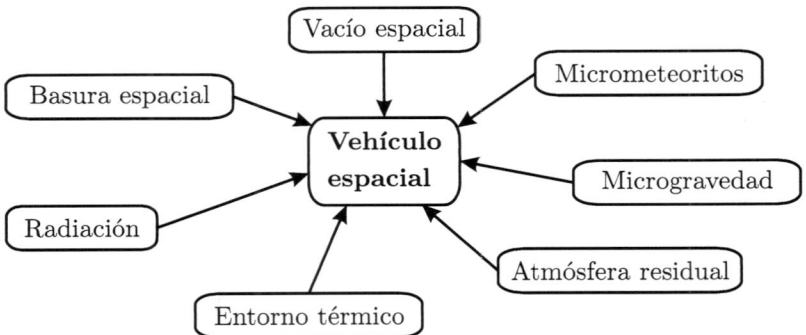

Figura 11.5. Esquema de las características principales del entorno espacial.

El vacío espacial es una de las características más distintivas del entorno espacial. Afecta directamente a la selección de los materiales con que se construyen los vehículos espaciales, ya que ciertos materiales que se utilizan en aplicaciones terrestres no son aptos para condiciones de vacío. Algunos materiales metálicos y orgánicos contienen gases, agua o componentes volátiles en su estructura molecular. Al someter estos materiales a condiciones de muy baja presión estos elementos escapan hacia el vacío en forma de gas (fenómeno de desgasificación o *outgassing*). Si este gas queda en suspensión alrededor del vehículo espacial puede depositarse en las lentes de los sistemas de observación, afectando su funcionamiento. Además, en algunos polímeros, esta pérdida de masa puede afectar su integridad estructural. Para evitar la desgasificación se seleccionan materiales que no presenten este fenómeno, o bien, se somete a los materiales a ciclos de desgasificación en tierra.

En un cuerpo que está orbitando alrededor de otro, como puede ser un satélite alrededor de la tierra, las fuerzas másicas están en equilibrio. En una órbita circular, la fuerza de atracción gravitatoria es igual a la fuerza centrífuga (véase la sección 10.2) y, en ausencia de otras fuerzas, la aceleración que experimenta el cuerpo en un sistema no inercial ligado al satélite es igual a cero.

En realidad la condición de perfecta ingravidez no puede alcanzarse, ya que siempre existen diversas perturbaciones que producen pequeñas aceleraciones sobre el satélite. De forma rigurosa, se dice que los vehículos espaciales están en condiciones de microgravedad.

Las perturbaciones más importantes que producen micro-aceleraciones son: la resistencia aerodinámica que aparece como consecuencia de la atmósfera residual en las órbitas bajas, la presión de la radiación solar sobre la superficie del vehículo espacial, las perturbaciones en el campo gravitatorio terrestre (véase la figura 2.2, capítulo 2), las fuerzas de atracción magnética producidas por el campo magnético terrestre sobre las partes del vehículo sensibles a esta fuerza y los impulsos necesarios para controlar la orientación del satélite o corregir su órbita (véanse los apartados 11.5.2 y 11.5.3).

En un vehículo que orbita alrededor de la tierra se obtienen valores de aceleración que oscilan entre $10^{-3}g_0$ y $10^{-11}g_0$ (donde $g_0 = 9.81 \, \text{m/s}^2$ es el valor de la aceleración de la gravedad a nivel del mar), dependiendo del tamaño del vehículo, su órbita, la actividad solar y atmosférica, entre otros factores. Esta condición de microgravedad se aprovecha con fines científicos y tecnológicos, como el estudio del comportamiento de fluidos, desarrollo de vegetales y animales, crecimiento de estructuras cristalinas, etc. Sin embargo, la microgravedad complica el diseño de los vehículos espaciales cuando por alguna razón es necesario transportar fluidos, como por ejemplo, para los sistemas de control térmico o la gestión del agua y la ventilación en misiones tripuladas. Se deben desarrollar servicios, duchas o cocinas que funcionen en microgravedad. Cuando se precisa transferencia de calor por convección, bien por razones de control térmico para la circulación del aire en la cabina o en los tanques, o para mantener la uniformidad térmica o química, este proceso debe ser forzado por ventiladores o bombas.

La microgravedad no es una condición natural para el ser humano, por lo que genera dificultades en las misiones tripuladas. Produce alteraciones en el metabolismo del ser humano y se sabe que el trabajo es agotador para los astronautas, ya que deben adaptar sus movimientos a esta nueva condición (en este ambiente exige el mismo esfuerzo levantar un brazo que bajarlo).

En las órbitas bajas (entre 200 km y 2000 km de altura) los vehículos espaciales están inmersos en las capas más altas de la atmósfera terrestre (termosfera y exosfera) que configuran la denominada atmósfera residual. Como consecuencia, el satélite experimenta una cierta resistencia aerodinámica que lo frena; por tanto, para mantener la órbita es necesario un sistema de propulsión que periódicamente aplique un impulso para compensar la velocidad perdida. Este efecto depende fundamentalmente de tres aspectos; por un lado, de la altitud de la órbita (cuanto más baja es la órbita, mayores son la densidad de la atmósfera y la velocidad de satelización y, por lo tanto, la resistencia aerodinámica es mayor). Por otro lado, también depende de la configuración del vehículo espacial (cuanto mayor sea la superficie, mayor es la resistencia). El tercer aspecto es la actividad solar, que afecta al espesor medio de la atmósfera.

La atmósfera residual genera otro problema. El contenido de oxígeno atómico y partículas ionizadas, que son muy reactivas, provocan corrosión en los materiales de los vehículos espaciales. Además, las partículas ionizadas generan un ambiente conductor que puede afectar a los equipos electrónicos embarcados.

Las órbitas comprendidas entre los 200 km y 750 km de altitud están dentro de la termosfera, donde se alcanzan temperaturas de entre 750°C y 1100°C debido a la absorción de la radiación ultravioleta por el oxígeno atómico. Este calentamiento afecta fuertemente a la vida útil de los vehículos espaciales.

En órbitas por encima de 1000 km de altitud los vehículos espaciales están expuestos a la radiación electromagnética emitida por el Sol, al viento solar (que es plasma formado por electrones y protones de alta energía que escapan del Sol) y a la radiación cósmica procedente del espacio exterior.

Esta radiación puede ser un problema por sus efectos sobre los elementos electrónicos, pues cuando las partículas de alta energía impactan con un elemento semiconductor pueden alterar su estructura cristalina. El continuo bombardeo produce la degradación de los componentes electrónicos pudiendo hacer que dejen de funcionar correctamente, efecto conocido como degradación por dosis acumulada de radiación. Para evitar o minimizar este efecto, los componentes electrónicos se diseñan con materiales semiconductores que soportan altas dosis de radiación y se protegen con blindajes metálicos.

Otro problema de la radiación es que cuando impacta con los materiales del vehículo espacial puede ionizarlos localmente, generando una carga eléctrica que puede provocar fallos en la transmisión o el almacenamiento de información en los circuitos integrados. Este efecto es conocido como mal funcionamiento por fallo local. Para minimizar este efecto, además de los blindajes, se utilizan procesadores redundantes e independientes y códigos de detección y corrección de errores.

En órbitas por debajo de los 1000 km de altitud el campo magnético de la Tierra atrae a la mayoría de las partículas ionizadas brindando una protección natural a los vehículos espaciales.

En el vacío espacial la única forma en la que el calor se transmite es mediante radiación. Como es sabido, todo cuerpo que tenga una cierta temperatura radia calor. Para un vehículo que orbita alrededor de la Tierra las fuentes más significativas de radiación son, la luz solar directa, la luz solar reflejada en la Tierra (albedo) y la radiación proveniente de la atmósfera y la superficie de la Tierra. La temperatura del vehículo espacial depende del balance total de energía que debe tener en cuenta el calor recibido de las fuentes mencionadas, el calor generado en el vehículo (componentes electrónicos, baterías, etc.), y sus propiedades de radiación, que dependen de la geometría y de los materiales empleados. En estas condiciones, en el vehículo aparecen temperaturas extremas y fuertes gradientes de temperatura. Por ejemplo, las partes iluminadas por la luz del Sol pueden alcanzar temperaturas de más de 80 °C, mientras que las zonas en sombra pueden alcanzar los −75 °C. Estas temperaturas son incompatibles con los rangos de temperatura de funcionamiento de la mayoría de los componentes de los vehículos espaciales como por ejemplo, los equipos electrónicos y baterías. El subsistema de control térmico es el que se encarga de mantener todos los dispositivos en su rango de temperaturas de funcionamiento (véase la sección 11.5.5)

Los micrometeoritos son partículas provenientes del espacio exterior cuya masa y tamaño pueden variar en un rango muy amplio. Sin embargo, la mayoría son extremadamente pequeños, del orden de 1 μm. El efecto sobre los vehículos espaciales depende mucho de su trayectoria. En órbitas cercanas a la Tierra el flujo de micrometeoritos aumenta por la atracción gravitatoria del planeta.

El impacto de meteoritos causa la degradación de las superficies de protección térmica exteriores y los paneles solares. En el diseño de estos componentes debe tenerse en cuenta este aspecto, sobre todo si la misión es de larga duración.

Tras más de sesenta años de operaciones espaciales, las órbitas bajas de la Tierra están llenas de basura espacial que consiste en restos de óxido de aluminio (proveniente de los gases de escape de los motores cohete de combustible sólido), restos de pintura, tuercas, tornillos, etapas superiores de lanzadores, etc. Su tamaño característico puede variar entre 1×10^{-3} mm y 10 cm. Por ejemplo, en 1985 la Fuerza Aérea de los EE.UU. estaba siguiendo con radar las órbitas de más de 5400 objetos con dimensiones superiores a los 10 cm y se estima que hay más de 40000 objetos con dimensiones superiores a 1 cm.

Las partículas más pequeñas tienen la capacidad de erosionar las superficies, afectando a los paneles solares e instrumentos ópticos. Las partículas más grandes son muy peligrosas sobre todo para las misiones tripuladas. La NASA considera daño fatal para los trajes espaciales el impacto de partículas en el rango de 0.3–0.5 mm y partículas de 4 mm producirían daños catastróficos en el Shuttle. Dependiendo de la parte del vehículo afectada, el choque con partículas de 1 mm es causa de cancelación de la misión. Afortunadamente, hasta el momento no se han registrado incidentes de gravedad debidos a la basura espacial. No puede hacerse mucho para prevenir estos inconvenientes, sólo evitar las órbitas más cargadas de basura espacial, ya que el aumento en la masa, que implicaría blindar los vehículos espaciales, es impracticable.

11.5. Arquitectura de los vehículos espaciales

Como se ha mencionado anteriormente, se puede considerar que un vehículo espacial está compuesto por dos partes principales, la plataforma y la carga útil. El objetivo de la misión es que la carga útil opere correctamente, para lo que requiere un conjunto de recursos y servicios que le son suministrados por la plataforma. Los requisitos funcionales que debe satisfacer la plataforma son: soportar la masa de la nave y proteger la integridad de la carga útil, orientar correctamente la carga útil, mantener la carga útil dentro de un determinado rango de temperatura, proporcionar energía eléctrica, mantener el vehículo y la carga útil en la órbita adecuada y proveer de comunicaciones y almacenamiento de datos.

Estos requisitos dan lugar a una división de la plataforma en subsistemas como la que se muestra en la figura 11.6. Además, en el caso de las misiones tripuladas, también debe incluirse un subsistema de soporte de vida y los vehículos espaciales que deben realizar una maniobra de reentrada atmosférica, deben contar con un subsistema específico de protección térmica.

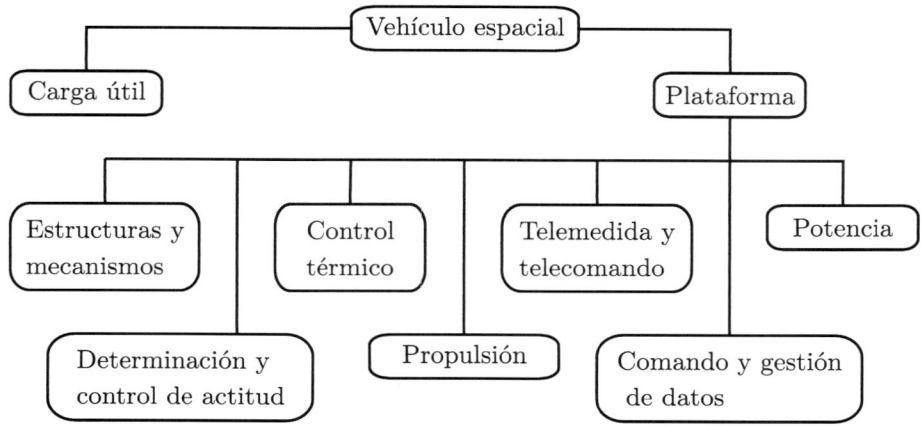

Figura 11.6. Arquitectura de los vehículos espaciales. Subsistemas en los que se divide la plataforma de un vehículo no tripulado.

11.5.1. Estructuras y mecanismos

La función de la estructura es alojar todos los equipos y soportar las cargas (mecánicas y térmicas) manteniendo la integridad física y dimensional de todo el vehículo espacial a lo largo de su vida útil. Los mecanismos del vehículo deben mantenerlo unido al lanzador en la etapa de lanzamiento y realizar la separación en el momento de la inyección en órbita. Los paneles solares y las antenas suelen ir plegados dentro del lanzador, por lo que deben ser desplegados por los mecanismos después de la separación del vehículo espacial de la última etapa del lanzador.

Como se ha mencionado, en el diseño de los vehículos espaciales, uno de los objetivos es minimizar la masa total, fijada una carga útil. Por tanto, un requisito fundamental del subsistema de estructuras y mecanismos es que sea lo más ligero posible. Se utilizan materiales similares a los utilizados en las estructuras y mecanismos aeronáuticos como aleaciones de aluminio, titanio y materiales compuestos. Como regla general se busca que la masa de la estructura esté comprendida entre el 5 % y el 20 % de la masa de lanzamiento.

11.5.2. Determinación y control de actitud

Su función es determinar la orientación del vehículo respecto a un cierto sistema de referencia y mantenerla dentro de las especificaciones de la carga útil, a pesar de las perturbaciones que puedan aparecer.

En general, el funcionamiento de este subsistema requiere de uno o varios sensores que determinen la orientación del vehículo y un conjunto de actuadores que ejerzan las acciones correctivas necesarias. Los sensores determinan la orientación relativa del vehículo a partir de la observación de un objeto en el espacio del cual se conoce su posición. Los más comunes son los sensores de Sol, estrellas u horizonte terrestre; aunque en los últimos años se han desarrollado y empleado mucho los sistemas basados en GPS.

Los sistemas de control de actitud se clasifican en pasivos y activos. Los primeros son los más sencillos y no consumen energía, pero en cambio son menos precisos. Dentro de los sistemas pasivos puede mencionarse el control por gradiente de gravedad, que se basa en el hecho de que un cuerpo alargado tiende a alinear su eje longitudinal con el centro de la Tierra. Requiere la utilización de mástiles largos en el vehículo y sólo puede orientarse a lo largo del eje longitudinal. Por ser un sistema muy barato, se utiliza en pequeños satélites y órbitas bajas.

Otro sistema de control de actitud pasivo es la técnica de control por estabilización giroscópica, cuyo fundamento es que todo el vehículo espacial rota a una cierta velocidad angular, de forma que su eje de giro queda orientado con respecto a una referencia fija. Este control se basa en el fenómeno de rigidez giroscópica, que es el mismo que mantiene una peonza que gira en equilibrio aunque esté apoyada en un sólo punto, de modo que su eje longitudinal se alinea con el centro de la Tierra y retorna a esta posición si aparecen perturbaciones. Las ventajas del sistema de estabilización giroscópica es que, una vez girando, prácticamente no requiere correcciones durante largos períodos de tiempo y que genera un ambiente térmico muy favorable para los componentes. Las desventajas son que debe cuidarse la distribución de las masas para que el vehículo este correctamente equilibrado y que, si es necesario modificar la orientación, se requiere más combustible que en el caso de un vehículo sin giro.

Los sistemas de control de actitud activos también se denominan de tres ejes, ya que en general, suelen tener actuadores (como motores cohete, volantes de inercia o magnetopares) para mantener y modificar la orientación del vehículo. Las ventajas destacables de estos sistemas son su gran precisión y estabilidad en la orientación. Como desventajas se pueden mencionar que tienen un mayor coste y complejidad con respecto a los sistemas pasivos y, por su complejidad, una menor fiabilidad.

11.5.3. Propulsión

Según las características de la misión, este subsistema suele tener asociados diversos objetivos y a menudo está relacionado con los subsistemas de control de actitud y mantenimiento de órbita. Se pueden distinguir tres funciones en los subsistemas de propulsión de los vehículos espaciales: motores de apogeo, de perigeo y de control de actitud.

Los motores de apogeo se utilizan para obtener órbitas circulares a partir de órbitas intermedias y para variar la inclinación de ellas. Típicamente entregan empujes de 75×10^3 N durante 60 s y producen incrementos de velocidad de aproximadamente 2 km/s. Los motores de perigeo, sirven para pasar de una órbita de aparcamiento de baja altitud a una órbita de transferencia. Sus actuaciones son similares a los de apogeo. Por último, los motores de control de actitud y control orbital generan empujes entre 10^{-3} N y 10 N y operan de forma intermitente durante todo el tiempo de la misión.

El sistema de propulsión más utilizado para operaciones orbitales es el motor cohete de combustible líquido. El principio de funcionamiento y una descripción detallada de estos sistemas de propulsión puede consultarse en el capítulo 8.

11.5.4. Potencia

Las funciones de este subsistema son generar, almacenar, distribuir y controlar la energía eléctrica del vehículo espacial. El objetivo de la generación es proveer la energía eléctrica necesaria para el funcionamiento de los equipos de a bordo. La energía eléctrica se genera por conversión de la energía proveniente del entorno espacial o el uso de reservas internas y constituye la fuente primaria de potencia. Las fuentes de energía más comunes son los generadores fotovoltaicos, que convierten la energía solar en electricidad por el efecto fotovoltaico, y los termoeléctricos, que convierten en electricidad el calor generado por la fisión nuclear. Los sistemas nucleares suelen ser demasiado caros y peligrosos, por lo que sólo se utilizan en vehículos militares o donde su uso es imprescindible, como en las sondas que han de operar en el espacio profundo, muy lejos del Sol.

El objetivo de los dispositivos de acumulación es almacenar los excedentes de potencia de los períodos diurnos o de baja demanda, para proporcionarla durante los períodos de eclipse o cuando la demanda no puede ser satisfecha por la fuente primaria. Para almacenamiento de energía se utilizan baterías de diversos tipos (Ni-Cd, Ni-H, etc.). La energía almacenada en los acumuladores constituye la fuente secundaria de potencia.

El subsistema de potencia eléctrica precisa de un módulo de control cuya finalidad es regular la potencia disponible, controlando la tensión en el sistema de distribución y la carga y descarga de las baterías. Está constituido por dispositivos electrónicos que se encargan de proporcionar la información del estado de las diferentes partes del subsistema de potencia. También debe ser capaz de actuar sobre los diferentes componentes de forma autónoma o mediante telecomandos para evitar que algún defecto de funcionamiento suponga un fallo que deje fuera de servicio a todo el vehículo.

El módulo de distribución, como su nombre indica, es el que distribuye la potencia disponible entre los distintos dispositivos del vehículo espacial de acuerdo a las necesidades individuales de cada subsistema. Consta de cableado, protección contra fallos, mecanismos de conmutación y convertidores. La distribución de potencia está relacionada con el tamaño del satélite. Los grandes satélites gestionan la potencia en tensiones relativamente grandes (típicamente entre 120 V y 440 V de corriente alterna a 400 Hz) con el objetivo de disminuir pesos, tamaños y pérdidas. Los satélites medianos y pequeños utilizan tensiones de 28 V de corriente continua o menores.

11.5.5. Control térmico

El entorno térmico de los vehículos espaciales es muy hostil y se caracteriza por temperaturas extremas y fuertes gradientes de temperatura. En la tabla 11.1 se presenta el rango de temperaturas típico de funcionamiento de algunos componentes de los vehículos espaciales. Estas especificaciones son incompatibles con los rangos de temperatura que el entorno produce sobre el vehículo, lo que justifica la existencia del subsistema de control térmico, que es el encargado de mantener las temperaturas de todos los componentes dentro de los rangos especificados.

Tabla 11.1. Rangos de temperaturas típicos de diferentes componentes de los vehículos espaciales.

Componente	$T_{\min}$ [°C]	$T_{\max}$ [°C]
Electrónica	-5	+40
Baterías	-5	+15
Combustible	+9	+40
Mecanismos	-45	+65
Células solares	-60	+55

Existen dos tipos de control térmico, pasivo y activo. El control térmico pasivo se basa en el uso de las propiedades de intercambio por radiación de los recubrimientos del vehículo espacial con el medio externo, y el intercambio por conducción entre los materiales que lo constituyen. Para ello, se utilizan mantas aislantes, pinturas con acabados superficiales específicos y conectores térmicos (*heat pipes*). Es adecuado para satélites pequeños y medianos, así como también para misiones interplanetarias.

El control térmico activo requiere el uso de termostatos, calefactores, sistemas de refrigeración por circulación cerrada de fluidos, junto con un conjunto de dispositivos electrónicos de control. Se utiliza en satélites grandes y complejos como los de comunicaciones o militares. En la tabla 11.2 se resumen algunas características que ponen en evidencia las ventajas y desventajas de cada tipo de control térmico.

11.5.6. Comando y gestión de datos

Se pueden distinguir dos funciones de este subsistema: por un lado recibir, validar, decodificar y distribuir a todos subsistemas del vehículo espacial los comandos provenientes de la estación de control;

Tabla 11.2. Comparativa entre control térmico activo y pasivo.

Característica	Activo	Pasivo
Rango de temperaturas	Estrecho	Grande
Peso	Moderado	Pequeño
Necesidad de telecomandos	Sí	No
Consumo de potencia	Sí	No
Fiabilidad	Moderada	Alta
Implementación	Difícil	Moderada
Coste	Alto	Moderado o bajo

y por otro reunir, procesar y dar formato a los datos de funcionamiento de los subsistemas o telemetría[1], y la información producida por la carga útil para ser enviada a la Tierra.

Este subsistema esta estrechamente relacionado con el de comunicaciones, tal como puede observarse en el diagrama de bloques de la figura 11.7, donde también se aprecian sus componentes principales. Básicamente, consiste en un ordenador compuesto por uno o varios procesadores, memorias para el almacenamiento de datos, puertos de comunicación con la carga útil y los otros subsistemas y el software de control correspondiente. Algunos de sus componentes suelen ser redundantes para conseguir mayor fiabilidad de este subsistema.

11.5.7. Comunicaciones

Sus funciones son recibir los comandos enviados desde las estaciones de tierra y transmitir la información generada por la plataforma (telemetría) y la carga útil (datos) hacia las dichas estaciones. En la parte superior de la figura 11.7 se observa un diagrama típico de los componentes de este subsistema. Los datos de la carga útil y la telemetría provenientes del subsistema de comando y gestión de datos son transformados en señales de radio por el transmisor y emitidos por la antena hacia la Tierra. En general, la misma antena recibe las señales de radio desde las estaciones de tierra, con comandos dirigidos a los subsistemas o a la carga útil. El multiplexor es un dispositivo electrónico que separa las señales que se envían de las que se reciben.

---

[1]Algunos datos típicos de telemetría pueden ser temperaturas medidas en diferentes puntos del vehículo, información sobre la orientación de la nave, tensiones e intensidades de corriente del subsistema de potencia, niveles de combustible, etc.

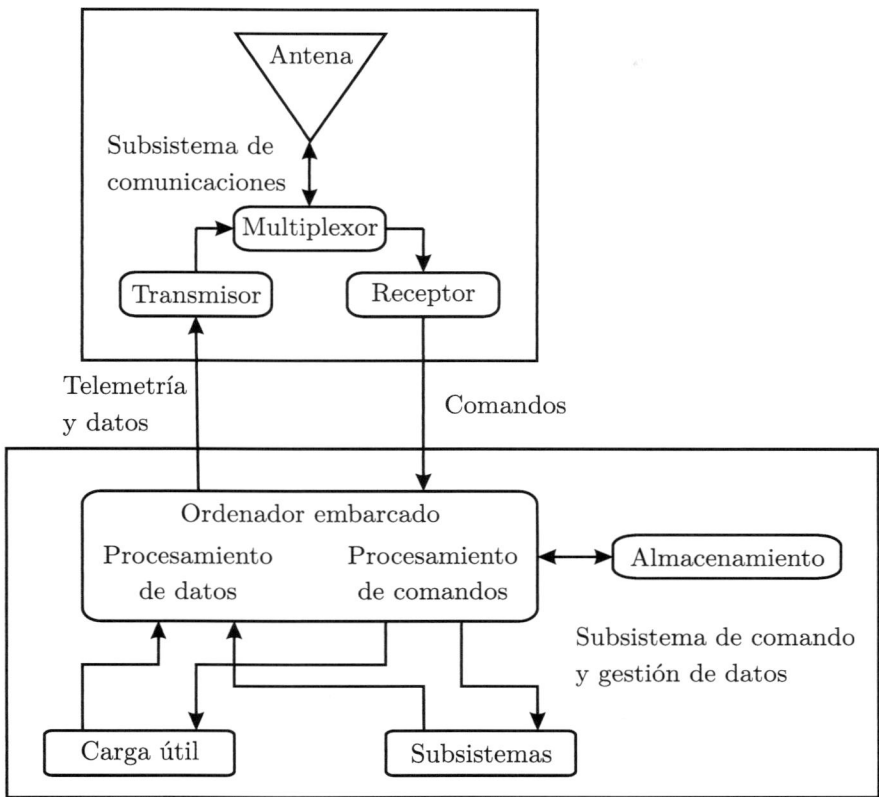

Figura 11.7. Diagrama de bloques típico de los subsistemas de comunicaciones y comando y gestión de datos.

Las telecomunicaciones espaciales son similares a las terrestres, pero con la diferencia fundamental de que las distancias pueden ser muy grandes (desde unos pocos cientos de kilómetros para los satélites terrestres, hasta millones de kilómetros en el caso de las sondas interplanetarias). A menudo las señales recibidas son desmesuradamente débiles, por lo que son necesarios potentes amplificadores. Además, si las distancias son muy grandes, puede ser necesario considerar los retardos debidos a la velocidad finita de propagación de la luz.

Parte VI

Vehículos aeroespaciales particulares

HELICÓPTEROS 12

12.1. Introducción

El helicóptero, como se presenta en el capítulo 1, es una aeronave en la que las funciones de sustentación y propulsión son creadas mediante alas giratorias, las cuales permiten que la aeronave pueda mantenerse en vuelo a punto fijo sin necesidad de una velocidad de vuelo de la aeronave que genere estas fuerzas. Desde un punto de vista funcional, la mayor diferencia del helicóptero con respecto a la aeronave de ala fija es que las funciones de sustentación, propulsión y control de la trayectoria del vehículo se encuentran localizadas fundamentalmente en un único componente que es el rotor; mientras que en el caso de la aeronave de ala fija se encuentran separadas: la sustentación es producida por el ala, la propulsión es generada por los motores y el control de la trayectoria de la aeronave por distintas superficies aerodinámicas distribuidas a lo largo de la aeronave. En el caso del helicóptero, las fuerzas aerodinámicas se generan por el movimiento relativo de rotación de las palas con respecto del aire, por tanto, independientemente de que el helicóptero se desplace o realice un vuelo a punto fijo, existen siempre fuerzas aerodinámicas que permiten la creación de sustentación o tracción.

Las principales ventajas del helicóptero con respecto a otras aeronaves son, entre otras, la capacidad para despegar y aterrizar verticalmente o en distancias muy cortas, la posibilidad de volar en vuelo a punto fijo y la capacidad de maniobra a bajas velocidades de vuelo. Todas estas características hacen del helicóptero una de las aeronaves más versátiles y apreciadas para diversas tareas que otros vehículos no pueden realizar. Dada la capacidad de vuelo a punto fijo, el helicóptero puede volar en zonas de difícil acceso lo cual lo hace ideal para operaciones de rescate, servicios médicos de emergencia, lucha contra el fuego, etc. El helicóptero también dispone de la posibilidad de desplazar material de forma externa mediante el uso de cables y redes por lo que son ampliamente empleados para transportar equipamiento a lugares de difícil acceso como azoteas de edificios, montañas y en general terrenos complejos. Dada la capacidad de maniobra que posee el helicóptero a bajas velocidades de vuelo es empleado especialmente por los departamentos de policía, servicios de guardacostas y agencias de seguridad nacional, para realizar misiones de vigilancia y persecución. La versatilidad en el rango de maniobras que puede llevar a cabo lo hace especialmente útil para las fuerzas militares no sólo como elemento de ataque sino también como medio de transporte de personas y equipamiento.

Entre las principales limitaciones que presenta el helicóptero cabe destacar que las máximas velocidades de avance que puede alcanzar son, comparadas con las de una aeronave de ala fija, notablemente inferiores, entre 300 km/h y 350 km/h. Además, requieren una elevada potencia para el vuelo de crucero a altas velocidades y los costes de operación son superiores a los de una aeronave de ala fija del mismo peso.

En la figura 12.1 se muestra la envolvente de vuelo de un helicóptero típico comparada con las de algunas de las aeronaves presentadas en el capítulo 1, en concreto un helicóptero compuesto (helicóptero con semialas que ayudan a la sustentación), un convertible y una aeronave de ala fija propulsada por un turbohélice. Se puede apreciar que a bajas velocidades las aeronaves con alas giratorias presentan una envolvente de vuelo mucho mayor que la aeronave de ala fija. Para velocidades intermedias la altitud de vuelo que pueden alcanzar las aeronaves de alas giratorias es mucho menor comparada con las aeronaves de ala fija. En cambio el convertible, por su naturaleza híbrida muestra una envolvente que representa una transición entre el comportamiento de las aeronaves de alas giratorias a bajas velocidades y las aeronaves de ala fija a altas velocidades. Finalmente, para velocidades de vuelo elevadas, tanto el convertible, en su modo de vuelo de avance, así como el turbohélice, son capaces de operar de forma satisfactoria mientras que los helicópteros convencionales y los compuestos tienen una clara limitación en la velocidad de avance.

En este capítulo se presenta en la sección 12.2 una descripción de la arquitectura y componentes de un helicóptero convencional para posteriormente clasificar los diferentes tipos de helicópteros dependiendo de la tecnología adoptada para contrarrestar el par que transmite el rotor principal al fuselaje del helicóptero, sección 12.3. A continuación, en la sección 12.4 se presenta la forma en la que el piloto consigue controlar el vuelo del helicóptero desde un punto de vista fenomenológico, para posteriormente describir los tipos de rotores que existen en función del diseño de unión de las palas al eje de rotación, sección 12.5. Después se describen de forma cualitativa las principales características de la aerodinámica de alas giratorias, distinguiendo claramente los dos principales modos de vuelo del rotor: el vuelo axial, sección 12.6 (en el que se aplica la teoría de cantidad de movimiento a un rotor en vuelo a punto fijo y vuelo axial de ascenso) y el vuelo de avance, sección 12.7. Finalmente, se presentan algunas de las características cualitativas más importantes del modo de autorrotación de un rotor así como las principales interacciones aerodinámicas que existen en el helicóptero, sección 12.8. En el apéndice D se describe de forma detallada la forma en la que se controla la dirección de la fuerza de tracción de un rotor.

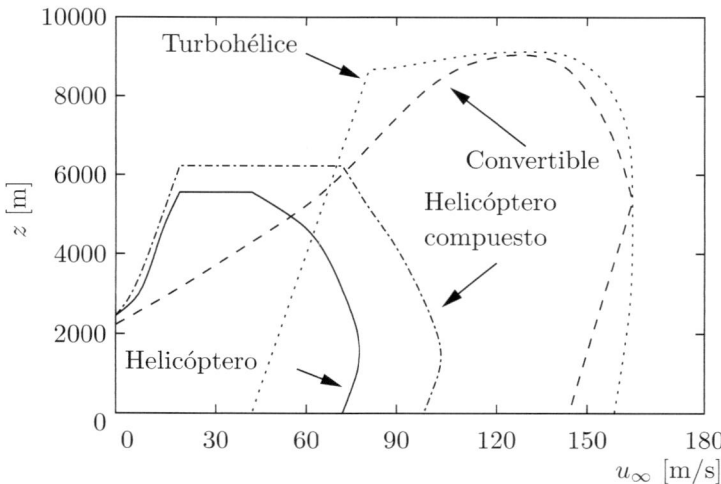

Figura 12.1. Envolvente de vuelo (altitud, z, en función de la velocidad de crucero, u_∞) del helicóptero comparada con otras aeronaves (adaptada de Leishman (2002)).

12.2. Arquitectura del helicóptero convencional

En la figura 12.2 se muestran los diferentes componentes de un helicóptero convencional. El elemento más importante del helicóptero es el rotor principal que está compuesto de las palas, la cabeza del rotor, el mástil o eje de giro y el sistema de control, normalmente en forma de varillas o actuadores del mando. El rotor principal está formado por un conjunto de palas de elevada esbeltez, comparadas con las palas de las hélices propulsoras, y cuyo número puede oscilar entre dos y ocho. La palas de los rotores principales, al igual que las palas de las hélices, están formadas por perfiles aerodinámicos y pueden presentar torsión geométrica, así como variación de espesor y cuerda a lo largo de la envergadura (aunque en la mayoría de los casos presentan cuerda y espesor constante). La función del rotor principal es la creación de las principales fuerzas aerodinámicas para controlar el vuelo de la aeronave.

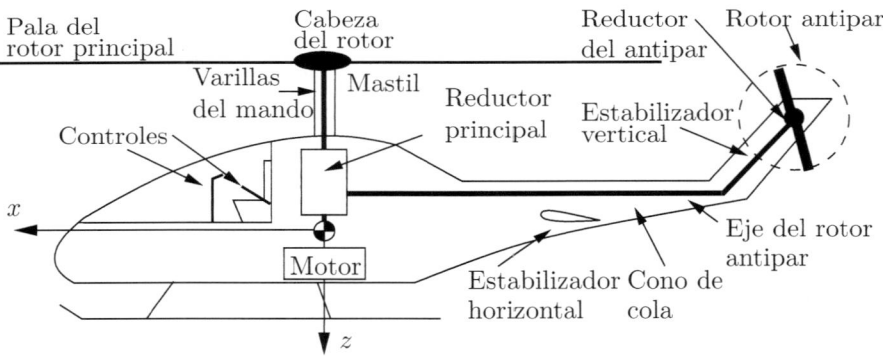

Figura 12.2. Sistemas y componentes de un helicóptero de configuración convencional.

El rotor principal se conecta a la planta motriz (turboeje o motor alternativo), mediante una sistema de transmisión formado por ejes, cojinetes y un reductor principal. El reductor principal es una caja de engranajes cuya misión es adaptar la velocidad de giro del sistema motor a la velocidad de giro de las palas del rotor principal, la cual suele ser mucho menor. El reductor principal también es empleado para proporcionar potencia mecánica al rotor de cola o rotor antipar. Como se explica en la sección 12.3, el rotor antipar se encarga de compensar el par que el rotor principal transmite al fuselaje, y suele ser un rotor mucho más pequeño que el rotor principal, también con un número de palas que suele estar comprendido entre dos y ocho. El rotor antipar se conecta al reductor principal mediante una transmisión que puede consistir en un único eje o en una serie de ejes conectados mediante acoplamientos flexibles. En helicópteros grandes es habitual emplear una caja de engranajes adicional para ajustar la velocidad de giro del rotor antipar, inferior a la del eje motor pero muy superior a la del rotor principal.

El piloto dispone de un conjunto de mandos que actúan sobre el paso de las palas del rotor principal (paso colectivo y paso cíclico) así como pedales que modifican el paso de las palas del rotor antipar, ver sección 12.4. Además, el helicóptero, como el avión convencional, presenta estabilizadores horizontal y vertical para mejorar la estabilidad en los movimientos longitudinales y direccionales.

12.3. Clasificación de los helicópteros

Para establecer una clasificación de los helicópteros es posible emplear diferentes criterios. En este libro la clasificación adoptada está referida a la configuración del helicóptero para contrarrestar el par producido por el rotor principal, y así se puede hablar de dos grandes familias: aquellos que disponen de un sólo rotor principal y los que tienen dos rotores principales. A continuación, se describen las diferentes configuraciones que pueden presentar cada una de estas familias.

12.3.1. Helicóptero con un sólo rotor principal

Los helicópteros con un sólo rotor principal deben compensar el par transmitido al fuselaje empleando algún sistema de compensación de par. Los sistemas antipar más empleados en la actualidad son el rotor antipar o rotor de cola, el Fenestron y el NOTAR.

La configuración convencional, como se ha descrito anteriormente, incorpora un rotor antipar de cola consistente en un rotor de menor diámetro que el rotor principal montado en la mayoría de los casos verticalmente en la cola del helicóptero. Esta configuración es la más habitual y su diseño se debe a Igor Sikorsky quién lo empleó por primera vez en el helicóptero VS-300 en el año 1939. En la figura 12.3(a) se muestra el principio de funcionamiento del rotor antipar y en la figura 12.3(b) se muestra el rotor antipar de un helicóptero Bell 427. Debido al giro de las palas aparecen fuerzas aerodinámicas que producen un momento sobre el eje del rotor principal, Q_a. Por su parte, el sistema motor proporciona la potencia necesaria para producir un par motor, Q_m, que mueve las palas del rotor principal y, como la velocidad de giro, Ω, se mantiene prácticamente constante, $Q_m = Q_a$, por lo que, por el principio de acción y reacción, aparece sobre el fuselaje del helicóptero un par igual y de sentido contrario a Q_m, que tiende a rotar el helicóptero en la dirección contraria al giro de las palas. El rotor antipar produce una tracción, T_c, cuyo momento respecto al centro de gravedad del helicóptero, $Q_c = T_c l_c$, compensa el par transmitido a la estructura del helicóptero; además este rotor debe disponer de cierta capacidad de control de la tracción, T_c, para proporcionar estabilidad, así como, permitir el control alrededor el eje de guiñada, control direccional.

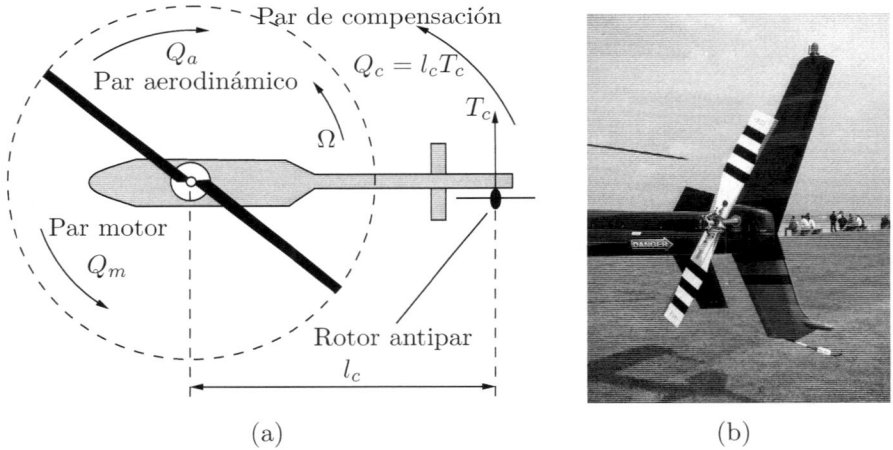

(a)   (b)

Figura 12.3. Configuración de helicóptero con rotor antipar para compensar el par producido por el rotor principal. (a) Esquema de funcionamiento y (b) rotor antipar del helicóptero Bell 427 (Cortesía Burkhard Domke).

El rotor de cola carenado o Fenestron es la denominación de una hélice carenada, o fan, montada en la parte final del cono de cola del helicóptero y que cumple con la misión del rotor antipar (la carena de la hélice forma parte del fuselaje del cono de cola). El número de palas empleado en un Fenestron es mucho mayor que el empleado en el rotor antipar, pudiendo presentar entre ocho y dieciséis palas. El Fenestron fue empleado por primera vez en el helicóptero SA-340 de Sud Aviation a finales de los años 1960. El principio de funcionamiento es exactamente el mismo que el del rotor antipar: el Fenestron crea una tracción cuyo momento con respecto al centro de gravedad el helicóptero compensa el par transmitido a la estructura, véase la figura 12.4(a). En la figura 12.4(b) se muestra el rotor de tipo Fenestron de un helicóptero Colibri. Las principales ventajas que presenta el Fenestron son: una mayor seguridad para el personal de tierra, produce menos ruido, transmite menos vibraciones y es menos susceptible de golpear objetos exteriores. Debido a que el fan del Fenestron requiere un mayor tamaño cuando es comparado con el rotor antipar o el NOTAR que producen la misma tracción, el primero necesita más potencia que los otros, tiene mayor peso, costes de fabricación más elevados así como una resistencia adicional que introduce la carena del fan.

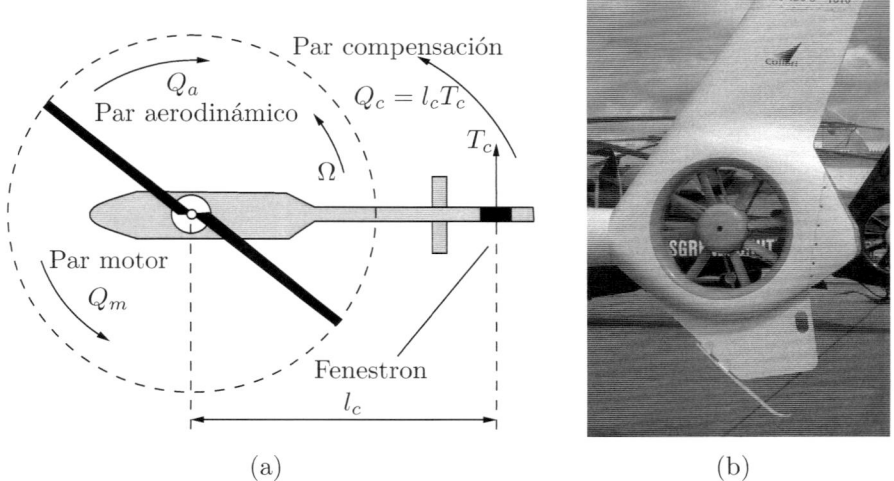

(a)   (b)

Figura 12.4. Configuración de helicóptero con Fenestron para compensar el par producido por el rotor principal (a) esquema de funcionamiento (b) rotor antipar del helicóptero Colibri (Cortesía Burkhard Domke).

La configuración NOTAR (acrónimo del anglosajón *no tail rotor*) consiste en un sistema que desarrolla una sustentación lateral en el cono de cola produciendo un par de compensación sin la necesidad de un rotor

antipar. La transmisión principal mueve un fan situado en el interior del
cono de cola que recoge aire y lo comprime en el interior del cono de cola
para finalmente ser expulsado tangencialmente a éste a través de unas
ranuras longitudinales, véase la figura 12.5. La estela del rotor principal
hace que este chorro tangencial permanezca unido al contorno del cono
de cola, produciéndose una diferencia de presiones entre los laterales
del mismo cuyo resultado neto es una fuerza de sustentación lateral que
compensa el par del rotor principal (el fenómeno físico por el que aparece
la fuerza lateral recibe el nombre de efecto Coanda). También en la parte
final del cono de cola se sitúa una tobera que eyecta un chorro lateral
que por acción y reacción produce un empuje para proporcionar control
direccional.

Los primeros diseños que emplearon el sistema NOTAR se
remontan a mediados y finales de los años 1970. El primer vuelo en
emplear un NOTAR fue en 1981 sobre un helicóptero OH-6A modificado
para alojar un NOTAR. Actualmente sólo la compañía MD Helicopters
produce helicópteros con este tipo de diseño. Entre las ventajas ligadas
a este tipo de sistema se encuentran el bajo ruido que produce, se evitan
problemas de rotura de palas del rotor antipar debido a golpes con objetos
exteriores, y presenta mayor seguridad para el personal de tierra a la
hora de realizar operaciones en la parte trasera del helicóptero. Entre las
desventajas cabe destacar una menor eficiencia y por tanto un consumo
de potencia mayor que el rotor antipar, y como a elevadas velocidades
de avance el flujo sobre el cono de cola cambia y el efecto Coanda ya no
es tan eficiente, los helicópteros que emplean el sistema NOTAR suelen
incorporar una cola en forma de H que proporciona par de compensación
mediante la deflexión lateral de ciertas superficies de control, lo cual
dificulta la capacidad de maniobras direccionales y laterales a altas
velocidades de avance, a la vez que el gran tamaño de la superficies
de control disminuye la maniobrabilidad lateral del helicóptero.

12.3.2. Helicóptero con dos rotores principales contrarrotatorios

Los rotores contrarrotatorios consisten en dos o más rotores
horizontales que giran en sentido contrario para poder contrarrestar el
efecto que producen sobre la aeronave. Comparado con el helicóptero
convencional, para el mismo peso de helicóptero, el tamaño de cada

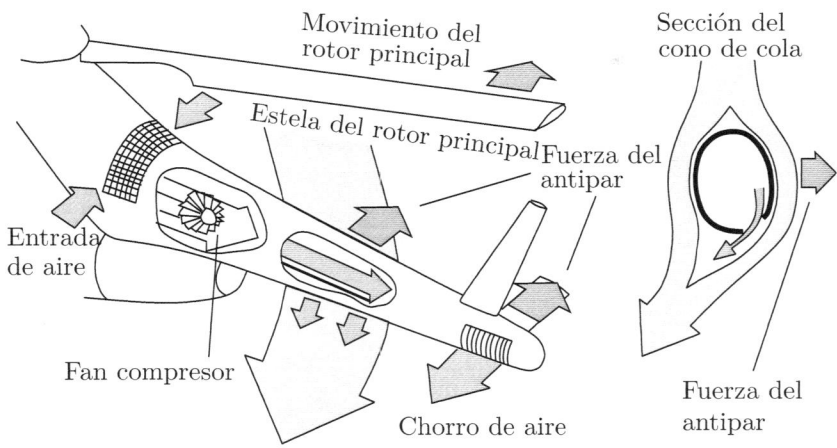

Figura 12.5. Esquema de funcionamiento del sistema antipar NOTAR.

rotor es de menor diámetro, ya que los dos rotores contribuyen a la capacidad sustentadora de la aeronave. En la figura 12.6 se muestran las cuatro configuraciones de helicópteros que en la actualidad emplean rotores contrarrotatorios denominadas: tándem, transversales o laterales, coaxial, y entrelazados.

La configuración tándem se caracteriza por tener dos rotores situados en la parte delantera y trasera de un fuselaje alargado, ver figura 12.6(a). Uno de los arquetipos de este tipo de configuración es el helicóptero CH-47 Chinook. Debido a la facilidad para equipar grandes rampas de acceso delanteras y traseras se suelen emplear para transporte pesado, especialmente militar, siendo una de las configuraciones más empleadas en los helicópteros de gran tamaño. Además, tanto los rotores como los turboejes que mueven los rotores están situados a una altura elevada por lo que son menos sensibles a la suciedad. Entre los inconvenientes que presentan destacan: su limitada agilidad de maniobra comparada con la de otros helicópteros y requieren tripulación experimentada en su pilotaje ya que las palas de los rotores principales pueden extenderse distancias relativamente grandes, por lo que la probabilidad de golpear objetos cercanos a la aeronave es bastante alta.

En la figura 12.6(b) se observa la configuración de rotores transversales o laterales. Esta configuración presenta un par de rotores

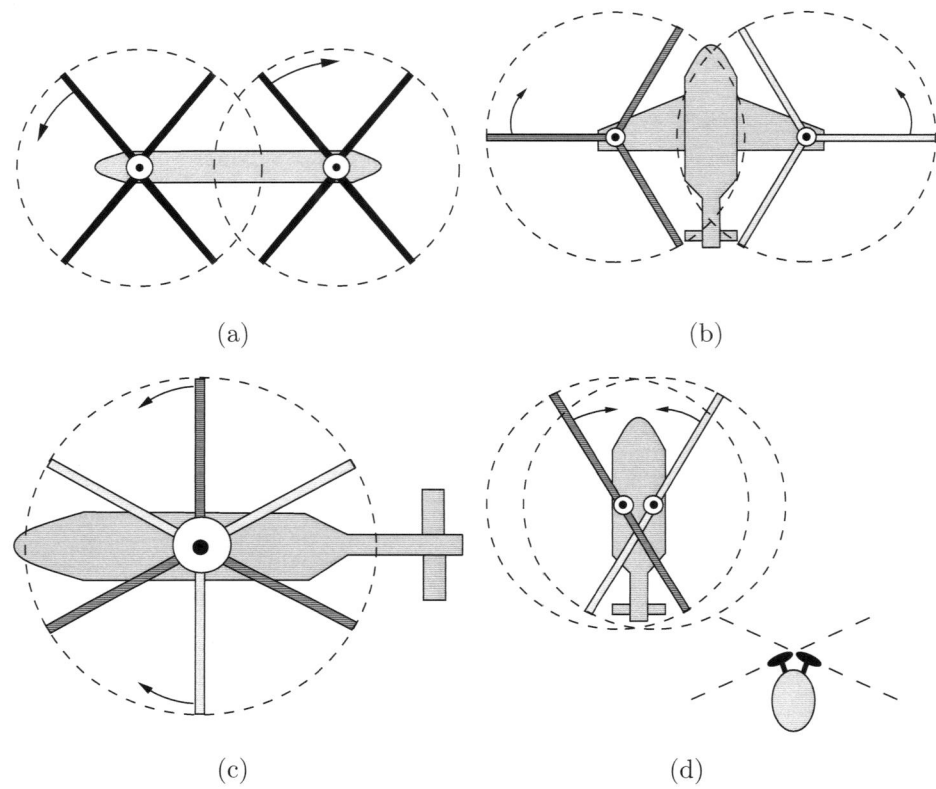

Figura 12.6. Configuraciones de helicóptercs con dos rotores contrarrotatorios: (a) tándem (b) transversal o lateral (c) coaxial (d) entrecruzada.

girando en sentido contrario situados perpendicularmente al plano de simetría de la aeronave sobre las puntas de dos semialas. Entre los inconvenientes que presenta este tipo de diseño destacan problemas de integridad estructural del ala debido a posibles resonancias entre las turbinas y las extremidades de las alas. Sin embargo, y a pesar de sus inconvenientes, este diseño se empleó en los primeros helicópteros totalmente controlables: el Focke-Wulf Fw 61 (1936) y el Focke-Achgelis Fa 223 (1940) y en el helicóptero con mayor capacidad de carga del mundo el Mil Mi-12. Otras aeronaves que emplean este tipo de diseño son las aeronaves de rotores inclinables cuando se encuentran funcionando en modo helicóptero, como por ejemplo el Bell XV-15 y el V-22 Osprey.

En la figura 12.6(c) se muestra la configuración de rotores coaxiales que se caracterizan por presentar un par de rotores situados uno encima de otro y girando en sentido contrario. La principal ventaja de los rotores coaxiales es que eliminan de forma natural la tendencia al vuelco lateral que se produce en el vuelo de avance de un único rotor (los motivos por los que aparece esta tendencia se explican en detalle en la sección 12.7). La principal desventaja que presenta esta configuración es que al tener dos rotores coaxiales, con sus respectivos sistemas de control de la orientación de la tracción, se requiere una elevada complejidad mecánica, que se traduce en complicadas y numerosas operaciones de mantenimiento, así como un aumento de la resistencia aerodinámica de la cabeza del rotor. Este tipo de configuración ha sido y es la apuesta tecnológica de la compañía rusa Kamov.

Los rotores de tipo entrelazado consisten en dos rotores girando en sentido contrario, con los ejes de cada rotor inclinados un determinado ángulo, de forma que las palas se crucen sin golpearse entre sí y pueden considerarse una variante de la configuración de rotores transversales, figura 12.6(d). Este tipo de diseño apenas se emplea actualmente y durante la Segunda Guerra Mundial fue aplicado en el helicóptero de lucha antisubmarina alemán Flettner Fl 282 Kolibri.

12.4. Control de vuelo

A diferencia de las alas de una aeronave de ala fija, en el helicóptero, el rotor no sólo es el responsable de la creación de la fuerza de sustentación que compensa el peso de la aeronave, sino que además debe generar la fuerza propulsora que compensa la resistencia aerodinámica al avance y ser capaz de modificar la orientación de la aeronave en su trayectoria. En una aeronave de ala fija el control del vuelo se consigue mediante la deflexión de ciertas superficies aerodinámicas situadas sobre el ala y otras superficies como los estabilizadores; en cambio, el rotor principal de un helicóptero debe ser capaz de controlar el módulo y la dirección del vector tracción, lo que se consigue mediante sistemas mecánicos conectados a los mandos del piloto que cambian la orientación de los perfiles de las palas con respecto al plano de rotación, es decir varían el ángulo de paso, y como se muestra en la sección 7.4, modifican el ángulo de ataque de los perfiles de las palas, por lo que finalmente cambian las fuerzas aerodinámicas. Existen diferentes sistemas mecánicos para transformar el movimiento de los controles del piloto en variaciones del ángulo de paso de las palas; entre los más usados se encuentran el plato distribuidor y el sistema de araña. Ambos sistemas transmiten las acciones del piloto sobre los mandos a las palas del rotor principal y antipar (los detalles mecánicos de su funcionamiento se pueden encontrar en Espino (2007)).

En general el piloto dispone de los siguientes mandos principales: palanca de control colectivo, palanca de control cíclico, y pedales. Para facilitar la operación y el control del helicóptero, la velocidad de giro del rotor principal se mantiene prácticamente constante, aunque en el caso de helicópteros pequeños que normalmente emplean motores alternativos para proporcionar potencia al rotor, el piloto suele disponer de un cuarto control que es el acelerador o palanca de gases, cuyo objetivo es proporcionar la potencia necesaria para cada maniobra. En cambio, en helicópteros con turboejes o motores alternativos de elevada potencia se suelen emplear sistemas de control de tipo electromecánico para que el piloto no tenga que preocuparse de mantener constante la velocidad de giro del rotor principal y el sistema motor proporcione la potencia necesaria.

El control colectivo proporciona control en el vuelo vertical, control axial, y del rotor del helicóptero, es decir, controla el módulo de la tracción del rotor principal, véase la figura 12.7(a), y está asociado a la palanca que dispone el piloto en su lado izquierdo. Por ejemplo, cuando el piloto tira de la palanca del control colectivo aumenta el ángulo de paso, y por tanto, el módulo de la tracción, produciendo una aceleración vertical sobre el helicóptero con el consiguiente cambio en la altitud de la aeronave.

El control cíclico es el responsable del control longitudinal y lateral del helicóptero y está asociado a la palanca central. La acción de este mando modifica la orientación del vector de tracción del rotor principal. En las figuras 12.7(b) y 12.7(c) se observa el efecto del mando de paso cíclico sobre el vector de tracción del rotor.

Los pedales son los mandos que permiten controlar el movimiento de guiñada y por tanto el rumbo del helicóptero modificando la tracción que genera el rotor de cola, ver figura 12.7(d). Para conseguir el control direccional, el piloto debe pisar el correspondiente pedal en la dirección requerida, derecha o izquierda, produciendo un exceso o defecto de

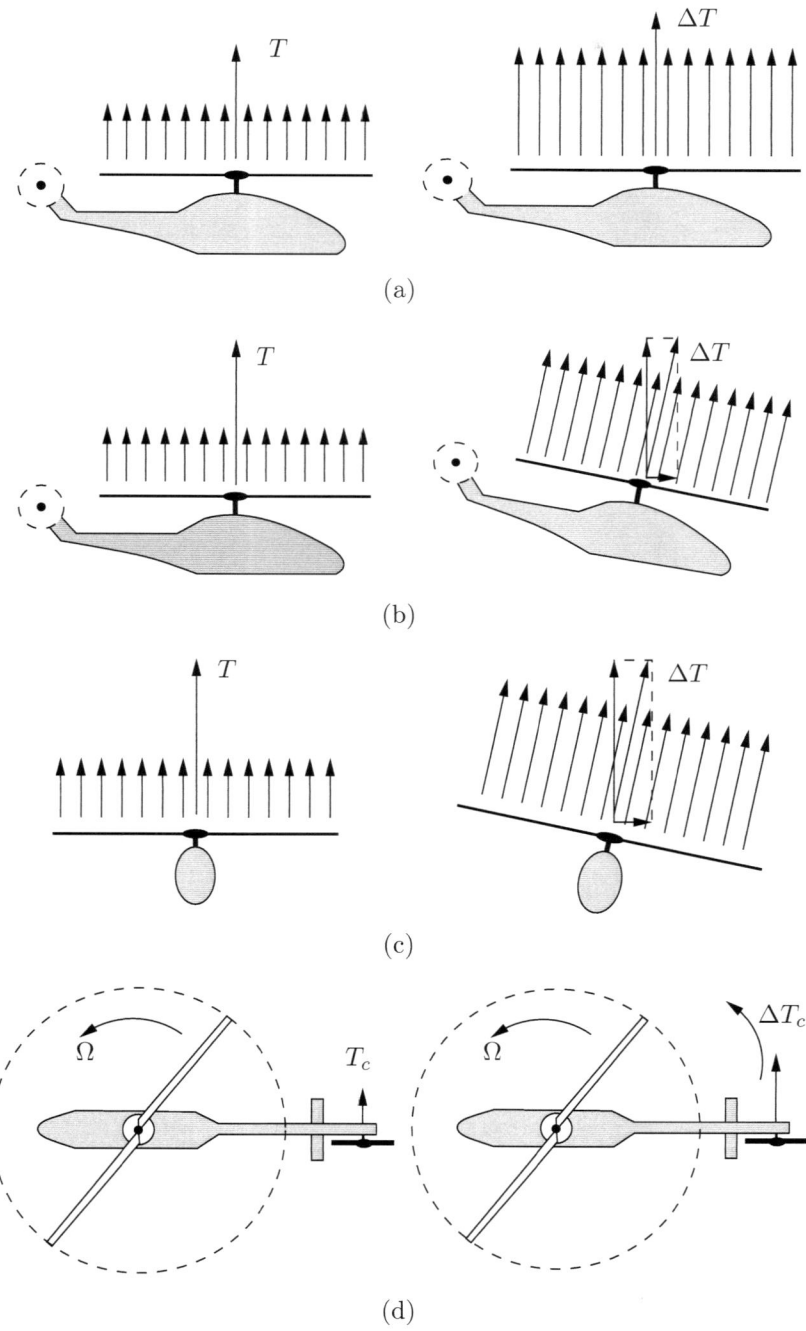

Figura 12.7. Control del vuelo de un helicóptero de configuración convencional: (a) paso colectivo, (b) paso cíclico longitudinal, (c) paso cíclico lateral y (d) pedales.

tracción en la dirección en la que se debe compensar el par del rotor principal, cambiando por tanto, la dirección del vuelo. Sin embargo, esta variación de tracción del rotor antipar se traduce en un desequilibrio de fuerza lateral que hace que el helicóptero tenga tendencia a desplazarse lateralmente. Para evitar este desplazamiento o resbalamiento lateral, los pilotos deben inclinar lateralmente la tracción del rotor principal aplicando control cíclico para que la tracción del rotor tenga una componente que evite el resbalamiento lateral. En los helicópteros que disponen de la electrónica de control necesaria se implementa este tipo de compensación de forma automática para liberar al piloto de estas tareas de corrección.

Cuando se modifica la dirección de la tracción para realizar una determinada maniobra, el vuelo equilibrado del helicóptero se ve perturbado, e implica que el piloto deba realizar una serie de correcciones para conseguir el vuelo controlado en la dirección deseada. Por ejemplo, cuando el piloto desea aumentar la velocidad de avance debe actuar moviendo hacia adelante el mando del control cíclico, esto produce una inclinación de la tracción que se traduce en un aumento de la fuerza de propulsión en la dirección de avance, pero en cambio, la tracción no se compensa con el peso, por lo que el piloto debe aumentar el paso colectivo para aumentar el módulo de la tracción si desea mantener la altitud de vuelo. El aumento de la velocidad de avance hace que la resistencia de la aeronave aumente, por lo que es necesaria mayor potencia y, por tanto, el par que aparece en el rotor principal aumenta, por lo que el rotor antipar debe aumentar también la tracción necesaria para compensar el exceso de par, de modo que el piloto debe corregir con los pedales. En función del tipo de helicóptero los pedales, el control colectivo y el cíclico pueden estar unidos mediante un sistema de control automático que permite liberar al piloto de realizar esta multitud de correcciones continuas y simultáneas sobre los controles.

El control del vuelo de helicópteros con rotores contrarrotatorios se fundamenta en el control de paso diferencial, que consiste en la interacción entre el paso que se proporciona a cada rotor. Para el control longitudinal de helicópteros de tipo tándem se genera un cambio de paso colectivo diferente en cada rotor (paso colectivo diferencial). Por ejemplo, para producir un picado y una aceleración longitudinal del helicóptero tándem se coloca un menor paso colectivo en el rotor delantero que en el trasero, por lo que se produce un momento longitudinal que tiende a picar la aeronave. El mismo sistema de control basado en el paso colectivo diferencial se emplea en los helicópteros de configuración entrecruzada o lateral para el control lateral. Los helicópteros de configuración tándem, entrecruzada y lateral, emplean cambio de paso cíclico diferencial entre los rotores, inclinando los rotores en direcciones opuestas para conseguir control direccional. En el caso de rotores coaxiales, el control se realiza de forma similar a la configuración convencional para el control longitudinal, lateral y vertical. El control direccional en estos helicópteros se consigue mediante el cambio de paso colectivo diferencial entre el rotor superior y el inferior.

12.5. Clasificación de rotores

Las palas se mantienen en movimiento gracias al par proporcionado por el grupo motor a través del eje principal; además del movimiento de giro de las propias palas, éstas pueden sufrir otros desplazamientos como se muestra en la figura 12.8 donde se representan los tres principales movimientos relativos de la pala con respecto a un sistema de referencia que gira con la pala, y que se denominan batimiento, arrastre y paso.

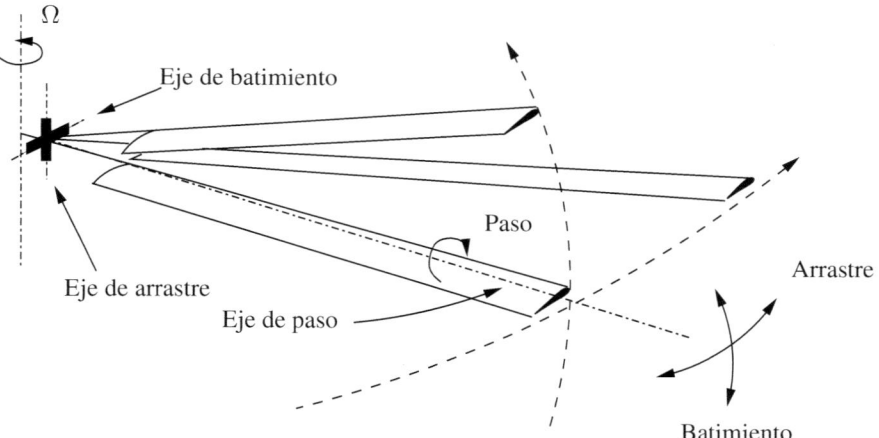

Figura 12.8. Movimientos básicos de la pala de un rotor de helicóptero vistos desde un sistema que gira a velocidad angular Ω.

El batimiento es el movimiento que la pala realiza fuera del plano de rotación, el arrastre es el desplazamiento dentro del plano de rotación de la pala, y el paso es la rotación alrededor del eje longitudinal de la pala (la modificación del paso, al igual que en el caso de la hélice, es la forma en la que se pueden controlar las fuerzas aerodinámicas que aparecen sobre las palas porque actúan directamente sobre el ángulo de ataque de los perfiles de las palas). Estos movimientos son debidos a la propia flexibilidad de la pala y a la presencia de articulaciones en los ejes de batimiento, arrastre o paso,[1] aunque suelen estar limitados por motivos de seguridad mediante el uso de elementos mecánicos.

El diseño de la cabeza del rotor y la unión de las palas al eje de giro determinan la forma en la que el batimiento, arrastre y cambio de paso se realizan, así como las fuerzas y momentos que son transmitidos al cuerpo del helicóptero y que finalmente, son los responsables del control del vuelo.

12.5.1. Rotor articulado

El rotor articulado es la solución tradicional que han empleado y emplean la mayor parte de los helicópteros, véase la figura 12.9, siendo una configuración que permite minimizar prácticamente a cero los momentos estructurales transmitidos por el movimiento de las palas al rotor a cambio de permitir grandes desplazamientos de las palas.

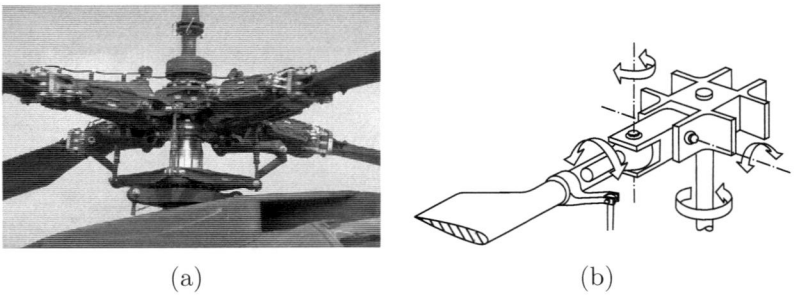

(a)   (b)

Figura 12.9. Rotor de tipo articulado: (a) empleado en el helicóptero AH-64 (Cortesía Burkhard Domke) y (b) esquema de funcionamiento.

La principal característica del rotor articulado es que presenta una articulación de batimiento que permite el movimiento libre de la pala fuera de su plano de rotación, hacia arriba y abajo, sin ofrecer

---

[1]Una articulación es un elemento de unión que permite la rotación libre alrededor de un eje, sin que aparezcan momentos estructurales de reacción.

ningún momento de reacción al movimiento de las palas fuera del plano
de rotación. Este aspecto asegura una transferencia de tracción, pero
no de momentos al eje, por lo que las cargas estructurales asociadas al
momento estructural prácticamente desaparecen. Los rotores articulados
suelen presentar también una articulación de arrastre con amortiguadores
que permiten el movimiento en el plano de rotación pero disipan energía
cinética de arrastre para amortiguar los desplazamientos en arrastre,
ya que estos pueden amplificarse debido a que aparece una aceleración
de Coriolis que acopla el batimiento con el arrastre. Además, el rotor
articulado también suele tener un cojinete de paso para modificar el
ángulo de paso que presentan las secciones aerodinámicas.

12.5.2. Rotor basculante

En la figura 12.10 se muestra el rotor de tipo basculante
normalmente empleado en rotores de dos palas. En esta configuración, las
dos palas se encuentran solidariamente unidas entre ellas pero se permite
que pivoten libremente en batimiento y no disponen de articulación de
arrastre. El cambio de paso se logra también mediante un cojinete que
permite el movimiento libre alrededor del eje longitudinal de la pala.
Desde el punto de vista de la unión de la pala al eje es prácticamente
igual al rotor articulado.

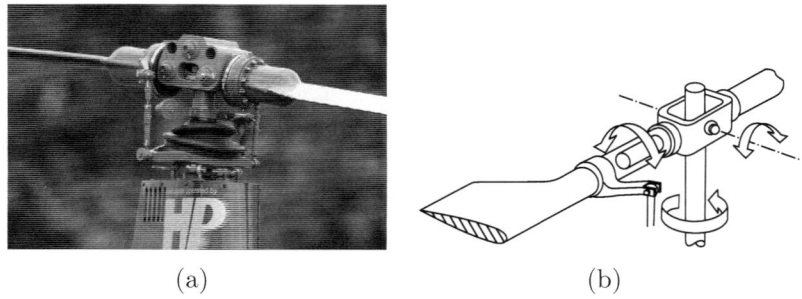

(a)   (b)

Figura 12.10. Rotor de tipo basculante: (a) empleado en el helicóptero
Robinson R22 (Cortesía Burkhard Domke) y (b) esquema de funcionamiento.

12.5.3. Rotor rígido

El rotor de tipo rígido se caracteriza por comportarse de forma rígida con respecto al batimiento, véase la figura 12.11. Es decir, la unión de la pala al buje se fabrica con un material que presenta una elevada rigidez, por ejemplo titanio, impidiendo el batimiento. Normalmente el arrastre también se ve impedido por la rigidez de la unión, aunque puede incorporar una articulación para el cambio de paso, sin embargo, a pesar de la rigidez de la unión entre la pala y el buje, debido a la flexibilidad de los materiales con los que se construyen las palas, las fuerzas aerodinámicas las deforman, produciendo efectos de arrastre y batimiento. Hay que decir que las fuerzas y momentos transmitidos al cuerpo del helicóptero son muy grandes y solamente con el uso de materiales muy resistentes se pueden soportar las cargas estructurales, aunque son estas fuerzas y momentos estructurales las responsables de la orientación del cuerpo del helicóptero para contribuir al control del vuelo del mismo.

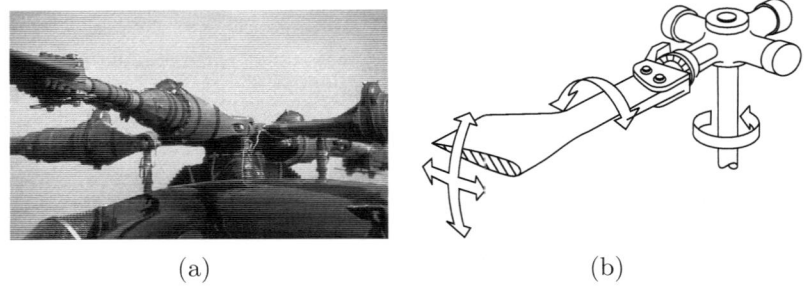

(a)   (b)

Figura 12.11. Rotor de tipo rígido: (a) empleado en el helicóptero Westland Lynx (Cortesía Burkhard Domke) y (b) esquema de funcionamiento.

12.5.4. Rotor flexible

El rotor de tipo flexible se distingue porque la unión de la pala al buje en el batimiento es flexible; no se comporta pues de forma rígida y permite cierto nivel de desplazamiento, constituyendo una solución intermedia entre el rotor articulado y el rígido, véase la figura 12.12. Tanto el batimiento como el arrastre y el paso aparecen como consecuencia de la flexibilidad de la unión de la pala a la cabeza y para ello, la unión se debe construir empleando materiales flexibles y resistentes como, por ejemplo, materiales compuestos o combinaciones de metal y materiales elastoméricos.

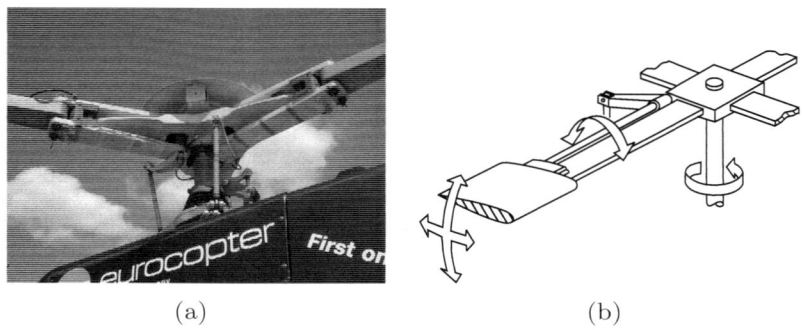

(a)   (b)

Figura 12.12. Rotor de tipo flexible: (a) empleado en el helicóptero Eurocopter EC155 (Cortesía Burkhard Domke) y (b) esquema de funcionamiento.

Actualmente muchos diseños de rotor eliminan las articulaciones y suelen ser rígidos o flexibles. Las ventajas de este tipo de diseño son: un rotor menos complicado mecánicamente y una menor interferencia aerodinámica. El inconveniente es que el movimiento de la pala es absorbido en forma de cargas y momentos estructurales en el encastre al árbol, produciendo fuerzas y momentos considerablemente mayores de los que aparecen en el rotor articulado. Los avances en materiales y en las técnicas de fabricación son los responsables de la existencia de este tipo de solución ya que con la tecnología actual pueden ser soportados sin poner en peligro la integridad estructural del rotor. A pesar de esto, y dado que los materiales siempre presentan cierta flexibilidad, el batimiento y arrastre siguen jugando un papel primordial en el comportamiento dinámico del rotor.

12.6. Vuelo axial

El vuelo axial del rotor de un helicóptero se define como aquel en el que la aeronave sólo realiza movimientos verticales de ascenso o descenso incluyendo el vuelo estacionario o vuelo a punto fijo, característica distintiva de este tipo de aeronave. Considerando el campo de velocidades

que actúa sobre los perfiles de las palas a lo largo de su rotación,
la principal característica de este régimen es la simetría azimutal, es
decir, independientemente de la posición que ocupe la pala en su plano
de rotación, el campo de velocidades que aparece sobre un perfil de
la pala es el mismo. En la figura 12.13 se muestra la distribución de
velocidades que inciden sobre las palas y que son consecuencia sólo de la
rotación del rotor en cuatro posiciones azimutales diferentes (el ángulo
de azimut, ψ, se mide a partir de la posición más retrasada de la pala
en su paso por el eje longitudinal de la aeronave). En este esquema
no se consideran las perturbaciones al flujo que induce la presencia
del rotor, velocidad aerodinámica inducida. La velocidad para cada
posición azimutal muestra una variación lineal a lo largo del radio como
consecuencia del movimiento de rotación como solido rígido que realiza
la pala; además de la velocidad en el plano de rotación se debe tener en
cuenta que existe una velocidad perpendicular al plano del rotor como
consecuencia del flujo de aire que atraviesa el rotor, del mismo modo que
ocurre en el caso de una hélice y que se presenta en el capítulo 7.

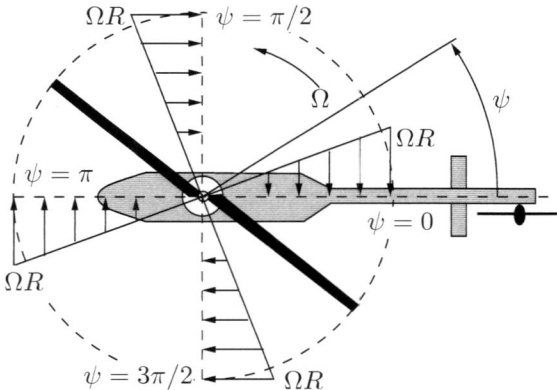

Figura 12.13. Campo de velocidades sin perturbar en el plano de rotación
de un rotor en vuelo axial.

En la Figura 12.14 se muestra un esquema del campo de
velocidades en un rotor y su estela en un vuelo axial. Según se puede
observar, existe un contorno de la estela y fuera de ésta, el flujo se
encuentra relativamente poco perturbado y tranquilo. Al igual que en
el caso de un ala fija, véase el capítulo 5, de la punta de cada pala se

desprenden torbellinos que, por el efecto de la corriente inducida en la estela, son transportados corriente abajo. Cada torbellino de punta de pala describe una trayectoria helicoidal debido al efecto de la rotación de las palas. También se puede observar que dentro de la estela las velocidades del flujo son apreciables y la distribución de velocidades presenta una dependencia no uniforme en cada plano horizontal. Además, el diámetro de la estela se contrae como consecuencia del evidente aumento de la velocidad del flujo debido a la energía inyectada por el rotor en la corriente.

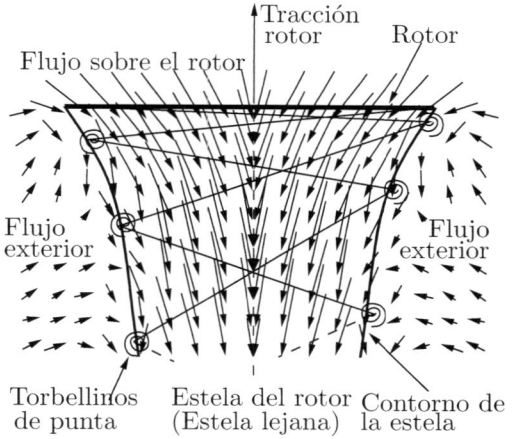

Figura 12.14. Flujo de aire alrededor del rotor en vuelo a punto fijo (adaptada de Leishman (2002)).

En la figura 12.15 se muestra el campo de velocidades locales sobre un elemento de pala de un rotor de helicóptero en vuelo axial. Se considera un perfil situado a una distancia, r, del eje de rotación del rotor de radio R. Sobre este perfil, el flujo incide con una velocidad que se descompone en dos; siendo u, la componente de la velocidad en la dirección perpendicular al plano del rotor y v, la componente en el plano del rotor. Es importante destacar que la velocidad u, es la velocidad inducida por el rotor más la velocidad vertical de ascenso o descenso del helicóptero. En cambio, la velocidad v, es la velocidad debida a la rotación de las palas más la velocidad inducida por la estela en el plano de rotación. La velocidad resultante de estas dos componentes forma el ángulo de entrada de la corriente con respecto al plano de rotación, ϕ, que, junto con el ángulo de paso, θ, que forma el perfil como consecuencia de la torsión geométrica y la posición del mando de paso colectivo, determinan el ángulo de ataque del perfil, α, que da lugar a la fuerza aerodinámica que actúa sobre el perfil, f_a. Esta fuerza aerodinámica se descompone en sustentación, l, y en resistencia, d, cuando es proyectada con respecto a un sistema de ejes en la dirección de la velocidad incidente y su normal, respectivamente.

Desde el punto de vista de la aerodinámica del rotor, la proyección de la resultante en la dirección normal al plano del rotor se denomina tracción, t, y es la fuerza que proporciona la capacidad de equilibrar el peso del vehículo; la proyección de la resultante aerodinámica en el plano de rotación, la fuerza de arrastre, h, es la fuerza que produce un par resistente que tiende a frenar el rotor y obliga a proporcionar un aporte continuo de energía para mantener el giro de las palas. Es importante recordar que las fuerzas que aparecen sobre cada perfil o elemento de pala, son fuerzas por unidad de longitud y que dependen de la posición radial que el perfil ocupe en la envergadura de la pala, de modo que, para obtener la tracción total producida por una de las palas, es necesario integrar a lo largo de la envergadura de la pala la distribución de tracción por unidad de longitud, $t(r)$, véase la ecuación (7.2).

Mientras que el vuelo axial ascendente de un rotor presenta la configuración anteriormente descrita, el vuelo axial de descenso presenta importantes diferencias en lo que a la configuración aerodinámica del flujo se refiere. En la figura 12.16 se muestran cuatro esquemas de las diferentes configuraciones que aparecen en el vuelo axial de un rotor de helicóptero. En el vuelo axial de ascenso, véase la figura 12.16(a), se observa la configuración del tubo de corriente y líneas de corriente que atraviesan el rotor y cuyo campo de velocidades se ha mostrado en la figura 12.14. En este régimen, los torbellinos de punta siguen trayectorias helicoidales suaves, el flujo es periódico y sin perturbaciones. En cambio para velocidades de descenso moderadas la corriente en el rotor, dependiendo de la posición radial, puede ser hacia arriba o hacia abajo y el flujo presenta complejas recirculaciones con un contenido altamente turbulento.

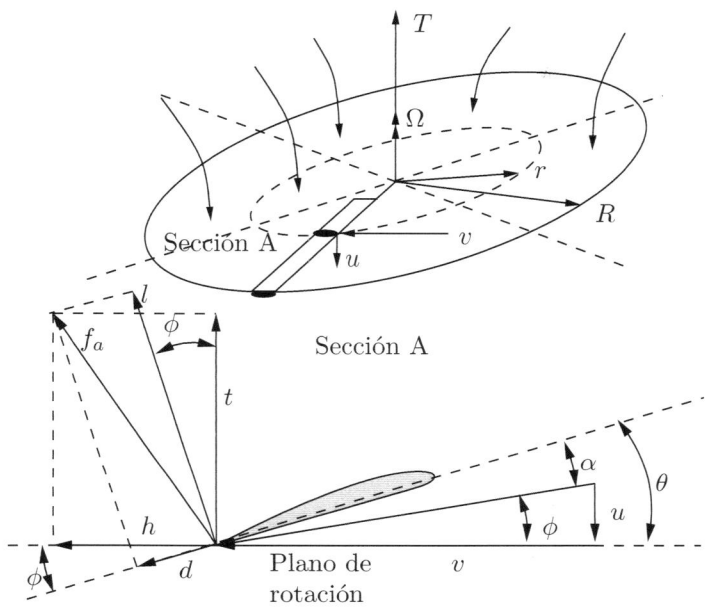

Figura 12.15. Fuerzas aerodinámicas y campo de velocidades sobre un elemento de pala.

En el caso de descender con una velocidad pequeña, figura 12.16(b), se tiene una configuración denominada de anillos turbillonarios, en la que los torbellinos de punta son transportados más cerca del plano del rotor y hacia el exterior del mismo, situándose muy cerca del rotor, de modo que el flujo se vuelve no estacionario y presenta una clara falta de periodicidad. Existen zonas en las que el flujo asciende y desciende, desprendiéndose torbellinos de forma periódica del rotor. Este flujo se traduce en un importante movimiento de las palas fuera del plano de rotación y pérdida parcial de la capacidad de control del rotor, así como un mayor demanda de potencia. Durante maniobras laterales o vuelo a punto fijo con viento lateral se puede experimentar pérdida de control de guiñada porque el rotor de cola se encuentra funcionando en este régimen.

En la figura 12.16(c) se muestra la configuración para un velocidad de descenso superior, denominada régimen de estela turbulenta y que se caracteriza por la aparición de un flujo muy turbulento, prácticamente similar al que aparece en la estela de un cuerpo romo.

Finalmente, para velocidades de descenso elevadas la estela del rotor se sitúa completamente por encima del rotor y se denomina molinete frenante; en este régimen la estela se desarrolla otra vez de forma definida como un tubo de corriente similar al del régimen de funcionamiento normal pero en sentido opuesto, ya que en este caso el tubo de corriente se expande en la parte superior recuperándose la estructura helicoidal regular, figura 12.16(d). Este tipo de flujo corresponde al típico que aparece en un aerogenerador.

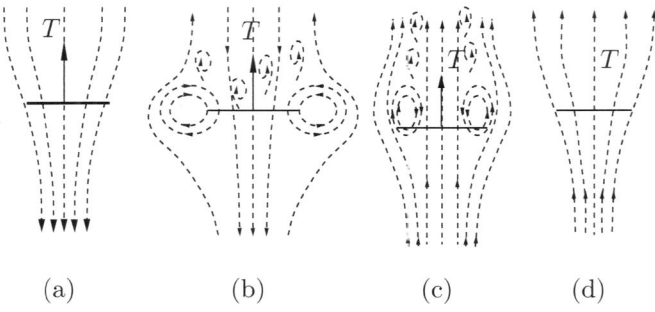

(a)   (b)   (c)   (d)

Figura 12.16. Regímenes de flujo en el vuelo axial de un rotor: (a) normal, (b) anillos de torbellinos, (c) estela turbulenta y (d) molinete frenante.

12.6.1. Aplicación de la teoría de cantidad de movimiento al vuelo axial

En el capítulo 7 se describe la teoría de cantidad de movimiento aplicada a la propulsión a hélice, procedimiento que es del todo análogo a la aplicación de dicha teoría al vuelo axial de un rotor, pues conceptualmente, tanto la hélice como el rotor de un helicóptero, presentan las mismas características. Las hipótesis que se consideran son las mismas que se han realizado para el caso de la hélice, es decir, se supone que el flujo es estacionario, uniforme en las secciones transversales al tubo de corriente, incompresible y que las fuerzas viscosas y gravitatorias en el fluido son despreciables. Sin embargo, existen algunos matices entre ambos casos; en la propulsión a hélice la tracción producida se equilibra con la resistencia de la aeronave, mientras que la tracción que produce el rotor de un helicóptero en vuelo axial se compensa con el peso de la aeronave, o dicho en otras palabras, el volumen de control elegido para analizar el comportamiento de la hélice es horizontal, mientras que para el vuelo axial del rotor, el volumen de control es vertical. Esto implica que en la hélice, la velocidad que atraviesa el plano de rotación está compuesta por la velocidad de avance de la aeronave y la velocidad inducida por la presencia del rotor, y en el caso de un helicóptero, el flujo másico que atraviesa el rotor es debido a la velocidad vertical de ascenso o descenso y a la velocidad inducida por el efecto aerodinámico del rotor sobre la corriente fluida.

Vuelo a punto fijo

El vuelo a punto fijo no tiene análogo en el caso de la propulsión a hélice, ya que el helicóptero se encuentra fijo en una posición y la velocidad que atraviesa el plano de rotación de las palas del helicóptero es únicamente la velocidad inducida por el rotor. En la figura 12.17 se muestra el volumen de control empleado para aplicar la teoría de cantidad de movimiento a un rotor en vuelo a punto fijo.

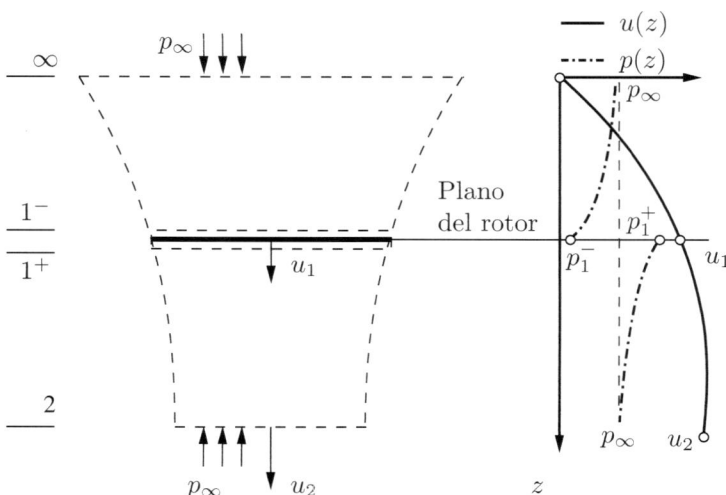

Figura 12.17. Volumen de control para el flujo alrededor de un rotor en vuelo a punto fijo.

Para el caso de vuelo a punto fijo la velocidad de la corriente sin perturbar u_∞ es nula, por lo que las ecuaciones que corresponden a la conservación de masa, cantidad de movimiento y ecuación de la energía, véase la sección 7.5.2, se reescriben respectivamente como:

$$G = \rho u_1 A_1, \tag{12.1}$$

$$T = 2Gu_1, \tag{12.2}$$

$$P = Tu_1. \tag{12.3}$$

La ecuación de conservación de masa, (12.1), expresa el gasto, G, en función de la velocidad inducida en el plano del rotor, u_1, del área del rotor, A_1, y de la densidad del aire, ρ. La ecuación de la cantidad de movimiento, (12.2), relaciona la tracción que produce el rotor, T, con el gasto y la velocidad inducida en el plano del rotor, y la ecuación de la energía mecánica relaciona la potencia necesaria para crear la tracción o potencia inducida, P, con la tracción y la velocidad inducida. En el vuelo estacionario a punto fijo, la tracción que produce el rotor debe compensar el peso de la aeronave, W, es decir, $T = W$, de modo que si se considera que el rotor tiene un radio R, operando con las ecuaciones (12.1) y (12.2), la velocidad inducida en el plano del rotor se puede expresar como:

$$u_1 = \sqrt{\frac{1}{2} \frac{W}{\rho \pi R^2}},$$

y empleando la ecuación (12.3), la potencia inducida resulta:

$$P = \frac{W^{3/2}}{\sqrt{2\rho \pi R^2}}. \tag{12.4}$$

A la vista de la expresión (12.4) es patente que para minimizar la potencia inducida para una tracción dada es necesario que el rotor tenga un elevado diámetro, lo que implica que la carga discal (tracción por unidad de superficie de rotor, $W/(\pi R^2)$), sea lo más pequeña posible, resultando también en una velocidad inducida lo menor posible. Es por este motivo, por el que las palas del helicóptero presentan una mayor flexibilidad que las palas de una hélice propulsora. La flexibilidad de las palas no sólo se debe a los materiales con los que se fabrican, sino a la elevada esbeltez con la que son diseñadas para obtener elevadas eficiencias aerodinámicas y minimizar la potencia inducida.

La potencia que consume un rotor real presenta discrepancias con el valor obtenido por la teoría de cantidad de movimiento. Según Johnson

(1994), la potencia inducida obtenida con la expresión (12.4) representa un 60 % de la potencia real que consume el rotor. Esto es debido a que la teoría de cantidad de movimiento no contabiliza importantes fuentes de pérdidas de potencia como son las debidas a la resistencia aerodinámica de los perfiles (30 % de la potencia real), las pérdidas en punta de pala y el número finito de palas (2 %-4 %), la velocidad inducida no uniforme (5 %-7 %) y la rotación de la estela (2 %-4 %).

Para evaluar el rendimiento de un rotor en vuelo a punto fijo se define la figura de mérito, FM, como:

$$\text{FM} = \frac{\text{Potencia ideal para vuelo a punto fijo}}{\text{Potencia real para vuelo a punto fijo}} = \frac{P}{P_{\text{real}}}.$$

La figura de mérito es el equivalente al rendimiento propulsivo de una hélice y representa la eficiencia energética de un rotor en vuelo a punto fijo.

Ejemplo 12.1

Un helicóptero con dos rotores principales tiene una masa $m = 30000\,\text{kg}$, y cada rotor un diámetro de $12\,\text{m}$. Teniendo en cuenta que la figura de mérito de cada rotor es FM=0.75 y que el rendimiento mecánico de la transmisión es $\eta_t = 90\,\%$.

Determinar: (1) la potencia de los motores para vuelo a punto fijo al nivel del mar, (2) gasto másico en cada rotor y (3) velocidad corriente abajo de cada rotor.

Solución

(1) Como el helicóptero tiene dos rotores cada uno de ellos debe ser capaz de proporcionar una tracción de valor $T = mg/2$. Por tanto, la velocidad inducida en vuelo a punto fijo en cada rotor es:

$$u_1 = \sqrt{\frac{T}{2\rho A_1}} = \sqrt{\frac{mg}{\rho \pi D^2}} = 23.0\,\text{m/s}.$$

La potencia ideal para vuelo a punto fijo de un sólo rotor es: $P = T\,u_1 = m\,g\,u_1/2 = 3.38\,\text{MW}$. Teniendo en cuenta la definición de la figura de mérito y el rendimiento de la transmisión mecánica, la potencia de los motores para volar en vuelo a punto fijo es: $P_{\text{motores}} = 2\,P/(\text{FM}\,\eta_t) = 10.03\,\text{MW}$.

(2) El gasto másico se calcula como, $G = \rho\, u_1\, A_1 = \rho u_1 \pi D^2/4 = 3191\,\text{kg/s}$.

(3) Según la teoría de cantidad de movimiento, ecuación (7.8), la velocidad inducida corriente abajo de cada rotor es, $u_2 = 2u_1 = 46\,\text{m/s}$.

Vuelo axial ascendente

Para el caso de vuelo axial ascendente de un rotor con velocidad constante u_∞, en la figura 12.18 se muestra el volumen de control y las distribuciones de presión y velocidad a lo largo del mismo.

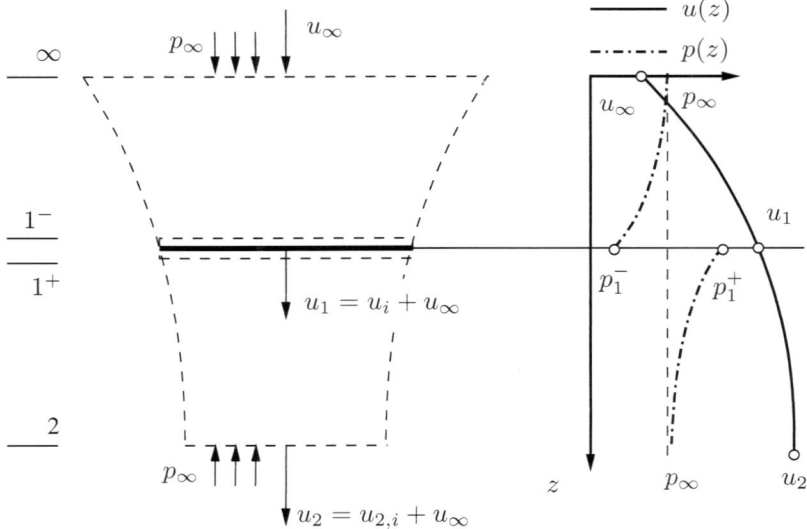

Figura 12.18. Volumen de control para el flujo alrededor de un rotor en vuelo axial ascendente.

Esta configuración corresponde a una situación análoga a la propulsión a hélice, por lo que las ecuaciones de la teoría de cantidad de movimiento en este caso son:

$$G = \rho u_1 A_1 = \rho u_2 A_2,$$
$$T = G\left(u_2 - u_\infty\right),$$
$$P = \frac{1}{2}T\left(u_2 + u_\infty\right).$$

Empleando la ecuación (7.8) que relaciona las velocidades corriente arriba, corriente abajo y en el plano del rotor, se elimina la velocidad corriente abajo de la estela, u_2 y se obtiene el siguiente sistema de ecuaciones:

$$G = \rho u_1 A_1,$$
$$T = 2\rho u_1 A_1 \left(u_1 - u_\infty\right), \qquad (12.5)$$
$$P = T u_1.$$

En el caso de un helicóptero de peso, W, con un rotor de radio, R, ascendiendo en vuelo axial con velocidad de ascenso, u_∞, para determinar la velocidad en el plano del rotor, u_1, se despeja ésta de la ecuación (12.5) obteniéndose:

$$u_1^2 - u_\infty u_1 - \frac{1}{2}\frac{W}{\rho \pi R^2} = 0;$$

se tiene pues una ecuación de segundo grado en la velocidad, u_1, cuya solución matemática es:

$$u_1 = \frac{u_\infty}{2} \pm \sqrt{\left(\frac{u_\infty}{2}\right)^2 + \frac{1}{2}\frac{W}{\rho \pi R^2}},$$

y como para que exista tracción que compense el peso, la solución debe satisfacer que $u_1 > u_\infty$ (sólo la solución cuya raíz es positiva tiene sentido físico). La velocidad inducida, u_i, se define como la velocidad que hay que añadir a la velocidad de la corriente libre para obtener la velocidad real. Por tanto, la velocidad en el plano del rotor se expresa como $u_1 = u_i + u_\infty$ por lo que la velocidad inducida es:

$$u_i = -\frac{u_\infty}{2} + \sqrt{\left(\frac{u_\infty}{2}\right)^2 + \frac{1}{2}\frac{W}{\rho \pi R^2}}.$$

La potencia necesaria para realizar el vuelo ascensional se expresa como:

$$P = Tu_1 = Tu_i + Tu_\infty,$$

donde, Tu_i representa la potencia inducida, y $Tu_\infty = Wu_\infty$ es la potencia necesaria para ascender, potencia ascensional o la energía potencial por unidad de tiempo.

Discusión

Aplicar la teoría de cantidad de movimiento al caso de vuelo axial de descenso en régimen de molinete frenante.

Ejemplo 12.2

Dado un rotor de masa $m = 2730\,\mathrm{kg}$ y diámetro $D = 6.1\,\mathrm{m}$, en vuelo a nivel del mar, calcular: (1) velocidad inducida en vuelo a punto fijo, (2) potencia necesaria para el vuelo a punto fijo, (3) teniendo en cuenta que la figura de mérito del rotor es, FM $= 0.76$ y que la transmisión mecánica tiene un rendimiento, $\eta_t = 0.92$. Determinar la potencia que debe proporcionar el sistema motor del helicóptero para volar en vuelo a punto fijo, (4) velocidad inducida en vuelo de ascenso a velocidad 5 m/s y velocidad del flujo en el plano del rotor y (5) potencia inducida, ascensional y potencia necesaria para vuelo de ascenso a velocidad 5 m/s.

Solución

(1) La velocidad inducida en el vuelo a punto fijo es, $u_{i0} = \sqrt{2mg/(\pi\rho D^2)} = 19.3\,\mathrm{m/s}$.

(2) La potencia inducida necesaria para el vuelo a punto fijo se obtiene según $P_{i0} = \sqrt{2\left(mg\right)^3/(\pi\rho D^2)} = 517\,\mathrm{kW}$.

(3) La potencia que necesita proporcionar el sistema motor es, $P_{\mathrm{motor}} = P_{i0}/(\mathrm{FM}\,\eta_t) = 739.6\,\mathrm{kW}$.

(4) La velocidad inducida en vuelo de ascenso a $u_\infty = 5$ m/s es:

$$u_i = -\frac{u_\infty}{2} + \sqrt{\left(\frac{u_\infty}{2}\right)^2 + \frac{2mg}{\rho\pi D^2}} = 17\,\mathrm{m/s}.$$

Por definición, la velocidad en el plano del rotor se expresa como, $u_1 = u_i + u_\infty = 22\,\text{m/s}$.

(5) La potencia inducida en vuelo de ascenso se obtiene según $P_i = W u_i = 455\,\text{kW}$. La potencia ascensional se calcula como $P_a = W u_\infty = 133.7\,\text{kW}$. Finalmente, la potencia necesaria total para ascender a 5 m/s es, $P_n(u_\infty = 5\text{m/s}) = 588.3\,\text{kW}$.

12.7. Vuelo de avance

En la figura 12.19 se muestra un esquema del campo de velocidades sin perturbar en el plano del rotor en vuelo de avance con velocidad u_∞. A diferencia del vuelo axial, en el vuelo de avance la velocidad relativa de las palas depende de su posición azimutal y, por tanto, ya no existe simetría azimutal, ya que el flujo en el lado de avance ($0 < \psi < \pi$), es diferente del que se encuentra en el lado de retroceso ($\pi < \psi < 2\pi$). En el lado de avance, el módulo de la velocidad relativa del aire sobre las palas es la velocidad de avance, u_∞, más la velocidad debido al giro del rotor, es decir, $u_\infty \sin\psi + \Omega r$, que presenta el valor máximo $u_\infty + \Omega R$ en $\psi = \pi/2$ y en la punta de la pala, $r = R$. En el lado de retroceso, la velocidad relativa a los perfiles es la velocidad de giro, menos la velocidad de avance, siendo su valor $\Omega R - u_\infty$ en la punta de la pala y en $\psi = 3\pi/2$. Además, en el lado de retroceso existe una zona en la que el flujo de la corriente sin perturbar incide sobre los perfiles de la pala por el borde de salida, haciendo, que en esa parte de la pala, los perfiles funcionen de forma incorrecta. Esta zona recibe el nombre de zona de flujo inverso y su tamaño es mayor a medida que la velocidad de avance aumenta.

Evidentemente, la configuración de velocidades en vuelo de avance rompe la simetría que existe en el vuelo axial, y genera una clara diferencia entre el lado de avance y de retroceso. Teniendo en cuenta que las fuerzas aerodinámicas dependen del módulo de la velocidad relativa al cuadrado, y dado que, en el lado de avance la velocidad del flujo es más grande que en el lado de retroceso, existe un desequilibrio de las fuerzas de tracción entre la zona de avance y la de retroceso que introduce un momento de balanceo sobre el helicóptero que tiende a volcar lateralmente la aeronave.

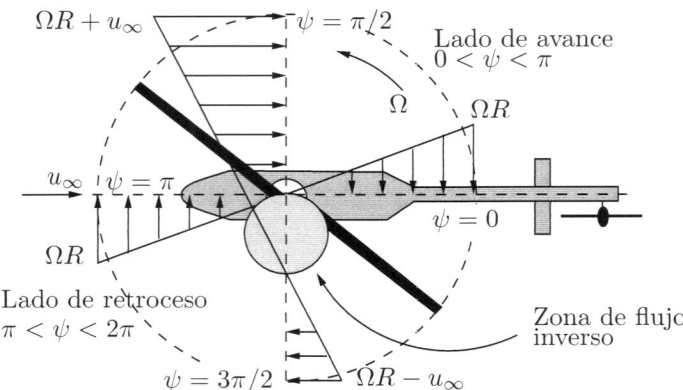

Figura 12.19. Campo de velocidades sin perturbar en el plano de rotación
de un rotor en vuelo de avance.

Históricamente esta tendencia supuso un problema importante
para los primeros helicópteros y para resolverlo fue preciso introducir
el control de paso cíclico. Actualmente, los helicópteros resuelven el
problema de la falta de simetría en vuelo de avance mediante la
incorporación de sistemas de control automático que proporcionan un
paso cíclico diferencial, que consiste en disminuir el ángulo de paso en
el lado de avance, disminuyendo el ángulo de ataque y por tanto, la
sustentación, y viceversa, en el lado de retroceso.

La velocidad de vuelo de los helicópteros se encuentra limitada
por dos razones, por un lado, si la velocidad de vuelo es alta la pala en
el lado de avance puede alcanzar velocidades sónicas en la zona de la
punta, con el consiguiente aumento de la resistencia aerodinámica. Por
otro lado, cuando la velocidad de vuelo es alta, la pala que se encuentra
en el lado de retroceso presenta ángulos de ataque grandes y parte de
los perfiles pueden entrar en pérdida, disminuyendo no sólo la capacidad
sustentadora, sino también la propulsiva, incentivando la falta de simetría
en la generación de tracción entre el lado de avance y el de retroceso.
Dado el carácter dinámico del movimiento de las palas, la entrada en
pérdida de los perfiles en el lado de retroceso es un proceso denominado
entrada en pérdida dinámica, ya que una vez que la pala alcanza el lado
de avance recupera ángulos de ataque normales de funcionamiento.

Ejemplo 12.3

El rotor de un helicóptero tiene un radio de 3 m y gira a una velocidad
angular de 630 rpm. Determinar (1) el porcentaje de la envergadura de
la pala que se encuentra en flujo inverso cuando pasa por la posición
$\psi = 270°$ cuando el helicóptero se mueve con una velocidad de avance de
100 km/h. (2) Calcular la velocidad de avance de dicho helicóptero para
que flujo inverso en la posición $\psi = 270°$, ocupe el 30 % de la envergadura
de la pala.

Solución

En la figura se muestra el campo de velocidades que aparece sobre la pala
debidas a la rotación y en las posiciones azimutales $\psi = 0$ y $\psi = 3\pi/2$.

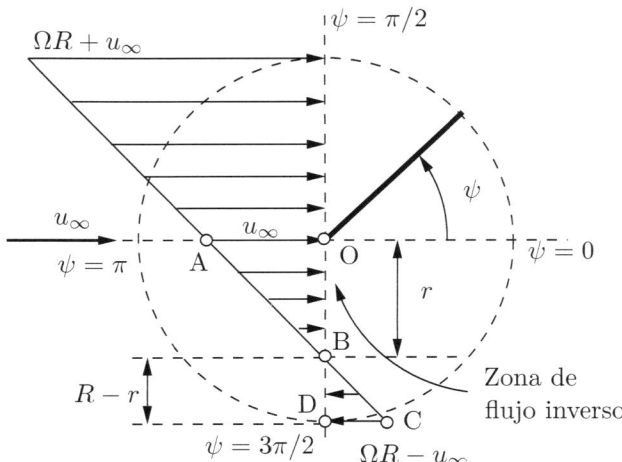

Teniendo en cuenta la semejanza entre los triángulos OAB y BCD se
cumple que:

$$\frac{\Omega R - u_\infty}{u_\infty} = \frac{R - r}{r},$$

por lo que, conocidas la velocidad de avance u_∞, la velocidad de rotación Ω y el radio del rotor R, se puede determinar que el diámetro del círculo de flujo inverso es, $r = u_\infty/\Omega$

(1) Por tanto, para la velocidad de avance $u_\infty = 100$ km/h, el círculo de flujo inverso tiene de radio, $r = 0.42$ m, que representa el 14 % de la envergadura de la pala ($r/R = 0.14$)

(2) Para que el círculo de flujo inverso ocupe el 30 % de la envergadura de la pala, la velocidad de avance debe ser, $u_\infty = 0.3\,\Omega\,R = 59.7$ m/s, es decir, u_∞=213 km/h.

12.8. Autorrotación

La autorrotación es un régimen de funcionamiento del rotor en el que su rotación es automantenida, creándose una fuerza de tracción sin la aplicación de un par motor durante una maniobra de descenso, axial o de avance del rotor. En el autogiro, véase el capítulo 1, este régimen de funcionamiento es el modo normal en el que se produce la sustentación necesaria para volar; en el helicóptero es el modo de funcionamiento que permite el descenso controlado y seguro ante el fallo de la planta motora, y en términos prácticos el rotor de un helicóptero en autorrotación es tan efectivo como un paracaídas del mismo diámetro que el del rotor. El diseño de un helicóptero debe asegurar que la maniobra de autorrotación se puede realizar garantizando la integridad estructural de la aeronave, lo que no evita que durante el descenso en autorrotación el piloto deba jugar un papel fundamental, ya que se requiere el uso correcto de los controles de paso colectivo y cíclico de forma que se garantice un posado lo más suave posible de la aeronave.

Existen dos modos de autorrotación, la autorrotación axial y la de avance. Las velocidades de descenso que se dan en autorrotación en avance son del orden de la mitad de las de autorrotación axial, por lo que es, este modo el procedimiento empleado en una emergencia para conseguir el aterrizaje seguro de la aeronave. A modo de ilustración del fenómeno de autorrotación, en la figura 12.20 se muestra la configuración aerodinámica característica del régimen de autorrotación axial de un helicóptero. El rotor en régimen de autorrotación presenta dos zonas completamente diferenciadas desde el punto de vista aerodinámico. Las secciones más cercanas al buje producen una fuerza de arrastre, h, que genera potencia y crea tracción, t, véase la figura 12.20 sección A. En cambio, la configuración aerodinámica de las secciones exteriores es tal que producen una fuerza de arrastre, h, que consume potencia creando también tracción, t, figura 12.20 sección C. Existe una sección que separa estas dos configuraciones y que recibe el nombre de sección característica de autorrotación en la que se genera una tracción pero la fuerza de arrastre es nula y, por tanto, la potencia que requiere esta sección también es nula, figura 12.20 sección B. El balance global es que la potencia producida por la zona interior y la potencia consumida por la zona exterior se compensan, resultando que la potencia que consume el rotor es nula, creándose una tracción que permite equilibrar en parte o totalmente el peso de la aeronave ($T \leq W$).

La maniobra de descenso seguro en autorrotación se puede realizar para una determinada combinación de velocidad de avance y de altitud de vuelo. El conjunto de altitudes y velocidades de avance para las cuales se puede realizar el descenso seguro en autorrotación se suelen representar en un diagrama de altitud en función de la velocidad de avance (denominado curva del hombre muerto), véase la figura 12.21. En esta representación se muestran la región segura, región A, y las no seguras, en las que la maniobra de autorrotación conduce a un aterrizaje catastrófico, regiones B y C. Durante el despegue el piloto debe alcanzar velocidades y altitudes de vuelo que ante un fallo de la planta motora permitan el descenso seguro en autorrotación.

La autorrotación en avance requiere tener un zona de aterrizaje libre de obstáculos y, siendo realizada de forma correcta, garantiza la conservación de la integridad de la aeronave. En la mayor parte de la maniobra, el piloto coloca el mando de paso colectivo para que la tracción sea igual al peso y el descenso ocurra a velocidad constante. En la parte final, la tracción se inclina hacia atrás para producir una deceleración de la velocidad de avance y se aumenta el paso colectivo para aumentar el módulo de la misma y disminuir la velocidad de descenso. El aumento de paso hace que la resistencia del rotor aumente y por tanto, el par aerodinámico, por lo que la velocidad de rotación del rotor disminuye, corriéndose el riesgo de detener el giro del rotor y hacer que desaparezca la tracción. A bajas velocidades de avance y alturas intermedias es difícil conseguir realizar la maniobra de autorrotación ya que no se dispone del

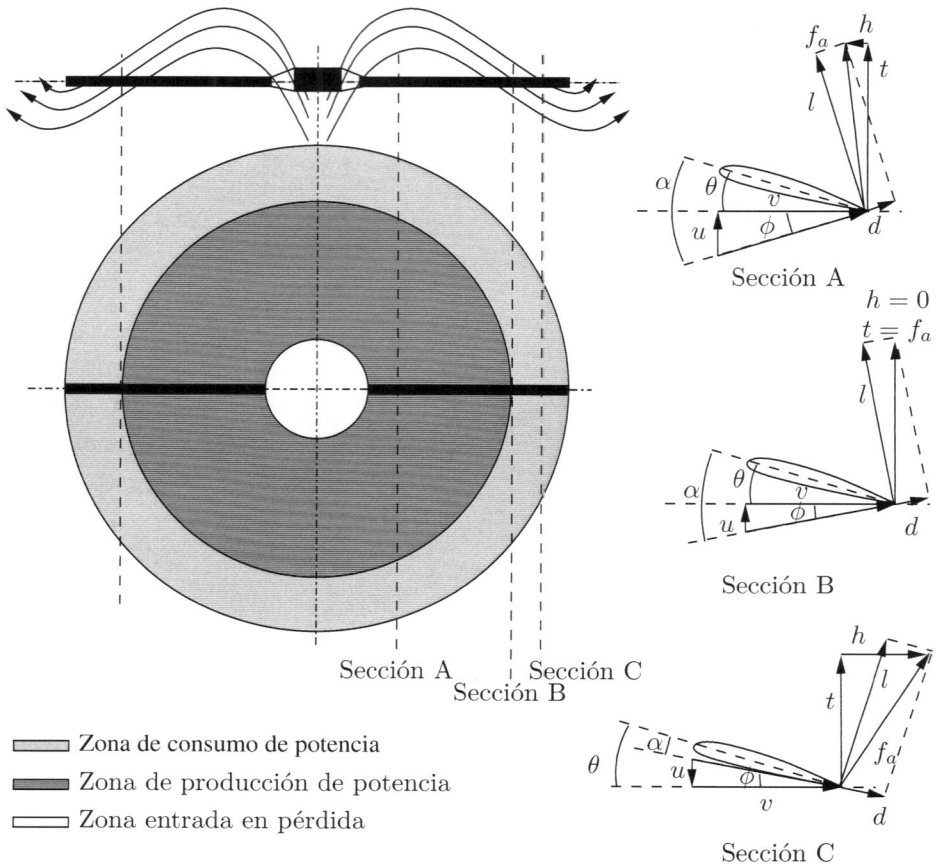

Figura 12.20. Configuración aerodinámica de diferentes secciones de una
pala de rotor en régimen de autorrotación axial.

tiempo suficiente para que el piloto pueda realizar la maniobra completa,
región B. En cambio, a altas velocidades de avance y baja altura de vuelo,
la inclinación hacia atrás de la tracción hace que aparezca un momento
de encabritado en el helicóptero por lo que hay peligro de impacto de la
zona del rotor de cola con el suelo, región C. Debido a estos aspectos la
pericia del piloto es fundamental a la hora de realizar correctamente la
maniobra de descenso en autorrotación.

El aterrizaje con autorrotación axial, eje de ordenadas del
diagrama de autorrotación, se emplea cuando, ante el fallo de la
planta propulsora, no se dispone de espacio libre de obstáculos en las
proximidades y sólo queda la posibilidad de descender verticalmente.

En la primera parte de la maniobra se dispone el rotor para que gire a la mayor velocidad angular posible, de forma que acumule una elevada energía cinética de rotación, y a una altura adecuada el piloto coloca el paso colectivo necesario para conseguir la capacidad sustentadora justa para que el helicóptero se pose en el suelo con la mínima velocidad posible. Este punto es crítico ya que al aumentar el paso, y por tanto, la tracción, la velocidad angular del rotor disminuye e incluso puede llegar a detenerse produciéndose la caída libre del helicóptero.

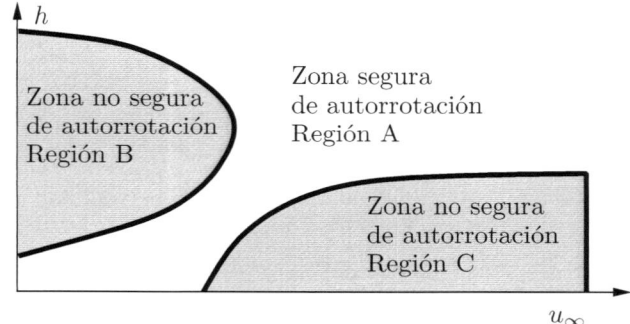

Figura 12.21. Diagrama de autorrotación para un helicóptero multimotor.

12.9. Interacciones aerodinámicas en el helicóptero

La aerodinámica del helicóptero es mucho más compleja que la de las aeronaves de ala fija, ya que el rotor introduce una componente de velocidad adicional, asociada a la rotación, que modifica completamente el flujo, véase la figura 12.23. La elevada velocidad en la zona de las puntas de las palas intensifica las fuerzas aerodinámicas y, como se explica en el capítulo 5, en la propia punta de la pala, las fuerzas se hacen nulas por lo que aparecen torbellinos de elevada intensidad que son vertidos a la estela del rotor desde la punta de la pala. Estos torbellinos son transportados corriente abajo siguiendo trayectorias más o menos helicoidales, siendo la mayor parte del flujo inducido en el plano del rotor, así como en la estela, consecuencia de las velocidades que inducen estos torbellinos de punta de pala. En el vuelo de avance los torbellinos de punta de pala permanecen cerca del plano del rotor e interactúan durante varias vueltas del rotor con las palas posteriores a la punta de pala que los

generó, así como con ella misma. Como se menciona en la sección 12.6.1
los rotores de helicópteros presentan bajas cargas discales para que
las velocidades inducidas sean pequeñas y así minimizar la potencia
inducida; pero las bajas velocidades inducidas hacen que el transporte
de los torbellinos corriente abajo se vea dificultado, dando lugar a que
permanezcan cerca del plano del rotor. Todo esta fenomenología produce
un campo tridimensional de velocidad inducida cuya interacción con
la siguiente pala genera fluctuaciones en las cargas aerodinámicas que,
además de afectar las actuaciones del rotor, son fuente de vibraciones que
se traducen en falta de confort en el vuelo, ruido e importantes cargas
de fatiga.

Además, en el lado de avance se presentan problemas de
compresibilidad que limitan la velocidad de avance de la aeronave e
introducen importantes fuentes de ruido, vibraciones y un aumento de
la potencia necesaria para el vuelo. Los procesos de entrada en pérdida
dinámica del lado de retroceso también son fuente de vibraciones, cargas
no estacionarias y ruido. Por todo ello, para conseguir velocidades de
avance elevadas, el diseño aerodinámico de las palas, especialmente el
de las puntas, debe ser considerado en detalle; como la flecha de las
alas ayuda a retrasar la aparición de los efectos de compresibilidad,
aumentando la velocidad de avance, los diseños de punta de pala de
helicópteros de alta velocidad incorporan flecha, así como otros detalles
aerodinámicos. Por ejemplo, véase la figura 12.22, el helicóptero Lynx
que ostenta el récord de velocidad en 400 km/h, tiene puntas de pala
con flecha, diedro y una geometría no uniforme. Los detalles referentes
al funcionamiento aerodinámico del flujo alrededor de esta punta de pala
se pueden encontrar en Leishman (2002).

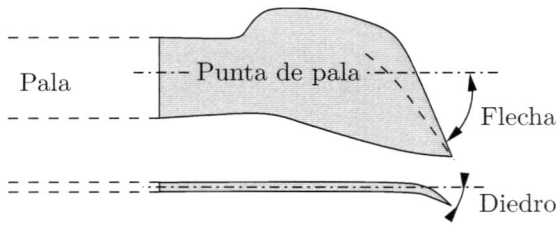

Figura 12.22. Detalle de la forma en planta y alzado de la punta de pala
del helicóptero Lynx.

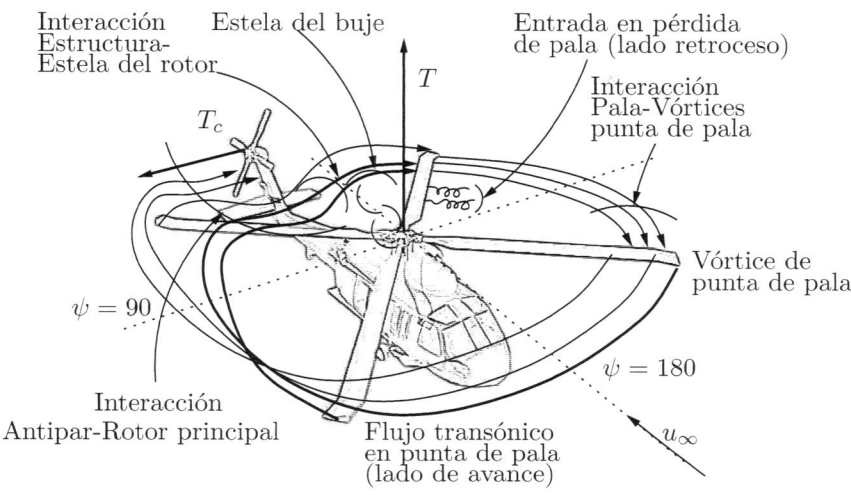

Figura 12.23. Entorno aerodinámico del helicóptero e interacciones más importantes.

En la figura 12.23 se muestra un esquema del entorno aerodinámico del helicóptero completo así como de las principales interacciones aerodinámicas entre sus componentes. Estas interacciones que aparecen entre el rotor y otros componentes de la aeronave hacen más complejo el flujo sobre el helicóptero. Así, la estela del rotor principal incide directamente sobre el fuselaje y añade una componente de resistencia aerodinámica adicional; además, los torbellinos vertidos por las puntas de las palas y la propia estela del rotor inciden ambos sobre el rotor antipar, el estabilizador vertical y horizontal, perturbando fuertemente el flujo sobre ellos y, por tanto, su funcionamiento. Otro fenómeno se genera al incidir la corriente sobre la cabeza del rotor, pues se produce una estela que interactúa con la estela del rotor dando lugar a una resistencia adicional.

BIBLIOGRAFÍA

Abbott, I. H. & von Doenhoff, A. E. *Theory of Wing Sections*. Dover New York, 1959.

Alonso, J. M. *Sistemas Auxiliares del Motor*. Thomson Paraninfo, 2002.

Anderson, J. D. *Fundamentals of Aerodynamics, 2nd edition*. McGraw-Hill, 1991.

Anderson, J. D. *Computational Fluid Dynamics: The Basics with Applications*. McGraw-Hill, 1995.

Anderson, J. D. *Modern compressible flow: with historical perspective*. McGraw-Hill, 2004.

Anderson, J. D. *Introduction to Flight, 5th edition*. McGraw-Hill, 2005.

Archer, D. R. & Saarlas, M. *An introduction to aerospace propulsion*. Prentice-Hall, 1996.

Arianespace, *Ariane 5 User's Manual, Issue 4*. 2004.

Arias-Paz Guitián, M. *Manual de automóviles*. Dossat, 2000.

Beer, F. P. , Johnston, J. E. R. , Clausen, W. E. , & Cornwell, P. J. *Mecánica vectorial para ingenieros: Dinámica*. McGraw-Hill, 2007.

Bertin, J. J. & Smith, M. L. *Aerodynamics for engineers*. Prentice-Hall Englewood Cliffs, 1998.

Bramwell, A. R. S. , Done, G. , & Balmford, D. *Bramwell's Helicopter Dynamics*. American Institute of Aeronautics and Astronautics Inc. and Butterworth-Heinemann, 2001.

Brandt, S. A. , Stiles, R. J. , Bertin, J. J. , & Whitford, R. *Introduction to Aeronautics: A design perspective.* AIAA Education Series, 2004.

Brown, C. *Spacecraft Mission Design.* AIAA Education Series, 1998.

Chobotov, V. A. , editor. *Orbital mechanics, 3rd ed.* AIAA Education Series, 2002.

Cuesta Álvarez, M. *Vuelo con motor alternativo.* Paraninfo, 1981.

Donlan, C. J. & Weil, J. *Characteristic of swept wings at high speeds.* NACA RM L52A15, 1952.

Ehret, T. & Oertel Jr., H. Calculation of wake vortex structures in the near-field wake behind cruising aircraft. *Atmospheric Environment*, 32 (18):3089–3095, 1998.

Eichenberger, W. *Meteorología para aviadores.* Paraninfo, 1987.

Elices Concha, T. *Introducción a la dinámica espacial.* INTA Madrid, 1991.

ESDU-87031, *Wing angle of attack for zero lift at subcritical Mach numbers.* 1999.

ESDU-88030, *Boundaries of linear characteristics of cambered and twisted wings at subcritical Mach numbers.* 1994.

Espino, J. L. *Descubrir los helicópteros.* AENA, 2007.

Flack, R. E. *Fundamentals of jet propulsion with applications.* Cambridge University Press, 2005.

Fortescue, P. , Stark, J. , & Swinerd, G. *Spacecraft Systems Engineering.* Wiley, 2003.

González López, B. *Meteorología Aeronáutica.* Actividades Varias Aeronáuticas, S.L., 2005.

Harris, C. D. *NASA Supercritical Airfoils. A Matrix of Family-Related Airfoils.* NASA TP-2969, 1990.

Hill, P. & Peterson, C. *Mechanics and Thermodynamics of Propulsion.* Prentice-Hall, 1991.

Hofmann-Wellenhof, B. & Moritz, H. *Physical geodesy.* Springer, 2005.

Houghton, E. L. & Carpenter, P. W. *Aerodynamics for Engineering Students, 4th edition.* Edward Arnold, 1993.

Isidoro Carmona, A. *Aerodinámica y actuaciones del avión.* Paraninfo, 2000.

Johnson, W. *Helicopter Theory.* Dover Publications, 1994.

Katz, J. & Plotkin, A. *Low-speed Aerodynamics: From Wing Theory to Panel Methods.* McGraw-Hill, 1991.

Larson, W. J. & Wertz, J. R. *Space Mission Analysis and Design.* Space Technology Library, 1999.

Leishman, J. G. *Principles of Helicopter Aerodynamics.* Cambridge University Press, 2002.

Loftin, L. K. *Quest for Performance: The Evolution of Modern Aircraft.* NASA SP-468, 1985.

Lutgens, F. & Tarbuk, E. *The Atmosphere: an introduction to meteorology.* Prentice-Hall Englewood Cliffs, 1995.

Mattingly, J. D. *Elements of Propulsion: Gas Turbines and Rockets.* AIAA Education Series, 2006.

Meetham, G. Use of protective coatings in aero gas turbine engines. *Materials Science and Technology,* 2(3):290–294, 1986.

Meseguer, J. & Sanz, A. *El satélite UPM-Sat 1.* Academia de Ingeniería de España, 1998.

Meseguer, J. & Sanz, A. *Aerodinámica Básica, 2ª ed.* Garceta, 2010.

Meseguer, J. & Sanz, A. *Aerodinámica del vuelo: aves y aeronaves.* AENA, 2007.

Meseguer, J. , Sanz, A. , Perales, J. M. , & Pindado, S. *Aerodinámica civil: cargas de viento en las edificaciones.* McGraw-Hill, 2001.

Moran, M. & Shapiro, H. *Fundamentos de Termodinámica Técnica. Segundo Tomo.* Editorial Reverté, 1999.

Nájera Sánchez, F. *Motores de explosión para aeronaves.* American Flyers España, 1996.

Newman, S. *Foundations of Helicopter Flight.* Edward Arnold, 1994.

Padfield, G. D. *Helicopter Flight Dynamics: The Theory and Application of Flying Qualities and Simulation Modeling.* American Institute of Aeronautics & Astronautics, 1996.

Pérez Bello, M. A. *Tecnología de los motores.* CIE Inversiones Editoriales 2000, 2002.

Polhamus, E. C. & Toll, T. A. *Research Related to Variable Sweep Aircraft Developments.* NASA TM 83121, 1981.

Prieto Alberca, M. *Curso de Mecánica Racional. Volumen 1.* Aula Documental de Investigación, 1986a.

Prieto Alberca, M. *Curso de Mecánica Racional. Volumen 2.* Aula Documental de Investigación, 1986b.

Reynolds, O. An experimental investigation of the circumstances which determine whether the motion of water shall be direct or sinuous, and of the law of resistance in parallel channels. *Philosophical Transactions of the Royal Society,* 174:935–982, 1883.

Roskam, J. *Airplane design. Part VI: Preliminary calculation of aerodynamics, thrust and power characteristics.* Roskam Aviation and Engineering Corporation, 1985.

Sanz, A. , Meseguer, J. , Pérez-Grande, I. , Alonso, G. , & Martínez, I. Treinta años de actividades espaciales en el IDR/UPM. *Ingeniería Aeronáutica y Astronáutica,* (380):13–24, 2007.

Shapiro, A. H. *Compressible Fluid Flow.* Ronald Press New York, 1954.

Shevell, R. *Fundamentals of Flight.* Prentice-Hall, 1988.

Sutton, G. P. & Biblarz, O. *Rocket Propulsion Elements.* Wiley Interscience, 2005.

Thomson, W. T. *Introduction to space dynamics.* Dover Publications, 1986.

Tokaty, G. *A history and Philosophy of Fluid Mechanics.* Dover Publications, 1994.

Torenbeek, E. *Synthesis of subsonic airplane design, 4th edition.* Delft University Press, 1976.

van Dyke, M. *An Album of Fluid Motion.* The Parabolic Press, 1982.

Von Mises, R. *Theory of Flight.* John Wiley & Sons, 1996.

White, F. M. *Mecánica de Fluidos.* McGraw-Hill, 2006.

Çengel, Y. A. & Cimbala, J. M. *Mecánica de Fluidos: fundamentos y aplicaciones.* McGraw-Hill, 2006.

Anexos

EL VIENTO ATMOSFÉRICO A

Hasta ahora se ha estudiado la atmósfera desde un punto de vista donde sólo se han considerado valores medios, es decir, no se ha tenido en cuenta que los procesos que suceden en la atmósfera son de naturaleza dinámica y modifican de forma continua las variables que describen el comportamiento atmosférico.

Desde el punto de vista dinámico, la atmósfera es un sistema muy complejo en el que acontecen importantes procesos de naturaleza cambiante con el tiempo, con escalas de tiempo muy diferentes. Estas escalas pueden ser del orden de minutos (por ejemplo la turbulencia atmosférica), del orden de horas (como la formación de algunas nubes), del orden de varios días (como el paso de frentes), e incluso del orden del año (estaciones), hasta siglos (tal es el caso de la evolución del clima terrestre). Las variaciones de la dinámica atmosférica también se manifiestan en una importante diversidad de escalas de longitud. Evidentemente, existen procesos atmosféricos dinámicos que acontecen localmente, otros afectan a regiones o países, y otros implican al planeta entero.

En este apéndice, se limita el interés al viento y a la turbulencia asociada al mismo, como uno de los procesos de naturaleza dinámica más relevantes para el vuelo de las aeronaves, aunque también existen otros fenómenos meteorológicos muy importantes y que son de especial interés para la ingeniería aeroespacial, por ejemplo, el papel de la humedad en el clima terrestre, la formación de nubes, hielo, masas de aire, formación y desarrollo de frentes, etc, que quedan fuera del alcance de este libro. El lector interesado en estos aspectos de la meteorología aplicada al vuelo de las aeronaves puede consultar González López (2005) y también Eichenberger (1987).

En general, se habla y define el viento como el movimiento del aire atmosférico. Este movimiento es consecuencia de las fuerzas que aparecen sobre el aire y se origina debido al intercambio energético entre el Sol y la Tierra, pues el calentamiento que proporciona el Sol a la Tierra no es uniforme y depende de las propiedades superficiales locales de ésta. Así, la transmisión energética entre la Tierra y el Sol es heterogénea y esto produce importantes variaciones de temperaturas en diferentes zonas del globo terrestre. Los gradientes de temperatura son el principal fenómeno impulsor de la aparición de diferencias de presión (gradientes de presión) que son las que originan el movimiento del aire. Además, sobre el aire atmosférico aparecen otras fuerzas como las debidas a la rotación terrestre y la fricción interna del fluido. Todos estos mecanismos actúan de forma simultánea originando el movimiento del aire de la atmósfera y produciendo lo que comúnmente se denomina viento.

A.1. Fuerza de presión

Como se ha mencionado, la diferencia de presiones entre dos zonas del espacio origina una fuerza que tiende a generar movimiento en el aire. En el caso ideal en que la tierra no gire, ni exista fricción, el movimiento del aire atmosférico se realiza desde puntos con valores de alta presión a puntos de baja presión. El movimiento del aire, en ausencia de otras fuerzas, corresponde a la dirección de las fuerzas de presión por unidad de volumen que se expresa como, $\boldsymbol{f}_p = -\nabla p$, siendo su módulo proporcional al valor del gradiente, de modo que los vientos son más intensos cuanto mayor es el gradiente de presiones, es decir, más juntas se encuentran las líneas de presión constante (isobaras).

Para el caso de una única dimensión, por ejemplo x, la fuerza de presión por unidad de volumen es, $f_p = -\mathrm{d}p/\mathrm{d}x$, véase la figura A.1. En la sección 3.6 se presenta la relación que existe entre estas fuerzas y el movimiento de un fluido. Cuando el movimiento del aire se debe exclusivamente a las fuerzas producidas por la diferencia de presión entre dos zonas, este viento se denomina viento de Euler. Si sólo se considera la fuerza de presión, el aire tiende a acelerarse indefinidamente pero la experiencia demuestra que no es así. Existen otras fuerzas que entran en juego y son las responsables de la creación de un equilibrio dinámico. Por tanto, el viento de Euler no es más que una idealización.

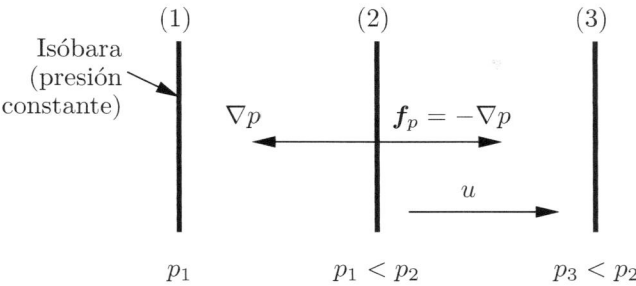

Figura A.1. Fuerzas de presión y viento de Euler.

A.2. Aceleración de Coriolis

La rotación de la Tierra también afecta a la definición de los vientos atmosféricos generando dos tipos de fuerzas inerciales sobre el aire en movimiento. El movimiento de rotación del planeta induce fuerzas centrífugas y fuerzas de Coriolis. Las fuerzas centrífugas tienden a generar corrientes ascendentes mientras que las fuerzas de Coriolis son las fuerzas inerciales responsables de que, en el hemisferio norte, si un objeto móvil se mueve hacia el Polo Norte, su trayectoria se curva hacia el Este, como se muestra en la figura A.2. La fuerza de Coriolis está asociada a la aceleración que aparece cuando una partícula realiza un movimiento relativo con respecto de un sistema de referencia no inercial. La aceleración de Coriolis, $\boldsymbol{a}_{cor}$, se expresa como, $\boldsymbol{a}_{cor} = 2\boldsymbol{\Omega} \times \boldsymbol{u}$, siendo, $\boldsymbol{\Omega}$ la velocidad angular del sistema de referencia no inercial, en este caso la rotación terrestre, y $\boldsymbol{u}$ la velocidad relativa de la partícula con respecto al sistema de referencia no inercial. La aceleración de Coriolis es una de las componentes de la aceleración absoluta de un movimiento relativo. La fuerza de inercia de Coriolis que actúa sobre un objeto móvil de masa m, se expresa, por tanto, como:

$$\boldsymbol{F}_{cor} = -2\,m\,\boldsymbol{\Omega} \times \boldsymbol{u}.$$

Para entender mejor la fuerza de Coriolis basta un sencillo ejemplo. En la figura A.2 se muestra una partícula A de masa m, vista por un observador solidario al sistema giratorio terrestre. La partícula se mueve con velocidad relativa a la Tierra, u, desde el ecuador al Polo Norte. A medida que dicha partícula avanza hacia el Norte los puntos de la Tierra tienen menos velocidad lineal porque el radio con respecto

al eje de giro de la Tierra se hace menor. Es decir, cuando un objeto
es lanzado desde el Ecuador, A, tiene una velocidad hacia el Este ΩR_T,
además de la velocidad u de lanzamiento. En su trayectoria hacia el
Norte la partícula sigue moviéndose hacia el este con la misma ΩR_T
(no actúan fuerzas a lo largo del paralelo). En cambio, los puntos de la
superficie terrestre que se encuentra a medida que el objeto avanza hacia
al Norte, tienen una velocidad ΩR_1 hacia el Este menor que ΩR_T. El
resultado, es que la partícula en cuestión se mueve hacia el Este mucho
más rápidamente que la superficie terrestre sobre la que se encuentra.
Dicho en otras palabras, para un observador ligado al suelo parece que el
objeto se mueve hacia el Este y para justificarlo se introduce una fuerza
ficticia que es la fuerza de inercia de Coriolis. En realidad no existe
ninguna fuerza implicada, simplemente la superficie terrestre se mueve
con una componente de velocidad en la dirección del paralelo, diferente
que la velocidad del suelo del punto desde el que se lanzó la partícula y
esta velocidad es mantenida por la partícula, es una consecuencia, por
tanto, del giro del sistema de referencia.

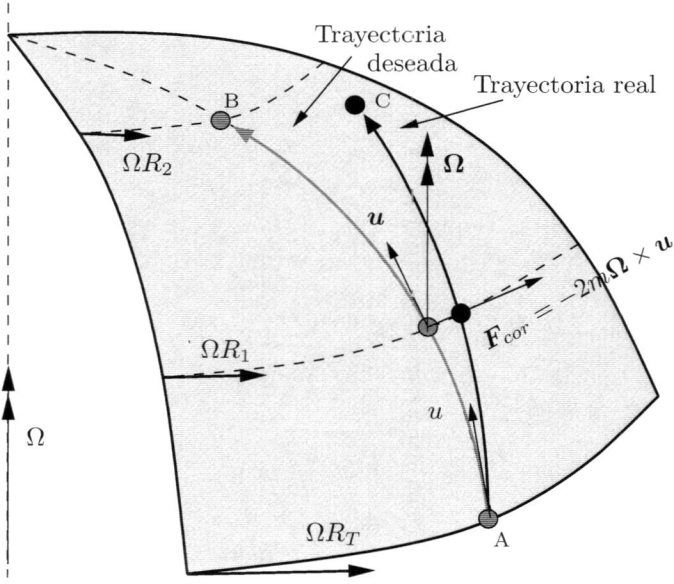

Figura A.2. Interpretación de la fuerza de Coriolis.

Para una explicación más rigurosa de la procedencia de la aceleración de Coriolis el lector interesado puede consultar el capítulo 4 de Prieto Alberca (1986a) y el capítulo 15 de Beer et al. (2007) donde se puede encontrar la forma completa de la aceleración absoluta de un movimiento relativo y su relación con la aceleración de Coriolis. En el capítulo 18 de Prieto Alberca (1986a) se muestran los aspectos relacionados con las fuerzas de inercia y su efecto en la dinámica relativa. Para una interpretación más intuitiva de la fuerza de Coriolis y su efecto en los vientos terrestres se puede consultar Lutgens & Tarbuk (1995) y Meseguer et al. (2001).

A.3. Viento geostrófico

El viento geostrófico es el viento dominante que aparece en altitudes por encima de 1000 m, es decir superiores al espesor de la capa límite atmosférica. En esta zona se pueden suponer despreciables las fuerzas de fricción, y por tanto, las principales fuerzas que actúan sobre el aire son las fuerzas de presión y de Coriolis; de modo que, el viento geostrófico es el viento resultante del equilibrio entre estas fuerzas.

A pesar de que el aire en la atmósfera casi siempre se encuentra en movimiento, se supone que el punto A de la figura A.3 está en reposo; dado que la velocidad del aire en A es nula, la fuerza de Coriolis también es nula y la única fuerza que actúa es la fuerza de presión en la dirección normal a las líneas de presión constante. La fuerza de presión mueve la partícula en la dirección de las bajas presiones, por tanto aparece una velocidad y, en consecuencia, una fuerza de Coriolis, punto B, que causa una desviación hacia el Este en el hemisferio Norte cuando el objeto se mueve hacia el Norte, por lo que la partícula se desplaza hacia los puntos C y D. A medida que la velocidad aumenta, la fuerza de Coriolis también aumenta, incrementándose la desviación. Esta situación de cambio se mantiene hasta que la fuerza de Coriolis alcanza un valor igual al de la fuerza de presión, y en esta situación, el viento tiene la dirección paralela a las isobaras, u_g; el viento resultante de esta situación estacionaria recibe el nombre de viento geostrófico. Es importante destacar que en este razonamiento el término de la fuerza de Coriolis que equilibra el gradiente de presiones depende de la latitud en la que se encuentra el plano considerado.

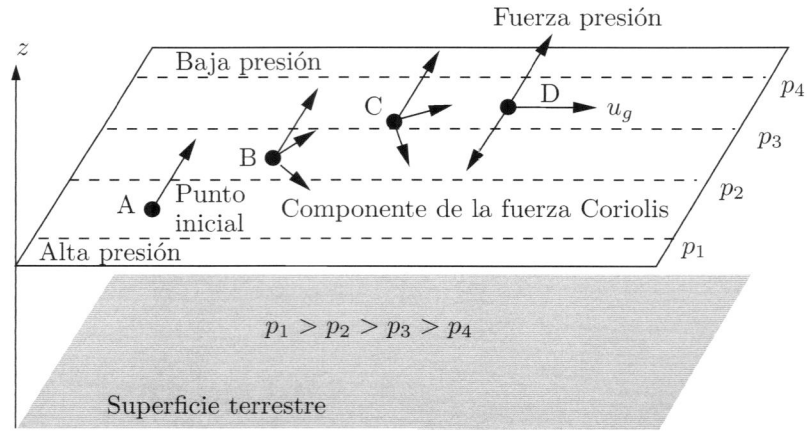

Figura A.3. Viento geostrófico (adaptada de Lutgens & Tarbuk (1995)).

A.4. Viento de gradiente

En realidad, las líneas de presión constante no son líneas rectas y pueden llegar a formar curvas con bastante radio de curvatura, e incluso ocasionalmente, las isobaras forman celdas circulares de alta o baja presión. Por tanto, a diferencia del viento geostrófico, en el que el viento se mueve en líneas rectas paralelas a las líneas de presión constante, los vientos alrededor de las celdas circulares siguen un camino curvado paralelo a las isobaras. Un observador que se mueve con el aire experimenta las fuerzas de presión, de Coriolis y, por la curvatura del movimiento, fuerzas de naturaleza centrífuga. Los vientos resultantes del equilibrio de fuerzas de presión, Coriolis y centrífugas reciben el nombre de viento de gradiente.

En la figura A.4 se muestra el equilibrio de fuerzas en tres configuraciones de isobaras: para un centro de baja presión, en el caso de un viento geostrófico y para un centro de alta presión (A). En el caso de un centro de bajas presiones, figura A.4(a), también denominada borrasca, la fuerza de presión, F_p, se dirige hacia el centro y la fuerza de Coriolis, F_{cor}, en el hemisferio Norte, aparece hacia la derecha del movimiento de la partícula cuando esta viaja hacia el Norte. El movimiento resultante es una rotación alrededor del centro de bajas presiones en la dirección contraria a las agujas del reloj. Debido a la curvatura de las isobaras, la fuerza de presión debe ser mayor que la fuerza de Coriolis, pues debe compensar también a la componente de fuerza centrífuga F_c, de modo que, $F_p = F_{cor} + F_c$. Por tanto, si se compara con la situación del viento geostrófico, figura A.4(b), la velocidad del viento de gradiente alrededor de una borrasca debe ser menor que el viento geostrófico asociado a la misma distribución de valores de presión, porque el valor de la fuerza de Coriolis es proporcional a la velocidad. En cambio, en el caso de un centro de altas presiones, figura A.4(c), denominado anticiclón, la fuerza de presiones se dirige hacia fuera del centro de presiones y en el hemisferio Norte, la fuerza de Coriolis deflecta a la corriente hacia la derecha cuando ésta viaja hacia el Norte. El sentido del movimiento de giro resulta ser la dirección de las agujas del reloj. En el caso de anticiclón, la velocidad del viento de gradiente es mayor que la velocidad del viento geostrófico para la misma distribución de valores de presión, es decir, $F_p + F_c = F_{cor}$. Esto es debido a que la fuerza de Coriolis es mayor que la fuerza de presión para producir la aceleración centrípeta necesaria. Por tanto, dado que la fuerza de Coriolis es mayor, la velocidad que se alcanza en el equilibrio también debe serlo comparada con el viento geostrófico. En realidad, como las distribuciones de presión en las borrascas son menores que en los anticiclones el viento tiende a moverse de los anticiclones a las borrascas produciéndose vientos de velocidad mayor en las borrascas que en los anticiclones.

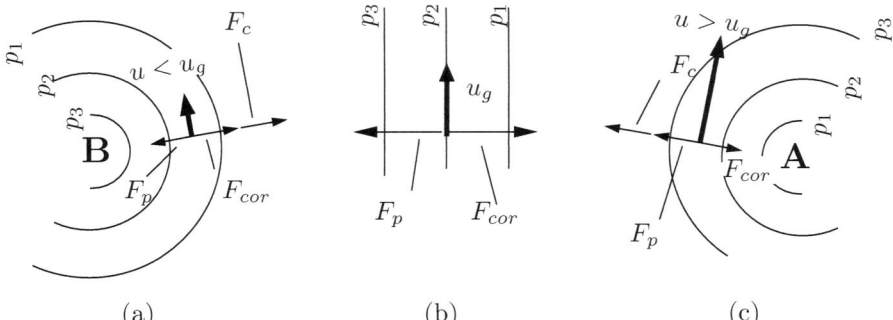

Figura A.4. Viento de gradiente ($p_1 > p_2 > p_3$). (a) Centro de baja presión, (b) viento geostrófico y (c) centro de alta presión.

A.5. Viento en la capa límite atmosférica

En las proximidades de la superficie terrestre, sobre el viento actúa otra componente de fuerza adicional que es la fricción, y la zona donde las fuerzas de fricción son significativas recibe el nombre de capa límite. Como se estudia en el capítulo 3, en la capa límite atmosférica el aire experimenta fuerzas asociadas a la fricción interna que deceleran el viento cerca del suelo. La capa límite atmosférica se extiende hasta altitudes en torno a un kilómetro y la variación de la velocidad del viento con la altitud recibe el nombre de cortadura vertical. En la figura A.5 se muestran perfiles de velocidades característicos del viento atmosférico, cuyas formas dependen de la rugosidad que presenta la superficie terrestre, de modo que en función de dicha rugosidad, el tamaño de la capa límite y la variación de velocidad con la altitud es diferente. Por ejemplo, para superficies poco rugosas, como el mar en calma, el espesor de la capa límite es menor comparado con el que corresponde a una zona muy rugosa como una gran ciudad.

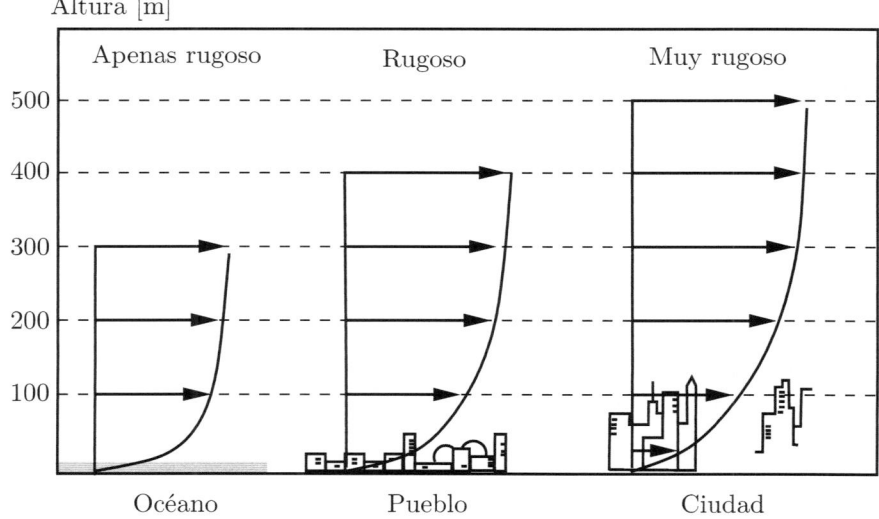

Figura A.5. Cortadura atmosférica.

Es decir, en la proximidad de la superficie de la Tierra, las fuerzas de fricción, que actúan en el sentido contrario de la velocidad, disminuyen la velocidad del viento y como consecuencia, la fuerza de Coriolis. La disminución de la fuerza de Coriolis junto con la aparición de la fuerza de fricción hacen que el viento en la capa límite atmosférica ya no se mueva en la dirección paralela a las isobaras y lo haga con una cierta inclinación, véase la figura A.6(a). Así, el viento en la capa límite atmosférica aparece como consecuencia del equilibrio entre las fuerzas de presión, fuerza de Coriolis, y fuerzas de fricción. Como se ha comentado anteriormente, las características del terreno, especialmente su nivel de rugosidad, determinan la intensidad de las fuerzas de fricción y por tanto, la inclinación con la que el viento cruza las isobaras. A medida que la altitud aumenta, la intensidad de las fuerzas de fricción se hace menor, por lo que el vector de velocidad aumenta de valor y además el ángulo de inclinación con respecto al viento geostrófico también disminuye, véase la figura A.6(b). El ángulo entre el viento geostrófico y el viento en la superficie puede formar un ángulo, γ, que varía entre 20° en superficies lisas como el océano, hasta 45° en terrenos rugosos, mientras que el espesor de la capa límite atmosférica, δ, puede presentar variaciones entre 50 m en los polos y hasta 2000 m en el ecuador. La forma tridimensional del viento en la capa límite atmosférica recibe el nombre de espiral de Ekman.

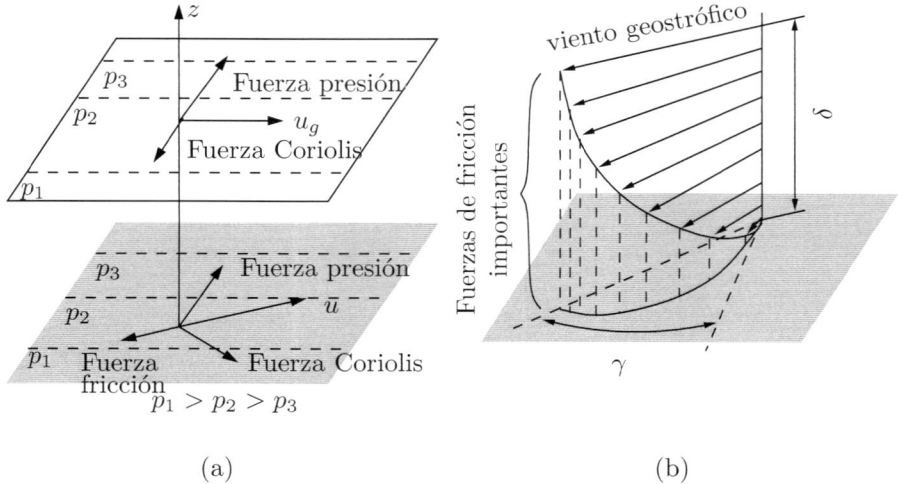

(a)   (b)

Figura A.6. Viento en la capa límite: (a) equilibrio de fuerzas y (b) espiral de Ekman.

El descenso en velocidad que se produce cerca de la superficie
hace que las fuerzas de Coriolis disminuyan en importancia, mientras
que las fuerzas de presión permanecen aproximadamente iguales. Como
resultado, en una borrasca el viento tiende a ir hacia el interior, mientras
que para un anticiclón el viento tiende a moverse hacia el exterior.
Además, las fuerzas de presión cerca de la superficie hacen que el viento
se mueva desde las zonas de alta presión en forma de espirales hacia
las zonas de baja presión, elevándose una vez han alcanzado el centro
del núcleo de baja presión. A medida que el aire asciende se enfría,
produciéndose condensación, nubes y lluvia. En cambio, en las zonas
de alta presión el aire se mueve en espirales hacia el exterior, creando
una depresión que es ocupada por el aire frío de las capas altas de la
atmósfera. En el proceso de descenso el aire se calienta y su contenido
en humedad disminuye, produciendo en general tiempo soleado, véase la
figura A.7.

En general puede decirse que cuando el viento se mueve hacia las
zonas de baja presión (borrasca) se produce una convergencia direccional,
ascenso del aire y "mal tiempo". En cambio, cuando el viento se mueve
desde las zonas de alta presión (anticiclón) se produce divergencia
direccional, descenso del aire y, en general, "buen tiempo".

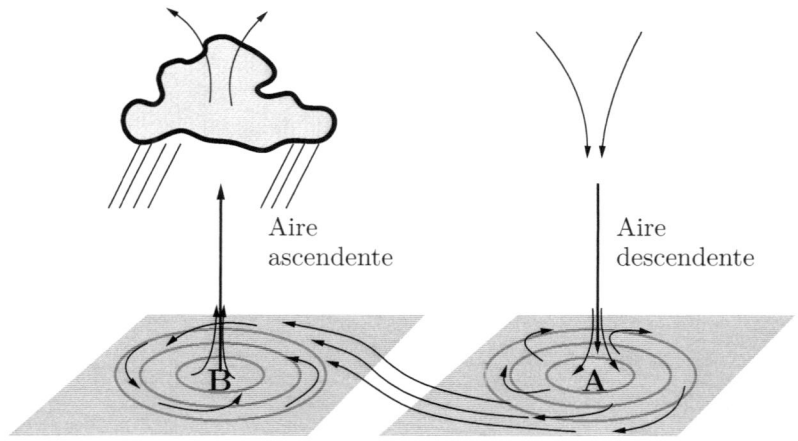

Figura A.7. Vientos entre las zonas de baja y alta presión.

A.6. Circulación general de la atmósfera

La circulación general de la atmósfera describe la composición general de los vientos a escala planetaria. El objetivo de esta sección es mostrar las tendencias generales de la configuración de los vientos atmosféricos a escala planetaria.

Para comprender la circulación general de la atmósfera se considera la Tierra como una esfera no giratoria que es calentada uniformemente por el Sol, en este modelo, las zonas ecuatoriales reciben mayor radiación por unidad de superficie y por tanto su calentamiento es mayor, véase la figura A.8(a). Como consecuencia de este calentamiento, las masas de aire ecuatoriales son menos densas y tienden a ascender produciendo una depresión que es ocupada por las masas de aire de latitudes superiores e inferiores. A medida que las masas de aire de la zona ecuatorial ascienden, se enfrían y ocupan el espacio dejado por las masas frías de latitudes superiores. En esta situación, en cada hemisferio se genera una única célula denominada célula de convección o célula de Hadley. Como consecuencia de la rotación terrestre, las masas de aire que se mueven con respecto a la superficie terrestre experimentan la aceleración de Coriolis, de forma que cuando se desplazan hacia el Norte desde el ecuador se desvían hacia el Este, mientras que las que viajan hacia el Sur desde el polo Norte se desvían hacia el Oeste. En esta configuración se forman tres células: Hadley, subpolar baja o célula de Ferrer y célula polar alta o simplemente polar, figura A.8(b).

El esquema general anterior de vientos se ve fuertemente modificado por el efecto de la distribución heterogénea de tierras y mares. En la figura A.9(a) se muestra la distribución de vientos global sin tener en cuenta la distribución de tierra y mares. En torno a los 30° de latitud se encuentra una zona en la que el aire desciende; este aire es típicamente seco y libre de precipitaciones. De hecho la mayor parte de los desiertos del hemisferio norte se encuentran cercanos a 30° latitud (por ejemplo Sahara, Mojave, etc.). La zona de convergencia intertropical es la región situada en el ecuador en la que los vientos provenientes de ambos hemisferios se encuentran con gradientes de presión prácticamente nulos. Los vientos en esta zona son muy débiles, dando lugar a las calmas ecuatoriales; en esta parte del globo terrestre los frentes apenas cruzan de un hemisferio a otro. Dado que las zonas de tierra y los océanos tienen

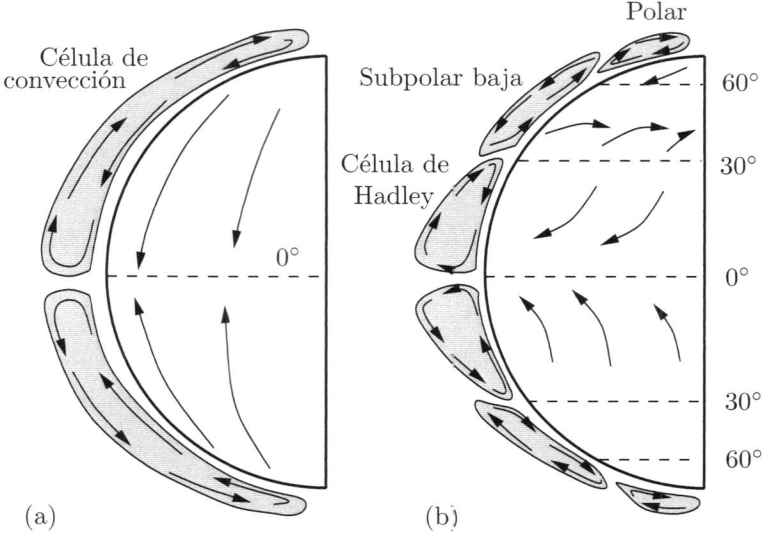

Figura A.8. Esquema de la circulación general de los vientos: (a) sin considerar la rotación terrestre, (b) considerando la rotación terrestre.

diferentes propiedades térmicas modifican considerablemente el esquema de la circulación general. En la figura A.9(ɔ) se muestra como el esquema general se ve modificado por la distribución de tierras y océanos.

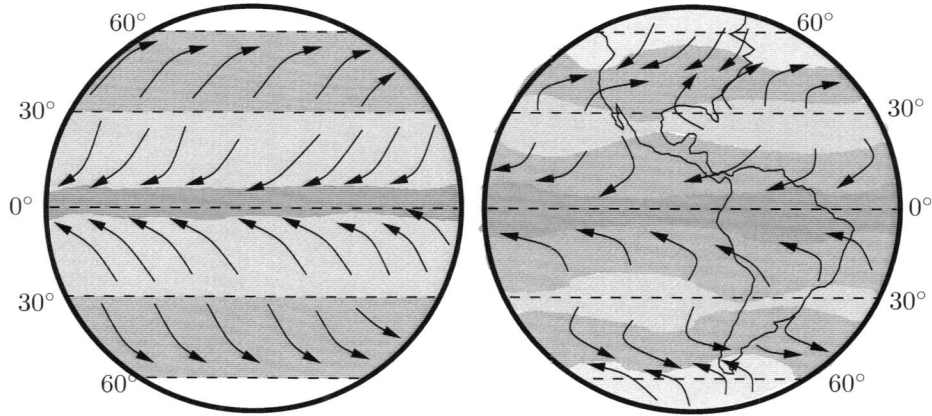

Figura A.9. Esquema general de vientos en base a la circulación general: (a) vientos ideales por equilibrio de fuerzas de presión y fuerza de Coriolis (b) viento real debido a la distribución de masas de tierra.

A.7. Corriente de chorro

La corriente de chorro es una corriente de aire rápida que se encuentra en la atmósfera aproximadamente en la transición entre la troposfera y la estratosfera. Se forma en las fronteras de separación de masas de aire con diferencias de temperaturas significativas. La principal causa de su formación se atribuye a las grandes diferencias de temperaturas en distancias relativamente pequeñas, que producen importantes gradientes de presión que son los que originan la aparición de las corrientes de chorro.

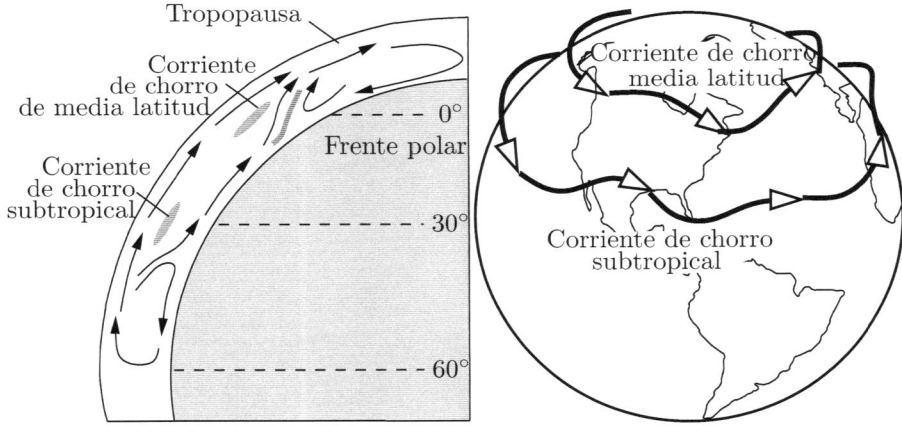

Figura A.10. Dirección y sentido de las corrientes de chorro del hemisferio Norte.

En el hemisferio Norte hay dos corrientes de chorro principales, una en latitudes polares y otra menor, en latitudes subtropicales cerca del ecuador, véase la figura A.10. Las corrientes de chorro se establecen de Oeste a Este; pueden ser continuas en largas distancias, aunque suelen también verse interrumpidas apareciendo discontinuidades. También en el hemisferio Sur aparecen dos corrientes de chorro aproximadamente en las mismas latitudes y moviéndose de Oeste a Este. Su velocidad tiene como valor medio del orden de 50 km/h en verano y alrededor de 120 km/h durante el invierno, y se sitúan en altitudes entre 7500 m y 12000 m. Este tipo de corriente es empleado por las compañías aéreas para disminuir los tiempos de viaje cuando se vuela de Oeste a Este, ya que de esta manera el viento de la corriente de chorro, al ser un viento de cola, hace que la velocidad de la aeronave con respecto a la superficie terrestre sea mayor. La posición de la corriente de chorro es extremadamente importante para las compañías aéreas. Por ejemplo, en los vuelos entre costas de EE.UU. se puede disminuir el tiempo de vuelo del orden de 30 minutos cuando se vuela a favor de la corriente de chorro. En vuelos transcontinentales las ganancias en tiempo pueden ser incluso mayores. En general, en el hemisferio Norte es más barato y rápido volar en la corriente de chorro en dirección Este que seguir una trayectoria ortodrómica, o gran circunferencia[1], que es un arco de una circunferencia cuyo centro coincide con el de la Tierra.

---

[1]También denominada gran círculo, círculo máximo o círculo mayor.

FUERZAS QUE ACTÚAN SOBRE UN FLUIDO B

En el capítulo 3, sección 3.6, solamente se ha considerado el balance entre las fuerzas de presión y las convectivas, como las únicas que actúan sobre el fluido. Ahora bien, como se describe en el capítulo 2 existen otras fuerzas que afectan al movimiento de los fluidos como son las fuerzas de inercia o las de fricción. El tratamiento del caso general del movimiento de un fluido, considerando todas las posibles fuerzas que pueden actuar sobre él, está fuera del alcance de este libro, pero aun así, aunque sea de forma conceptual conviene enumerar las diferentes fuerzas que pueden actuar sobre los fluidos, y que se pueden clasificar en dos tipos: fuerzas de largo y, corto alcance.

Las fuerzas de largo alcance son las que actúan de forma global sobre todo el fluido y actúan por igual en todas las partículas fluidas. En general, se pueden distinguir fuerzas de volumen y fuerzas másicas. Las fuerzas de volumen, $\mathrm{d}\boldsymbol{F}_V$, que actúan sobre un elemento diferencial de volumen de fluido, $\mathrm{d}V$, son proporcionales a dicho volumen $\mathrm{d}\boldsymbol{F}_V = \boldsymbol{f}_V \, \mathrm{d}V$, donde, $\boldsymbol{f}_V$ es la fuerza volumétrica por unidad de volumen expresada en $\mathrm{N/m^3}$ (por ejemplo, una fuerza de volumen que puede aparecer es la fuerza electromagnética). Las fuerzas másicas sobre el elemento diferencial, $\mathrm{d}\boldsymbol{F}_m$, son proporcionales a la masa de fluido, $\mathrm{d}\boldsymbol{F}_m = \boldsymbol{f}_m \, \mathrm{d}m$, donde, $\boldsymbol{f}_m$ es la fuerza másica por unidad de masa expresada en $\mathrm{N/kg}$ (las fuerzas gravitatorias y las fuerzas de inercia, por ejemplo). Sin embargo, ambas fuerzas se tratan como si fueran fuerzas volumétricas, pues se define la fuerza de volumen total sobre el elemento diferencial, $\mathrm{d}\boldsymbol{F}_{vol}$, como, $\mathrm{d}\boldsymbol{F}_{vol} = (\boldsymbol{f}_V + \rho\boldsymbol{f}_m) \, \mathrm{d}V$, donde se ha empleado $\mathrm{d}m = \rho\mathrm{d}V$.

Las fuerzas de corto alcance, también son denominadas fuerzas de superficie, o esfuerzo, representan la fuerza por unidad de superficie que aparece como consecuencia macroscópica del intercambio de cantidad de movimiento asociado a la agitación molecular de las moléculas del fluido y cuando se considera un elemento diferencial de volumen de fluido representan las fuerzas que el resto del fluido ejerce sobre dicho elemento. Las fuerzas de corto alcance se clasifican en presiones y esfuerzos viscosos, siendo la presión el esfuerzo que actúa en la dirección normal a la superficie considerada del elemento diferencial (si el fluido está en reposo éstas son las únicas fuerzas de corto alcance que aparecen en el fluido) mientras que los esfuerzos viscosos son debidos a la fricción interna del fluido y las principales componentes de éstos actúan en la dirección tangencial a la superficie considerada del elemento diferencial. La presión y los esfuerzos viscosos, como son fuerzas por unidad de superficie, deben ser transformados a fuerzas por unidad de volumen para poder escribir las ecuaciones del movimiento del fluido con todas las posibles fuerzas. Así, las fuerzas de presión sobre un elemento diferencial, $\mathrm{d}\boldsymbol{F}_p$, se escriben como $\mathrm{d}\boldsymbol{F}_p = \boldsymbol{f}_p \mathrm{d}V$, donde , $\boldsymbol{f}_p$, son las fuerzas de presión por unidad de volumen asociadas a los esfuerzos de presión, y expresadas en N/m^3, mientras que las fuerzas viscosas sobre un elemento diferencial, $\mathrm{d}\boldsymbol{F}_v$, se expresan como $\mathrm{d}\boldsymbol{F}_v = \boldsymbol{f}_v \mathrm{d}V$, donde, $\boldsymbol{f}_v$, son las fuerzas viscosas por unidad de volumen debidas a los esfuerzos viscosos y expresadas en N/m^3.

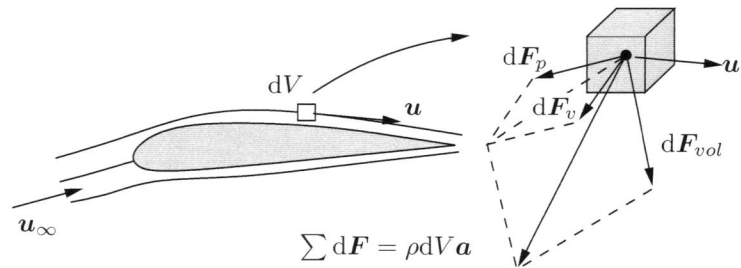

Figura B.1. Fuerzas que actúan sobre una partícula fluida.

En la figura B.1 se muestra una partícula fluida de diferencial de volumen $\mathrm{d}V$, sobre la que actúan fuerzas de volumen, $\mathrm{d}\boldsymbol{F}_{vol}$, fuerzas viscosas, $\mathrm{d}\boldsymbol{F}_v$, y fuerzas de presión, $\mathrm{d}\boldsymbol{F}_p$. Al aplicar la segunda ley de Newton sobre la partícula fluida se tiene que:

$$\rho \mathrm{d}V \boldsymbol{a} = \mathrm{d}\boldsymbol{F}_{vol} + \mathrm{d}\boldsymbol{F}_v + \mathrm{d}\boldsymbol{F}_p,$$

donde, $\boldsymbol{a}$ es la aceleración de la partícula, y $\mathrm{d}m = \rho \mathrm{d}V$, dividiendo toda la ecuación por dV se tiene que:

$$\rho \, \boldsymbol{a} = \frac{d\boldsymbol{F}_{vol}}{dV} + \frac{d\boldsymbol{F}_v}{dV} + \frac{d\boldsymbol{F}_p}{dV},$$

y finalmente teniendo en cuenta la relación entre las fuerzas y sus equivalentes por unidad de volumen así como la definición de aceleración en una descripción euleriana, ecuación (3.5), se obtiene:

$$\rho \frac{D\boldsymbol{u}}{Dt} = \boldsymbol{f}_{vol} + \boldsymbol{f}_v + \boldsymbol{f}_p, \qquad (B.1)$$

donde, $\boldsymbol{f}_{vol} = \boldsymbol{f}_V + \rho \boldsymbol{f}_m$. La ecuación (B.1) recibe el nombre de ecuación de Navier-Stokes y es la ecuación más general que describe el movimiento de un fluido. Cuando se desprecian las fuerzas viscosas se dice que el flujo es ideal y la ecuación resultante:

$$\rho \frac{D\boldsymbol{u}}{Dt} = \boldsymbol{f}_{vol} + \boldsymbol{f}_p, \qquad (B.2)$$

recibe el nombre de ecuación de Euler. Si se considera el caso de flujo estacionario (la derivada material de la velocidad se reduce a la aceleración convectiva porque la aceleración local es nula) y fuerzas de volumen, másicas, despreciables, entonces la ecuación (B.2), aplicada a un elemento diferencial de línea de corriente, queda:

$$f_{con} = f_p,$$

donde, $f_{con} = \rho \, u \, du$ es la fuerza convectiva y, $f_p = -dp$ la fuerza de presión, obteniéndose la ecuación (3.7).

INTRODUCCIÓN AL ANÁLISIS DIMENSIONAL C

Para entender el análisis dimensional y su utilidad; se presenta, a modo de ejemplo, su aplicación a un fenómeno físico conocido como es el movimiento de un cuerpo en caída libre en el vacío. El ejemplo se ha adaptado de White (2006), capítulo 5, donde se encuentra desarrollada la teoría del análisis dimensional y semejanza.

La relación que expresa la posición del cuerpo, s, en función del tiempo, t, es:

$$s = s_i + u_i t + \frac{1}{2} g t^2, \tag{C.1}$$

donde, s_i es la posición inicial, u_i la velocidad inicial y g la aceleración de la gravedad. Se supone que no se conoce, a priori, esta ecuación y se desea estudiar la caída libre de un cuerpo intentando encontrar la función que describe este fenómeno físico. Como se ha comentado, una vía para abordar este problema podría ser mediante la realización de una cierta cantidad de experimentos, modificando las variables que afectan a la posición, s. Sin embargo, analizando el fenómeno físico y recurriendo un poco a la intuición, es posible llegar a la conclusión de que la posición del cuerpo en un instante dado, s, es función del tiempo transcurrido, t, de la posición inicial, s_i, de la velocidad inicial, u_i y del valor de la aceleración, g. De forma general, la relación que se busca puede escribirse como:

$$s = f(t, s_i, u_i, g). \tag{C.2}$$

Mediante experimentos se podría intentar determinar la función f que relaciona las cinco magnitudes, pero, también en este caso, si se desea saber como influyen las cuatro variables en el espacio recorrido, se deberían hacer una gran cantidad de ensayos, con lo que el problema resulta inabordable experimentalmente.

Afortunadamente la física del problema proporciona más información que puede ser aprovechada. La posición del cuerpo, s, es una distancia y tiene, por tanto, dimensiones de longitud $[L]$; en consecuencia, la función f debe ser una relación entre t, s_i, u_i y g cuyo resultado es una longitud. Esto es lo que expresa el principio de homogeneidad dimensional, y es que si una ecuación describe correctamente una relación entre variables de un proceso físico, debe ser dimensionalmente homogénea; es decir, todos sus sumandos deben tener las mismas dimensiones.

El análisis dimensional se fundamenta en que cualquier ecuación dimensionalmente homogénea puede escribirse en una forma adimensional, totalmente equivalente y más compacta.

Como la función f debe ser una longitud, las cuatro variables $(t, s_i, u_i$ y $g)$ deben combinarse de modo que desaparezca el tiempo y sólo quede la dimensión de longitud. La única forma de que esto ocurra es que cada término de f sea un monomio formado por productos de potencias de las cantidades:

$$f = k \ (t)^a \ (s_i)^b \ (u_i)^c \ (g)^d , \qquad (C.3)$$

donde, k es una constante de proporcionalidad adimensional y a, b, c y d son los exponentes que se deben determinar. La ecuación (C.3) debe ser dimensionalmente homogénea, es decir, que ambos términos deben tener dimensión de longitud. Escribiendo las dimensiones de los factores de la ecuación (C.3) resulta:

$$[T]^0 \, [L]^1 = [T]^a \, [L]^b \left[LT^{-1} \right]^c \left[LT^{-2} \right]^d ,$$

y agrupando las potencias de longitud y tiempo se obtiene:

$$[T]^0 \, [L]^1 = [T]^{a-c-2d} \, [L]^{b+c+d} . \qquad (C.4)$$

Para que la ecuación (C.3) sea dimensionalmente homogénea, en el lado derecho de la expresión (C.4) el exponente de $[L]$ debe ser 1 y el exponente de $[T]$ debe ser 0, de esta manera pueden escribirse las dos ecuaciones algebraicas:

$$1 = b + c + d,$$
$$0 = a - c - 2d.$$

Como se dispone de dos ecuaciones y cuatro incógnitas, dos de ellas quedan en función de las otras dos; por ejemplo,

$$b = 1 - a + d,$$
$$c = a - 2d.$$

Reemplazando este resultado en la ecuación (C.3) y agrupando por exponentes resulta:

$$f = k \, s_i \left(\frac{u_i t}{s_i}\right)^a \left(\frac{g \, s_i}{u_i^2}\right) .^d \qquad (C.5)$$

Obsérvese que f tiene dimensiones de longitud ya que son las dimensiones de s_i, mientras que las fracciones que están entre paréntesis y la constante k son adimensionales. La ecuación (C.5) dice cuál es la forma que debe tener el término típico de f para que la relación (C.2) que se intenta determinar, sea dimensionalmente homogénea. Aunque a y d por ahora no se pueden determinar, ya se conoce que f depende sólo de dos parámetros adimensionales: $u_i t/s_i$ y $g \, s_i/u_i^2$. Se concluye pues, que la ecuación (C.2) es equivalente a:

$$\frac{s}{s_i} = F\left(\frac{u_i t}{s_i}, \frac{g \, s_i}{u_i^2}\right). \qquad (C.6)$$

Si se elige el tiempo como variable independiente y la distancia recorrida como variable dependiente, se definen las siguientes variables adimensionales:

$$s^* = \frac{s}{s_i}, \qquad t^* = \frac{u_i t}{s_i}, \qquad (C.7)$$

y el parámetro adimensional,

$$\lambda = \frac{g \, s_i}{u_i^2},$$

la ecuación (C.6) puede escribirse como:

$$s^* = F\left(\lambda, t^*\right).$$

Esta ecuación es adimensional y equivalente a la ecuación (C.2), pero en ella aparecen sólo tres magnitudes (las variables adimensionales s^* y t^*, más el parámetro adimensional λ) en lugar de las cinco originales.

El análisis dimensional no determina la forma final de la función F, que debe calcularse con métodos experimentales o teóricos, pero sí dice cuál es el número mínimo de variables y parámetros adimensionales que describen el fenómeno físico. Como el espacio recorrido adimensional, s^*, depende sólo del tiempo adimensional, t^* y el parámetro λ, para determinar como influyen estas dos magnitudes sería necesario un número mucho menor de ensayos.

Para terminar de comprender el análisis dimensional se puede analizar el mismo ejemplo pero desde otra perspectiva. Ahora se supone que sí se conoce la ecuación (C.1) que describe el movimiento de un cuerpo en caída libre. En primer lugar, obsérvese que el espacio recorrido, s, es una magnitud con dimensiones de longitud y que todos los términos del lado derecho de la ecuación también tienen unidades de longitud, es decir que (C.1) es una ecuación dimensionalmente homogénea. Esto es consistente con lo que enuncia el principio de homogeneidad dimensional, ya que esta ecuación expresa correctamente una relación entre variables de un proceso físico. Por lo tanto, se puede aplicar el análisis dimensional para expresar (C.1) de forma equivalente pero más compacta. Para ello se introducen las variables adimensionales definidas en (C.7) en la ecuación (C.1), de modo que:

$$s_i s^* = s_i + u_i \frac{s_i t^*}{u_i} + \frac{1}{2} g \left(\frac{s_i t^*}{u_i} \right)^2.$$

Esta ecuación también tiene unidades de longitud, pero si se dividen todos los términos por s_i se obtiene:

$$s^* = 1 + t^* + \frac{1}{2} \lambda t^{*2}, \qquad (C.8)$$

resultando una ecuación adimensional, equivalente a la ecuación (C.1), pero que relaciona sólo tres cantidades (las variables adimensionales s^* y t^*, más el parámetro adimensional λ) en lugar de las cinco originales. De forma general, la ecuación (C.8) puede escribirse como:

$$s^* = F\left(\lambda, t^* \right),$$

donde, $F = 1 + t^* + \frac{1}{2} \lambda t^{*2}$; que es el mismo resultado al que se había llegado previamente, suponiendo que no se conocía la ecuación (C.1).

Resumiendo, el análisis dimensional se puede utilizar de dos formas. En primer lugar, si se conoce la ecuación que describe un fenómeno físico (como la posición de un cuerpo en caída libre en función del tiempo), obtener una ecuación equivalente que emplea magnitudes adimensionales pero más compacta. En segundo lugar, si no se conoce la ecuación, pero sí se conoce de qué variables depende el fenómeno físico, determinar la cantidad mínima de variables o parámetros adimensionales necesarios para describir correctamente el fenómeno. Para determinar la relación buscada se debe recurrir a métodos experimentales, teóricos o numéricos.

CONTROL DEL ROTOR DE UN HELICÓPTERO D

D.1. Efecto del batimiento en un rotor articulado

El batimiento de las palas del rotor articulado a lo largo de su movimiento de rotación define la dirección del vector de tracción resultante. Para una posición determinada del paso colectivo y cíclico, las fuerzas aerodinámicas sobre las palas producen un determinado batimiento que genera un vector de tracción concreto. Las puntas de las palas al batir durante una vuelta se encuentran contenidas en un plano que recibe el nombre de plano de puntas; se comprueba que la tracción que producen las palas se sitúa prácticamente en la dirección perpendicular a dicho plano, véase la figura D.1. Dicho en otras palabras, para que el rotor articulado sea capaz de orientar el vector de tracción, se tiene que modificar el batimiento de las palas, y para conseguir esto es necesario cambiar las fuerzas aerodinámicas mediante el cambio de paso.

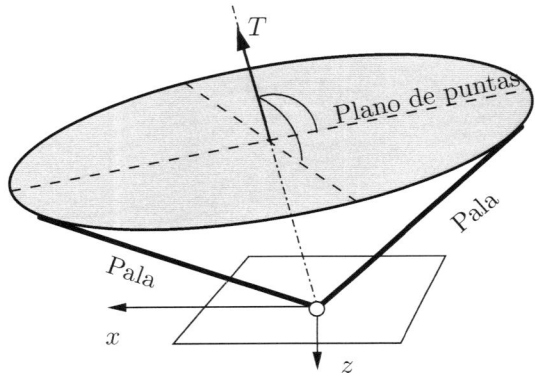

Figura D.1. Definición del plano de puntas y relación con el vector tracción en el rotor articulado.

En la figura D.2 se muestra la pala de un rotor articulado batiendo, es decir, moviéndose fuera de su plano de rotación. La posición de la pala con respecto al plano de rotación se determina mediante el ángulo de batimiento, β, y el movimiento de pala se caracteriza por la velocidad angular de batimiento, $d\beta/dt$. El movimiento de batimiento añade una componente de velocidad adicional a la configuración aerodinámica de los perfiles de la pala como consecuencia del movimiento de rotación (batimiento) como sólido rígido de la pala y, en la figura D.2, se muestra que en un elemento de pala arbitrario, sección A, situado a una distancia r de la articulación de batimiento aparece una velocidad, $r\,d\beta/dt$,[1] que se superpone a la velocidad aerodinámica del flujo capturado por el rotor, u. Esta componente adicional de velocidad, $r\,d\beta/dt$, cuando la pala bate hacia arriba del plano de rotación tiende a disminuir el ángulo de ataque, α, del elemento de pala mientras que cuando la pala bate hacia abajo del plano de rotación tiende a aumentarlo. La forma en la que el batimiento de la pala evoluciona en función de la posición azimutal, $\beta(\psi)$, viene determinada por la dinámica de la pala cuando sobre ella actúan las fuerzas aerodinámicas. Evidentemente, cuando la sustentación es mayor la pala de un rotor articulado tiende a batir hacia arriba del plano de rotación haciendo que el ángulo de sustentación disminuya y viceversa. De esta manera, el rotor articulado, gracias a la articulación de batimiento, es capaz de disponer de un medio de controlar las fuerzas aerodinámicas y de evitar el momento de vuelco lateral que aparece en el vuelo de avance, véase la sección 12.7.

D.2. Control del rotor en vuelo axial

Como se menciona en la sección 12.4, el control del vuelo axial se consigue mediante el uso del mando de paso colectivo que controla el módulo de la tracción, figura 12.7(a). El mando de paso colectivo modifica el ángulo de paso de los perfiles de todas las palas a la vez, independientemente de la posición azimutal que ocupen. En la figura D.3 se muestra el efecto del paso colectivo sobre un rotor articulado y uno rígido a partir de una condición de vuelo a punto fijo. En el caso del rotor

---

[1]Realmente la velocidad debida al batimiento que incide perpendicularmente al plano de rotación es $r\,d\beta/dt\cos\beta$ y en primera aproximación se supone que el ángulo de batimiento es pequeño, $\cos\beta \sim 1$, por lo que esta componente se aproxima como $r\,d\beta/dt$.

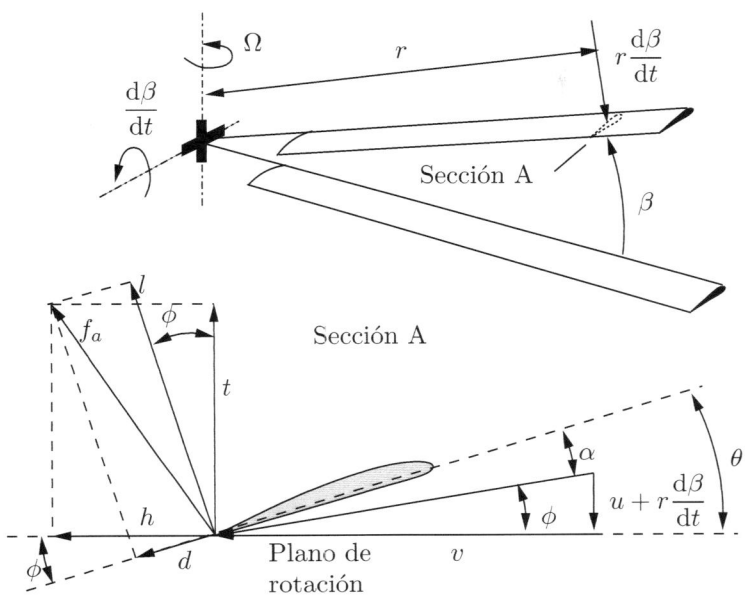

Figura D.2. Efecto del batimiento de las palas en un rotor articulado.

articulado se produce una tracción T_0, y esto induce un batimiento, β_0, que define una posición del plano de puntas; cuando el piloto tira del control colectivo, aumentan el ángulo de paso, el ángulo de ataque y la sustentación y, por tanto, el módulo de la tracción, $T_{0,1}$, que produce el rotor. Al aumentar la sustentación y tener una articulación en batimiento no se ofrece resistencia al batimiento de las palas, por lo que el ángulo de batimiento, $\beta_{0,1}$, aumenta y, como se puede observar, el plano de puntas adquiere una nueva configuración pero mantiene su orientación en el espacio, véase la figura D.3(a). En cambio, en el caso del rotor rígido al aumentar el paso de las secciones aerodinámicas se produce igualmente un aumento de la tracción, $T_{0,1}$, pero al estar las palas rígidamente unidas al eje aparecen cargas y momentos estructurales que impiden el batimiento libre de las palas de forma que éstas no cambian de posición, figura D.3(b). En el caso de un rotor de tipo flexible, el comportamiento corresponde a una situación intermedia entre el articulado y el rígido.

Como se presenta en la sección 12.4, la orientación en guiñada y el rumbo del helicóptero se controlan mediante el uso de los pedales que modifican del módulo de la tracción que produce el rotor antipar. En

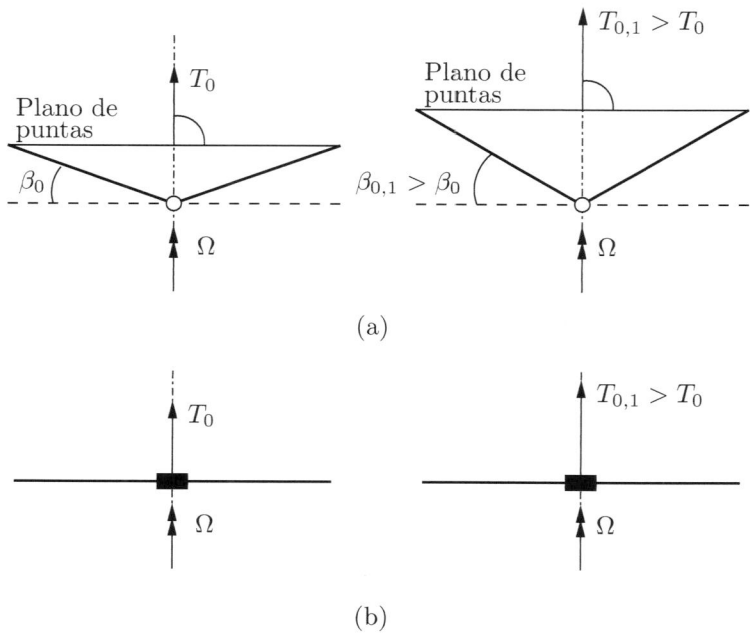

Figura D.3. Efecto de la acción del paso colectivo sobre el plano de puntas del rotor principal en un rotor: (a) articulado, (b) rígido.

los helicópteros convencionales la acción sobre los pedales está asociada al control colectivo del rotor antipar que modifica el ángulo de paso de todas sus palas.

D.3. Control del rotor en vuelo de avance

En el caso de los rotores articulados, el batimiento de las palas aparece de forma natural como consecuencia del tipo de unión de la pala a la cabeza del rotor. En el lado de avance de la pala, como la sustentación es mayor, existe una tendencia a batir hacia arriba disminuyendo el ángulo de ataque y por tanto, la sustentación también disminuye, mientras que en el lado de retroceso la tendencia es justamente la contraria. De esta forma, el rotor articulado es capaz de suavizar la falta de simetría de sustentación en el vuelo de avance y por tanto, el momento de vuelco se consigue minimizar. Debido a que los materiales existentes en la época de los primeros helicópteros tenían serias dificultades para poder soportar las elevadas cargas estructurales que aparecían sobre la unión de la pala al eje, se permitió que las palas batieran libremente mediante articulaciones de batimiento para evitar los momentos estructurales transmitidos y aliviar las cargas en el encastre de la pala al eje. Así, aparecieron los primeros helicópteros con articulaciones de batimiento, y que más tarde condujeron al diseño del helicóptero de tipo articulado que se ha presentado en la sección 12.5. En definitiva, el rotor articulado emplea el paso y batimiento cíclicos para compensar el desequilibrio de fuerzas aerodinámicas entre el lado de avance y el de retroceso. En cambio, el rotor rígido dispone solamente del paso cíclico para compensar la falta de simetría azimutal del vuelo de avance, ya que a pesar de que la flexibilidad de la pala permite su batimiento, su aportación a la compensación del momento de vuelco lateral es parcial. Las cargas estructurales y especialmente los momentos de batimiento que actúan sobre la unión de la pala al eje de rotación del rotor rígido, se consiguen soportar gracias al uso de materiales de elevadas propiedades mecánicas.

El control cíclico es el responsable del control longitudinal y lateral del helicóptero y está asociado a la palanca central que el piloto maneja con la mano derecha y que se denomina palanca o joystick. La acción de este mando modifica la orientación del vector de tracción del rotor principal mediante el cambio del ángulo de paso de las palas en determinadas posiciones de azimut. En las figuras 12.7(b) y 12.7(c) se observa el efecto del mando de paso cíclico sobre el vector de tracción del rotor. El control se denomina cíclico porque cambia cíclicamente el paso de las palas del rotor; es decir, cuando se actúa sobre el control cíclico, el paso de cada pala se ve modificado en la misma posición azimutal en cada ciclo de rotación. Esta variación cíclica de paso implica una variación cíclica del ángulo de ataque y por tanto de la tracción.

En la figura D.4 se muestra el efecto del paso cíclico sobre un rotor articulado y uno rígido a partir de una condición de vuelo a punto fijo. En el caso del rotor articulado, cuando el piloto actúa sobre la palanca del paso cíclico para moverse hacia adelante, paso cíclico longitudinal, se introduce un variación cíclica de paso, de forma que el ángulo de ataque y la sustentación se modifican también cíclicamente por lo que el batimiento, y por tanto, la posición del plano de puntas, se reorienta en el espacio inclinándose hacia adelante y produciendo un cambio en la dirección de la tracción, T_0, que tiene dos efectos: por un lado aparece una componente en el sentido de avance y por otro lado, se produce un

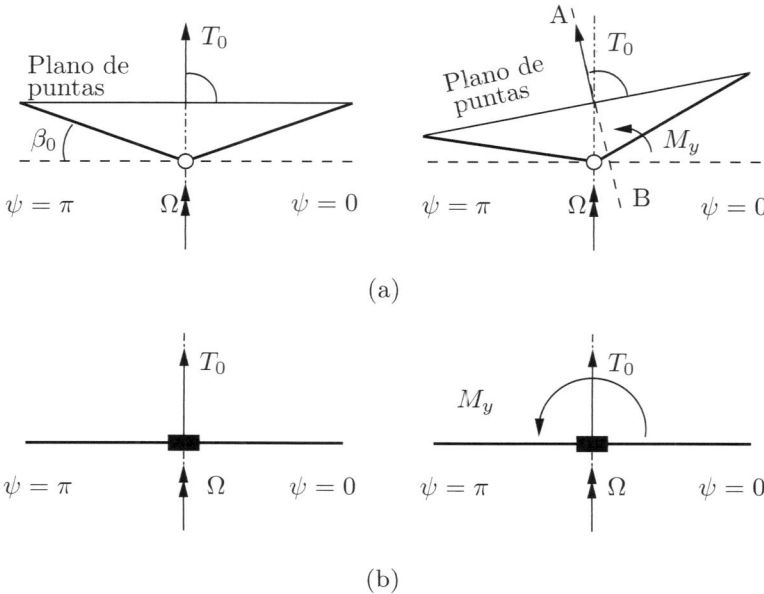

(a)

(b)

Figura D.4. Efecto de la acción del paso cíclico longitudinal para un rotor: (a) articulado, (b) rígido.

descentramiento de la línea de acción AB de la tracción que produce un pequeño momento longitudinal, M_y, que debe ser compensado si se desea mantener un vuelo horizontal. Como consecuencia de la inercia del movimiento de rotación de las palas, existe un desfase entre el paso cíclico y el batimiento de aproximadamente noventa grados, véase por ejemplo Padfield (1996) y Bramwell et al. (2001). El desfase entre cambio de paso y batimiento recibe el nombre de retraso de fase. En Newman (1994) se puede encontrar un tratamiento riguroso de las condiciones bajo las que el retraso de fase es de noventa grados. En el ejemplo mostrado en la figura D.4(a), el batimiento de la pala es máximo en $\psi = 0$, mínimo en $\psi = \pi$ y nulo en $\psi = \pi/2$ y $\psi = 3\pi/2$, por lo tanto, el plano de puntas se orienta hacia adelante como se ha comentado. Para obtener esta inclinación longitudinal del plano de puntas y debido al desfase entre paso y batimiento, es necesario que el ángulo de paso cíclico de las palas presente un valor mínimo de paso en $\psi = \pi/2$ y un valor máximo en $\psi = 3\pi/2$.

En cambio, en el rotor rígido, al no existir el fenómeno de retraso de fase para conseguir inclinar longitudinalmente la tracción es necesario imponer un paso cíclico máximo en $\psi = 0$ y mínimo en $\psi = \pi$, esto se traduce en un momento longitudinal, de cabeceo, M_y, que tiende a picar el rotor y como consecuencia de la rigidez de la unión de las palas al eje, todo el helicóptero pica de forma solidaria al rotor produciéndose una reorientación del plano del rotor y por tanto, de la tracción, de manera que aparece una componente en la dirección de avance para propulsar el helicóptero. Evidentemente para mantener el vuelo horizontal es necesario compensar el momento de picado para evitar cambiar la altitud del vuelo. Es decir, el rotor rígido emplea los momentos y cargas estructurales que aparecen para tener una mayor facilidad para producir momentos y fuerzas de control del vuelo de la aeronave. Por este motivo, en general, se suele decir que los helicópteros con rotores rígidos son más ágiles que los articulados.

ÍNDICE ALFABÉTICO

Z